# RÍOS, ESTUARIOS Y DELTAS DEL MUNDO Y SUS ECOSISTEMAS

# RÍOS, ESTUARIOS Y DELTAS DEL MUNDO Y SUS ECOSISTEMAS

UN ATLAS DESDE EL AMAZONAS Y EL MEKONG HASTA EL EBRO Y EL MISISIPI

**BLUME**

JIM BEST · STEPHEN DARBY · LUCIANA ESTEVES · CAROL WILSON

**BLUME**

Título original *The World Atlas Of Rivers,
Estuaries, and Deltas*

**Edición** Nigel Browning, Kate Shanahan,
David Price-Goodfellow, Susi Bailey
**Dirección de arte** Alex Coco
**Diseño** Lindsey Johns
**Ilustración** Martin Brown, Sarah Skeate,
John Woodcock
**Documentación iconográfica** Julia Ruxton
**Diseño de cubierta** Wanda España
**Traducción** Antonio Díaz Pérez
**Revisión de la edición en lengua española**
Deli Saavedra
Director de paisajes, Rewilding Europe
**Coordinación de la edición en lengua española**
Cristina Rodríguez Fischer

*Primera edición en lengua española 2025*

© 2025 Naturart, S.A. Editado por BLUME
Carrer de les Alberes, 52, 2.º, Vallvidrera
08017 Barcelona
Tel. 93 205 40 00  info@blume.net
© 2024 UniPress Books Limited, Londres
© 2024 Princeton University Press, New Jersey
(Estados Unidos)

**PRINCETON**
press.princeton.edu

© 2024 de la imagen de la portada Tom Wagenbrenner

ISBN: 978-84-10268-95-1
Depósito legal: B.20416-2024
Impreso en Malasia

WWW.BLUME.NET

# Contenido

# Introducción

Los ríos, estuarios y deltas conforman algunos de los paisajes más espectaculares de la Tierra. Además de haber sido cuna de civilizaciones y proporcionar sustento a miles de millones de personas en la actualidad, son un elemento nuclear de la existencia humana. En este atlas se examinan los procesos, la forma y la ecología de ríos, estuarios y deltas, así como sus vínculos con la experiencia humana. Así, en estas páginas se abordan estos elementos del paisaje que conectan las montañas con los mares y en los que prosperan los ecosistemas más diversos del mundo.

En su épico viaje a través de la tierra hasta el mar, el agua conforma el hilo conductor entre los ríos, estuarios y deltas del mundo. Los ríos, que son los conductos del agua a través del paisaje, conectan con estuarios y deltas antes de desembocar en lagos, mares y océanos. Por una serendipia cósmica, la Tierra, único planeta conocido con agua en tres estados (hielo sólido, líquido y vapor de agua), se encuentra en el punto justo debido a su distancia del Sol. Como tal, el agua esculpe y moldea el paisaje mediante la erosión y sedimentación, permite la vida y genera condiciones que, a lo largo del tiempo geológico, han ido dando lugar a diversos ecosistemas de importancia global.

## Un mosaico vivo

Los entornos de ríos, estuarios y deltas albergan una gran variedad de vida, sustentan algunos de los ecosistemas más diversos del planeta y generan un mosaico vivo de desconcertante complejidad y belleza. Además de albergar una gran diversidad ecológica, la evolución y el carácter de estos entornos también forma parte de la razón misma que explica el desarrollo de esa diversidad. Hoy en día sabemos que los ecosistemas con los que vivimos y que nos proporcionan buena parte del capital natural (agricultura, agua, alimentos, materiales, ocio) han coevolucionado junto con los ríos, estuarios y deltas del mundo. Su comportamiento y morfología dependen de las características de los procesos físicos, químicos y biológicos que han ido moldeando estos paisajes a lo largo de muchos millones de años.

▶ **Expansión**
*Cuando un río desemboca en una masa de agua, se extiende y deposita sedimentos que forman deltas. En la imagen, el río Tsiribihina, de Madagascar, cargado de sedimentos, desemboca en el canal de Mozambique.*

**▲ Cultura fluvial**

*El río Arno serpentea por la ciudad italiana de Florencia, centro del auge artístico y científico del Renacimiento.*

## La experiencia humana

Pero, además, los ríos, estuarios y deltas son un elemento nuclear de la experiencia humana. Han conformado rutas para la migración humana por todo el planeta, han proporcionado el agua y los sedimentos fértiles necesarios para estimular el desarrollo de la agricultura y de las ciudades y han actuado como inspiración de buena parte de la cultura y el arte.

Los patrones naturales de ríos, estuarios y deltas dibujan formas y figuras que resultan tanto fascinantes como reconfortantes y sugerentes. ¿Cuál es el origen de estos patrones? ¿Qué determina sus características? ¿Cuánto tiempo hace que existen y cómo han ido cambiando con el paso del tiempo? ¿Y qué relación han establecido con la vida las distintas facetas de estos paisajes? A lo largo de la historia de la humanidad, filósofos, cazadores, agricultores, nómadas, artistas, científicos, poetas y viajeros se han planteado estas mismas preguntas en un afán de comprender mejor el mundo tal y como lo han percibido y de usar esta comprensión para profundizar en su propia existencia y experiencias. En estas páginas daremos nuestras propias respuestas a estas preguntas.

## Vínculos legendarios

Los ríos, estuarios y deltas han sido, además, objeto de admiración, origen de metáforas de muchas facetas de la condición humana a lo largo de nuestra historia y elementos importantes en la forma en que nos percibimos y como parte del viaje humano a través del tiempo. Los ríos han tenido un significado mítico desde los tiempos más remotos. Estos elementos del paisaje natural han tenido, y siguen teniendo, importancia religiosa para miles de millones de seres humanos.

La diosa hindú Gaṅgā, personificación del río Ganges, representa la purificación, el bienestar y la benevolencia. Según la leyenda, Gaṅgā vino a la Tierra tras escuchar los gritos de la gente que moría a causa de la sequía. La gran deidad hindú Shiva dividió a Gaṅgā en siete corrientes para que inundaran la Tierra, y una parte permaneció en los cielos y conformó la Vía Láctea. El resto fluye por la India: se trata del río Ganges, donde vive la diosa. Las aguas de este río sagrado poseen un significado religioso y cultural para millones de personas, que creen que bañarse en sus aguas otorga protección, perdón y buena salud. Los peregrinos hindúes arrojan las cenizas de sus familiares al río para que sus almas puedan liberarse más fácilmente del ciclo de la vida y la muerte. De esta manera, los paisajes fluviales, estuarinos y deltaicos son mucho más que los procesos físicos, químicos y biológicos que los originan.

▲ **Río sagrado**

*Estatua de la diosa hindú Gaṅgā en el río Ganges, Rishikesh, India.*

## Fuente de inspiración

Los ríos, estuarios y deltas han interesado y fascinado durante siglos a los artistas, que los han plasmado en piedra, lienzo, papel, tela y filmes. Las representaciones de la vida en y alrededor de estos paisajes figuran en antiguas tallas de piedra, en pinturas, en películas y en palabras.

Estos paisajes conforman además metáforas de muchos aspectos de la existencia humana. El hermoso poema «El negro habla de los ríos», escrito en 1920 por el poeta estadounidense Langston Hughes (1901-1967), recorre la historia negra desde los inicios de la civilización humana hasta los horrores de la esclavitud, y, al hacerlo, celebra la fuerza y la perseverancia de la herencia negra. En sus versos se comparan los múltiples aspectos de los ríos y su progresión a través del paisaje del alma del escritor, metáfora del más antiguo y largo de los ríos.

*He conocido ríos:*
*He conocido ríos tan antiguos como el mundo y más antiguos que el flujo*
*de la sangre humana en las venas humanas.*

*Mi alma se ha hecho profunda, como los ríos.*

*Me bañé en el Éufrates cuando eran jóvenes las albas.*
*Construí mi choza cerca del Congo y este me arrulló hasta dormirme.*
*Contemplé el Nilo y sobre él erigí las pirámides.*
*Oí el canto del Misisipi cuando Abe Lincoln fue hasta*
*Nueva Orleans, y he visto su cenagoso lecho tornarse dorado al atardecer.*

*He conocido ríos:*
*ríos ancestrales, crepusculares.*

*Mi alma se ha hecho profunda, como los ríos.*

Así pues, los paisajes fluviales, estuarinos y deltaicos están arraigados en lo más profundo de nuestras almas y son el origen de nuestra evolución, los lugares donde hemos prosperado y muerto, donde hemos afrontado el éxito y la tragedia y donde hemos visto surgir y caer grandes civilizaciones.

En este atlas se examinarán ríos, estuarios y deltas siguiendo el viaje del agua río abajo a su paso por estos paisajes. En cada uno de ellos se abordan los procesos que controlan el flujo de agua y el movimiento de los sedimentos. Esto nos permitirá observar la forma y morfología de estos paisajes (su anatomía) y considerar la variedad de vida que existe en cada uno de ellos, la cual ha generado entornos a diversas escalas en el tiempo y el espacio. Además, las nuevas tecnologías nos proporcionan una fascinante visión de estos paisajes al permitirnos comprender mejor su forma y función.

Después veremos cómo viven los seres humanos en estos paisajes y los estrechos vínculos que hay entre los procesos naturales y el bienestar humano. En nuestro mundo en rápida transformación, los paisajes fluviales, estuarinos y deltaicos se encuentran entre los más oprimidos a causa de una amplia gama de factores, desde la subida del nivel del mar al cambio climático global, y desde la alteración en el uso del suelo y la urbanización a la construcción de enormes megapresas. Estos estresores antropogénicos están ejerciendo una enorme presión sobre nuestros ríos, estuarios y deltas, hasta el punto de amenazar su propia existencia en algunos casos. No es exagerado decir que la forma en que nos enfrentemos a estas amenazas será determinante para el futuro de la humanidad.

Por último, echaremos un vistazo al futuro de los ríos, estuarios y deltas. Analizaremos las formas de gestionar estos entornos, veremos cómo estudiarlos y comprenderlos mejor y de qué nuevas herramientas podemos servirnos para todo ello. De este modo, esperamos centrar nuestra atención en cómo convivir mejor con estos entornos y avanzar hacia un futuro más sostenible para los ríos, estuarios y deltas, sus ecosistemas y nosotros mismos.

▲ *Noche estrellada sobre el Ródano* (1888)

*Impresionante representación de Vincent van Gogh (1853-1890) de la luz nocturna sobre el río Ródano en Arlés, Francia, localidad ubicada en la cabecera del delta de dicho río.*

Este libro le propone al lector un viaje a través de estos paisajes para que comprenda las excepcionales condiciones de la Tierra que permiten su existencia, cómo estas cambian con el tiempo y cómo las vidas y los medios de subsistencia de los seres humanos se entrelazan con las aguas. Con la ayuda de mapas, diagramas y una serie de bellas imágenes, le guiaremos a través de la historia del agua y de la vida en estos paisajes. En las últimas páginas encontrará una lista de lecturas recomendadas y recursos en línea si desea profundizar en alguno de los aspectos que se abordan en este libro. La longevidad de estos paisajes, que está más allá de la experiencia y la historia humanas, nos inspira a contemplarlos desde una perspectiva que se retrotrae hacia atrás en el tiempo y se proyecta hacia el futuro.

## ▼ Un puerto seguro

*Estuarios como el de Taw-Torridge, Reino Unido, han sido durante siglos un puerto seguro para la gente de mar.*

# El mundo de los ríos, estuarios y deltas

# Contexto histórico

Ríos, estuarios y deltas han tenido una especial importancia a lo largo de toda la historia de la humanidad. Han visto el desarrollo de civilizaciones y hoy en día albergan modernas megaciudades y lugares de suma importancia histórica. Como tales, constituyen una lente con la que podemos mirar tanto hacia el futuro como hacia el pasado.

## Civilizaciones fluviales

Ríos, estuarios y deltas conforman entornos en los que las civilizaciones humanas han prosperado durante milenios. Los valles fluviales aportan suelos fértiles y agua para el regadío, así como una abundante fuente de proteínas procedentes del pescado, con lo que generan los paraísos en los que pudo producirse la transición a sociedades agrícolas. Los deltas también constituyen tierras productivas y actúan como puertas de entrada para el comercio, mientras que los estuarios son puertos seguros para los barcos que surcan los mares del mundo. Así, los estuarios y deltas ocuparon un lugar crucial en la exploración de los mares y continentes del mundo al actuar como bases desde las que proseguir la expansión humana.

---

### CIVILIZACIONES DE VALLES FLUVIALES

Las antiguas civilizaciones del Viejo Mundo se asentaron en torno a los valles fluviales y sus deltas, lo que les permitió disfrutar de suelos fértiles, agua y comunicaciones, y, a su vez, hacer prosperar la agricultura, el transporte y el comercio. Estas civilizaciones, con lenguas, culturas, religiones y sistemas políticos muy diferentes, fueron la cuna de muchos avances en tecnología, prácticas agrícolas, organización social, ciencia y arte.

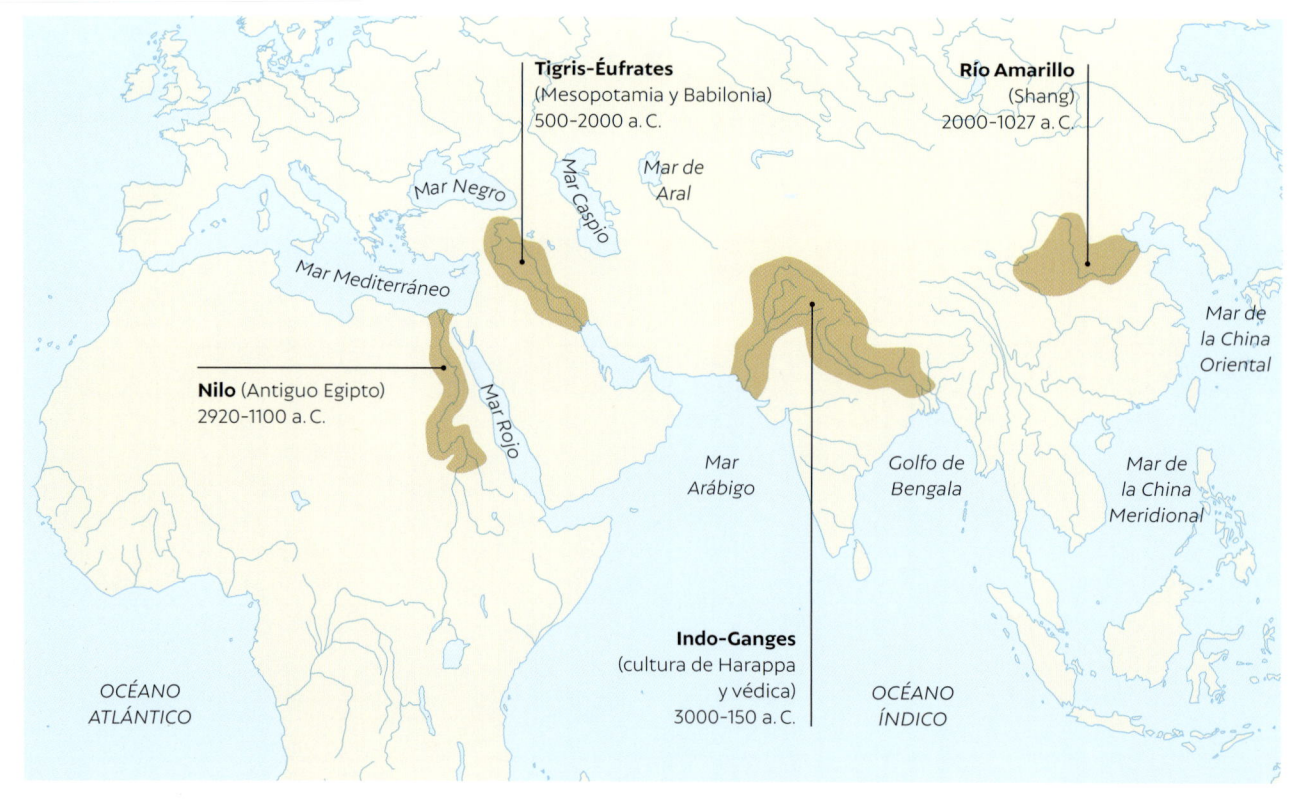

---

Así, varias de las primeras civilizaciones se asentaron en los grandes valles fluviales del mundo: los ríos Tigris y Éufrates (en Mesopotamia, que significa «entre los ríos») albergaron las civilizaciones sumeria, asiria, acadia y babilónica; en el valle del río Nilo florecieron las grandes dinastías egipcias; en el valle del Indo se desarrollaron la cultura de Harappa y la védica y el río Huang He (Amarillo) conllevó una gran prosperidad en China. Hay otras civilizaciones más recientes que prosperaron también en los valles fluviales, como las del río Níger, en África Occidental, y el pueblo jemer y el reino de Funán, en el Sudeste Asiático.

Las dinastías egipcias utilizaron el Nilo para gestionar y expandir sus reinos y desarrollaron tecnologías para regar los terrenos inundables del río y, así, practicar la agricultura durante todo el año. Los antiguos egipcios se dieron cuenta de que, al medir la altura del río mediante los llamados «nilómetros», podían saber cómo sería la crecida anual. Además de permitirles gestionar el agua de los terrenos inundables con mayor eficacia, también les dio la capacidad de calcular el rendimiento probable de la cosecha anual, incluido su éxito o fracaso, y, así, determinar los impuestos que podían aplicarse a la producción agrícola.

Las civilizaciones de América también tuvieron una íntima relación con los ríos, tanto en su crecimiento como, tal vez, en su desaparición. Cahokia, en la actual Illinois, fue la mayor ciudad que hubo al norte de México en la época precolombina. Consistía en una serie de enormes pirámides de tierra de base cuadrada y cima plana, la mayor de las cuales (el llamado «túmulo de los Monjes») tenía unos 31 metros de altura. La intensificación de la agricultura, la expansión de los asentamientos y el desarrollo de la ciudad se basaron en la productividad asociada al río y sus terrenos inundables; además, el clima relativamente seco que se dio entre 600 y 1200 d. C., pudo facilitarlo. También es objeto de debate el posible papel de las crecidas, cada vez mayores, en la desaparición de la ciudad, acaecida a partir del año 1200 d. C.

▲ **Antiguas mediciones de la altura de los ríos**

*El nilómetro de la Isla Roda, en El Cairo, Egipto, construido en el año 861 d. C., permitía medir el nivel del Nilo mediante la columna vertical octogonal, cuya cámara de amortiguación estaba unida al río por tres túneles horizontales.*

## Cartografiar el mundo

Cuando el ser humano empezó a explorar el planeta, el acceso de deltas, estuarios y ríos al interior de los continentes resultó crucial. Así, cartografiar los cursos fluviales y sus desembocaduras ha ido de la mano de la progresión de los conocimientos humanos sobre la superficie terrestre.

Al representar la geografía del mundo, los primeros cartógrafos se basaron en los principales accidentes físicos (mares, montañas y ríos) e intentaron situarlos en su contexto espacial a la luz de los conocimientos y opiniones de la época, que podían incluir doctrinas religiosas, sociales y políticas. El mapamundi del filósofo, historiador, geógrafo y astrónomo griego Posidonio (h. 135-51 a. C.), reconstruido e interpretado por el cartógrafo flamenco Petrus Bertius (1565-1629), se publicó en 1630. En él figura Armenia como centro del globo y se perciben con claridad los ríos Nilo (incluida la gran curva del río), Tigris, Éufrates y Danubio.

Algunos de los primeros mapas también se grabaron en piedra; de ellos, el Yuji Tu («Mapa de las huellas de Yu») es el más antiguo que se conoce y está en un estado de conservación excepcional. En él se representan las vías fluviales de China y contiene cerca de ochenta ríos conocidos.

### Un país dominado por un río

Gambia, en África Occidental (delimitado con una línea amarilla), es el país más pequeño del continente africano: solo tiene 475 km de largo y 25-50 km de ancho, y está rodeado por Senegal. El país está dominado por su río y su estuario: el río Gambia recorre toda la nación a lo largo hasta llegar a su estuario, en la costa atlántica, donde se encuentra la capital, Banjul (1), ubicada en una isla en la desembocadura. La peculiar forma del país es producto de su pasado colonial imperialista y de los acuerdos entre Reino Unido, que controlaba la parte baja del río Gambia, y Francia, que gobernaba Senegal. Hasta 2019, solo se podía ir de un lado a otro del país en barco o hacer el viaje por tierra a través de Senegal. Los siglos de comercio y viajes mediante embarcaciones poco fiables terminaron en 2019 con la inauguración del puente Senegambia (2), que, con sus 1,9 km de longitud, ahora une las dos mitades de Gambia.

**Gambia**
El país está dominado por su río y el estuario. En la imagen figura la frontera entre Gambia y Senegal.

0        50 km

◀ **Una visión antigua del mundo**

*El mundo según Posidonio (h. 135-51 a. C.), dibujado en 1628 por los cartógrafos Petrus Bertius (1565-1629) y Melchior Tavernier (1594-1665). El mapa está flanqueado por unos ases de guía, nudos que ponen de relieve el carácter náutico de la región mediterránea en aquella época.*

◣ **Grabado en piedra**

Frotagge *realizado en 1903 del mapa de China llamado* Yuji Tu, *grabado en una piedra vertical en el año 1136 d. C. En el mapa, cuya parte superior indica el norte, figuran los deltas de los dos ríos principales del país (el río Huang He/ Amarillo y el Chang Jiang/Yangtsé), la Gran Muralla china y más de quinientos topónimos.*

A medida que la exploración humana se fue incrementando, los cartógrafos empezaron a dibujar mapas basándose en la información obtenida de los relatos directos de los viajes. Uno de estos pioneros fue Fra Mauro, un monje camaldulense del siglo XV que vivía en la isla de Murano, en la laguna de Venecia, y a quien el rey Alfonso V de Portugal encargó un mapamundi. Valiéndose de los relatos de viajeros y comerciantes de todo el mundo que desembarcaban en el puerto de Venecia, e integrándolos con los conocimientos de los mapas y libros que ya había, Fra Mauro dibujó un mapa de 2,4 metros cuadrados en el que antepuso la precisión cartográfica a las creencias religiosas o tradicionales. En este asombroso mapa, creado hacia el año 1450, figuran ríos, estuarios, deltas y montañas, todo ello combinado con cientos de detalladas ilustraciones y anotaciones. Entre los ríos que hay en el mapa, con nombres a menudo diferentes de los actuales, están los de Eurasia (Dniéper, Elba, Rin, Ródano, Óder, Po, Saona, Tajo, Tigris-Éufrates y Vístula), África (Jordán, Nilo y Níger), Asia (Ganges, Helmand, Indo e Irawadi), Rusia (Volga) y China (Hong, Amarillo y Yangtsé), así como los deltas de los ríos Danubio, Ganges, Irawadi, Nilo, Níger y Po. Así pues, dado que estos mapas captan los paisajes en el momento en el que se trazaron, dan testimonio del mundo tal y como se conocía por aquel entonces.

◄ **Un mapa increíble**
*Parte del mapamundi, cuya parte inferior indica el norte, creado por Fra Mauro en 1450. Los ríos Nilo, Tigris-Éufrates y Ganges se perciben con claridad.*

▶ **¿Cuál es más largo?**
*Gráfico impreso en 1834 por la Society for the Diffusion of Useful Knowledge en el que se comparan la longitud, la forma en planta y la geografía general de los principales ríos del mundo, así como sus estuarios y deltas. Los círculos concéntricos indican las longitudes generales de los ríos, en millas, a vista de pájaro, cuya dirección también se representa.*

# Fundamentos del agua

Ríos, estuarios y deltas están controlados por procesos físicos, químicos y biológicos que determinan su evolución. Para comprender tanto esta como la forma y el funcionamiento de estos accidentes fluviales, debemos examinar algunos conceptos comunes relativos al agua que sientan sus bases.

### El ciclo del agua

Debido a su distancia al Sol (150 millones de km), la Tierra es el único planeta del Sistema Solar que tiene agua en tres estados (sólido, líquido y gaseoso). El ciclo del agua describe su paso por estos a través del paisaje, desde la evaporación de grandes masas de agua que ascienden en forma de nubes y vapor de agua hasta la precipitación en forma congelada o líquida (en función del clima), la escorrentía debida a la fuerza de la gravedad y la percolación en el suelo a modo de aguas subterráneas. El ciclo del agua incluye también la extracción de agua del suelo por parte de las plantas y su evaporación por las hojas («transpiración»), así como las formas en las que el ser humano ha alterado los cursos de agua mediante, por ejemplo, la colocación de presas en los ríos, el desvío de agua para el riego y la extracción de aguas subterráneas.

### La salinidad

El agua pura ($H_2O$) está formada por dos moléculas de hidrógeno unidas a una de oxígeno. Sin embargo, existen otros iones que pueden disolverse con facilidad en agua, como el cloruro de sodio (NaCl) y el cloruro de potasio (KCl). La salinidad, que es la cantidad de sal (sobre todo iones Na+ y Cl–) disuelta en el agua, suele medirse en unidades de partes por mil (ppt, por sus siglas en inglés, o ‰). Las mediciones comienzan con 0 ppt para el agua pura y llegan hasta 33 ppt para el agua de mar y >50 ppt para las condiciones hipersalinas. El agua dulce de los ríos suele oscilar entre 0 y 0,5 ppt, mientras que la de los estuarios, mezcla de agua dulce y agua de mar, es

▼ **A flote**

*Las condiciones hipersalinas del mar Muerto, entre Israel y Jordania, hacen que, debido a la mayor densidad del agua, se pueda flotar en las aguas.*

salobre (0,5-30 ppt). La mayor salinidad del mar con relación a los ríos se debe a la concentración de iones que estos le ha ido suministrando a lo largo de millones de años. Las condiciones hipersalinas se dan cuando el agua fluvial o marina se somete a una evaporación intensa, lo que hace que las sales se concentren. La salinidad es un factor importante en la distribución de la flora y la fauna, ya que, aunque la sal es un nutriente necesario, su exceso altera el funcionamiento celular. En estas condiciones salinas solo prosperan organismos que cuentan con adaptaciones especiales.

## EL CICLO DEL AGUA

El agua se desplaza por la superficie terrestre en forma de vapor de agua evaporado de las masas de agua, precipitaciones en forma de lluvia o nieve, escorrentía superficial hacia los ríos y percolación y movimiento de las aguas subterráneas.

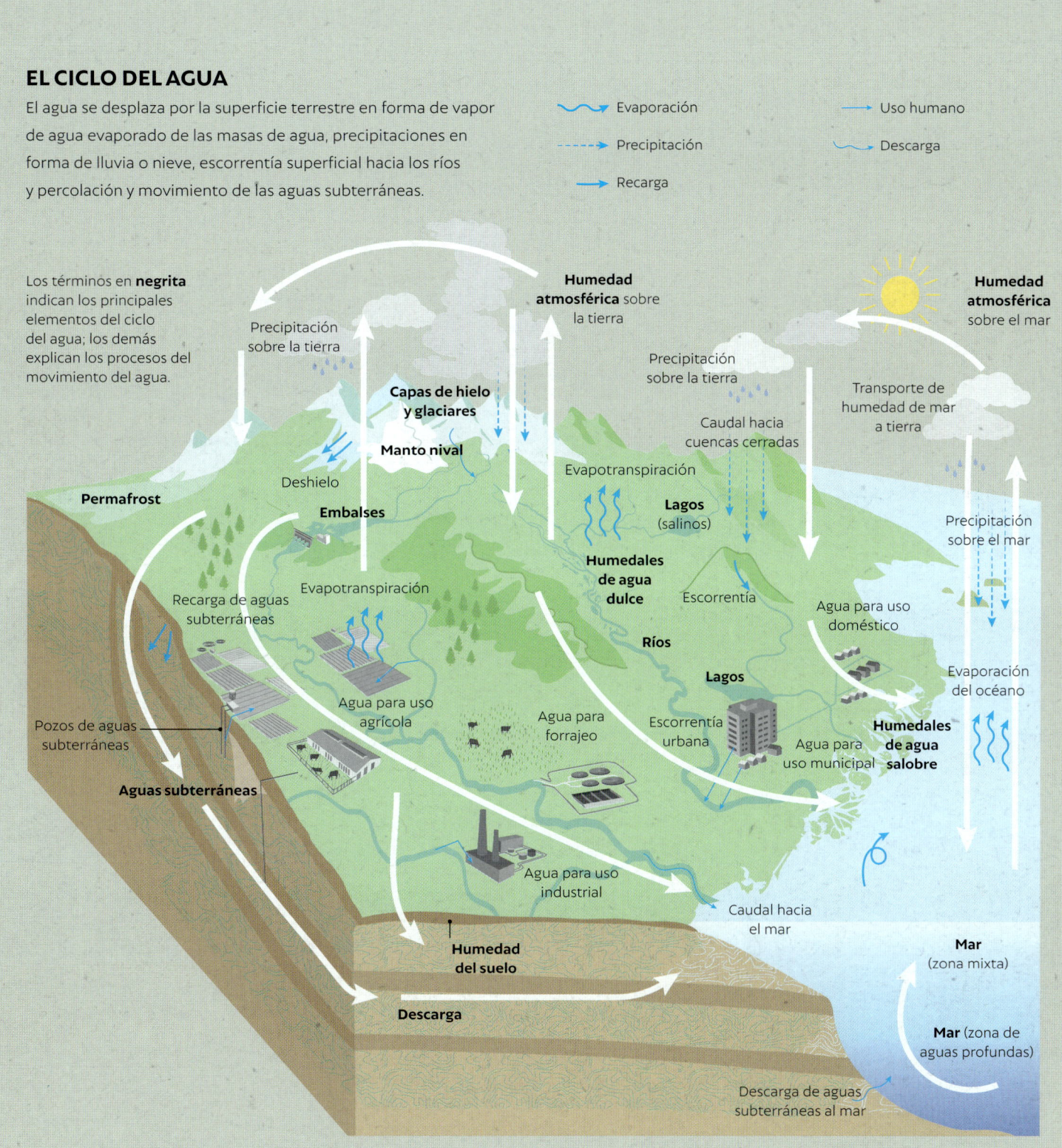

## Las olas

Las olas, el movimiento orbital de las moléculas de agua, se generan cuando el viento sopla sobre la superficie de una masa de agua. Las moléculas de agua se mueven en dirección orbital (circular), y si nos viéramos en medio del mar, primero nos desplazarían hacia arriba, luego hacia delante, luego hacia abajo y, al final, hacia atrás. Debido a la disminución de la energía que se produce cuando se está a mayor profundidad, este movimiento orbital es cada vez menor. Al final, el movimiento de las olas disminuye hasta cero, a la «base de la ola». Cuando las olas se acercan a la costa, el movimiento orbital de las olas en profundidad empieza a «sentir» el fondo, lo que hace que pase de ser circular a elíptico. La fricción con el fondo ralentiza la ola, elevándola, y, al final, la parte superior se mueve más rápido que el fondo, con lo que se «rompe». Estos movimientos del agua pueden transportar partículas de sedimentos a lo largo de las playas, bien a modo de bellas ondulaciones lineales en el fondo, o hacia arriba y hacia abajo y a lo largo de las playas a partir de las «derivas litorales».

## Las mareas

Las mareas son un tipo especial de ola. Se deben a que el agua del mar se ve afectada por la atracción gravitatoria de los cuerpos celestes, sobre todo la Luna y el Sol. La Luna tiene una cuarta parte del tamaño de la Tierra, pero solo está a 400 000 km de distancia de ella. Debido a esta proximidad, el agua del mar orientada a la Luna se ve atraída por ella y forma una especie de protuberancia. A causa de las fuerzas gravitatorias y centrípetas de la Tierra, en el otro lado del planeta, en dirección opuesta a la Luna, se crea otra protuberancia. Son «mareas altas» (o «pleamar») en las que el nivel del agua del mar rebasa la media. En los lugares situados entre estas se producen las «mareas bajas» (o «bajamares»). Dado que la Tierra tarda 24 horas en hacer una rotación completa pero la Luna solo se desplaza un poco en su órbita alrededor de nosotros, la Tierra gira bajo esta protuberancia gravitatoria, lo que hace que el nivel del mar experimente cada día dos pleamares y dos bajamares cada seis horas. Cada día, la hora de las pleamares y las bajamares cambia unos 50 minutos porque la Luna tarda un mes (28 días) en describir su órbita alrededor de la Tierra. La diferencia de altitud entre la pleamar y la bajamar se denomina «amplitud de marea» o «carrera de marea» (*véase* página 163) y varía de un lugar a otro del planeta. Las mareas vivas y muertas ejercen una gran influencia en la migración de los peces a través de los estuarios y deltas y en el lugar donde la vegetación de los humedales puede asentarse en tierra, que es la llamada «zona intermareal».

▼ **El romper de una ola en Queensland, Australia**

*Las olas rompen cuando su parte superior va más rápido que la inferior.*

## LAS MAREAS DE LA TIERRA

Aunque, debido a su proximidad, la Luna es la principal fuerza gravitatoria que influye en las mareas, el Sol también afecta a su magnitud a lo largo de un mes. Cuando hay luna llena y nueva, la amplitud de marea está en su punto máximo («marea viva»). Cuando la Luna está en sus fases de primer y tercer cuarto, la amplitud de marea está en su punto mínimo («marea muerta»).

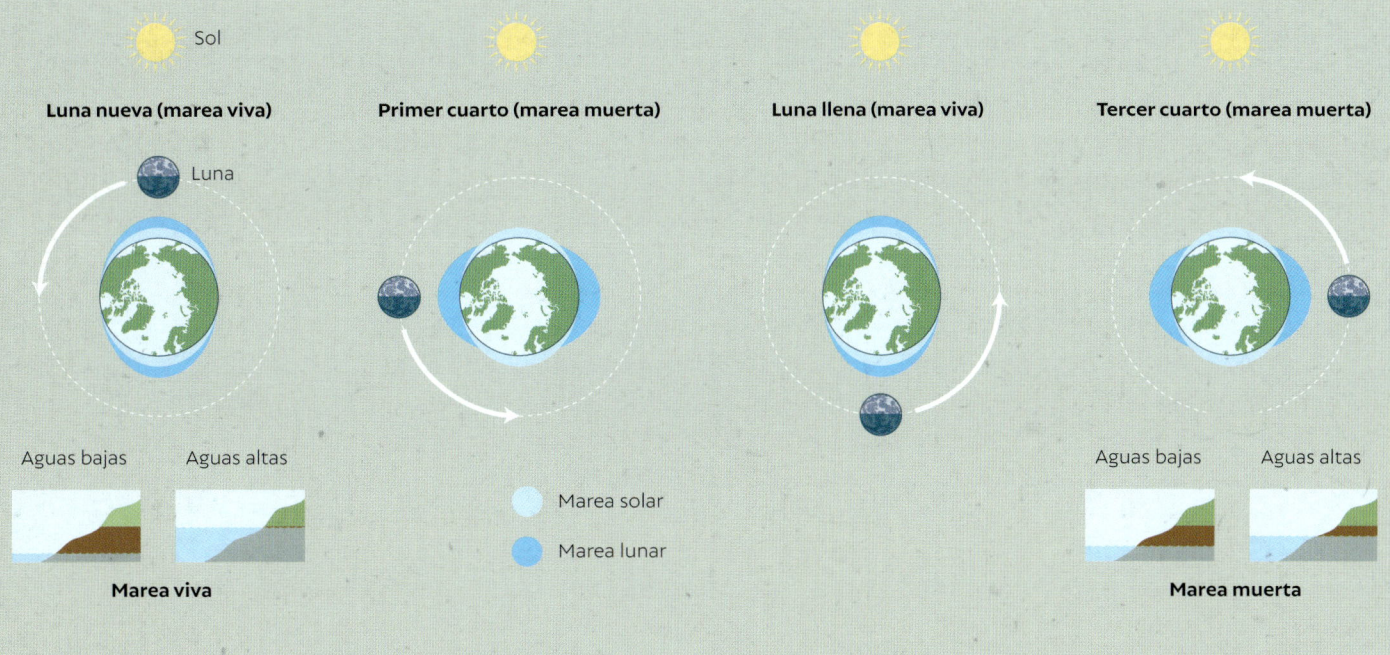

Sol

**Luna nueva (marea viva)**   **Primer cuarto (marea muerta)**   **Luna llena (marea viva)**   **Tercer cuarto (marea muerta)**

Luna

Aguas bajas   Aguas altas

**Marea viva**

Marea solar
Marea lunar

Aguas bajas   Aguas altas

**Marea muerta**

# El nivel del mar

El agua de todo el mundo fluye por los ríos a los estuarios y deltas y, al final, va a parar al mar. El llamado «nivel del mar» no es invariable. Las mareas pueden provocar fluctuaciones en cuestión de unas horas, mientras que los vientos y las tormentas pueden empujar el agua hacia la costa en lapsos diarios, mensuales o estacionales. Por lo general, los científicos consideran que el nivel medio del mar es el promedio de estas fluctuaciones del nivel del agua. A lo largo de los últimos 10 000 años, el nivel del mar ha ido subiendo a medida que la Tierra se ha ido calentando, lo que ha hecho que se derritan los glaciares y que el agua contenida en estas masas de hielo terrestres haya ido a parar al mar. La reciente adición de gases de efecto invernadero a la atmósfera por parte del ser humano ha acelerado este calentamiento: el Grupo Intergubernamental de Expertos sobre el Cambio Climático ha demostrado que la temperatura de la Tierra ha aumentado una media de 0,08 °C por década desde 1880; es decir, unos 1,1 °C en total. En consecuencia, el aumento medio global del nivel del mar es hoy en día de unos 3-4 mm al año.

▼ **Sumergida**

*La subida del nivel del mar, junto con la erosión costera y la subsidencia, ha provocado la pérdida de esta mezquita en Yakarta, Indonesia.*

# Controles de la distribución geográfica

Si a la Tierra se la conoce como el «planeta azul y verde» es porque el agua está presente en buena parte de su superficie y permite así el crecimiento de la vegetación. Los ríos, estuarios y deltas, parte fundamental de esta agua, también están en todo el planeta, desde las exuberantes zonas tropicales hasta los desiertos y paisajes polares. ¿Qué determina esta distribución geográfica?

▼ **Las placas de la Tierra**
*La tectónica de placas demuestra que la Tierra está compuesta por placas litosféricas que se crean, modifican y destruyen a lo largo de sus límites. Los actuales continentes (y, por lo tanto, las ubicaciones de los ríos, estuarios y deltas modernos) se crearon gracias a sus interacciones a lo largo del tiempo geológico.*

## Tectónica de placas

La Tierra es excepcional debido a que su capa exterior de roca dura (la litosfera) se desplaza lenta pero constantemente sobre una roca plástica muy caliente (la astenosfera). No fue hasta la década de 1960 cuando los científicos descubrieron que la creación de cadenas montañosas, volcanes y fosas marinas está relacionada con el movimiento de las placas de la corteza exterior de la Tierra, un proceso denominado «tectónica de placas». La litosfera se divide en corteza oceánica, compuesta sobre todo de basalto, y corteza continental (o granítica), compuesta en su mayor parte de granito. Cuando la corteza continental choca con la continental durante los desplazamientos de las placas terrestres, se generan grandes cadenas montañosas, como el Himalaya. Cuando la corteza continental colisiona con la oceánica, esta última, que es más densa (3,1 g/cm³), se hunde y fluye bajo la corteza continental, que es más ligera (2,8 g/cm³). Este proceso se denomina «subducción». Lo habitual es que esto produzca la fusión de la corteza subductada en las profundidades y dé lugar a volcanes a lo largo del margen de la placa subductante (un arco volcánico). A lo largo de millones de años, las placas de

la Tierra se han desplazado de forma considerable en un movimiento continuo que las ha llevado a separarse y fusionarse. Así, la ubicación de los ríos, estuarios y deltas también está sujeta a un cambio continuo debido a estas interacciones a lo largo del tiempo geológico, ya que los movimientos tectónicos determinan las distribuciones de las masas continentales y las pendientes que sigue el agua.

## Zonificación climática de la Tierra

La Tierra se divide en varias zonas climáticas que se basan en patrones a largo plazo centrados en la temperatura y las precipitaciones. La máxima energía del sol incide en el ecuador, mientras que en latitudes más altas, la radiación entrante disminuye y a los polos llega la mayor parte de la energía solar indirecta. De ahí que las temperaturas medias disminuyan cuanto más nos alejemos del ecuador. Los climas tropicales se caracterizan por su calidez, mientras que los climas moderados y continentales de latitudes medias son más templados y el clima polar es frío.

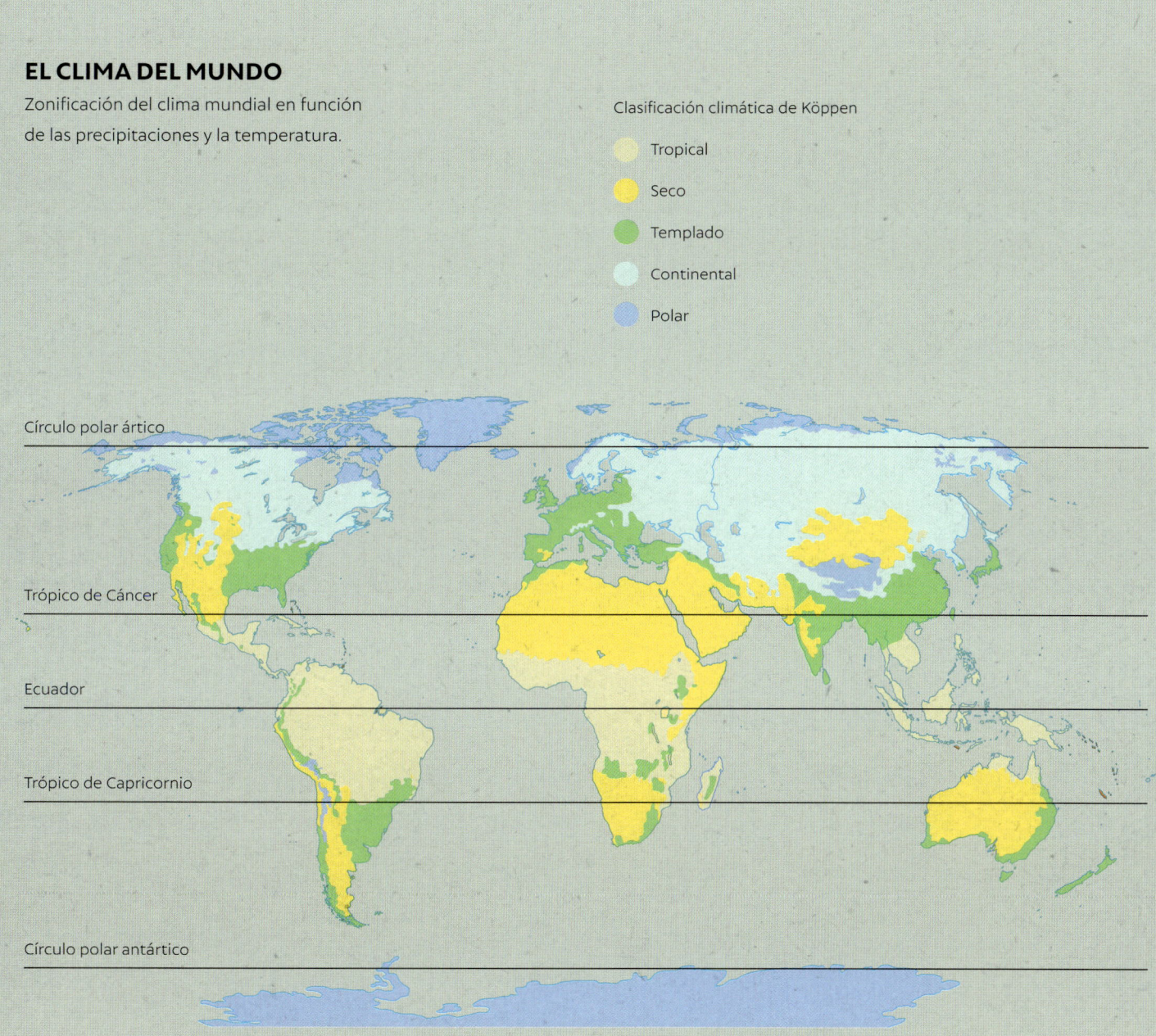

**EL CLIMA DEL MUNDO**

Zonificación del clima mundial en función de las precipitaciones y la temperatura.

Clasificación climática de Köppen

- Tropical
- Seco
- Templado
- Continental
- Polar

Círculo polar ártico

Trópico de Cáncer

Ecuador

Trópico de Capricornio

Círculo polar antártico

Estas zonas climáticas se subdividen a su vez en función de la cantidad de precipitaciones que reciben: en los climas tropicales, es habitual que llueva entre 1000 y 3000 mm al año, mientras que los climas templados y continentales reciben menos precipitaciones anuales (unos 250-1000 mm). Las regiones polares y desérticas son secas: reciben menos de 250 mm de precipitaciones al año. Muchos desiertos se encuentran entre las latitudes 30°N y 30°S. Esto se debe a la presencia de células de circulación atmosférica, que se forman debido a la redistribución del calor. En el ecuador, el aire caliente asciende (un proceso llamado «convección»), lo que genera nubes cuando se condensa el agua del aire. El aire se desplaza entonces hacia el norte y el sur del ecuador, se adensa al enfriarse y, al mismo tiempo, se ve movido por la fuerza de Coriolis, causada por la rotación de la Tierra. Al final, el aire más seco y denso desciende a 30° de latitud y retrocede hacia el ecuador a lo largo de la superficie

## UN MUNDO DE RÍOS, ESTUARIOS Y DELTAS

Los principales ríos, estuarios y deltas del mundo junto con ciudades importantes.

▲ Delta importante

■ Estuario importante

〰 Ríos y lagos

Ciudades

○ 0,5-2 millones

○ 2-5 millones

○ >5 millones

terrestre, lo que genera los vientos alisios y las regiones de clima más seco. Estas células de circulación se denominan «células de Hadley» en honor a George Hadley (1685-1768), meteorólogo aficionado que dio con la explicación de la formación de los vientos alisios. El desierto del Sáhara, en África, y el desierto de Gibson y el Gran Desierto Arenoso, en Australia, son excelentes ejemplos del clima seco. Más allá de estas zonas y antes de llegar a las frías regiones polares, la Tierra da muestras de una gran exuberancia y posee una vegetación que prospera gracias al abundante suministro de agua.

Los ríos, estuarios y deltas se dan en todas las zonas climáticas de la Tierra en las que haya suficiente agua que pueda atravesar la superficie (ríos) y desembocar en lagos y cuencas oceánicas (estuarios y deltas). El clima no solo dicta cuánta agua puede haber, sino también qué tipo de flora y fauna prospera allí.

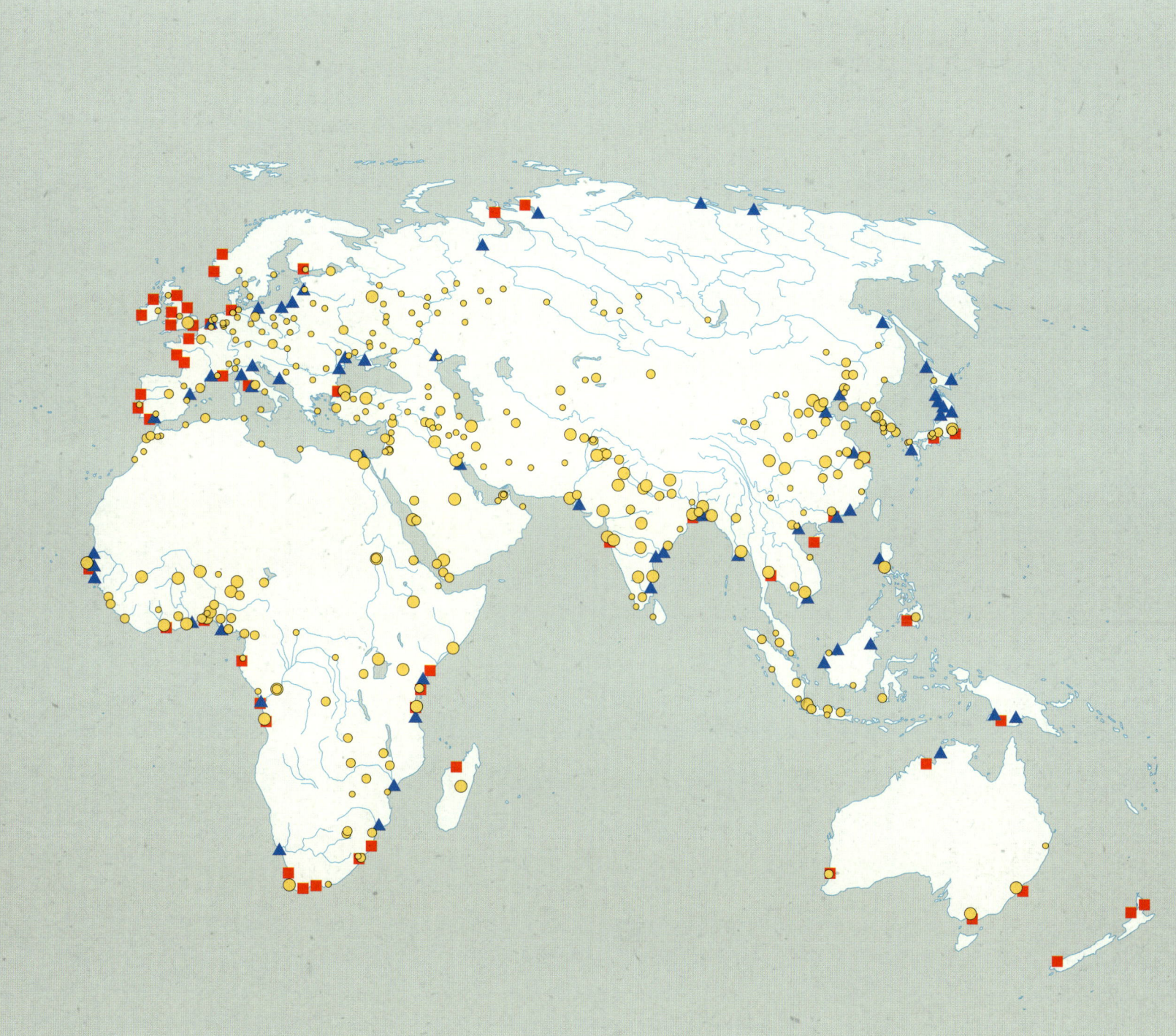

# De la fuente al sumidero

Los ríos transportan agua, sedimentos y nutrientes desde su cuenca hasta la costa y el mar. Mantener este flujo y conectividad a lo largo del continuo cuenca-costa, «de la fuente al sumidero», es crucial para sustentar la gama de hábitats y condiciones requeridas por la vida fluvial, estuarina y marina.

Una cuenca hidrográfica es una zona en la que las aguas superficiales y subterráneas acaban desembocando en el mismo punto, sea un lago, un río o el mar. Debido a la gravedad, el agua fluye hacia las zonas más bajas, y en su camino arrastra sedimentos y otros materiales de los enclaves situados aguas arriba hasta las zonas situadas aguas abajo. Por lo tanto, los cambios en las condiciones del suelo, la cubierta vegetal y las actividades humanas en las zonas de captación pueden ejercer una gran influencia en las condiciones medioambientales desde el río hasta las profundidades marinas.

En las cuencas naturales, el flujo de agua se ve controlado por la topografía, la geología y la vegetación. Su presencia en las riberas y los terrenos inundables desempeña un papel clave en la regulación de los flujos de agua a lo largo de las cuencas y en la producción de materia orgánica, fuente de nutrientes para los productores primarios en la base de las cadenas tróficas de agua dulce y marina. El volumen que llega a las cuencas depende tanto de la cantidad de precipitaciones como de la cantidad de agua

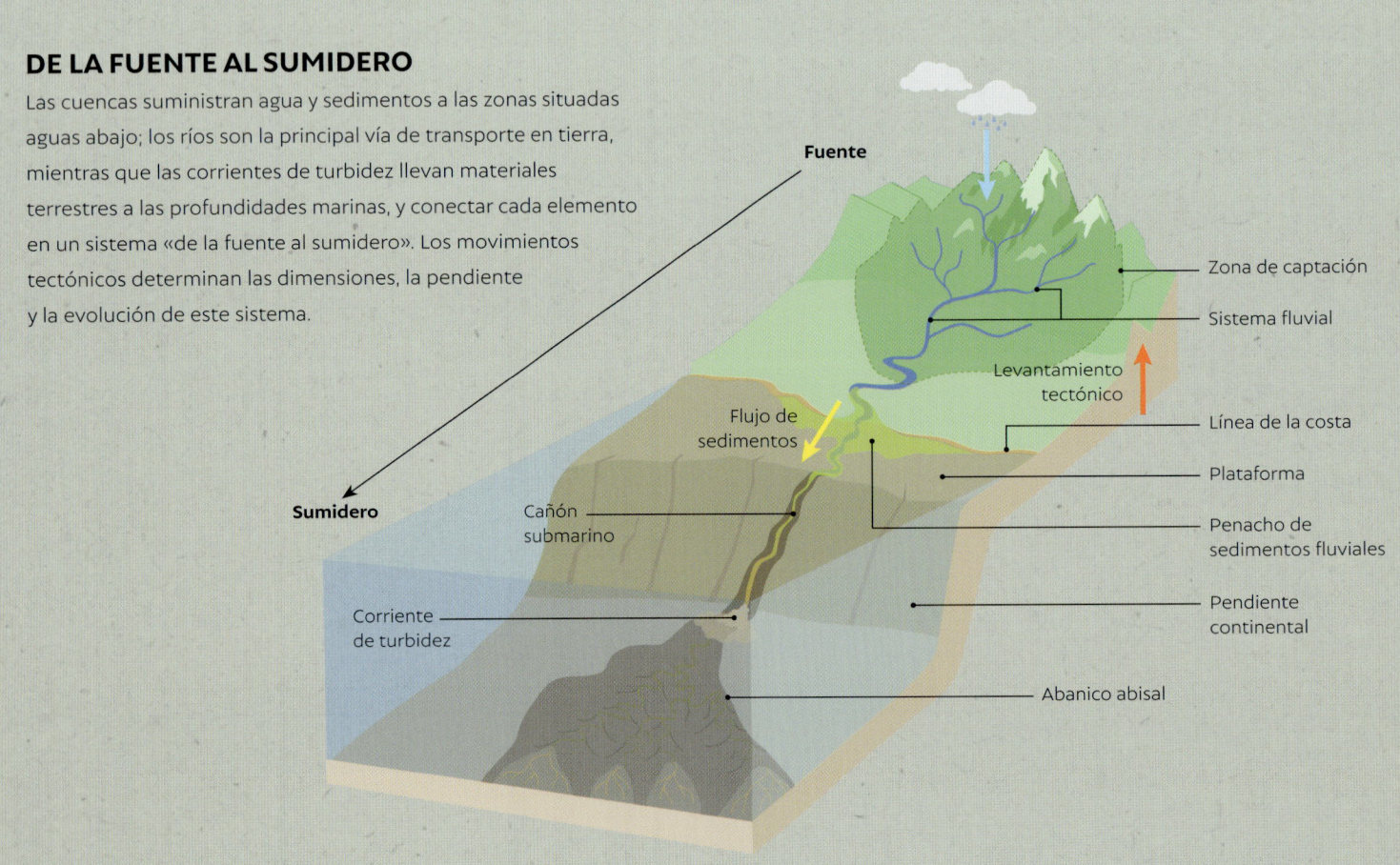

**DE LA FUENTE AL SUMIDERO**

Las cuencas suministran agua y sedimentos a las zonas situadas aguas abajo; los ríos son la principal vía de transporte en tierra, mientras que las corrientes de turbidez llevan materiales terrestres a las profundidades marinas, y conectar cada elemento en un sistema «de la fuente al sumidero». Los movimientos tectónicos determinan las dimensiones, la pendiente y la evolución de este sistema.

Fuente

Zona de captación

Sistema fluvial

Levantamiento tectónico

Línea de la costa

Flujo de sedimentos

Plataforma

Penacho de sedimentos fluviales

Sumidero

Cañón submarino

Pendiente continental

Corriente de turbidez

Abanico abisal

que se evapora o se ve retenida por la vegetación o se filtra en el suelo. El suelo y la vegetación, como filtros naturales, retienen sedimentos y contaminantes y mejoran la calidad del agua. El agua que se infiltra en los suelos permeables y el que usa la vegetación tarda más en llegar aguas abajo, reduciendo la propagación de contaminantes y el riesgo de inundaciones.

## El sustento de los mares

Los ríos llevan enormes cantidades de nutrientes (carbono, nitrógeno y fósforo) de la tierra al mar. Las plantas terrestres y marinas necesitan nitrógeno y fósforo para crecer. Lo habitual es que las aguas marinas lejos de la costa tengan muy pocos nutrientes, lo que limita el fitoplancton, las plantas microscópicas que son la base de la cadena alimentaria de la fauna acuática. Los ríos de gran caudal pueden formar penachos de agua dulce que fluyan cientos de kilómetros hacia el mar aportando nutrientes a las aguas marinas. El río Amazonas proporciona el 25 por ciento del nitrógeno que le llega al Atlántico Norte.

## Avalanchas submarinas

Los grandes volúmenes de sedimentos que transportan los ríos se acumulan en sus desembocaduras, formando una densa capa de lodo y arena que puede convertirse en una rápida corriente que se desplaza hacia el fondo marino. Se conocen como «corrientes de turbidez» y son la principal fuente de arena, lodo, nutrientes y contaminación de las profundidades marinas. Estas, desencadenadas por avalanchas submarinas (que pueden estar causadas por terremotos), mareas vivas y tormentas, generan penachos turbios que acaban llegando a las profundidades marinas. También aparecen por las crecidas de los ríos, que alimentan lagos y mares con aguas ricas en sedimentos. Cuando penetran en los confines de las escarpadas paredes de los cañones submarinos, pueden acelerar y erosionar materiales que aumentan la densidad de la corriente y su velocidad en un bucle de retroalimentación. Pueden durar muchos días e ir perdiendo velocidad en los gradientes más suaves de las profundidades marinas. La arena más gruesa y pesada es lo que se deposita primero, mientras que las partículas más finas, suspendidas en el agua, recorren mayores distancias. Estas forman depósitos alargados y con forma de abanico que abarcan una gran superficie y que pueden alcanzar cientos de metros de espesor. Estos depósitos favorecen los ecosistemas en las profundidades marinas y son un sumidero de carbono terrestre, pero también un peligro: erosionan el fondo marino y rompen los cables submarinos de las comunicaciones intercontinentales por internet.

▲ **Lavado**

*La deforestación a lo largo del río Betsiboka, en el noroeste de Madagascar, ha incrementado la escorrentía y la erosión del suelo, la cual se intensifica tras las fuertes lluvias, que hacen que el agua se tiña de rojo. Esta imagen se tomó desde la Estación Espacial Internacional tras el paso del ciclón Gafilo, de categoría 5, a principios de marzo de 2004.*

## EN LAS PROFUNDIDADES DEL CONGO

El río Congo tiene muchas características especiales derivadas de los levantamientos tectónicos que han modelado su cuenca. El río drena en torno al 12 por ciento de la superficie terrestre de África y su caudal medio podría llenar unas dieciséis piscinas olímpicas cada segundo, y hasta treinta durante los picos de caudal. Aguas abajo de las amplias y tranquilas aguas del lago Malebo, el gran volumen de agua que recibe la cuenca va hacia el curso inferior (o Bajo Congo), que, al ser más estrecho y tener una mayor pendiente, acelera el caudal del río (*véase* página 86).

Los estuarios suelen ser sumideros sedimentarios, ya que solo una parte de los sedimentos que reciben de los ríos llega al mar. El cañón submarino del Congo, que comienza 30 km aguas arriba de la desembocadura del estuario y que se extiende a través de la plataforma continental, facilita la transferencia de sedimentos a las profundidades marinas a través de las corrientes de turbidez. Los cambios en la profundidad a lo largo del cañón submarino y el canal del Congo entre enero y marzo de 2020 indican que la cantidad de sedimento erosionado por las corrientes de turbidez representó entre el 19 y el 37 por ciento del flujo total de sedimentos en suspensión que llegan a los mares procedentes de todos los ríos. La corriente alcanzó los 40 km/h y rompió cables submarinos, lo que influyó en la conexión a internet de los países comprendidos entre Nigeria y Sudáfrica.

Las corrientes de turbidez también desempeñan un papel clave en la transferencia a las profundidades marinas del carbono que produce la vegetación terrestre. En torno a la mitad que llega al curso inferior del río Congo se deposita en las aguas más profundas del cañón submarino y, al final, llega a las profundidades marinas. Los depósitos que forman las corrientes de turbidez del Congo hunden cada año en torno al 2 por ciento del carbono orgánico terrestre que llega a las profundidades marinas. La baja disponibilidad de hierro disuelto en el mar es una limitación importante para el crecimiento de fitoplancton. El río Congo reduce este déficit, ya que es el río que más hierro suministra a los mares. La concentración de hierro que desvía el estuario del Congo representa el 40 por ciento del total que entra en el Atlántico Sur.

**Directas al mar**
Las rocas de la cuenca del Congo tienen elevadas concentraciones de hierro, las cuales, ayudadas por la elevada descarga del río y las corrientes de turbidez, que arrojan grandes volúmenes de agua y sedimentos al mar, bordean el estuario.

1 República Democrática del Congo
2 Angola
3 Penacho fluvial
4 Estuario del Congo
5 Cabecera del cañón submarino

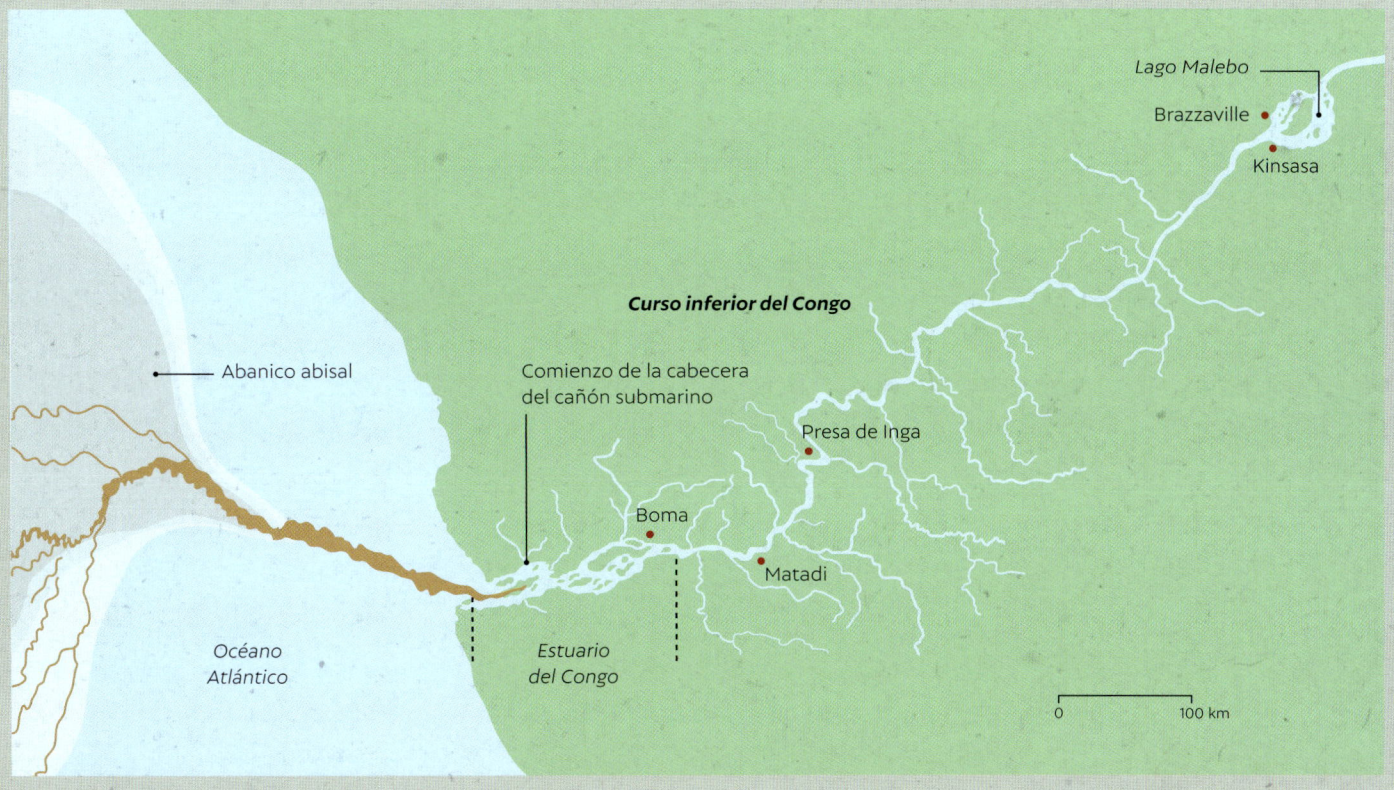

Lago Malebo
Brazzaville
Kinsasa

*Curso inferior del Congo*

Abanico abisal

Comienzo de la cabecera
del cañón submarino

Presa de Inga

Boma

Matadi

*Océano
Atlántico*

*Estuario
del Congo*

0          100 km

**Conexión profunda**

Entre Kinsasa y Matadi, el curso inferior del Congo desciende 270 m en 350 km, creando una serie de rápidos en los tramos conocidos como «cataratas Livingstone» y «cataratas de Inga» (*véase derecha*). Las corrientes de turbidez recorren 1000 km a lo largo del cañón submarino del Congo y el sistema del canal submarino (*véase* gráfico inferior), que alcanza profundidades de 5000 metros y forma el flujo de sedimentos más largo conocido hacia el mar.

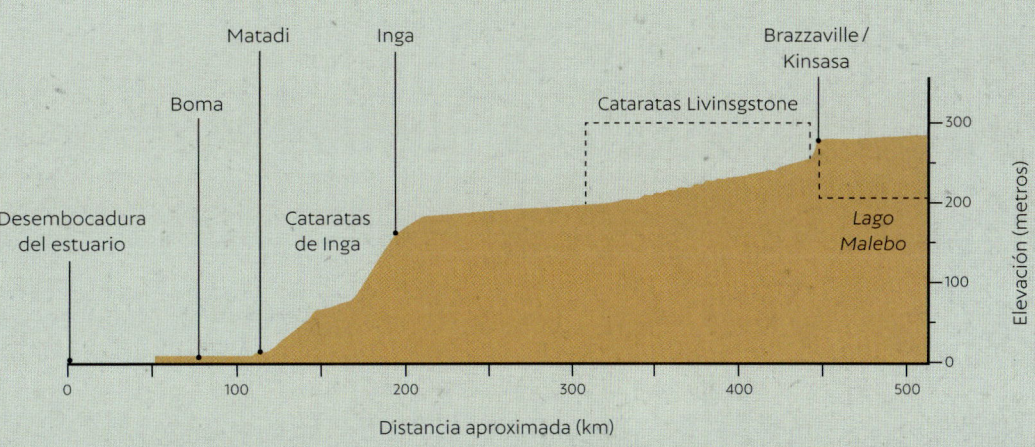

Matadi
Inga
Boma
Brazzaville /
Kinsasa

Cataratas Livinsgstone

Desembocadura
del estuario

Cataratas
de Inga

*Lago
Malebo*

Elevación (metros)

300
200
100
0

Distancia aproximada (km)

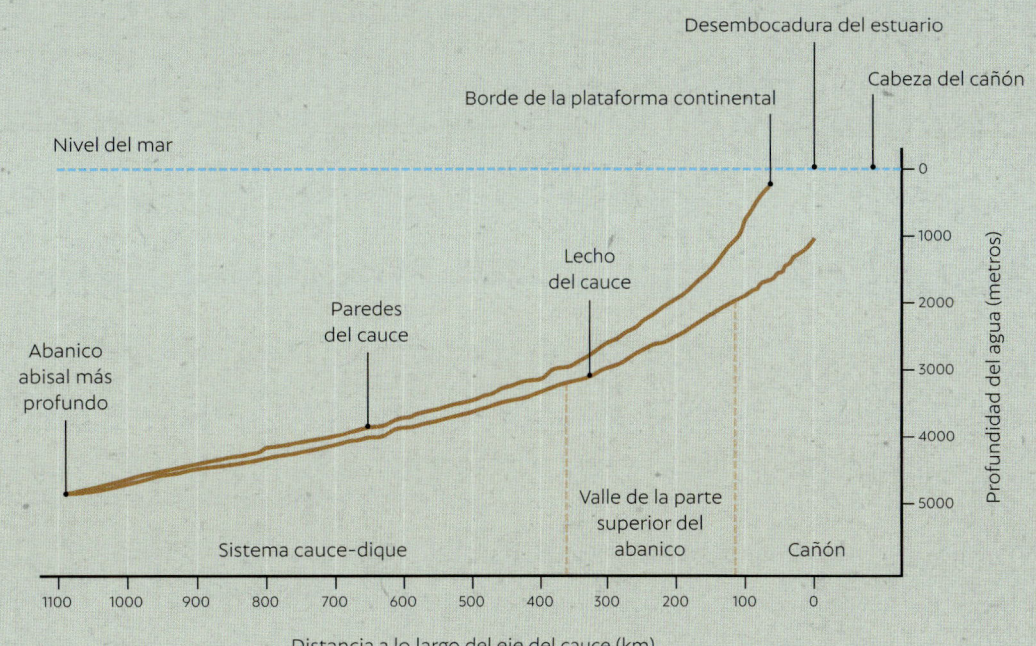

Desembocadura del estuario

Borde de la plataforma continental

Cabeza del cañón

Nivel del mar

Paredes
del cauce

Lecho
del cauce

Abanico
abisal más
profundo

Profundidad del agua (metros)

0
1000
2000
3000
4000
5000

Sistema cauce-dique

Valle de la parte
superior del
abanico

Cañón

Distancia a lo largo del eje del cauce (km)

# Los ríos, estuarios y deltas y la salud planetaria

El agua y los alimentos procedentes de ríos, estuarios y deltas han sido el sustento de sociedades humanas durante mucho tiempo. Sin embargo, las masas de agua de la Tierra están sometidas a cambios constantes como respuesta a las presiones medioambientales y humanas. Protegerlas del cambio climático y otras actividades antropogénicas (como la minería, la contaminación y la construcción de presas), y comprender cómo afectan estos cambios a la salud humana (mediante, por ejemplo, la propagación de enfermedades infecciosas y transmitidas por el agua) se ha convertido en una cuestión crucial.

El término «salud planetaria» se usa para referirse a la idea de que existe una interdependencia entre el funcionamiento saludable de los sistemas naturales de nuestro planeta y el bienestar humano. De esta relación dan fe las masas de agua del mundo. Por su papel en el suministro de agua dulce para beber y bañarse, y porque los ríos, estuarios y deltas suministran y almacenan sedimentos ricos en nutrientes, estos entornos cruciales han sustentado el desarrollo de las sociedades humanas desde la adopción de la agricultura.

## Agua limpia y alimento

Aunque el agua es crucial para la vida, según la Organización Mundial de la Salud hay 2000 millones de personas que no tienen acceso a agua potable gestionada de forma segura. Dada la creciente proporción de masas de agua contaminadas en el mundo, no es de extrañar que tantas personas (se calcula que 829 000 al año) mueran de diarrea, ya sea como consecuencia directa de beber agua insalubre o porque, cuando no se dispone de agua, el lavado de manos no es una prioridad. Las enfermedades transmitidas por el agua, como el cólera, la giardiasis y la fiebre tifoidea, están asociadas a la mala calidad del agua y a su contaminación, sobre todo debido a unas instalaciones sanitarias deficitarias. En 2017, más de 220 millones de personas necesitaron tratamiento preventivo contra la esquistosomiasis, una enfermedad aguda y crónica causada por gusanos parásitos que se contrae por exposición a aguas contaminadas.

Los ríos, estuarios y deltas también dan sustento a las plantas y animales de los que nos alimentamos. Según la Organización de las Naciones Unidas para la Alimentación y la Agricultura (FAO, por sus siglas en inglés), en 2018 se pescaron más de 12 millones de toneladas de peces de agua dulce. Las cuencas fluviales más productivas en este sentido son el Mekong (15 por ciento del total mundial de capturas), el Nilo y el lago Victoria (9 por ciento), el Irawadi (o Ayeyarwady) (7,8 por ciento), el Yangtsé (6,8 por ciento), el Amazonas (4,3 por ciento) y el Ganges (3,5 por ciento). Sin embargo, los mapas globales del índice de amenaza de las pesquerías (*véase* página siguiente) indican que la mayor parte de las capturas mundiales de pesca de agua dulce procede de regiones con puntuaciones de amenaza de moderada a alta de 4-5 (47 por ciento) o de 6-7 (38 por ciento), mientras que otro 10 por ciento de las capturas procede de zonas con los valores máximos del índice de amenaza (o sea 8-10).

▶ **Sustento saludable**
*En los humedales de los terrenos inundables que rodean Nom Pen se cultivan plantas como la campanilla y la mimosa acuática, productos nutritivos y de origen local de los que se abastecen los mercados de la capital camboyana.*

## BAJO PRESIÓN

Mapa de la amenaza a la pesca en agua dulce elaborado por la Organización de las Naciones Unidas para la Agricultura y la Alimentación. Las mayores puntuaciones de amenaza se asocian a zonas de elevada captación de aguas, gran densidad de población, cambio intensivo del uso del suelo y contaminación.

Puntuación de amenaza

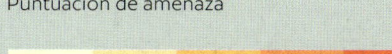

0,0-2,0    2,1-4,0    4,1-6,0    6,1-8,0    8,1-10,0

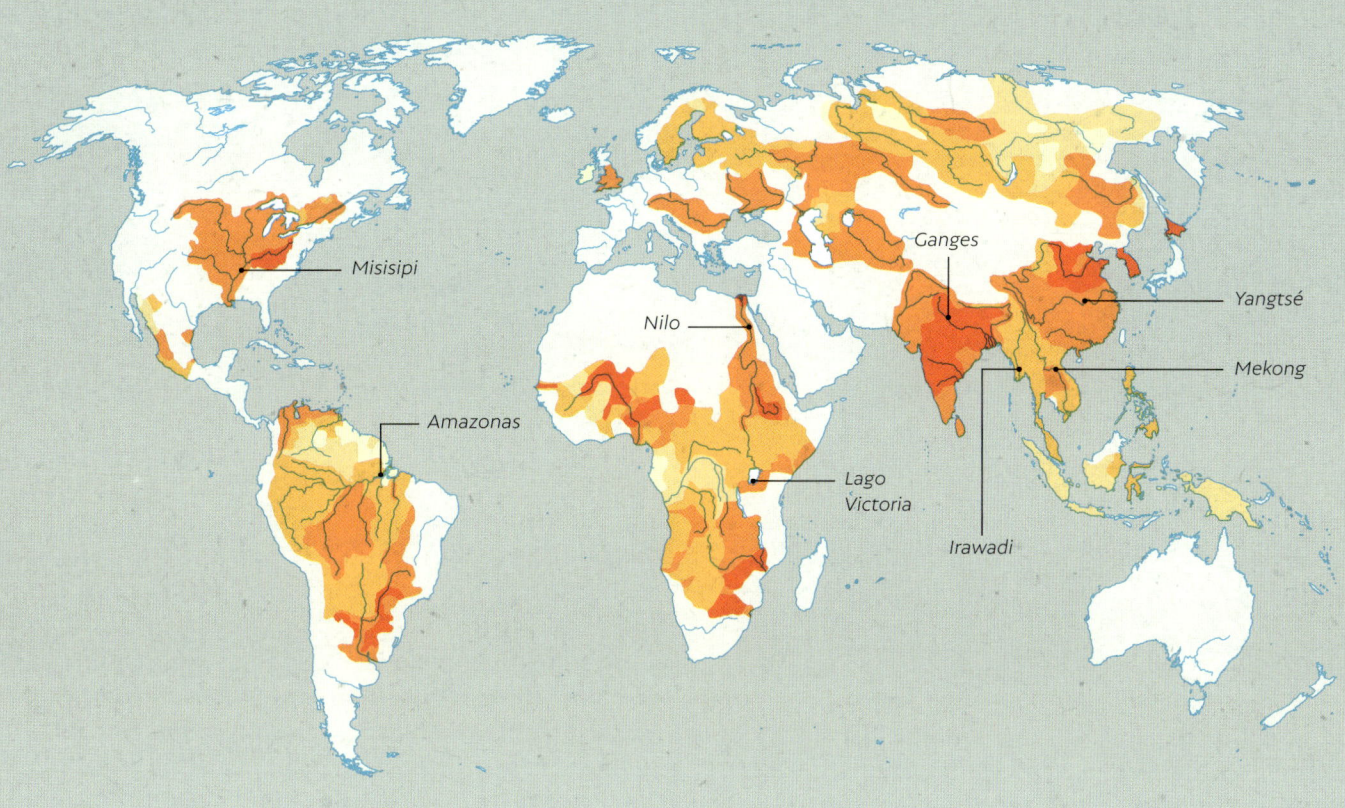

Misisipi

Amazonas

Nilo

Lago Victoria

Ganges

Yangtsé

Mekong

Irawadi

▲ **Al límite**
*Hak Bopha de pie detrás de su casa, al borde de la destrucción a causa del desprendimiento de la ribera del río Mekong en la comuna de Roka Koang, Camboya.*

[1] Nota del revisor. En el año 2024, tras 15 años de deliberación, la International Union of Geological Sciences rechazó incluirla como una época geológica, aunque el término es ampliamente utilizado por científicos ambientales, sociales, políticos y económicos.

## Alterar el equilibrio

Los ríos, estuarios y deltas no son estáticos: están sometidos a cambios constantes como respuesta a las presiones ambientales, muchas de ellas antropogénicas. Coincidiendo con el momento en el que William A. Anders captó la emblemática imagen de la Tierra que se elevaba sobre la Luna durante la misión Apolo 8 en diciembre de 1968, entramos en una nueva época geológica (el Antropoceno), con la humanidad como fuerza dominante del planeta.[1] En el caso de los ríos, estuarios y deltas, esta gran influencia humana se manifiesta a través de la creciente intensidad y frecuencia de inundaciones y sequías, de la fragmentación de los ríos por la construcción de presas, de la captación de aguas para regar cultivos intensivos, de la contaminación de los estuarios y de la salinización de los deltas a medida que se contraen y hunden a causa de la subida del nivel del mar. Estas presiones alteran su funcionamiento tanto de forma directa como indirecta.

## Peligros fluviales, desplazamientos y salud

Muchos peligros fluviales, como las inundaciones y la erosión de las tierras adyacentes a los ríos, pueden llevar a la gente a emigrar lejos de sus hogares. Se sabe que los desplazamientos forzosos ejercen una gran repercusión en la salud humana y comportan importantes riesgos asociados de malnutrición y enfermedades infecciosas epidémicas. Existe además una certeza creciente de que los traumas psicológicos asociados al desplazamiento forzoso pueden acarrear graves trastornos mentales. En general, los desplazamientos que provocan los peligros fluviales son responsables de algunas de las mayores morbilidades asociadas al cambio medioambiental global.

## Presas y enfermedades

Las presas, además de fragmentar el flujo natural de agua, sedimentos y nutrientes a través de los ríos y hacia sus estuarios y deltas (*véanse* páginas 140-143), influyen en la salud humana. Así, por ejemplo, las presas se relacionan desde hace tiempo con una elevada presencia de esquistosomiasis humana (bilharziosis), la enfermedad parasitaria más devastadora para el ser humano después de la malaria. Pero ¿qué es lo que provoca este aumento? En la cuenca del río Senegal, los langostinos de río, que son migratorios, se alimentan de los caracoles huéspedes de la esquistosomiasis, por lo que las presas que bloquean las migraciones de langostinos generan un aumento de los casos de esta enfermedad. Los hábitats del langostino de río están muy extendidos en todo el mundo, hasta el punto de que los proyectos de presas ponen en riesgo de contraer esquistosomiasis a 400 millones de personas más.

◀ **Protegidos por los langostinos**

*La repoblación de langostinos en el río Senegal aguas arriba del embalse de Diama redujo la densidad de caracoles y las tasas de reinfección por esquistosomiasis entre la población. A su vez, proporcionó un nuevo medio de subsistencia a los pescadores locales, que comercializaron los langostinos como alimento nutritivo.*

# Cartografiado y técnicas

El estudio de la forma de la superficie terrestre y sus cambios a lo largo del tiempo se ha visto revolucionado en las últimas seis décadas por las nuevas tecnologías, tales como la teledetección por satélite desde el espacio, el empleo de métodos de detección y localización por luz (LiDAR, por sus siglas en inglés) o los nuevos usos de imágenes aéreas. Combinadas, nos proporcionan una capacidad inédita para medir la superficie de la Tierra y los cambios que generan en ella los estresores naturales y antropogénicos.

## Principios de la teledetección

El cartografiado a gran escala de la superficie terrestre puede llevarse a cabo gracias a la aplicación de diversas técnicas de teledetección mediante sensores aerotransportados o espaciales. Dichos sensores, que detectan la radiación emitida por la superficie de la Tierra, se centran en diferentes regiones (longitudes de onda) del espectro electromagnético (EEM). Dado que la cantidad de radiación reflejada depende tanto de las propiedades de la superficie como de la radiación entrante, cada tipo de sensor capta

## DETECCIÓN DE LAS MASAS DE AGUA DE LA TIERRA

Los distintos elementos de la Tierra reflejan la radiación solar de diferentes maneras. Los satélites de observación planetaria pueden medir estas señales reflejadas a distintas escalas temporales y espaciales.

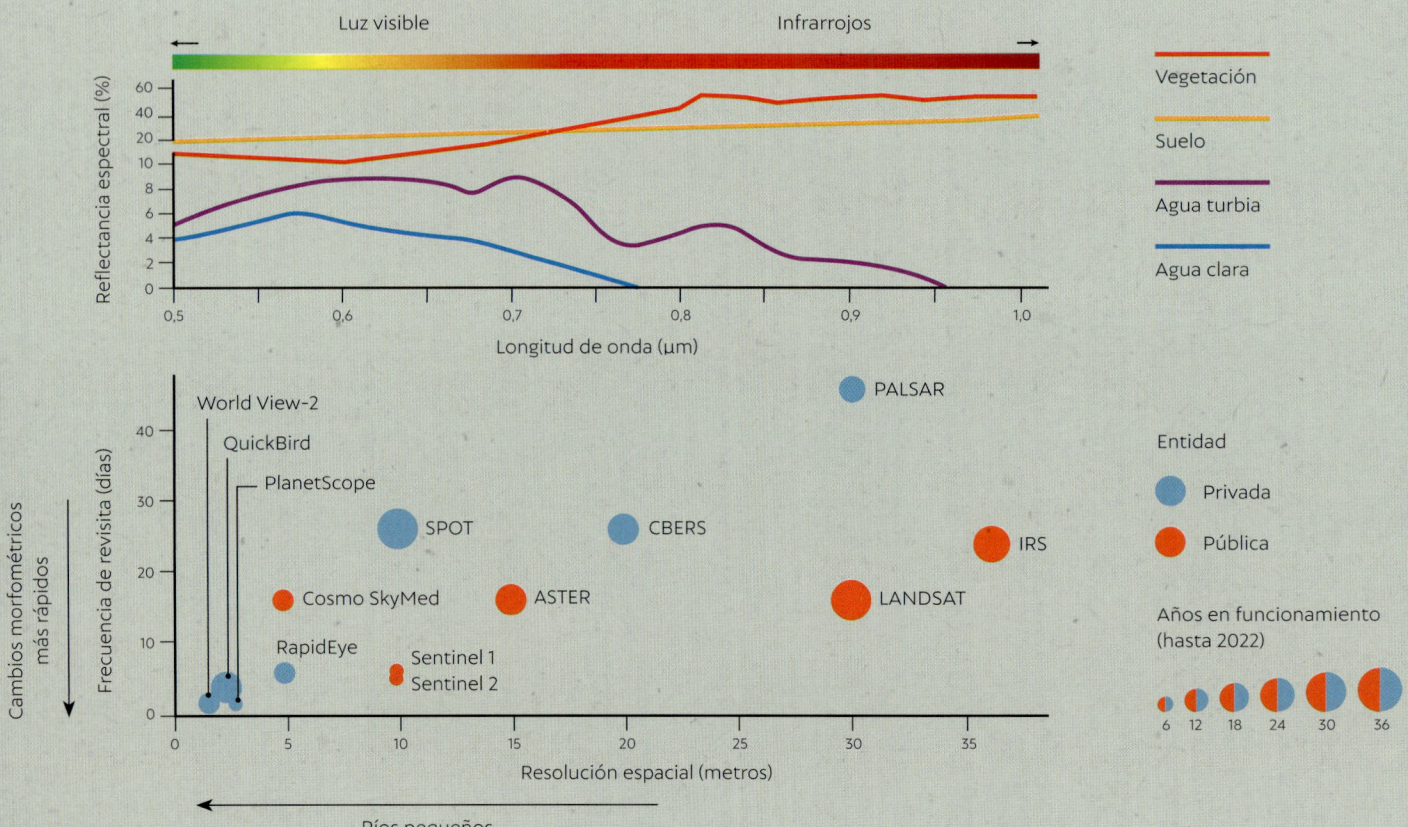

un tipo de información concreta sobre las propiedades de la superficie. Así, por ejemplo, la fotografía aérea convencional, empleada desde hace tiempo en la elaboración de mapas, se limita a usar la luz del espectro visible. Es de especial relevancia para el cartografiado de ríos, estuarios y deltas el hecho de que el agua tiene una firma espectral muy distintiva a la de la tierra adyacente, lo que permite delimitarla con claridad. En comparación con la tierra, el agua absorbe con más facilidad la radiación solar entrante en la porción infrarroja del EMS (longitudes de onda de 0,75-3,0 µm), pero absorbe menos en el rango visible (longitudes de onda de 0,38-0,75 µm). Esto significa que, siempre que se apliquen las correcciones por el hecho de que las masas de agua rara vez son totalmente claras (debido a la presencia de sedimentos en suspensión, fitoplancton y clorofila-$a$), se pueden detectar de forma remota elementos de agua mediante sensores ópticos que tengan al menos una «banda» de detección en el espectro infrarrojo.

Muchas técnicas de teledetección se basan en sensores pasivos que reciben la radiación solar que refleja la superficie terrestre. Con todo, también se usan sensores activos. Por ejemplo, los radares de apertura sintética (SAR, por sus siglas en inglés) emiten y reciben la radiación de microondas retrodispersa por la superficie terrestre. La gran ventaja de los SAR es que no les afectan las nubes, que sí influyen en los sensores ópticos.

## Las imágenes de la Tierra desde los primeros satélites espía

La publicación en 1995 de imágenes clasificadas tomadas entre 1959 y 1972 por satélites de reconocimiento de la Agencia Central de Inteligencia de Estados Unidos (CIA) nos ofrece una visión de la superficie terrestre en la década de 1960.

El proyecto CORONA avanzó con rapidez tras el derribo de un avión espía estadounidense U-2 sobre la Unión Soviética el 1 de mayo de 1960, y consistió en ocho misiones de satélites independientes. En cada una hubo un vehículo espacial que alcanzó altitudes de unos 185 km y captó imágenes en película fotográfica mediante un sistema de cámara panorámica estereoscópica giratoria. La película se revelaba a bordo y se introducía en casetes en cápsulas de recuperación que acababan por llegar a la Tierra, donde se recogía. Cada carga contenía la friolera de 9,6 km de película de 70 mm, y el programa recogió más de 800 000 imágenes a lo largo de doce años. Estas empezaron con una distancia de muestreo del suelo terrestre de 8 metros, que aumentó a 2 metros cuando la tecnología mejoró.

Aunque se diseñaron como satélites espía con los que tomar nota de las operaciones militares rusas y chinas, el archivo CORONA (hoy en día desclasificado y a disposición del público) conforma un valioso registro de muchas partes de la superficie terrestre en la década de 1960, incluidos sus ríos, deltas y estuarios.

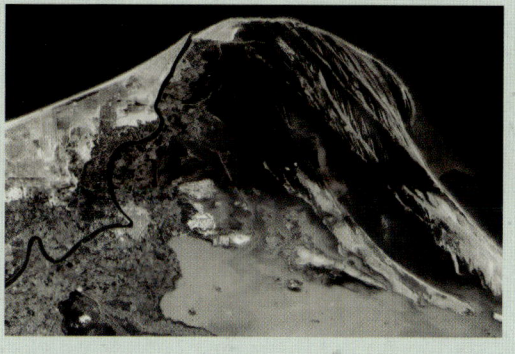

**Cambios del paisaje en el delta del Nilo**
Imágenes de la desembocadura del ramal de Damieta tomadas en 1968 (*superior*) por un satélite espía estadounidense CORONA y en 2022 (*inferior*) por un satélite CubeSat, de Planet Labs.

0       5 km

## SEGUIMIENTO DEL MOVIMIENTO DE LOS RÍOS

El análisis de dos décadas de imágenes Landsat nos permite estimar las tasas de migración de los cauces a lo largo de 370 000 km de la red fluvial de la Tierra. Aunque la tasa media anual de migración es de 1,52 metros, la mayoría de los ríos se desplazan más despacio por sus terrenos inundables. Los ríos que migran a mayor velocidad suelen estar situados en la cuenca amazónica y en algunas regiones de Asia.

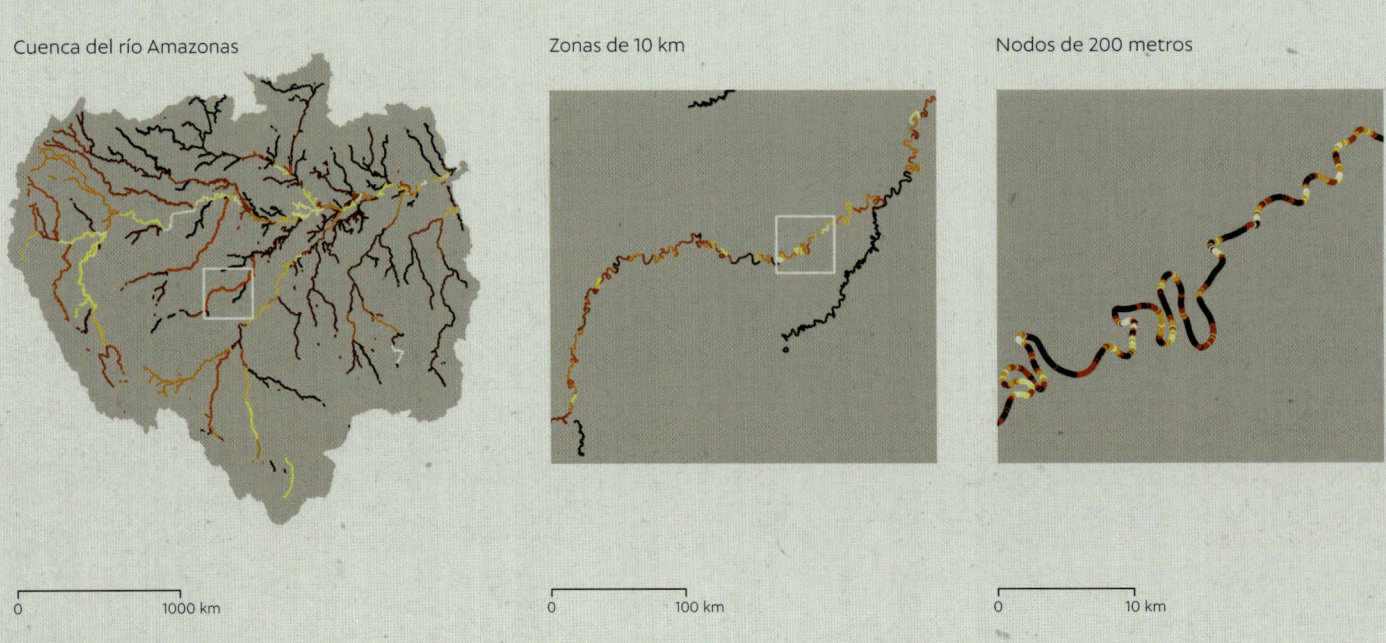

Erosión de las riberas (metros / año)

0          10          >20

Cuenca del río Amazonas

Zonas de 10 km

Nodos de 200 metros

0          1000 km

0          100 km

0          10 km

## Landsat: el punto de inflexión

El programa Landsat, financiado por la Administración Nacional de Aeronáutica y el Espacio (NASA, por sus siglas en inglés), es la plataforma más utilizada para el estudio de la superficie terrestre. El programa comenzó con el lanzamiento del Landsat 1 en 1972, seguido del Landsat 5 (1984), el Landsat 7 (1999), el Landsat 8 (2013) y, ya en fechas más recientes, el Landsat 9 (2021). La elevada resolución espacial (60 metros para el Landsat 4 en 1982, y 30 metros posteriormente) y la calidad de sus sensores han permitido la expansión de la teledetección (antes restringida sobre todo a los cambios en la superficie terrestre) a numerosas aplicaciones.

Son tres los principales factores que han cimentado la reputación de Landsat. En primer lugar, desde 1984, sus satélites emplean tres bandas diferentes en el espectro infrarrojo: infrarrojo cercano (NIR, por sus siglas en inglés), 0,85-0,88 μm; infrarrojo de onda corta (SWIR) 1, 1,57-1,65 μm, y SWIR 2, 2,11-2,29 μm. Esto permite desarrollar y mejorar una gran variedad de algoritmos e índices de detección del agua. En segundo lugar, su longevidad (imágenes de 30 metros de resolución espacial disponibles de forma continua y global desde 1984) ha permitido que los investigadores estudien cómo evolucionan los ríos, estuarios y deltas en escalas temporales más largas, incluso en zonas inaccesibles del planeta. Por último, al tratarse de un programa con financiación estatal, las imágenes de Landsat son de uso gratuito, lo que supone una importante «democratización» de las ciencias de la Tierra.

## Modelos digitales de elevaciones globales

Los mapas de la elevación de la superficie terrestre han sido cruciales para profundizar en nuestro conocimiento de los paisajes del mundo. En la actualidad se dispone de varios conjuntos de datos casi mundiales, como los obtenidos por la Misión Topográfica de Radar del Transbordador (SRTM, por sus siglas en inglés) de la NASA, que empleó un sistema de radar especial a bordo del transbordador espacial Endeavour durante una misión de 11 días en febrero de 2000. Se obtuvo así un modelo digital de elevación (MDE) de la mayor parte de la superficie terrestre en una cuadrícula de 30 metros, lo que permitió cartografiar muchas regiones remotas.

Hoy también existe libre acceso a otros MDE mundiales, como los de las misiones ASTER (Radiómetro Espacial Avanzado de Reflexión y Emisiones Térmicas), de Japón y Estados Unidos, y Copernicus, de la Unión Europea. Estos conjuntos de datos, y los diversos productos derivados de ellos, han proporcionado una visión cuantitativa sin parangón de la topografía terrestre.

▼ **Cartografiado de la topografía**

*Los conjuntos de datos de elevaciones globales, como los de la SRTM, han revolucionado la cartografía de la superficie terrestre al revelar las íntimas conexiones entre topografía, ríos, estuarios y deltas. En la imagen, la topografía creada por montañas, fallas geológicas y volcanes dibuja el paso de los ríos en la Isla Sur de Nueva Zelanda hasta las llanuras costeras y el mar.*

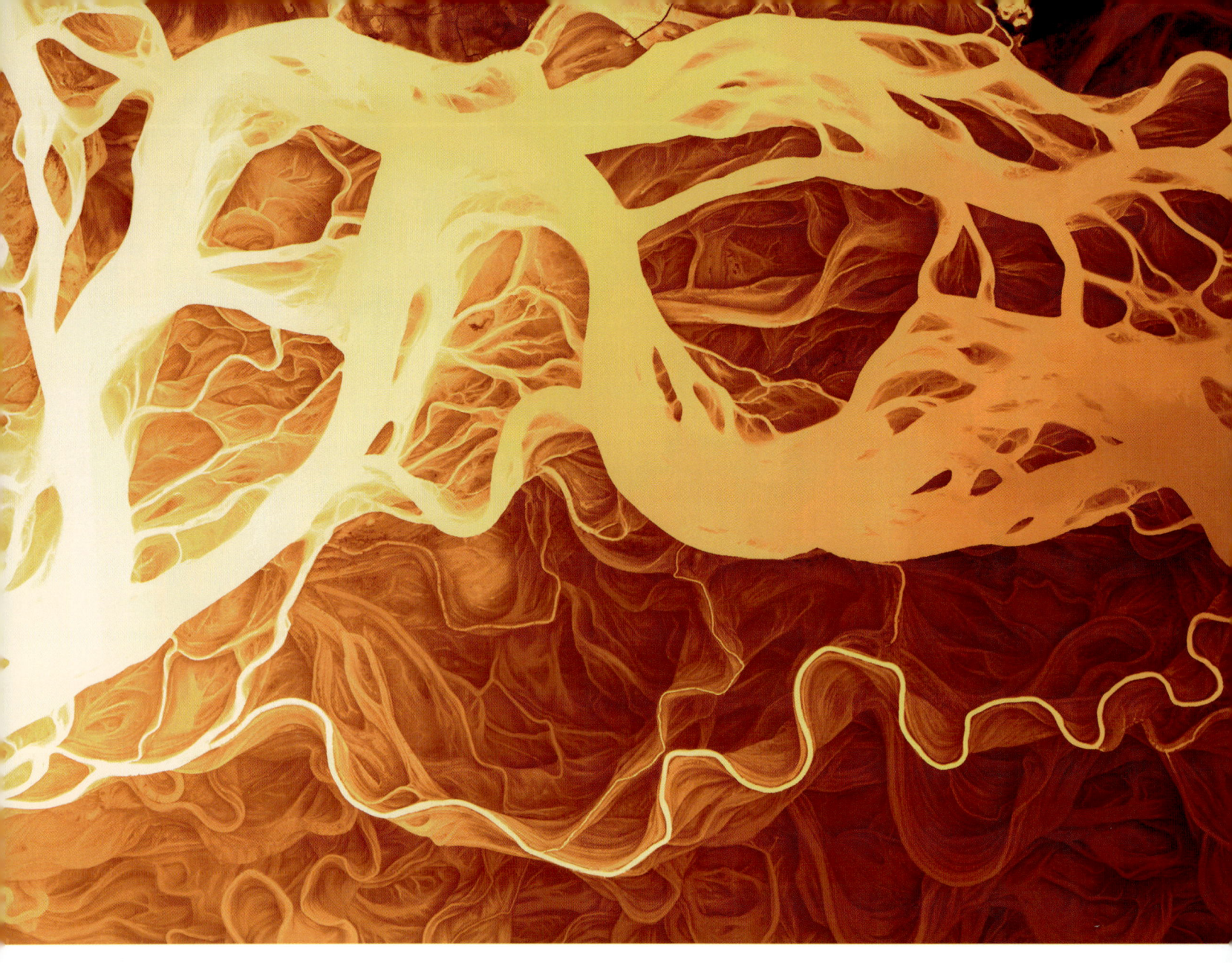

▲ **Los ríos a la vista**

*Imagen LiDAR de la superficie «de suelo desnudo» del río Yukón y sus terrenos inundables, al sudeste de Fort Yukon, Alaska.*

## Uso de láseres para cartografiar la superficie de la Tierra

La adopción generalizada del sistema LiDAR ha proporcionado los medios para cartografiar con precisión grandes extensiones de terreno. Este funciona mediante el cronometraje del intervalo necesario para que un pulso láser emitido se refleje desde el objetivo hasta el sensor, lo que permite calcular la distancia entre el uno y el otro. Al montar un sensor en un avión o dron convencional, cuya ubicación se mide a su vez con precisión mediante un sistema de posicionamiento global (GPS, por sus siglas en inglés), y disponer de un sensor que emite pulsos repetidos a una frecuencia extremadamente alta (en algunos casos, hasta 100 millones de veces por segundo), se puede obtener una «nube de puntos» muy detallada (densa) de puntos geolocalizados con precisión. Estos pueden cubrir áreas espaciales muy grandes, lo que permite medir la topografía de la superficie con un detallismo sin precedentes.

Un elemento clave de algunos instrumentos LiDAR es que las longitudes de onda del pulso láser devuelto se pueden modificar en función de las características de la superficie, «eliminando» elementos como la vegetación, que oscurece la verdadera superficie de la Tierra, y, así, revelar los detalles «ocultos» que hay debajo. Asimismo, los LiDAR de onda verde (que emiten pulsos láser con longitudes de onda en la parte verde del espectro visible) pueden penetrar en aguas someras y con una buena transparencia, lo que les permite revelar las superficies sumergidas (LiDAR topobatimétrico).

## MEDIR LA SUPERFICIE DE LA TIERRA

Tres métodos para producir una cuantificación en alta resolución de la superficie terrestre: LiDAR aerotransportado, LiDAR terrestre y estructura a partir de movimiento (SfM, por sus siglas en inglés) de plataformas aéreas (por ejemplo, drones). Abreviaturas: GPS (para medir la posición) e IMU (unidad de movimiento inercial, por sus siglas en inglés; para medir con precisión el movimiento tridimensional del sensor).

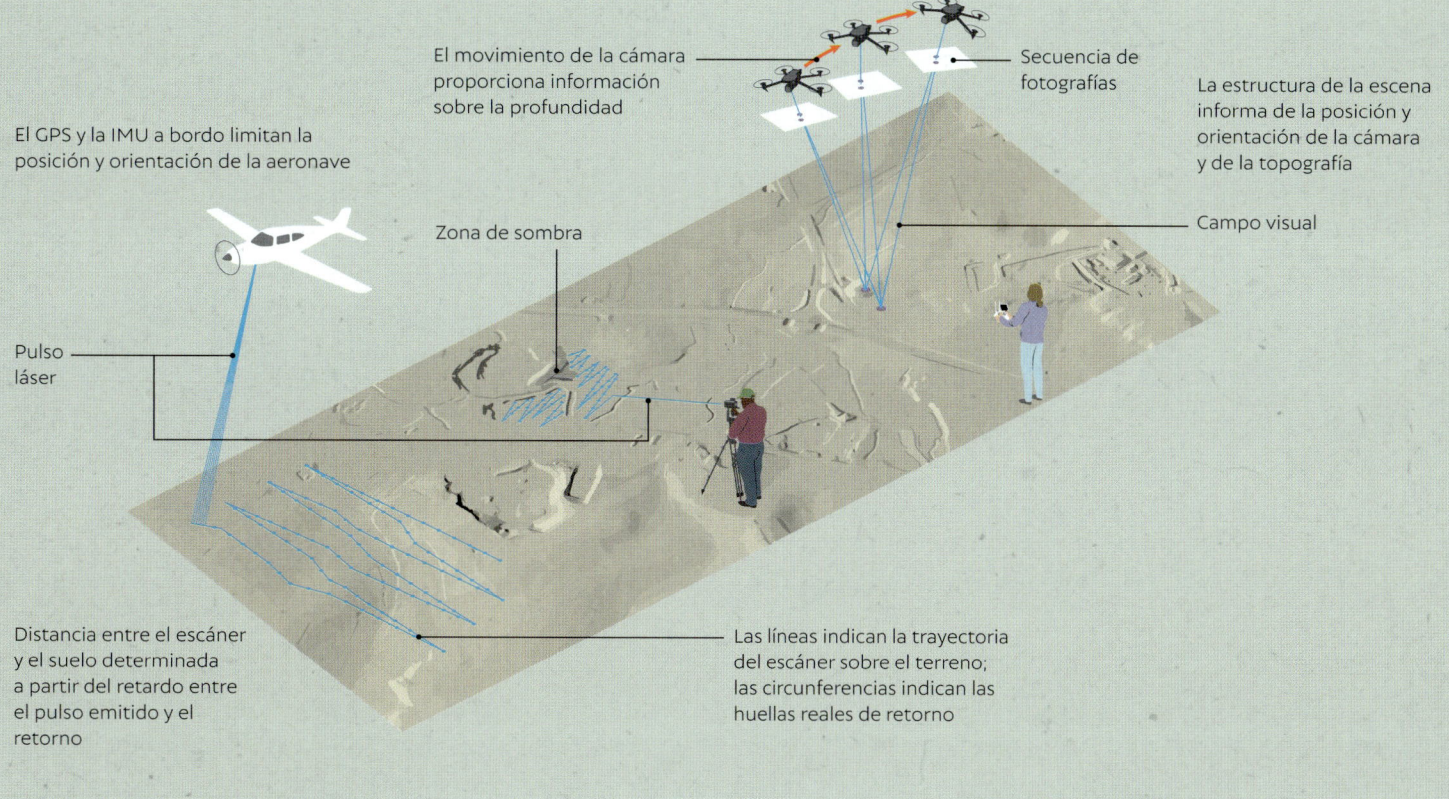

El movimiento de la cámara proporciona información sobre la profundidad

Secuencia de fotografías

La estructura de la escena informa de la posición y orientación de la cámara y de la topografía

El GPS y la IMU a bordo limitan la posición y orientación de la aeronave

Zona de sombra

Campo visual

Pulso láser

Distancia entre el escáner y el suelo determinada a partir del retardo entre el pulso emitido y el retorno

Las líneas indican la trayectoria del escáner sobre el terreno; las circunferencias indican las huellas reales de retorno

## Estructura a partir de imágenes en movimiento

La fotogrametría estereoscópica, que usa fotografías aéreas superpuestas para reconstruir modelos tridimensionales del terreno basándose en el desplazamiento de la posición aparente de un objeto entre una imagen y otra, se emplea desde hace tiempo para elaborar mapas detallados. Los avances en la potencia de cálculo y en los algoritmos de procesamiento de imágenes han permitido desarrollar la técnica de SfM, mediante la cual se rastrea y cuantifica la estructura de los rasgos entre múltiples imágenes superpuestas. Si se conoce la posición de la cámara en cada imagen o si se registran con precisión las ubicaciones de los puntos marcados en la superficie del suelo (los llamados «puntos de control del terreno»), se pueden comparar los datos de las imágenes y generar un mapa tridimensional de la superficie. De este modo, la técnica de SfM permite obtener una densa nube de puntos que representan la altura de la superficie. Aunque las imágenes se pueden tomar desde aviones, cada vez se toman más con vehículos aéreos no tripulados (drones). Así, el uso de la SfM se está extendiendo cada vez más por ser un método económico pero muy preciso para medir la morfología del cambio de la superficie terrestre. Aunque las nubes de puntos SfM representan la superficie fotografiada y, por lo tanto, no pueden medir la superficie *bare-earth* («de suelo desnudo») como sí hace el LiDAR, es una técnica rápida que se ha adoptado en investigación de la superficie terrestre, silvicultura, cartografiado de riesgos, inspecciones de edificios y estudios arqueológicos.

# IMÁGENES DE CAMBIOS TOPOGRÁFICOS

Mapas de elevación producidos a partir de imágenes aéreas
de drones y SfM del lugar de restauración de Hester Marsh,
Elkhorn Slough, un estuario del centro de California. Estos
muestran la elevación antes y después de la restauración de
las llanuras mareales, con la elevación de la llanura pantanosa
y los arroyos mareales. La cuantificación de la topografía puede
ser crucial en la rehabilitación medioambiental.

Modelo digital de elevación (MDE) de 2015     MDE de 2018     Cambio topográfico

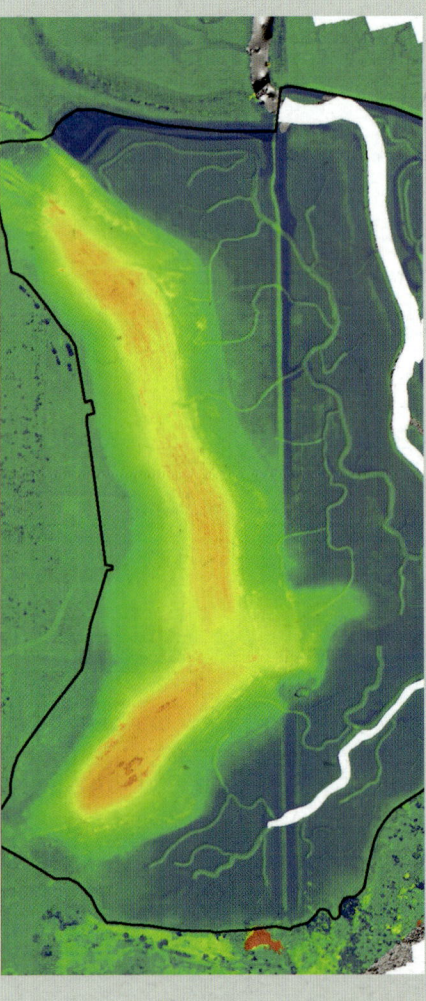

0     100 m

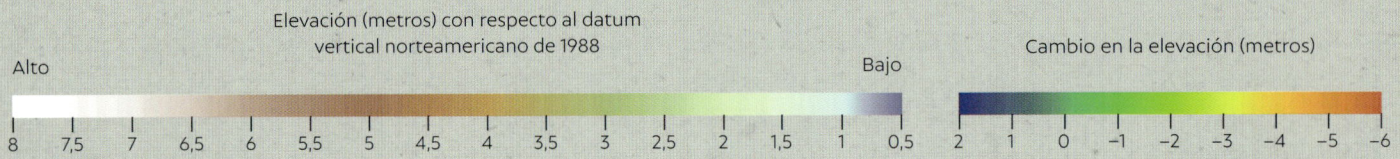

Elevación (metros) con respecto al datum
vertical norteamericano de 1988

Alto     Bajo

8   7,5   7   6,5   6   5,5   5   4,5   4   3,5   3   2,5   2   1,5   1   0,5

Cambio en la elevación (metros)

2   1   0   −1   −2   −3   −4   −5   −6

## Una bandada de palomas

Los avances tecnológicos en teledetección desde el espacio han permitido que se cubra casi a diario la mayor parte de la superficie terrestre mediante constelaciones de pequeños satélites CubeSat, denominados «palomas». Estos minisatélites tienen el tamaño de una caja de zapatos y resultan más económicos. Si bien sus capacidades son más limitadas, pueden desplegarse por centenares, trabajar en múltiples bandas espectrales y producir imágenes con una resolución de entre 5 y 0,3 metros. Estas bandadas de palomas son una herramienta inigualable para vigilar fenómenos naturales como inundaciones, huracanes y corrimientos de tierras, o cambios antropogénicos, como la deforestación y la expansión urbana. La frecuencia y la elevada resolución espacial de estas imágenes tienen una utilidad crucial en la gestión de las catástrofes naturales.

▶ **Detección de inundaciones**

*Las imágenes de CubeSat permiten monitorizar la extensión de las crecidas y las inundaciones, como aquí, en los estados de estiaje* (superior) *e inundación* (inferior) *del río Sacramento, California, en febrero de 2017.*

# 2

# ¿Cómo funcionan los ríos?

# ¿Por qué fluyen los ríos por donde fluyen?

Los ríos esculpen la Tierra mediante la erosión, el transporte y la deposición de sedimentos, generando un rico tapiz de paisajes que sustentan una inmensa diversidad ecológica y que son el hogar de miles de millones de personas. La topografía de la superficie terrestre, creada por la tectónica y la erosión, es lo que determina las trayectorias que siguen los ríos.

Si siguiéramos el recorrido natural de una gota de agua a lo largo de un río, veríamos que siempre va cuesta abajo: el agua actúa mediante la gravedad al recorrer la gradiente de la superficie por la que pasa, desde las escarpadas cabeceras montañosas hasta los ríos con poca gradiente que desembocan en el mar. Este sencillo movimiento del agua, junto con los sedimentos que transporta, vincula a los ríos con la topografía. Además, conforma un mecanismo de retroalimentación en el que la erosión a largo plazo del paisaje se produce por la acción del agua. Así, los ríos responden a la topografía, ya que buscan la ruta más inclinada, parten de los terrenos más elevados y depositan sedimentos allí donde las corrientes se desaceleran.

## Redes de drenaje dendrítico

Cundo los ríos se desarrollan sobre una nueva superficie, sus cauces conforman un patrón, o red de drenaje, en el terreno que lleva el agua del suelo. El crecimiento del cauce aguas arriba se produce por erosión en las puntas de la red fluvial, un proceso conocido como «erosión en cabecera». En una superficie con una pendiente relativamente uniforme, o durante períodos de tiempo muy largos, da lugar a una red de drenaje con forma de árbol, o dendrítica, cuyas ramas llevan agua y sedimentos a través de las confluencias hacia canales cada vez mayores que acaban formando el cauce troncal principal aguas abajo. Existen redes de drenaje dendrítico de todos los tamaños, desde las de pequeños ríos hasta algunas de las mayores cuencas hidrográficas.

Así, las redes fluviales unen cauces de distintos tamaños y generan conexiones ecosistémicas, como, por ejemplo, vías para la migración río arriba del salmón desde el mar hasta los pequeños tramos de cabecera, donde desovan y luego mueren los individuos de algunas especies, cuyos cadáveres en descomposición aportan alimento a todo el ecosistema. Sin embargo, las intervenciones humanas, como la construcción de presas, dificultan en gran medida este viaje natural.

▼ **Redes intrincadas**
*Las redes dendríticas llevan agua y sedimentos a los ríos meandriformes y a sus terrenos inundables. En esta imagen de la cuenca amazónica, en Brasil, creada a partir de los datos globales del terreno de FABDEM, se muestra la elevación de alto (negro/morado) a bajo (amarillo/azul).*

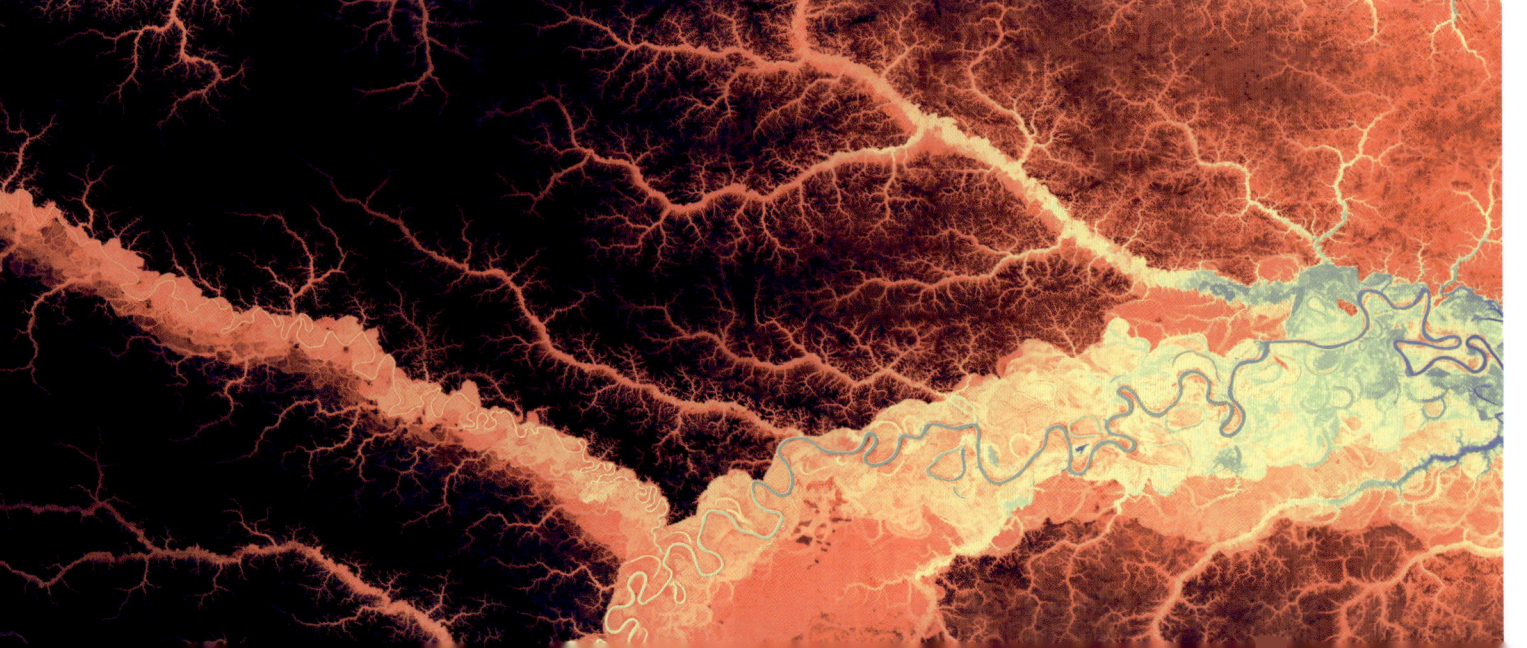

## PATRONES FLUVIALES

En el mapa figuran las cuencas fluviales de Norteamérica en diferentes colores. La red dendrítica del caudaloso río Misisipi drena el 41 por ciento de los estados contiguos de Estados Unidos. Los ríos Colorado y Columbia drenan cada uno alrededor del 8 por ciento de la misma superficie, y el río Bravo recoge el agua de alrededor del 6 por ciento de esta superficie.

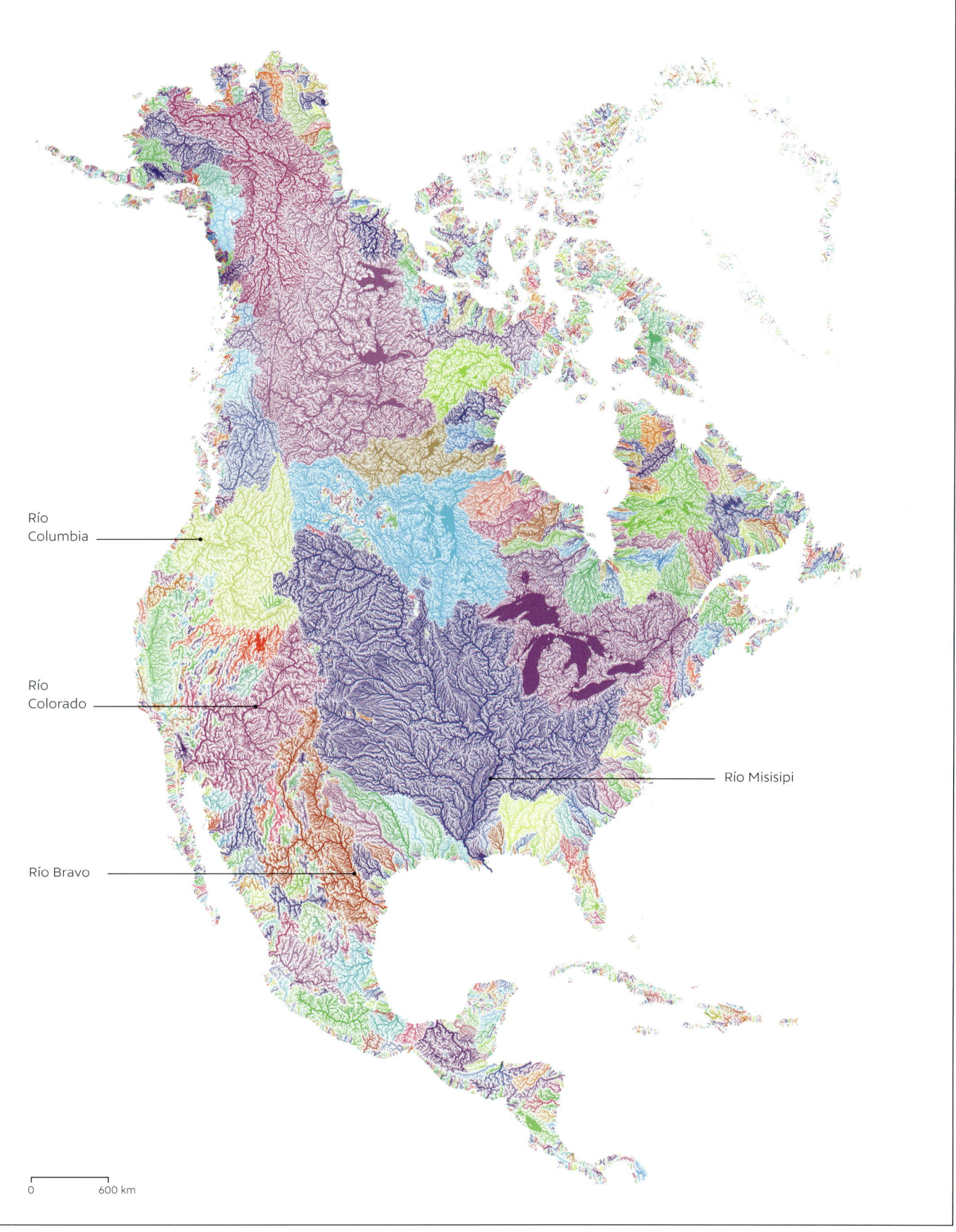

Río Columbia

Río Colorado

Río Misisipi

Río Bravo

0    600 km

◄ **Supresión de presas**

*La restauración del río Elwha, en el estado de Washington, es el mayor proyecto de eliminación de presas de la historia de Estados Unidos. Entre septiembre de 2011 y agosto de 2014 se retiró la presa del cañón de Glines. Era la superior de las dos del proyecto; la de Elwha, aguas abajo, se desmanteló en marzo de 2012.*

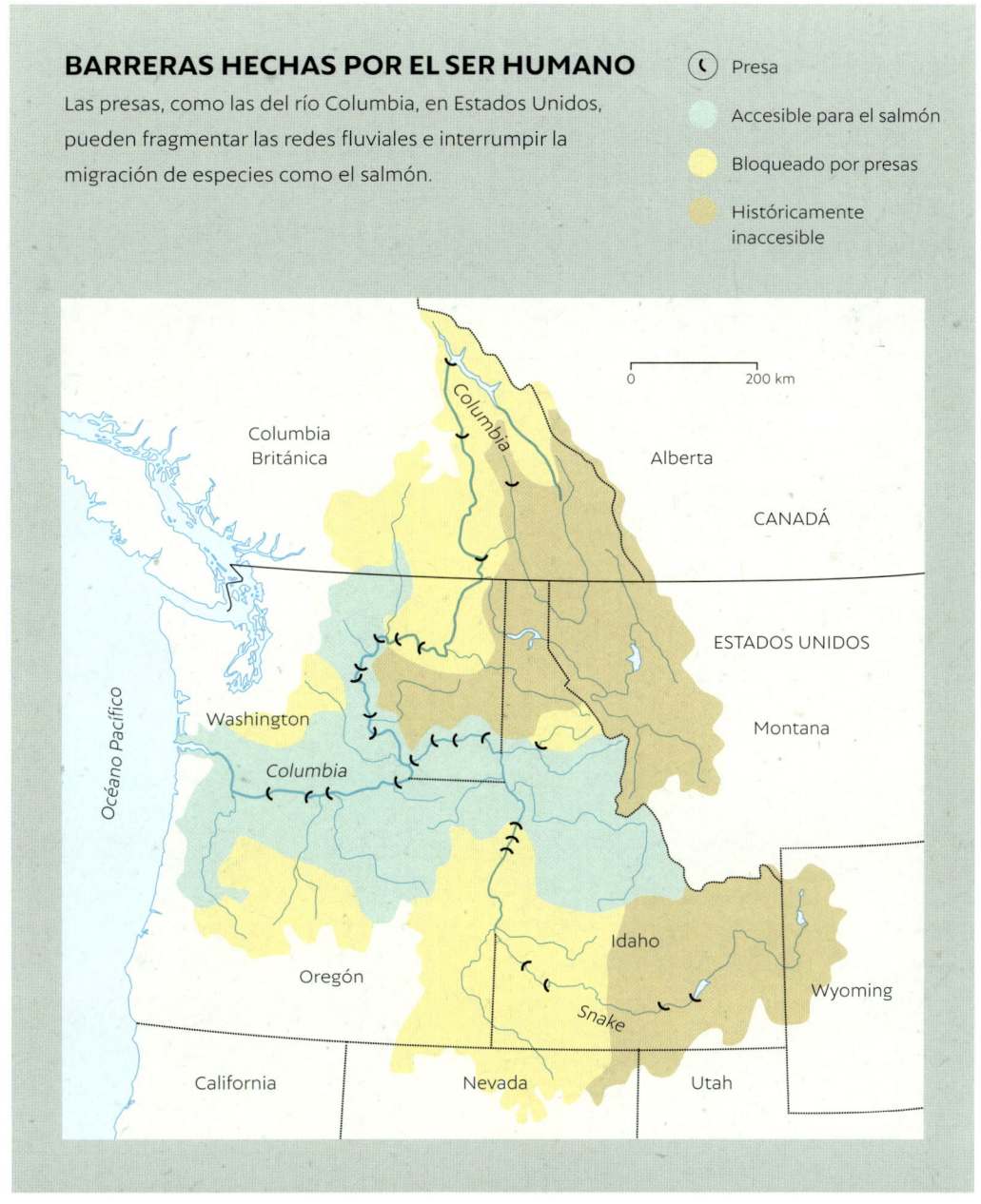

## BARRERAS HECHAS POR EL SER HUMANO

Las presas, como las del río Columbia, en Estados Unidos, pueden fragmentar las redes fluviales e interrumpir la migración de especies como el salmón.

☾ Presa

Accesible para el salmón

Bloqueado por presas

Históricamente inaccesible

Columbia Británica

Columbia

Alberta

CANADÁ

ESTADOS UNIDOS

Washington

Montana

Columbia

Océano Pacífico

Idaho

Oregón

Wyoming

Snake

California

Nevada

Utah

0   200 km

► **Migración aguas arriba**

*Tras un largo viaje río arriba a través de una red fluvial, la hembra de salmón rojo (Oncorhynchus nerka) usa la cola para excavar una fosa en el lecho de un río de Alaska para desovar.*

# Redes fluviales y controles

El desarrollo de las redes fluviales se ve determinado por la topografía de la superficie, el clima y el nivel de la masa de agua en la que desemboquen. A lo largo de decenas de millones de años, el levantamiento de las montañas y el movimiento de los continentes han ido sentando las bases sobre la que se desarrollan los ríos.

Los ríos del mundo erosionan y esculpen durante largos períodos los paisajes por los que discurren a medida que el agua desciende en su viaje desde las tierras altas hasta el mar (aunque algunos ríos desembocan en desiertos y pantanos interiores, sin llegar nunca al mar). Dado que los ríos actúan como conductos para el flujo de agua, sedimentos, carbono, nutrientes y contaminantes durante largos períodos, también son indicadores de algunos de los controles a largo plazo que conforman nuestros paisajes continentales.

Tres de los controles a mayor escala son los de las placas tectónicas, el clima y el nivel relativo del mar, los cuales pueden cambiar de forma radical a lo largo de períodos que van de los miles a los cientos de millones de años. Así, descifrar el patrón de las redes de drenaje fluvial en la superficie terrestre nos ayuda a interpretar los cambios de estos controles a gran escala en el tiempo geológico profundo. Además, la composición tectónica y el carácter climático de la superficie terrestre presentan enormes variaciones en todo el planeta, y los ríos reflejan estos atributos cambiantes en su curso y en el patrón de sus redes de drenaje.

▶ **Estratos abajo**

*Imagen Landsat en falso color en la que se aprecia la reacción a la geología y la topografía por parte del río Ugab, en Namibia. El río se abre paso a lo largo y a través de la topografía creada por estratos rocosos plegados. Esto obliga a los ríos a discurrir en paralelo a las crestas en algunos lugares hasta que inciden y cortan los estratos, creando escalones. Las rutas fluviales aprovechan además las fallas geológicas, que en ciertas partes de la imagen figuran como líneas rectas que van de noroeste a sudeste.*

## LA INVERSIÓN DEL AMAZONAS

La formación de la cordillera de los Andes, iniciada hace unos 50 millones de años, provocó que el caudaloso río Amazonas invirtiera su curso. Aunque tiempo atrás fluía hacia el noroeste y el norte, el levantamiento de los Andes provocó un cambio gradual en la topografía de la superficie, cambio que primero formó los extensos sistemas de humedales de Pebas y al final hizo que el Amazonas fluyera hacia el este, hasta el océano Atlántico.

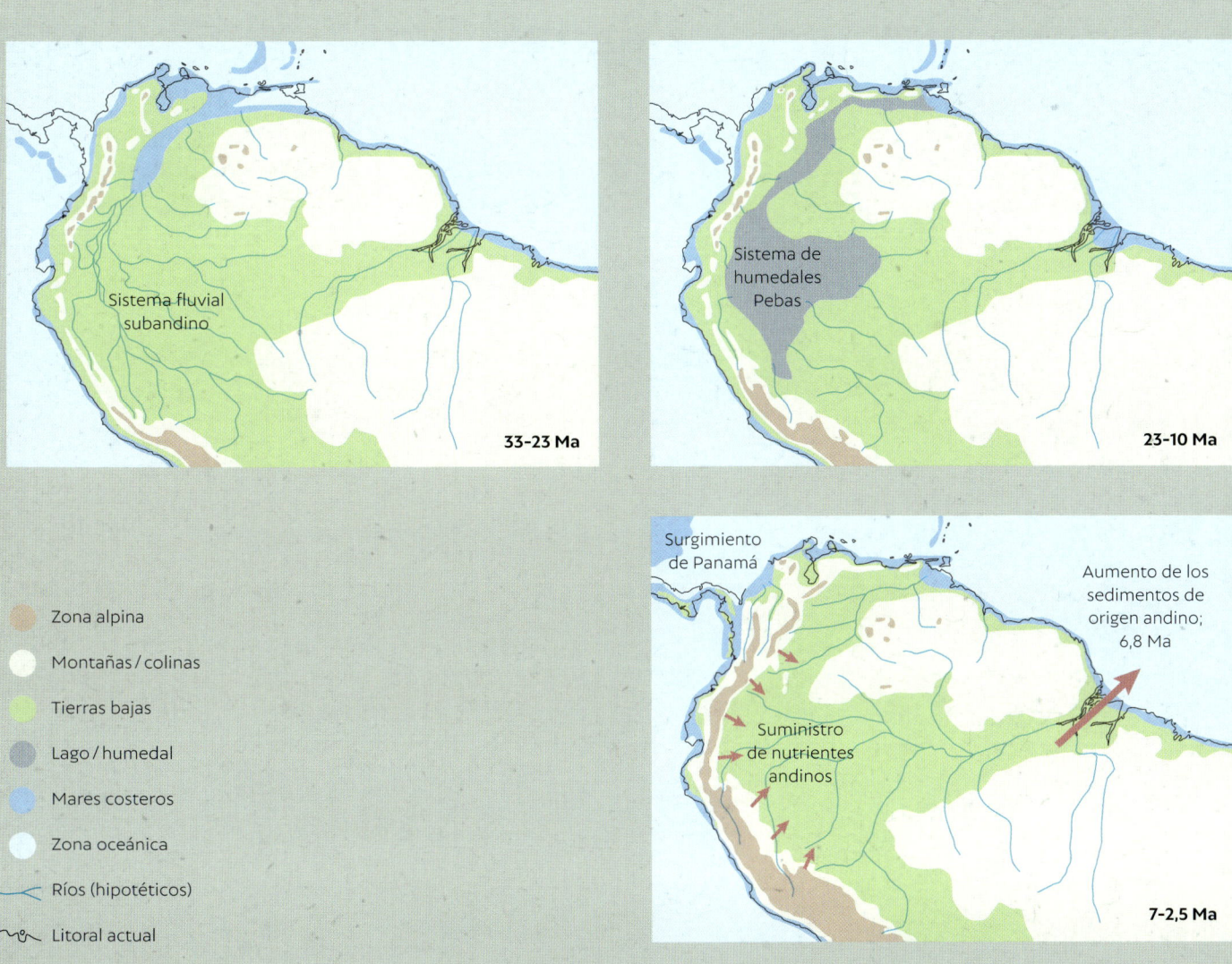

Sistema fluvial subandino

33-23 Ma

Sistema de humedales Pebas

23-10 Ma

Surgimiento de Panamá

Aumento de los sedimentos de origen andino; 6,8 Ma

Suministro de nutrientes andinos

7-2,5 Ma

Zona alpina

Montañas / colinas

Tierras bajas

Lago / humedal

Mares costeros

Zona oceánica

Ríos (hipotéticos)

Litoral actual

## Controles tectónicos

Dado que el agua sigue la gradiente de la superficie terrestre, las rutas y los patrones de las redes de drenaje fluvial reflejan la tectónica de placas a gran escala y la evolución de la corteza terrestre. El agua se ve desviada por la topografía, como la que generan pliegues y fallas tectónicas, o incide en el lecho rocoso, el cual lleva millones de años elevándose debido al levantamiento tectónico. La tectónica es como el tejido del lienzo sobre el que se pintan los ríos del mundo y actúa como control principal en la organización de sus redes de drenaje. Algunas redes fluviales presentan formas rectangulares o en «enrejado», mientras que las que drenan desde topografías abovedadas (alrededor de volcanes) generan cauces que discurren de forma radial desde el punto más alto. Así, las redes de drenaje conforman un registro sensible de la deformación de la corteza, ya que el trazado de los ríos responde a la alteración que provoca la tectónica de placas en las gradientes de la superficie a lo largo del tiempo.

## Controles climáticos

La meteorización de las rocas y el transporte de sedimentos se ven muy influidos por el clima, un factor que determina tanto el tipo de dicha meteorización como el agua que se le aporta a las redes fluviales. Por lo tanto, el clima ejerce un control de primer orden en la dinámica fluvial. Este cambia tanto de un lugar a otro a lo largo de todo el planeta como en distintos momentos durante el tiempo geológico, puesto que la Tierra se ha ido calentando y enfriando.

## CLASIFICACIÓN DE LOS RÍOS

En función de las características de su caudal (hidrología, indicada por el grosor de las líneas) y de sus controles físicos y climáticos (indicados por los colores de las líneas).

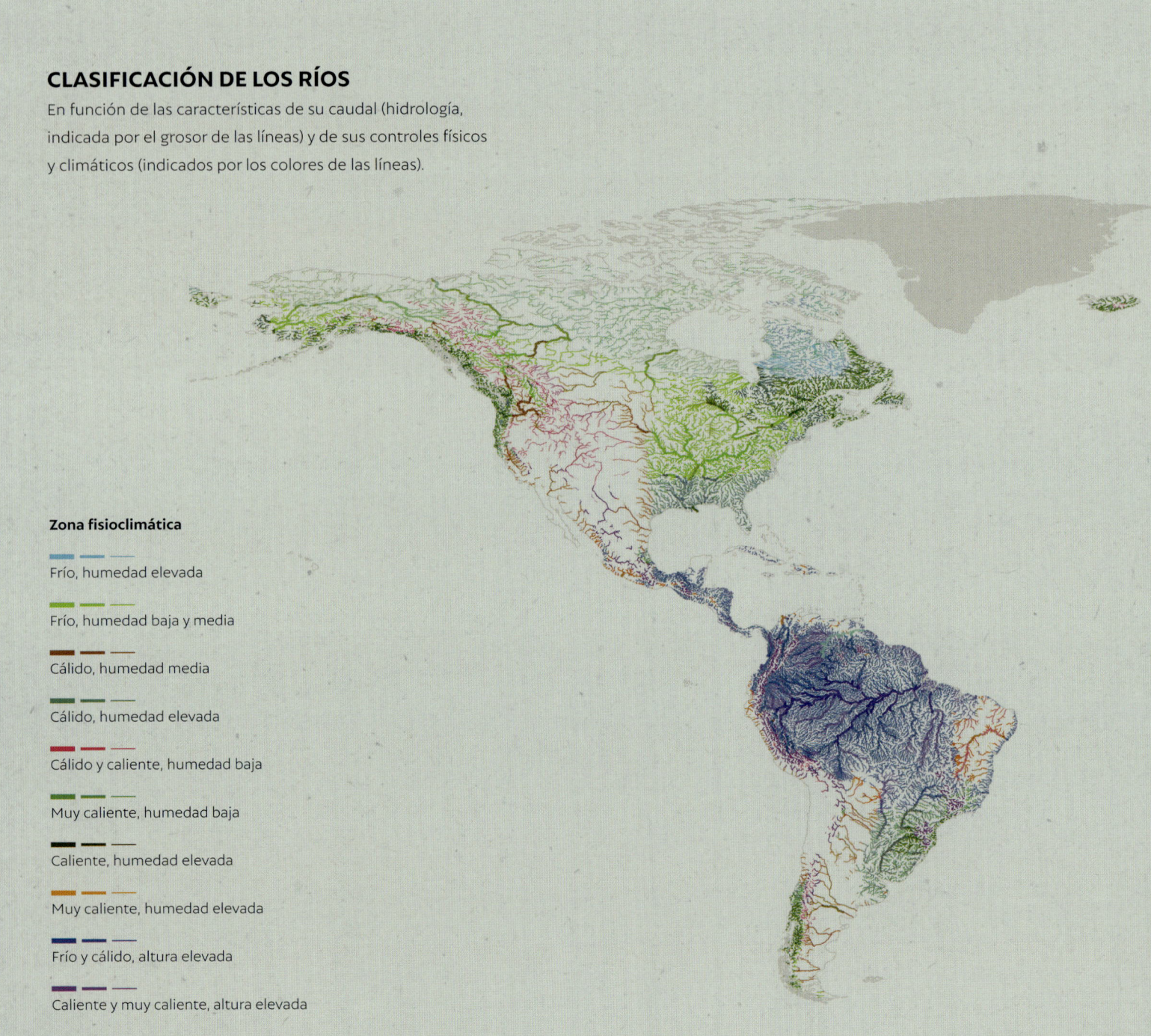

**Zona fisioclimática**

Frío, humedad elevada

Frío, humedad baja y media

Cálido, humedad media

Cálido, humedad elevada

Cálido y caliente, humedad baja

Muy caliente, humedad baja

Caliente, humedad elevada

Muy caliente, humedad elevada

Frío y cálido, altura elevada

Caliente y muy caliente, altura elevada

El clima también ha ido cambiando con la evolución de la corteza terrestre. Por ejemplo, el levantamiento del Himalaya, iniciado hace unos 50-60 millones de años a causa del desplazamiento hacia el norte de la placa tectónica índica y su colisión con la placa euroasiática, ha provocado cambios drásticos en el clima de la Tierra, ya que ha modificado la circulación mundial en los últimos 10 millones de años y ha dado lugar a la aparición de los monzones de verano en India. El Himalaya sigue elevándose en la actualidad (en torno a 1 cm al año, o 10 km en el último millón de años), lo cual es un indicativo de la intensidad de la meteorización y la erosión que arrastra sedimentos a los grandes ríos que fluyen desde las altas montañas. Así pues, la elevación del Himalaya y el cambio climático asociado han modelado el curso de los numerosos ríos de esta región y el clima. A su vez, los ríos han aportado inmensas cantidades de sedimentos al mar, que han conformado algunos de los mayores estuarios y deltas del mundo.

# Controles del nivel del mar

Los ríos fluyen hacia las zonas más bajas y muchos acaban formando estuarios y deltas al entrar en el mar. Por ello, el nivel del mar actúa como control clave en el extremo distal de los sistemas fluviales, ya que es el nivel de referencia al que debe ajustarse el extremo del río. Sin embargo, la referencia cambia cuando el del mar sube o baja debido a, por ejemplo, los cambios absolutos del nivel del mar provocados por el deshielo de los casquetes polares o a los cambios relativos debidos a procesos más localizados, como la tectónica regional o la subsidencia o hundimiento del terreno. Este fenómeno (causado, por ejemplo, por la extracción de aguas subterráneas) acentúa en muchos de los deltas del mundo el efecto del aumento del nivel del mar debido al calentamiento del clima.

## FUERA DE SONDALANDIA

Representación esquemática de los ríos de Sondalandia, una vasta zona al sur del actual mar de China, al nivel mínimo del mar en el apogeo del último máximo glaciar, hace unos 18 000 años. Es probable que los ríos, que se extendían más allá de la plataforma continental, sirvieran de hogar a los primeros seres humanos que habitaran esta masa continental. En el gráfico se indica el nivel del mar a lo largo de los últimos 21 000 años.

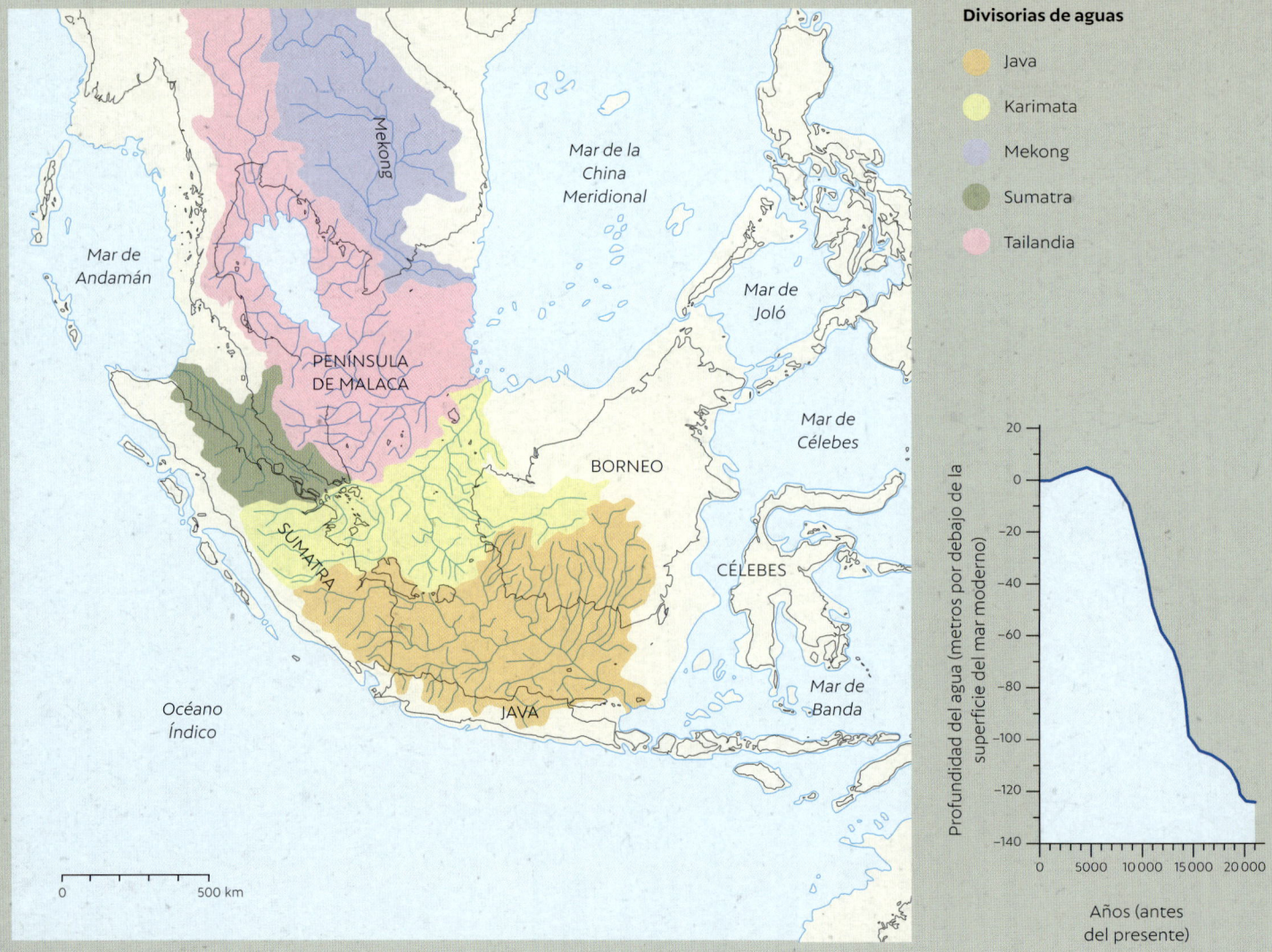

**Divisorias de aguas**

- Java
- Karimata
- Mekong
- Sumatra
- Tailandia

El actual nivel del mar es relativamente alto en relación al de los últimos millones de años de la historia de la Tierra, como demuestra la existencia de muchos estuarios a lo largo de nuestras costas contemporáneas que representan valles fluviales anegados por el elevado nivel del mar. Pese a todo, en el punto álgido del último máximo glaciar, hace unos 18 000 años, cuando buena parte del agua estaba contenida en extensas capas de hielo continentales, el nivel global del mar se situaba, de media, unos 120 metros por debajo del actual. Así, los extremos distales de algunos ríos se extendían decenas o centenares de kilómetros a través de las plataformas continentales, pero, con el paso del tiempo y la subida del nivel del mar, han quedado anegados y enterrados por los sedimentos. Estas zonas terrestres ampliadas con un bajo nivel del mar conformaron además rutas para la dispersión y migración del ser humano por todo el planeta. Los científicos especulan con que una de esas masas de tierra, Sondalandia (situada entre las actuales Tailandia, Borneo, Java y Sumatra), formó en su día una región que propició la expansión de los seres humanos por todo el planeta y que quizá fuera la cuna de la civilización.

## Controles múltiples: terrazas fluviales

Como es de esperar, los ríos suelen verse modelados por una combinación de controles que actúan a diferentes escalas tanto en el espacio como en el tiempo. Un ejemplo es la habitual presencia de terrazas fluviales en los valles aluviales. Se trata de plataformas llanas que representan las superficies de los terrenos inundables fluviales que han quedado abandonados debido a la incisión vertical (o agradación) del río. Cuando hay varias terrazas, están separadas por escalones pronunciados, y las más antiguas suelen estar a mayor altitud y más fragmentadas debido a períodos más largos de incisión y erosión.

Las terrazas fluviales pueden formarse por erosión en los sedimentos existentes (terrazas aluviales) o en el lecho rocoso (terrazas erosivas). La incisión se debe a factores externos (como el levantamiento tectónico, el descenso del nivel de base o los cambios climáticos, que pueden hacer que el río se erosione más) o a la migración lateral inherente de los cauces fluviales a través de sus terrenos inundables. Algunas terrazas pueden formarse por deposición de sedimentos a medida que el lecho del valle fluvial se agranda con el tiempo, lo que puede llevar a que queden enterrados fragmentos de terrazas más antiguas. Estas plataformas llanas pueden ocupar largas distancias a lo largo de los valles fluviales y darse a ambos lados de estos en parejas cuya cima tendrá la misma elevación. Así, el número y la elevación de las terrazas pueden permitirnos saber más sobre la evolución a largo plazo del río y ayudar a revelar los controles sobre cómo se ha ido esculpiendo un valle aluvial a lo largo del tiempo.

**FORMACIÓN DE TERRAZAS**

Terrazas fluviales formadas mediante incisión de un cauce en sedimentos aluviales o en el lecho rocoso de más antigüedad, de modo que se han formado terrazas cada vez más jóvenes (T1-T5) a medida que la incisión continúa.

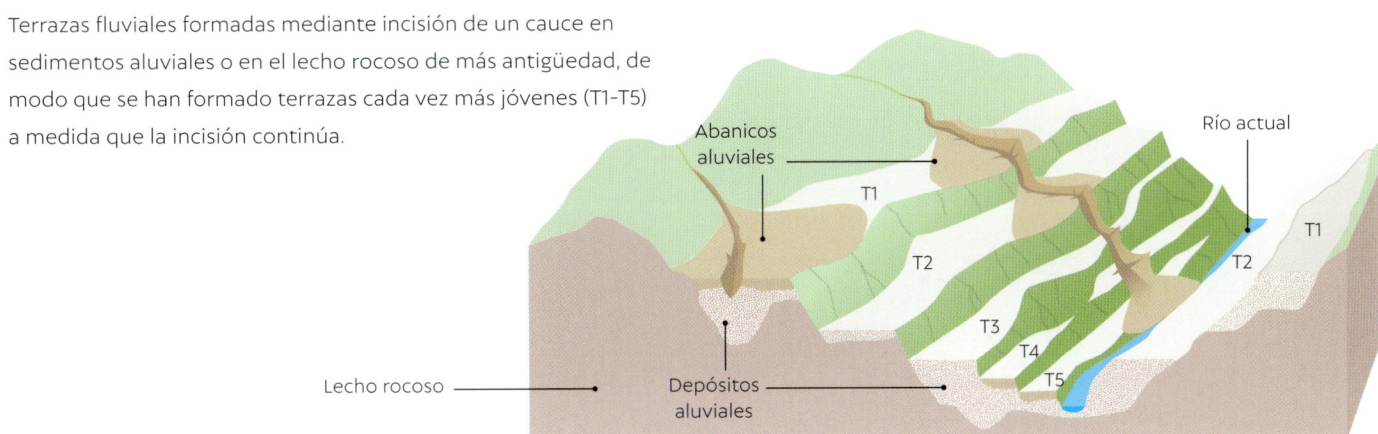

Abanicos aluviales

Río actual

T1

T2

T3

T4

T5

Lecho rocoso

Depósitos aluviales

# Meteorización y erosión

Para que un río reciba sedimentos, las rocas de su nacimiento deben meteorizarse y producir partículas de sedimentos de distintos tamaños que puedan verse transportadas río abajo. La meteorización de las rocas se produce a través de una serie de procesos físicos, químicos y biológicos, todos ellos muy vinculados al clima.

▼ **El poder del hielo**

*La meteorización por hielo-deshielo puede disgregar las rocas y hacer que, con el tiempo, acaben por llegar a los sistemas fluviales pequeños fragmentos de rocas.*

## Tipos de meteorización

La meteorización física puede implicar la expansión y contracción térmica de las superficies rocosas (insolación) debido a las tensiones que generan el calentamiento solar diurno y el enfriamiento nocturno, que acaban por fragmentar la superficie. Cuando hay agua en fracturas y grietas, su congelación y descongelación también pueden quebrar las superficies rocosas.

Además, la presencia de agua en las fisuras rocosas puede provocar cambios químicos, como la descomposición de la roca por el agua ácida (hidrólisis) para producir arcillas y sales solubles, la disolución de materiales solubles, como el carbonato cálcico, y la oxidación de minerales ricos en hierro. La meteorización química tiene mayor relevancia en climas más cálidos y húmedos, donde las reacciones químicas se pueden producir con mayor facilidad y rapidez, y donde los minerales inestables, como los feldespatos (un mineral de aluminosilicato muy común), pueden meteorizarse y dar lugar a granos más pequeños y a productos de alteración, como las arcillas.

La actividad biológica es otro factor importante en la meteorización de las rocas. Dicha actividad incluye la acción de las raíces de las plantas y, sobre todo, la de algas y hongos, que producen ácidos orgánicos que facilitan la desintegración de las rocas.

La meteorización da lugar a la formación de suelos, los cuales conforman una importante capa en la superficie terrestre de la que se nutre la vida. En los ambientes tropicales, la meteorización a una profundidad de hasta unos 30 m genera suelos lateríticos de color rojo ladrillo, ricos en hierro y aluminio, usados como material de construcción en muchas maravillas arquitectónicas.

## La erosión

Con el tiempo, la meteorización descompone los minerales inestables, generando fragmentos de roca y partículas minerales que el agua transporta, aporta una serie de elementos a las aguas subterráneas, crea productos de alteración, como las arcillas, y va dejando atrás los minerales más estables, como el cuarzo (dióxido de silicio) y los minerales duros y pesados. Los terrenos montañosos de tierras altas aportan sedimentos a los cauces fluviales mediante una combinación de procesos, como desprendimientos de rocas, el arrastre de materiales ladera abajo y el transporte mediante flujos de escombros, lodo o agua. Las acumulaciones de sedimentos que, por su forma, se conocen como «abanicos aluviales» se depositan en las rupturas de pendiente entre las tierras altas y el fondo de los valles de menor gradiente. Estos pueden proporcionar abundantes fuentes de sedimentos no consolidados que, después, se ven erosionados por la corriente y transportados río abajo. Así comienza el largo viaje de los sedimentos desde su fuente erosiva hasta su eventual «sumidero» deposicional, ya sea en un valle aluvial, un estuario, un delta, una playa o las profundidades marinas.

▶ **Abanicos que se abren**

*La meteorización de las montañas le aporta sedimentos a los abanicos aluviales y, luego, a las redes fluviales.*

▼ **Material de construcción de la realeza**

*El producto definitivo de la meteorización tropical (los suelos rojos y ricos en hierro llamados «lateritas») puede usarse como material de construcción: tal es el caso del templo de Pre Rup, en Angkor Wat, Camboya, dedicado al rey jemer Rajendravarman en 961 o 962 d. C.*

# El transporte de sedimentos

El agua que fluye sobre los lechos de sedimentos ejerce fuerzas que hacen que se desplacen diversos tipos de partículas. Ponderar este transporte de sedimentos es fundamental para comprender cómo los ríos desplazan este material y estimar las cantidades cambiantes que se aportan a los estuarios y deltas del mundo.

▶ **Sedimentos móviles**
*Las formas de barra que presenta el lecho móvil del río Markarfljót, Islandia, son un indicativo de un activo transporte de sedimentos.*

## Tipos de transporte de sedimentos

Las partículas de sedimentos sólidos que se desplazan a lo largo del curso de un río lo hacen de dos modos distintos. La carga de fondo es la parte del sedimento que se ve transportada por rodamiento, deslizamiento o botes intermitentes (la llamada «saltación») de material a lo largo o cerca del lecho del río, generalmente a velocidades medias muy inferiores a la del flujo de agua. En cambio, la carga en suspensión está formada por partículas que flotan gracias a las turbulencias de la masa de agua principal, se mueven más o menos a la velocidad de la corriente y se ven arrastradas sin tener un contacto significativo con el lecho del río.

Debido a la abundante disponibilidad de sedimentos, la tasa global de su transporte aumenta a medida que se incrementa la velocidad del flujo. La proporción entre la carga de fondo y la carga en suspensión está controlada por el equilibrio que se da entre el tamaño de las partículas de sedimento que se transportan y la velocidad a la que el sedimento se mezcla hacia arriba en el flujo a causa de las turbulencias. Esto explica que las partículas más grandes tiendan a moverse más como carga de fondo.

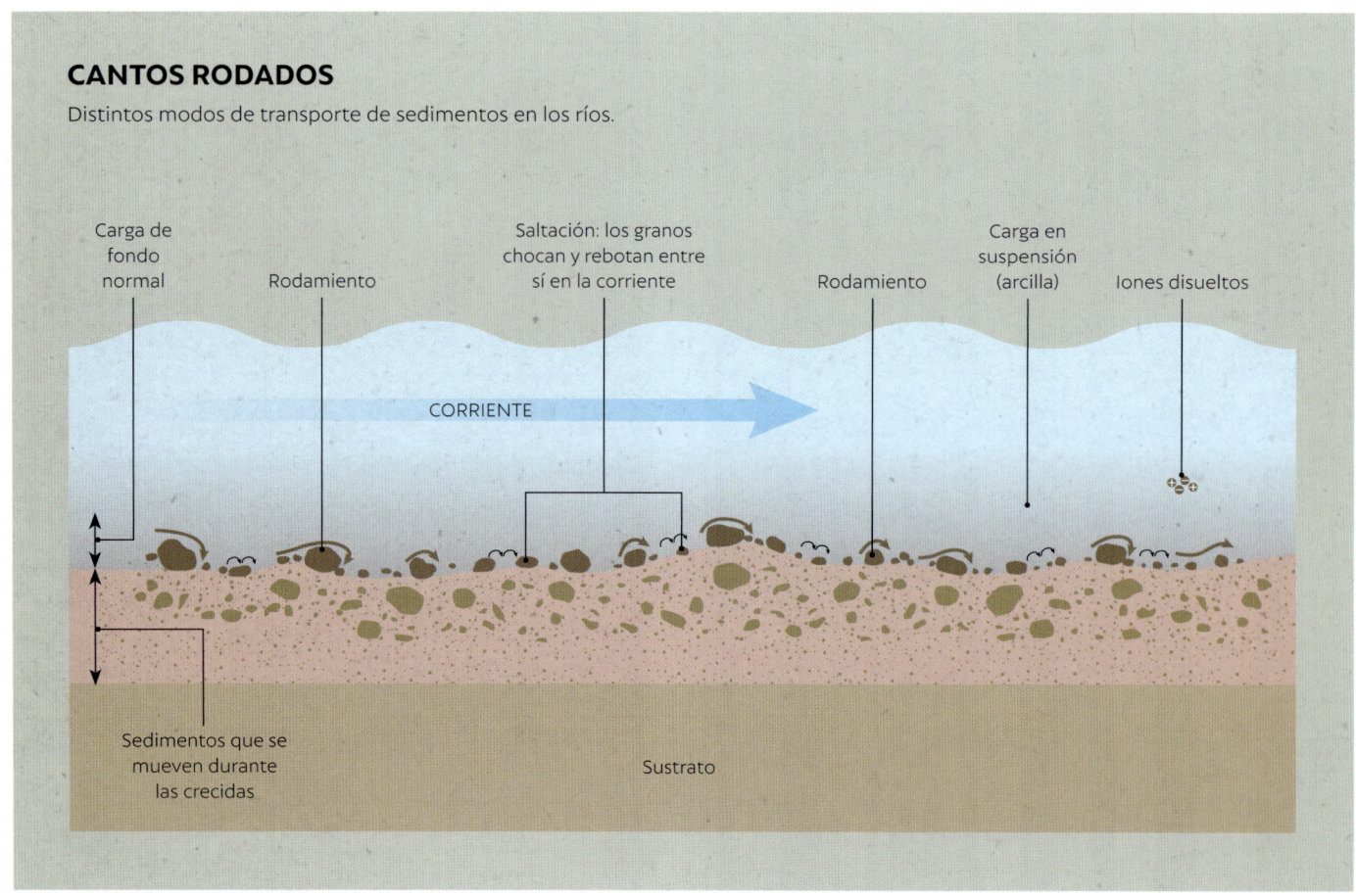

**CANTOS RODADOS**
Distintos modos de transporte de sedimentos en los ríos.

Carga de fondo normal

Rodamiento

Saltación: los granos chocan y rebotan entre sí en la corriente

Rodamiento

Carga en suspensión (arcilla)

Iones disueltos

CORRIENTE

Sedimentos que se mueven durante las crecidas

Sustrato

## Técnicas tradicionales para medir el transporte de sedimentos

Como la mayor parte de los sedimentos se transportan durante las crecidas, medir su transporte puede resultar muy difícil e incluso peligroso. Los métodos tradicionales de medición «intrusiva» suelen basarse en el despliegue de diversos dispositivos de muestreo en la corriente para capturar la masa, o concentración (por unidad de volumen de agua) de sedimentos en movimiento, lo cual puede requerir de grandes infraestructuras. Sin embargo, a menos que estos dispositivos se diseñen y empleen con sumo cuidado, pueden alterar el flujo o llenarse o ensuciarse con rapidez, por lo que no siempre proporcionan una imagen representativa de la velocidad real de transporte de sedimentos. Además, a veces es difícil, e incluso imposible, emplear estas técnicas en ríos grandes o remotos.

## Nuevas técnicas para medir el transporte de sedimentos

Para superar estas limitaciones, en la medición moderna del transporte de sedimentos se recurre a técnicas pasivas y no intrusivas que se basan en los principios de la hidroacústica. Por ejemplo, los hidrófonos (micrófonos subacuáticos) pueden monitorizar el ruido que producen los granos al chocar y calibrarlo como una medida indirecta de la intensidad del transporte de la carga de fondo. A su vez, la cartografía por sónar puede usarse para crear mapas detallados del lecho del río a lo largo del tiempo, determinando la migración de las barras de arena, cuya información puede emplearse para establecer la velocidad del movimiento de los sedimentos de la carga de fondo.

Los perfiladores acústicos de corrientes doppler (ADCP, por sus siglas en inglés) han revolucionado la medición de las velocidades de flujo y de las concentraciones de sedimentos en suspensión en ríos, lagos, estuarios, deltas y mares de todo el mundo. Estos instrumentos transmiten energía acústica a la columna de agua desde una matriz de transductores, la cual llega retrodispersada al instrumento desde varias profundidades y es proporcional a la concentración de sedimentos en suspensión en la columna de agua (teniendo en cuenta la pérdida de energía debida a la propagación de los haces acústicos). La frecuencia del sonido retrodispersado cambia debido a la interacción con las partículas del agua: se trata del llamado «efecto Doppler»,

▶ **Medición tradicional**

*Medición de la carga en suspensión en el somero río North Fork Toutle, monte Saint Helens, estado de Washington, con botellas de muestreo.*

## USO DEL SONIDO PARA MEDIR LA VELOCIDAD DEL FLUJO

Velocidades de flujo medidas por un ADCP en una sección transversal de 90 metros de profundidad del curso inferior del río Congo. Nótese que las velocidades primarias negativas representan casos localizados de flujo dirigido aguas arriba. El ADCP emite cuatro haces acústicos desde la embarcación de sondeo, y la señal detectada se usa para calcular las velocidades del flujo. Aquí, las velocidades altas se indican en rojo y las bajas, en azul. Las flechas señalan la naturaleza de las circulaciones a gran escala en el flujo del río. Estas mediciones solo son posibles gracias a la existencia de los ADCP.

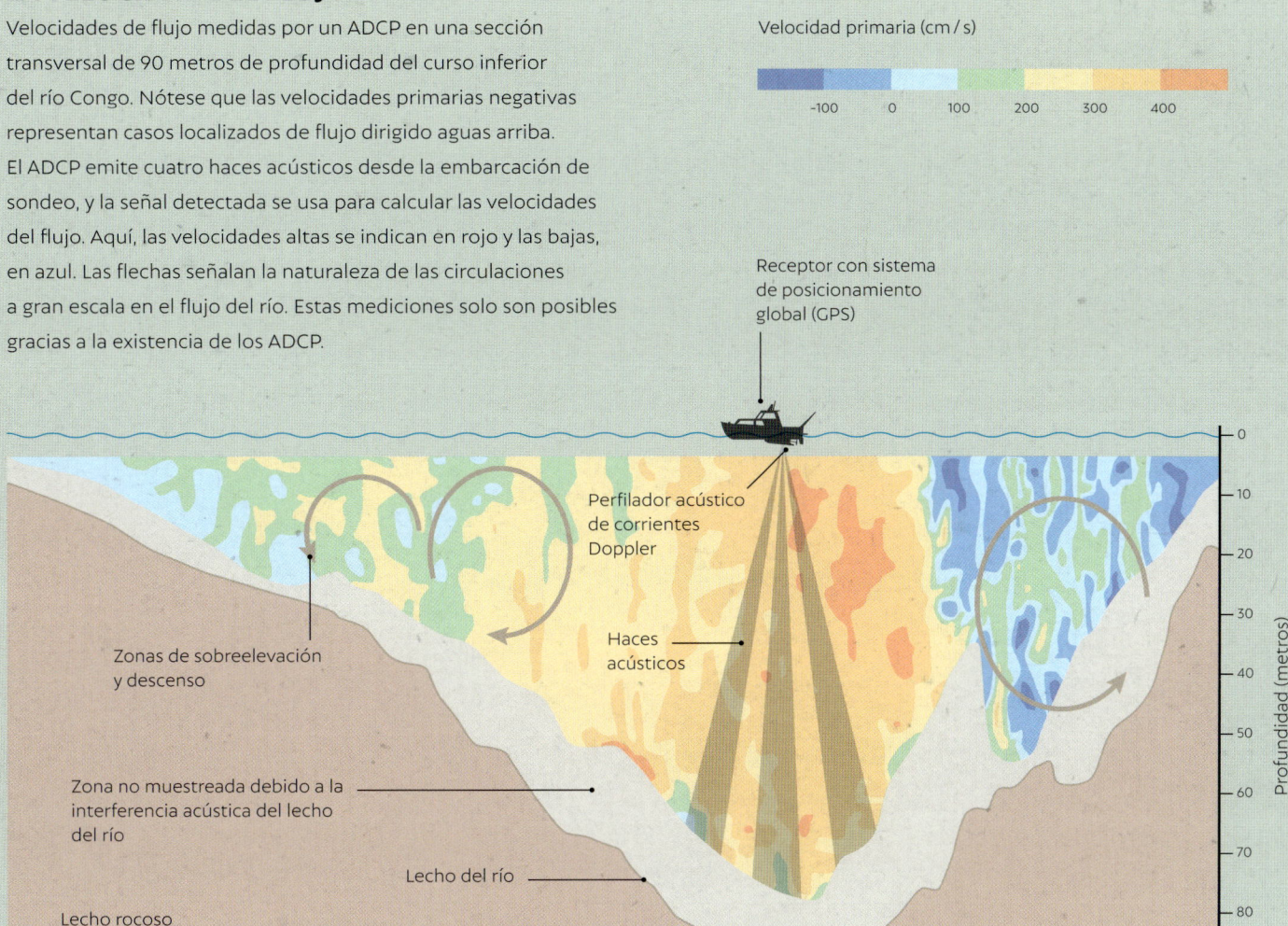

Velocidad primaria (cm / s)

-100  0  100  200  300  400

Receptor con sistema de posicionamiento global (GPS)

Perfilador acústico de corrientes Doppler

Haces acústicos

Zonas de sobreelevación y descenso

Zona no muestreada debido a la interferencia acústica del lecho del río

Lecho del río

Lecho rocoso

Profundidad (metros)

Distancia a través del cauce del río (metros)

un fenómeno que también percibimos cuando el sonido de un tren cambia al acercarse y alejarse de nosotros. Este desplazamiento de frecuencia es proporcional a la velocidad de estas partículas, de las cuales se da por sentado que se mueven a la misma rapidez que el agua. En este sentido, los ADCP miden la velocidad del agua en su parte de mayor profundidad. Esta monitorización hidroacústica permite controlar tanto la velocidad del agua como la concentración de sedimentos en suspensión. A continuación, se pueden multiplicar estas dos mediciones para calcular el flujo de material transportado en suspensión. Tanto los sónares como los ADCP pueden desplegarse desde embarcaciones en movimiento o en el lecho del río y usarse en cauces de tan solo unos decímetros de profundidad hasta en los mayores canales fluviales del mundo. Además, pueden usarse durante crecidas, cuando no se pueden emplear otros métodos. Tal vez sean los ADCP los dispositivos que más secretos nos hayan permitido descubrir sobre el flujo del agua y el transporte de sedimentos en los ríos del mundo.

<

**Choque de ríos**

*Cerca de Manaos,
Brasil, el oscuro río
Negro (de aguas negras)
se une al pálido río
Amazonas (de aguas
blancas), llamado Río
Solimões en Brasil,
aguas arriba de esta
confluencia.*

## VARIABILIDAD ESPACIAL

Diferencia en la carga de sedimentos en suspensión en los grandes
sistemas fluviales del mundo (áreas de drenaje >40 000 km²,
y descarga de agua >30 m³/s). Los datos representan los valores
medios del período 1960-2010.

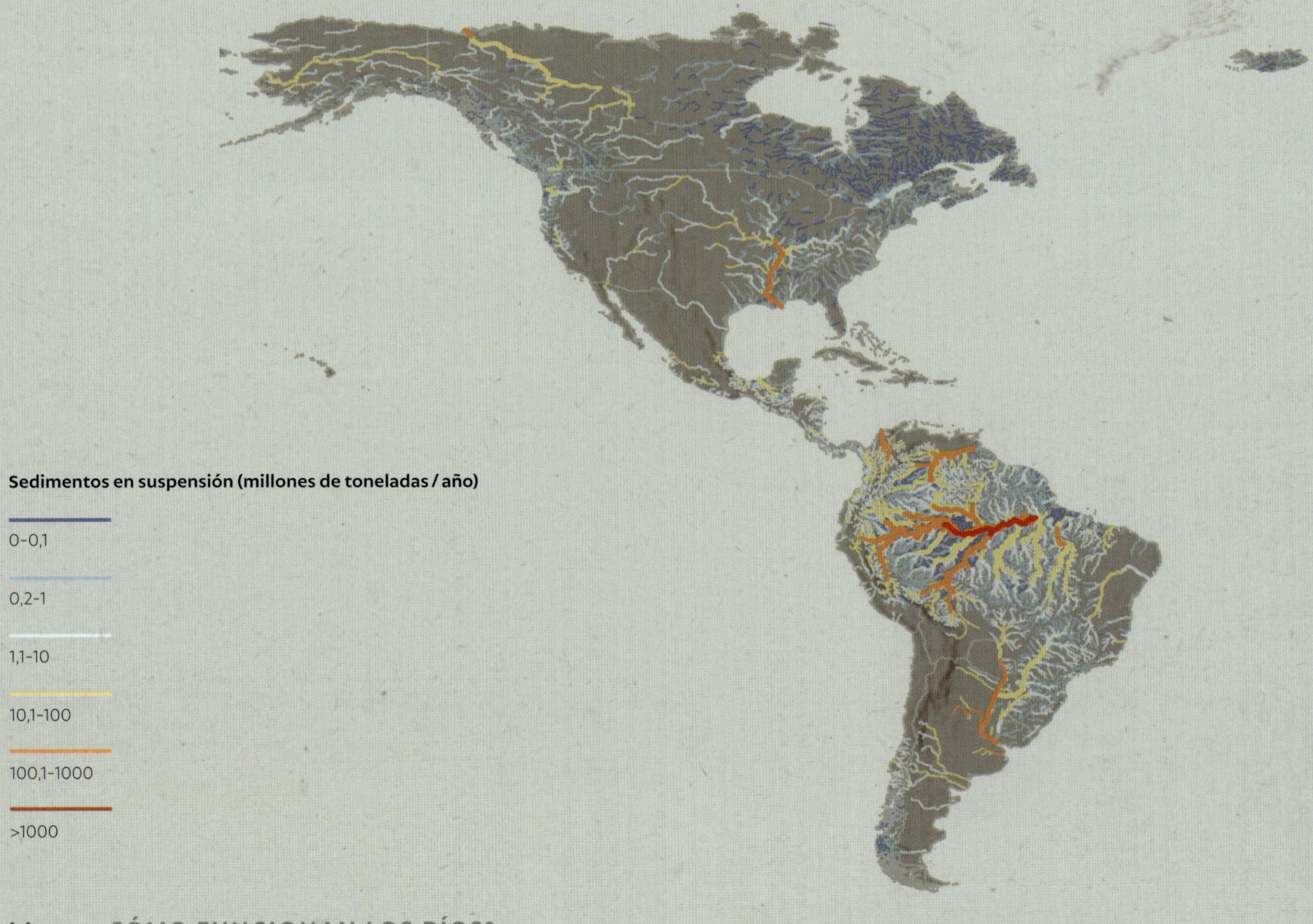

**Sedimentos en suspensión (millones de toneladas / año)**

0-0,1

0,2-1

1,1-10

10,1-100

100,1-1000

>1000

## Las dificultades de la medición

Tanto si se usan métodos intrusivos como no intrusivos, la medición del transporte de sedimentos requiere mucho tiempo y es cara, y, de media, en todo el mundo solo hay una estación de control de sedimentos en suspensión por cada 10 000 km de longitud fluvial. Así, aunque se calcula que cada año se vierten al mar unos 19 000 millones de toneladas de sedimentos procedentes de los ríos, la escasa cobertura de la red mundial de monitorización del transporte de sedimentos hace que esta estimación sea muy incierta (en torno a un ±50 por ciento). Además, se da una gran variabilidad espacial en las tasas de transporte de sedimentos en suspensión a través de los ríos: los valores más altos se localizan en zonas de precipitaciones intensas que coinciden con regiones montañosas escarpadas, tectónicamente activas y con rocas erosionables, como en los ríos que drenan los Andes, el Himalaya y el Sudeste Asiático.

## CONCENTRACIONES DE SEDIMENTOS DESDE LOS SATÉLITES

Promedio de la concentración de sedimentos en suspensión (SSC) en una parte del río Amazonas durante septiembre de 2000 hasta 2016 con imágenes satelitales. En el mapa se ilustran las diferencias en el aporte de sedimentos de los canales tributarios, los patrones de mezcla entre los caudales fluviales y las mayores concentraciones de sedimentos en suspensión en algunos lagos de terrenos inundables.

**1** Río Solimões
**2** Río Negro
**3** Río Madeira
**4** Río Tapajós
**5** Manao

0       50 km

SSC, mg / l:

| 0 | 20 | 20 | 30 | 40 | 50 | 60 | 70 | 75 |

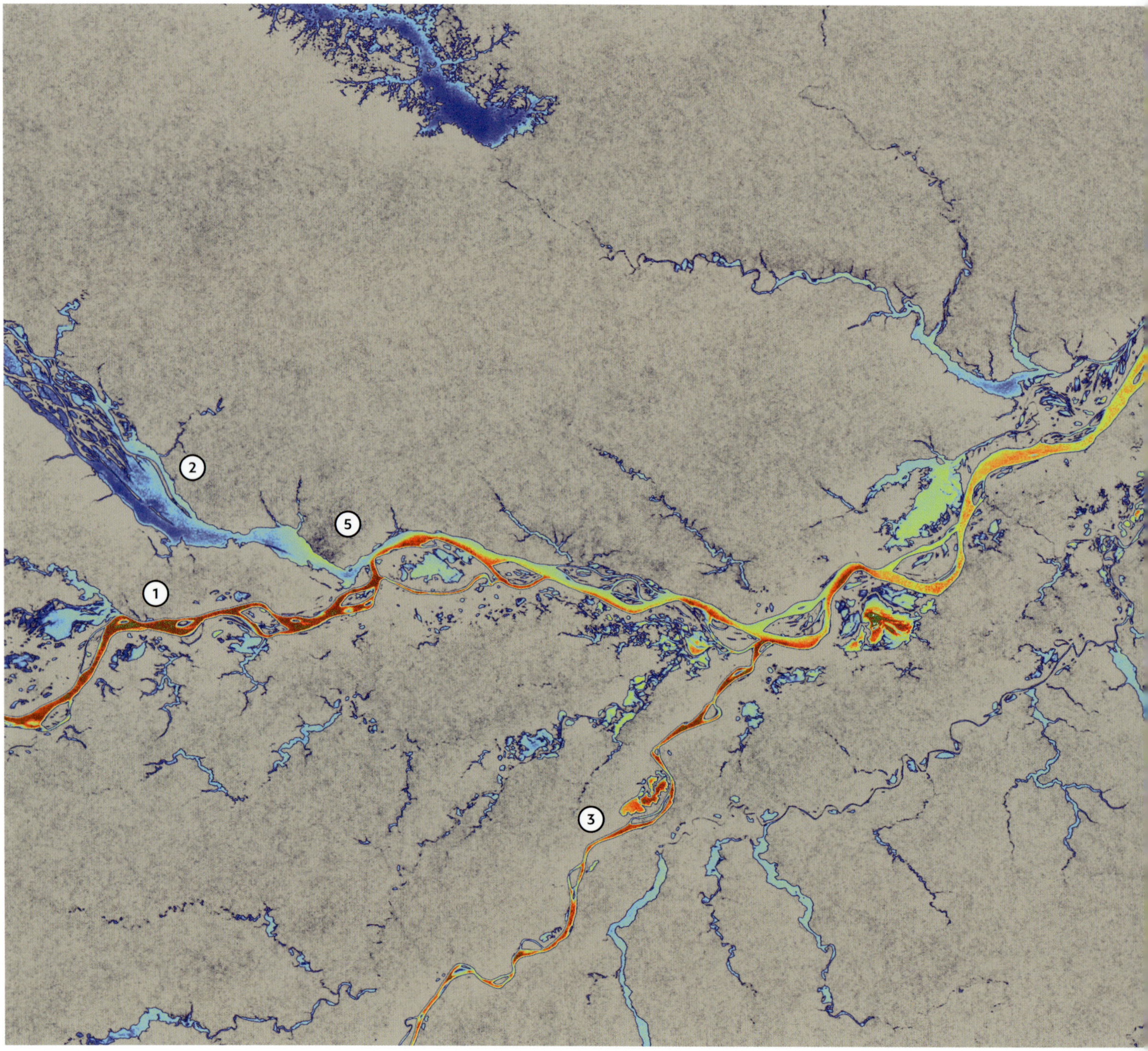

Entonces, ¿cómo pueden superarse en el futuro estas dificultades en la monitorización del movimiento de sedimentos? Una forma es utilizar la teledetección por satélite. Se sabe que la concentración de partículas sedimentarias en suspensión en la superficie del agua influye en la reflectancia de la radiación solar entrante. Gracias al uso de sensores por satélite para medir la reflectancia de la superficie, se pueden calcular las concentraciones de sedimentos en suspensión desde el espacio al calibrarlas con muestras fluviales ya conocidas. La teledetección por satélite ofrece nuevas y apasionantes oportunidades en el estudio del transporte de sedimentos a grandes escalas espaciales y de forma rutinaria, lo que permite conocer mejor los procesos por los que la erosión y la sedimentación remodelan algunos de los entornos más espectaculares e inhóspitos del planeta.

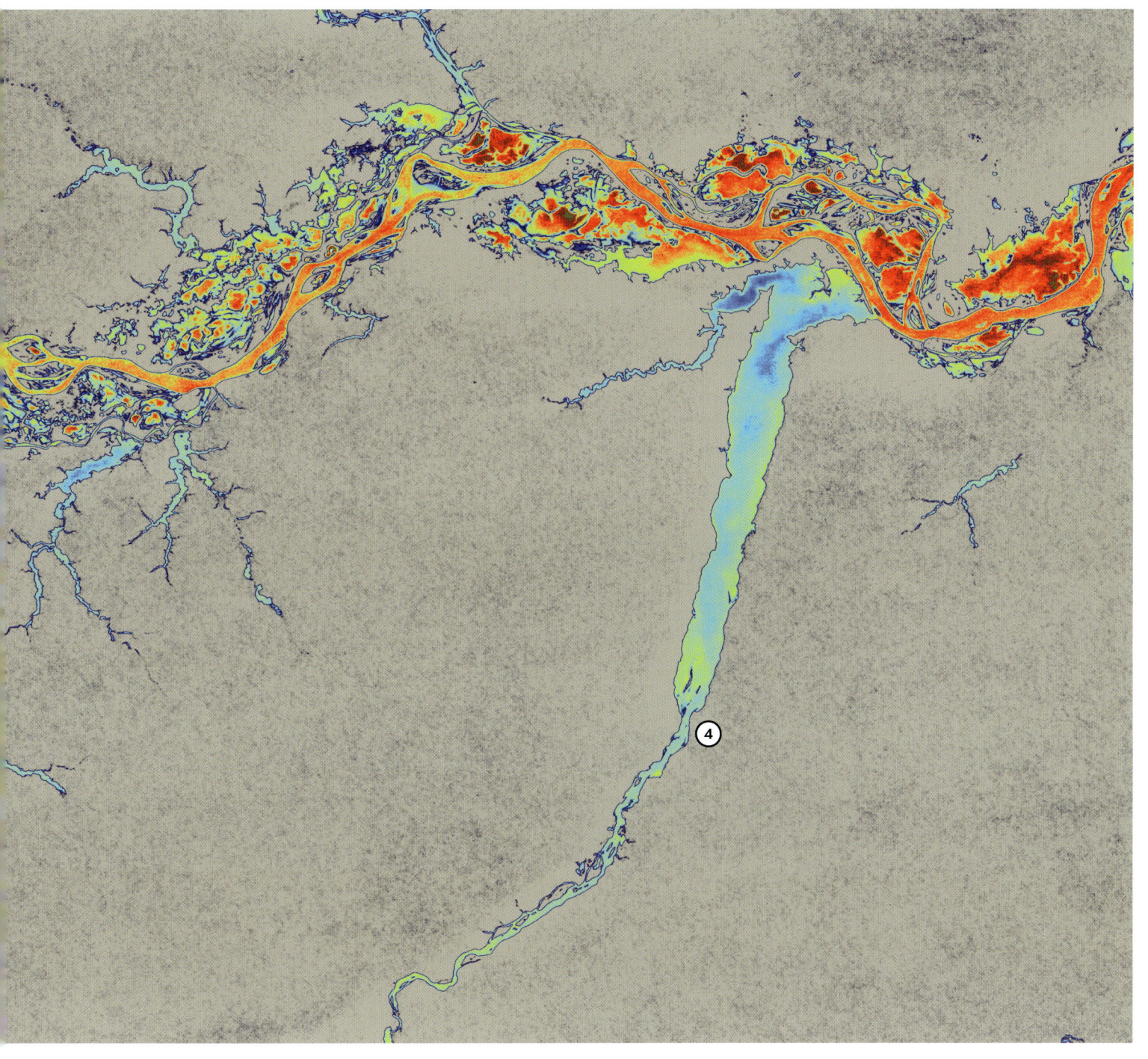

# Flujos de carbono y nutrientes a través de los ríos

Además de transportar partículas sedimentarias, los ríos son responsables de llevar enormes cantidades de nutrientes y carbono al mar. Pero los ríos y sus terrenos inundables también conforman regiones en las que crece abundante vegetación, y el carbono, almacenado a modo de materia orgánica, puede quedar enterrado y bloqueado en los sedimentos aluviales.

## Suministro de nutrientes al mar

Los ríos son unos vitales transportadores de nutrientes y carbono de la tierra al mar. Los nutrientes son cruciales para el desarrollo de la vida vegetal y animal, así como necesarios para el crecimiento de algas y cianobacterias, que se encuentran en la base de la red trófica fluvial y constituyen una fuente de alimento para pequeños invertebrados y peces. Con todo, los ecosistemas acuáticos sanos solo necesitan pequeñas concentraciones de ellos, y, como veremos más adelante, las condiciones prístinas de nutrientes son, en esencia, inexistentes en muchos ríos, estuarios y deltas debido a una serie de contaminantes de origen humano. La llamada «eutrofización», que es el aporte excesivo de nutrientes, como el nitrógeno y el fósforo, tal vez sea el problema más extendido de la Tierra en cuanto a la calidad del agua.

Los nutrientes naturales entran en los ríos a través de diversos procesos, como el aporte directo de la meteorización de las rocas y la liberación de nutrientes de los suelos, o la descomposición de la vegetación palustre y de los organismos acuáticos. El nitrógeno inorgánico disuelto (NID) y el fósforo inorgánico disuelto (FID) son dos de los nutrientes más comunes e importantes en los ríos. Alrededor de tres cuartas partes de estos nutrientes fluviales llegan al mar abierto cada año: en todo el mundo, unos 17 millones de toneladas de NID y 1,2 millones de toneladas de FID sustentan los ecosistemas acuáticos marinos. Parte de estos nutrientes puede procesarse y modificarse debido a la actividad biológica en los estuarios y a lo largo de las costas, elementos que actúan a modo de amortiguadores biogeoquímicos entre los ríos y el mar.

▶ **Residuos de crecidas**
*Arroyo de montaña durante una crecida, con grandes rocas, árboles que sobresalen de los cauces y otros caídos que provocan atascos.*

## CARBONO DE TERRENOS INUNDABLES

Los nutrientes y minerales transportados desde la cordillera de los Andes y depositados en los terrenos inundables dan lugar a la enorme productividad de la cuenca amazónica, que es importante tanto como fuente de carbono como en su transporte y almacenamiento. Este equilibrio de carbono orgánico en los terrenos inundables del Amazonas muestra que grandes cantidades de materia orgánica vuelven al cauce del río para alimentar la respiración en el canal. Todas las cantidades indicadas se refieren al carbono orgánico total (COT) y se expresan en Tg por año, excepto en el caso del carbono orgánico disuelto (COD) y el carbono orgánico particulado (COP). Nota: 1 Tg (teragramo) = 1 millón de toneladas, equivalente a las emisiones anuales de unos 217 000 automóviles de pasajeros habituales en Estados Unidos.

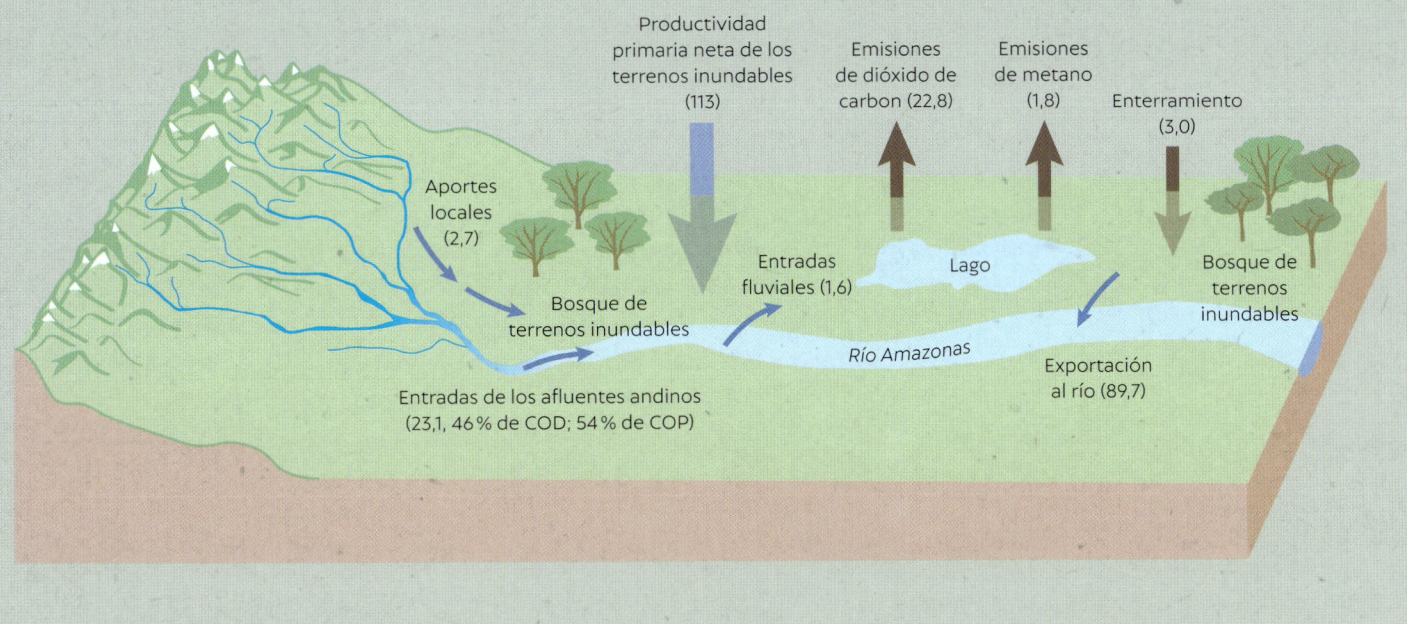

Productividad primaria neta de los terrenos inundables (113)

Emisiones de dióxido de carbon (22,8)

Emisiones de metano (1,8)

Enterramiento (3,0)

Aportes locales (2,7)

Bosque de terrenos inundables

Entradas fluviales (1,6)

Lago

Bosque de terrenos inundables

Entradas de los afluentes andinos (23,1, 46 % de COD; 54 % de COP)

Río Amazonas

Exportación al río (89,7)

## Terrenos inundables fértiles

Si el clima es favorable, la acción de la meteorización, los nutrientes, el agua y los microbios da lugar a un suelo fértil en el que la vegetación puede crecer y proliferar. Así pues, los corredores fluviales son importantes productores, transportadores y almacenadores de carbono, y desempeñan un importante papel en el ciclo y el presupuesto mundiales del carbono. Estos difieren entre los ríos montañosos de tierras altas y los extensos terrenos inundables de tierras bajas, donde los sedimentos y el carbono pueden quedar secuestrados miles de años. Además, los terrenos inundables actúan como biorreactores dinámicos, ya que modifican el flujo de agua, sedimentos, nutrientes y carbono en una amplia gama de escalas temporales y adoptan un papel crucial en la creación de biodiversidad. Se calcula que los ríos le suministran al mar cada año unos 1000 millones de toneladas (1 petagramo, o Pg) de carbono, valor que se ve superado por unas 25 000 veces la reserva mundial de carbono en los suelos.

Los cambios antropogénicos, como la deforestación, los cambios en el uso del suelo, las interrupciones del pulso natural de las crecidas y la eliminación de diques de troncos y grandes objetos leñosos reducen la cantidad de carbono almacenado en los corredores de los valles fluviales cediéndoselo a la atmósfera. Tener en cuenta el papel de los terrenos inundables fluviales (en los grandes ríos tropicales o en el permafrost del Ártico) en el almacenamiento y la liberación de carbono es vital para hacer frente al calentamiento global.

# Sedimentos depositados en los ríos

Las gravas, arenas y limos que transportan los ríos se depositan en el lecho fluvial, creando una amplia gama de rasgos morfológicos denominados «formas de fondo» y «formas de barra». Estos elementos se dan en todos los ríos del mundo, pueden generar sus propios campos de flujo y dan lugar a valiosos nichos ecológicos. Además, son cruciales en la morfología de los cauces fluviales.

## Formas de fondo

Se generan por la acción del agua al mover los granos de sedimentos no consolidados, e incluyen elementos familiares como las ondas de fondo y las dunas. A mayores velocidades de flujo o de las tensiones de corte del lecho, estas dan paso a una superficie sedimentaria mucho más plana sobre la que se produce un intenso transporte de sedimentos. Cuando la velocidad es aún mayor, la superficie del río se deforma en una serie de olas que pueden romper aguas arriba y que quienes navegan por rápidos en kayak conocen como *stoppers*. Estas olas, de una inmensa turbulencia, las provoca el movimiento del agua sobre las denominadas «formas de fondo de flujo supercrítico», aunque también pueden generarse por el movimiento sobre obstáculos, como cantos rodados o escalones en el lecho rocoso, que producen rápidos. Cuando son permanentes, estos pueden fragmentar el río en segmentos que pueden limitar, o controlar, la migración de peces y animales acuáticos, estableciendo un vínculo entre la hidráulica fluvial y la distribución de la evolución de las especies.

Las formas de fondo pueden formarse en torno a gravas de grano más grueso y en cantos rodados. Pero las tensiones de corte del lecho necesarias para mover estas partículas son mayores que las de las arenas, por lo que las dunas formadas a partir de granos mucho más grandes son indicio de flujos de gran magnitud y catastróficos en el pasado.

## Formas de barra

Las formas de fondo pueden apilarse y superponerse hasta generar grandes formas de barra en regiones donde, por ejemplo, el flujo se expande y desacelera, lo que favorece la deposición de sedimentos. Estas adoptan diversos tamaños y formas, y pueden emerger si el caudal es bajo, facilitando el crecimiento de la vegetación y el desarrollo de suelos e islas fluviales de una naturaleza más permanente. Las barras fluviales pueden tener una longitud varias veces superior al ancho del cauce y formarse en distintos lugares de este: en medio, junto a las orillas, aguas abajo de una curvatura abrupta de la forma en planta o asociadas a la deposición de sedimentos en las curvas interiores de ríos meandriformes.

## Alteración del flujo

Tanto las formas de fondo como las formas de barra influyen en el río, ya que dirigen el agua alrededor de su topografía, generan su propio campo de flujo y le oponen resistencia. Por ello, conocer la presencia y el tipo de formas de fondo y de formas de barra de un río es importante para comprender y predecir la cantidad de sedimentos que transporta durante las crecidas y sus niveles de agua en esos momentos. Además, la erosión de las orillas puede controlarse en buena parte mediante el desvío del flujo del río alrededor de las formas de barra que evolucionen en medio del cauce principal, por lo que las intervenciones de ingeniería fluvial deben tener en cuenta la morfología cambiante de los lechos fluviales. Como ya se ha mencionado, las formas de barra se deben a episodios de erosión y deposición, a menudo relacionados con crecidas. Así pues, la naturaleza deposicional de las formas de fondo y de las formas de barra en el registro sedimentario permite a los geólogos descifrar las características de antiguos ríos.

▼ **Formas de fondo, formas de barra e islas fluviales**

*Ondas de sedimentos de 400 metros de ancho reveladas en una imagen aérea del río Saskatchewan Sur, en Canadá, las cuales muestran la presencia de una serie de formas de barra e islas fluviales con vegetación que revelan como el lecho del río está cubierto por pequeñas dunas de arena. El flujo va de izquierda a derecha, y la relativa claridad del agua se debe al atrapamiento de sedimentos finos en suspensión en un embalse aguas arriba.*

# Terrenos inundables

Estos lugares, que son la zona adyacente a los cauces fluviales, albergan algunos de los entornos de mayor riqueza y diversidad biológicas de la Tierra. Además, han proporcionado la base en la que han florecido las civilizaciones humanas, y su gestión sostenible es vital para el futuro de la agricultura, la vivienda y el cambio climático.

## ¿Qué son los terrenos inundables?

Son zonas relativamente llanas, pero en absoluto desprovistas de accidentes, que se extienden junto a la mayoría de los ríos. Se trata, en esencia, de entornos de transición entre el cauce principal del río y las laderas de los valles circundantes y que se inundan parcial o totalmente durante los períodos de caudal alto. Se trata, por lo tanto, de complejos y dinámicos entornos que no son elementos independientes del paisaje, sino partes integrantes de los ríos y vitales para su composición ecológica.

La cartografía, a menudo basada en la teledetección por satélite, ha revelado en fechas recientes la rica variedad de formas y tamaños de los terrenos inundables. En total, se calcula que estos cubren una superficie de unos 13,4 millones de $km^2$, es decir, alrededor del 10 por ciento de la superficie terrestre mundial sin contar la Antártida. Muchos ríos se ven afectados por un «pulso de crecida» estacional como parte de su ciclo hidrológico anual. Estos sacan aguas y sedimentos ricos en nutrientes del río que van a los terrenos inundables, donde la vegetación inundada puede conformar «viveros» protegidos para los peces juveniles. Cuando la crecida retrocede, los nutrientes procedentes de la vegetación descompuesta de los terrenos inundables vuelven al sistema fluvial. De este modo, el pulso de crecida contribuye a sustentar la rica biodiversidad y la productividad ecológica que caracterizan a los terrenos inundables no modificados del planeta.

## Una tensión fundamental

Sin embargo, los terrenos inundables tienen una importancia desproporcionada con relación al espacio que ocupan. Como se explica en el capítulo 4, muchos terrenos inundables (al menos en su estado natural, sin alteraciones) son ricos y productivos desde el punto de vista ecológico. Aunque solo cubren el 10 por ciento de la superficie terrestre, se calcula que alrededor del 70 por ciento de todas las especies vegetales y animales terrestres viven en ellos o los usan durante su ciclo vital. La combinación de terrenos relativamente llanos, acceso al agua y suelos fértiles hace que estos lugares lleven mucho tiempo siendo lugares atractivos para los asentamientos humanos. Tanto en la civilización egipcia (a lo largo del valle del Nilo) como en la cultura de Harappa (en el río Indo) y en los asentamientos mesopotámicos (en las amplias llanuras entre los ríos Tigris y Éufrates), los terrenos inundables han sido la cuna de nuestras más antiguas civilizaciones.

Hoy en día, los terrenos inundables albergan algunas de las poblaciones humanas más densas del mundo: más de mil millones de personas viven en zonas donde el riesgo anual de inundación supera el 1 por ciento (la llamada «inundación de 100 años»). Sin embargo, existe una tensión fundamental. Por un lado, los terrenos inundables son meras partes de los ríos que, sin intervención, se anegan con frecuencia. Pero, por otro lado, al ser humano le resultan entornos atractivos en los que vivir y trabajar. El precio que se paga por esta tensión es que las inundaciones son hoy el daño natural más letal y costoso del mundo. Cada año, las inundaciones afectan a más de 300 millones de personas y provocan pérdidas económicas que superan los 65 000 millones de euros.

## TERRENOS INUNDABLES DEL MUNDO

Cuatro de los principales terrenos fluviales inundables del mundo, cartografiados con una resolución espacial de 250 metros a partir de datos topográficos adquiridos mediante radar a bordo del transbordador espacial Endeavour en febrero de 2000. La cartografía revela la gran extensión y la compleja estructura de los terrenos inundables de los mayores ríos del mundo.

Misisipi

Níger

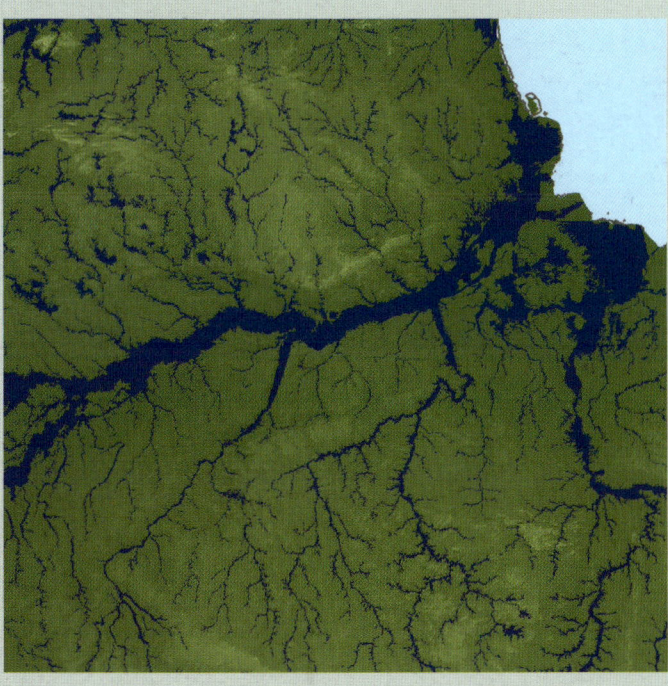

Amazonas

Liao

**La complejidad de los terrenos inundables**

*Los terrenos inundables del río Prípiat, Bielorrusia, durante el desbordamiento primaveral, ilustran tanto la variabilidad como la belleza de la morfología de estos lugares. ¡Los terrenos inundables distan mucho de no tener accidentes!*

A causa del cambio climático, que está provocando el aumento de la frecuencia de los fenómenos de precipitaciones extremas, así como los cambios demográficos y el desarrollo económico en los terrenos inundables, este riesgo de inundación se duplicará para el año 2050. Este aumento está propiciando la inversión en infraestructuras a corto plazo destinadas a defender a las personas pero que tienen el efecto de desconectar los ríos de sus terrenos inundables, lo que acaba con las crecidas estacionales y los procesos asociados que provocan estos terrenos y la riqueza ecológica que contienen.

## Los procesos de los terrenos inundables

Los procesos que conforman la morfología de estos terrenos reflejan un equilibrio entre las fuerzas erosivas y las deposicionales. La migración de los ríos meandriformes hace que los sedimentos se acumulen en forma de barras de meandro en su curva interior provocando la erosión en la orilla exterior. Así, los sedimentos están sometidos a una renovación constante, lo que genera nuevas superficies terrestres cuando se destruyen las más antiguas. Hay veces en las que estos procesos de migración lateral del cauce (en especial en los ríos meandriformes) hacen que los meandros se extiendan y se plieguen sobre sí mismos, creando brazos muertos cuando el implacable movimiento del río le corta el cuello. Si el flujo sobre el terreno inundable es suave en época de crecida, se propicia la acreción vertical de sedimentos que se asientan fuera ¡del flujo, pero, si es rápido, se socavan nuevos canales en la superficie de dicho terreno.

Los complejos procesos interactivos hacen que, pese a la relativa llaneza de los terrenos inundables, disten mucho de ser entornos carentes de accidentes característicos: son complejos mosaicos con distintas elevaciones, lagos que pueden estar total o parcialmente (des)conectados al río y redes de canales activos o en parte abandonados, todo lo cual puede estar atravesado por redes de canales tributarios y distributarios. Esta complejidad topográfica, unida a la humectación y desecación periódicas de los terrenos inundables durante y tras las crecidas, genera una amplia gama de hábitats físicos en constante cambio que sustentan su riqueza ecológica.

## Inundaciones

Al igual que las morfologías de los terrenos inundables «llanos» son más complejas de lo que parece, también lo son los mecanismos por los que se inundan estas regiones. Cuando los medios de comunicación informan sobre catástrofes causadas por inundaciones, suelen decir que los ríos «se han desbordado», pero esta expresión puede inducir a error y es solo uno de los diversos mecanismos que provocan estos fenómenos. En muchos ríos, los terrenos inundables pueden llenarse de forma gradual por flujo difusivo cuando se desbordan las orillas. También pueden inundarse directamente a causa de lluvias intensas aunque el nivel del agua en el cauce principal sea inferior al de las riberas. Otra posibilidad es que el caudal de los afluentes se vierta en los terrenos inundables, sobre todo si el drenaje de estos se ve interrumpido a su vez por unos altos niveles de agua en el cauce principal.

**Orillas rebasadas**
Imagen satelital de una zona de desborde parcialmente inundada en el río Tigris, Irak, diciembre de 1988.

0                    0,5 km

Lóbulo de zona de desborde inundado

Lóbulos de zona de desborde inactivo

## Terrenos inundables no modificados *versus* modificados

*En el corazón de la biosfera amazónica, el ecosistema terrestre más rico de nuestro planeta, se encuentran el río y sus terrenos inundables. Se calcula que el 20 por ciento de la cuenca baja del Amazonas está cubierta por humedales inundados de forma permanente o estacional, como es el caso de este igapó (véase página 120) situado en los terrenos inundables del río Jutaí, Brasil (superior). Sin embargo, muchos terrenos inundables de zonas pobladas o de cultivo intensivo, como estos, de Uruguay (inferior), están protegidas por diques de contención, lo que reduce la frecuencia de las inundaciones y acaba con la vegetación palustre natural, provocando importantes pérdidas de hábitat.*

En terrenos inundables como los del río Amazonas, con sus complejas redes de canales, el agua que los inunda puede haber sido transportada desde fuentes alejadas y no desde el propio río adyacente. Y, claro está, a veces los ríos «se desbordan», como ocurre con las espectaculares zonas que acaban por romper diques. En estos casos, el río principal desemboca en los terrenos inundables, en cuya superficie deposita grandes volúmenes de material en poco tiempo y forma intrincados abanicos de sedimentos. Los mecanismos precisos de las inundaciones son vitales, ya que influyen en cuándo y dónde se desplazan los cursos de agua, los sedimentos, los nutrientes y los contaminantes desde el río principal a la superficie de los terrenos inundables.

# EL PULSO DE CRECIDA: EL LATIDO DEL AGUA EN LA NATURALEZA

Diagrama en el que se ilustra el concepto de pulso de crecida y sus importantes repercusiones en el ciclo vital de muchos peces.

**Temporada de flujo bajo**

La mayoría de los peces que desovan en los ríos comienzan a reproducirse

Árboles tolerantes a las inundaciones

Arbustos terrestres

Hierbas terrestres anuales

**Comienzo de la temporada de crecidas**

Desove de peces lacustres y fluviales; los juveniles y los depredadores siguen el borde de la orilla cambiante; la producción de peces e invertebrados es elevada

Máxima producción de vegetación acuática

Sólidos en suspensión y nutrientes añadidos, estos últimos procedentes del suelo recién inundado

La vegetación terrestre y la acuática más antigua se descomponen

**Máximo de la crecida**

Los peces adultos y juveniles se dispersan si los niveles adecuados de oxígeno disuelto lo permiten

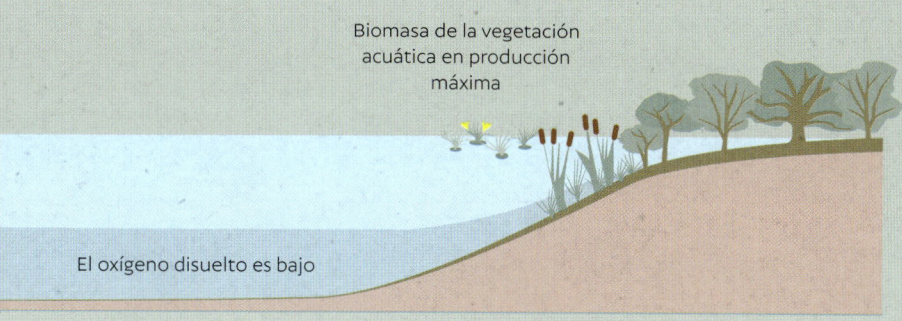

Biomasa de la vegetación acuática en producción máxima

El oxígeno disuelto es bajo

**La crecida comienza a remitir**

Muchos peces responden al descenso de la profundidad del agua y se dirigen a aguas más profundas

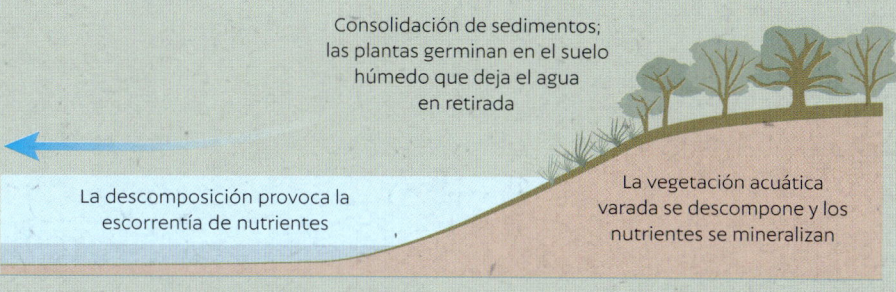

Consolidación de sedimentos; las plantas germinan en el suelo húmedo que deja el agua en retirada

La descomposición provoca la escorrentía de nutrientes

La vegetación acuática varada se descompone y los nutrientes se mineralizan

**La recesión de la crecida está casi culminada**

Los peces migran al canal principal, a lagos permanentes o a afluentes

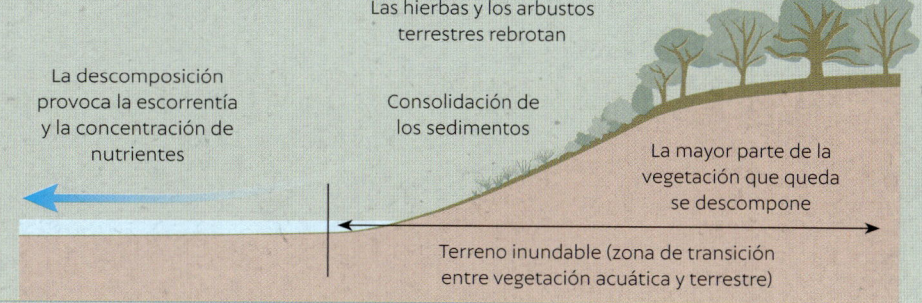

Las hierbas y los arbustos terrestres rebrotan

La descomposición provoca la escorrentía y la concentración de nutrientes

Consolidación de los sedimentos

La mayor parte de la vegetación que queda se descompone

Terreno inundable (zona de transición entre vegetación acuática y terrestre)

# La anatomía de los ríos

3

# De camino al mar

El perfil longitudinal de los ríos nos permite ver cómo la elevación del lecho disminuye con la distancia aguas abajo desde el nacimiento hasta la desembocadura. La forma de este perfil no solo refleja los resultados de la erosión y la sedimentación a largo plazo, sino que también ejerce una influencia crucial en los procesos contemporáneos.

Se trata de un atributo morfológico fundamental de los ríos, que representa la expresión topográfica de las formas en las que el clima, la tectónica, la geología y el impacto humano han interactuado a lo largo del tiempo para modelar la evolución de su cuenca hidrográfica. Además, interviene un mecanismo de retroalimentación: la pendiente del río ejerce un control clave sobre los procesos de erosión y sedimentación, pues controla en gran medida la velocidad del flujo

## PENDIENTE GLOBAL DE LOS RÍOS

Mapa de perfiles fluviales longitudinales globales elaborado con una resolución espacial de 6 minutos de arco (unos 11 km en el ecuador) derivado del modelo digital de elevación (MDE) global HydroSHEDS. Los colores azul oscuro indican pendientes muy poco pronunciadas, mientras que los rojos aluden a lo contrario.

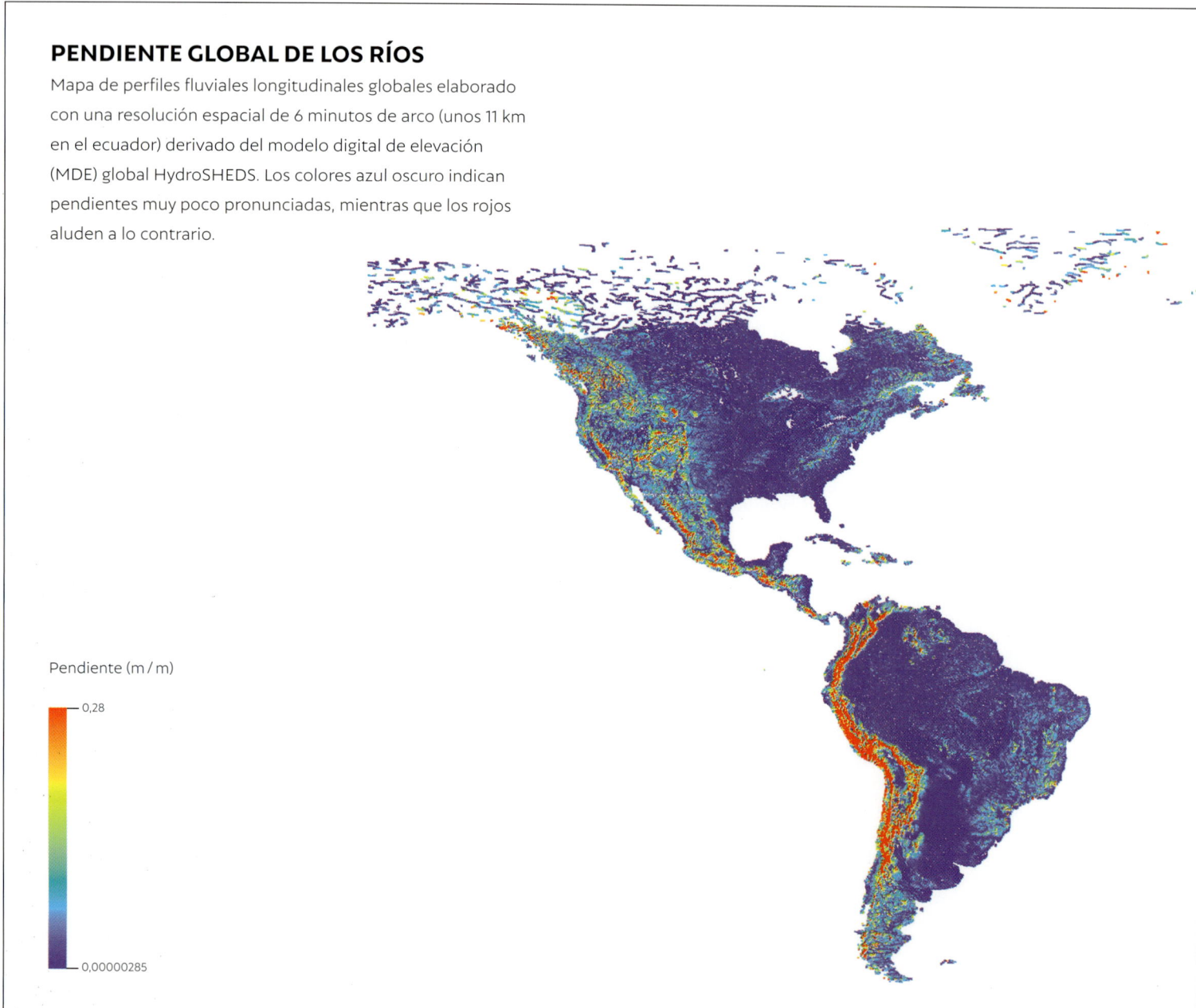

Pendiente (m / m)

0,28

0,00000285

y, por lo tanto, los mecanismos y la tasa del transporte de sedimentos. Del mismo modo, la pendiente determina el potencial gravitatorio que se ejerce sobre los sedimentos y las rocas y, por lo tanto, su susceptibilidad a la erosión y el transporte.

## Determinación de los perfiles longitudinales

Estos perfiles se determinan con solo medir directamente sobre el terreno la caída de la elevación del lecho fluvial con la distancia a lo largo del curso del río, o extrayendo estos parámetros de forma manual de los mapas topográficos. Aunque estos métodos tradicionales nos brindan representaciones precisas, requieren mucho tiempo, lo cual, hasta hace poco, ha dificultado el cartografiado sistemático de los perfiles longitudinales de los ríos mundiales. Sin embargo, el uso de conjuntos de datos topográficos globales, como los modelos digitales de elevación (MDE) derivados de sensores de radar por satélite, junto con el desarrollo de algoritmos con los que analizar los datos del terreno, ha permitido a los científicos fluviales analizar los perfiles de los ríos y la variabilidad de sus pendientes.

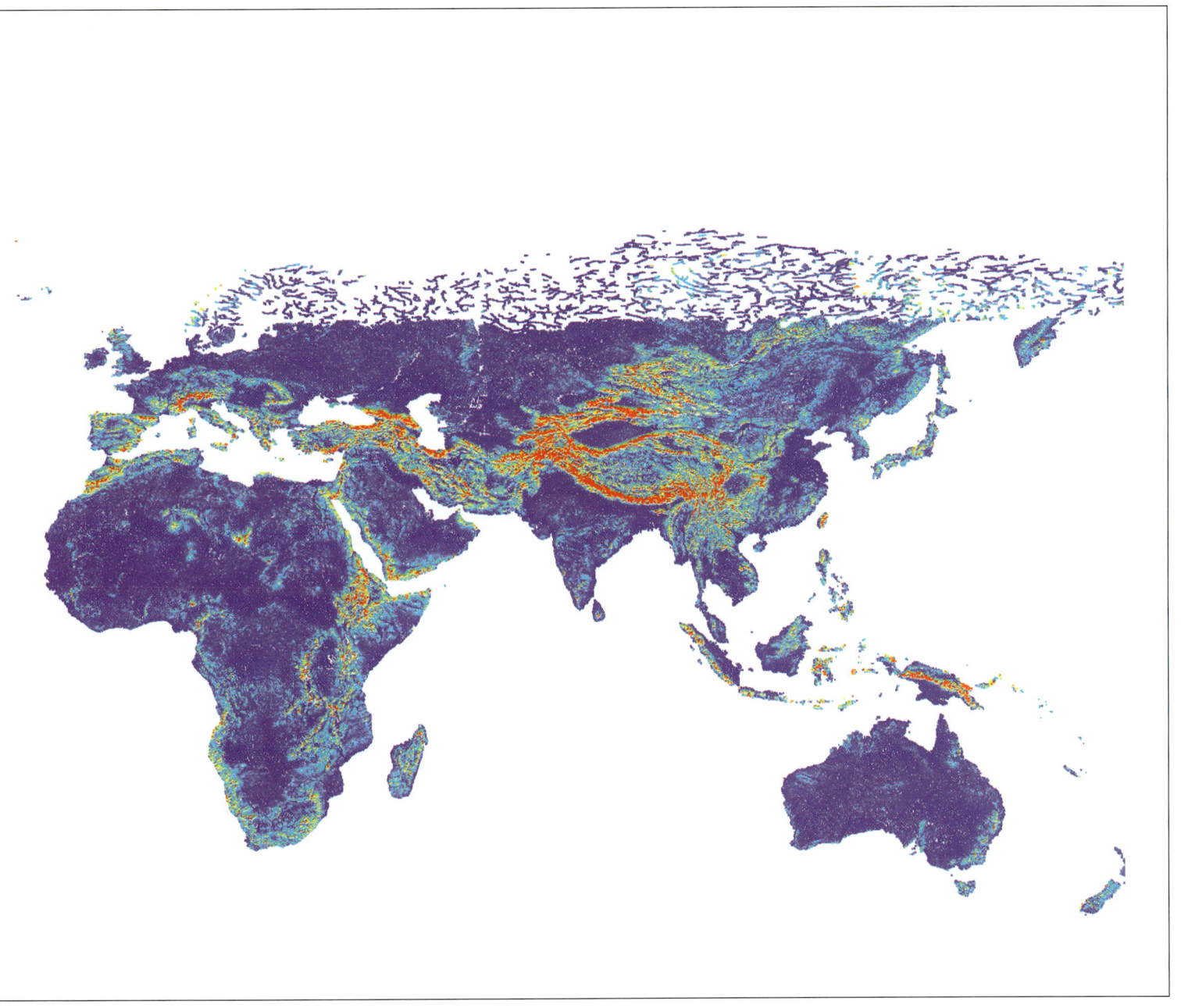

## Nuevas perspectivas e implicaciones

Estos análisis cartográficos digitales a gran escala aportan nuevos conocimientos que cuestionan las ideas que se tenían sobre la geografía mundial de las pendientes fluviales. Hoy se sabe, por ejemplo, que la pendiente media global de los ríos es de 0,0026 m/m: es decir, que existe una caída de 2,6 metros de elevación por 1 km de curso fluvial. Sin embargo, resulta llamativo que muchos de ríos del mundo tengan gradientes muy bajas: más de la mitad de los segmentos fluviales del mundo tienen pendientes de menos de 0,0006 m/m (una caída de solo 60 cm cada 1 km), y la longitud total de los ríos de gradiente ultrabaja, que son aquellos inferiores a 0,00005 m/m (una caída de solo 1 cm cada 1 km), es de unos 276 000 km.

La mayoría de los ríos de gradiente ultrabaja fluyen por llanuras costeras, y sus bajísimas pendientes tienen importantes implicaciones en la sensibilidad de estas regiones a futuras subidas del nivel medio del mar a escala global. Esto es porque la «zona de remanso» (la parte del río que se ralentiza hidráulicamente a medida que se acerca al mar) está controlada por la relación entre la profundidad del caudal y la gradiente del cauce. Así, un aumento de 1 m del nivel medio global del mar (cifra que coincide con las proyecciones del Grupo Intergubernamental de Expertos sobre el Cambio Climático para 2100), y, por lo tanto, de la profundidad del caudal, aumentaría la extensión hacia tierra de la zona de remanso en cada río de gradiente ultrabaja en más de 100 km, lo que incrementaría el riesgo de inundaciones o cambios en la posición del cauce.

▼ **Cuesta abajo**
*Los perfiles longitudinales de los ríos no son siempre regulares: a veces se ven interrumpidos por bruscos escalones, como es el caso de la cascada de Gullfoss, Islandia.*

## FORMAS FLUVIALES DETERMINADAS POR EL CLIMA

Formas del perfil longitudinal de los principales ríos del mundo que ilustran cómo varían en función de las zonas climáticas por las que discurren. El índice de concavidad normalizado es un parámetro de la forma del perfil longitudinal en el que los valores menores y mayores que cero representan, respectivamente, perfiles cóncavos y convexos. Obsérvese la prevalencia de los convexos en las regiones áridas.

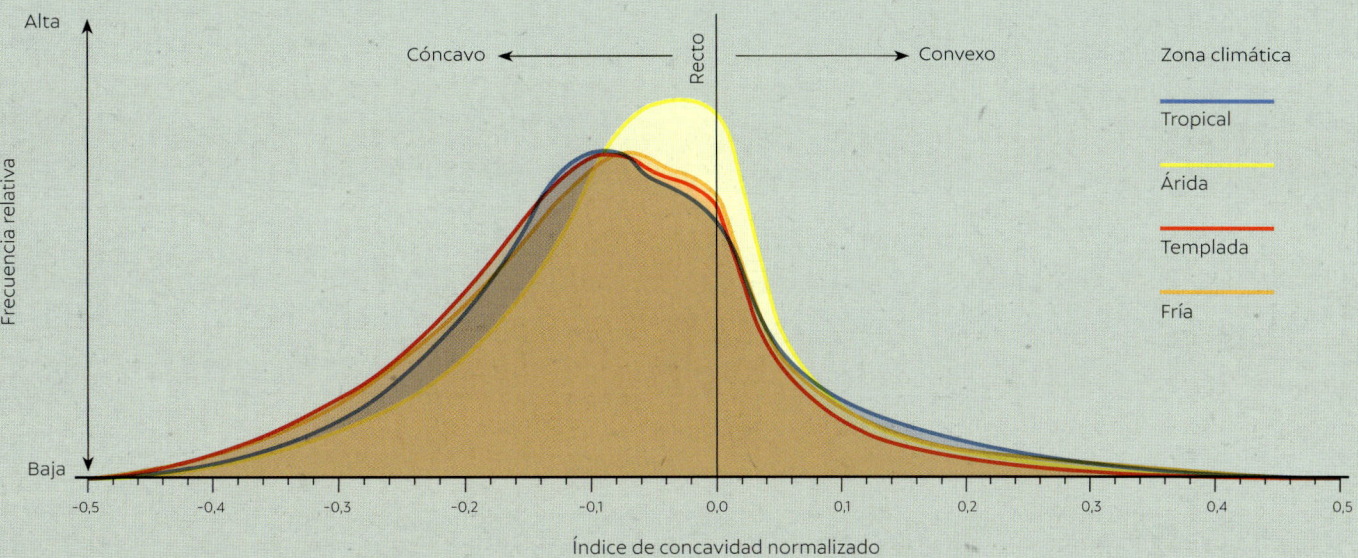

## Factores que influyen en la pendiente y la forma del perfil

Los conjuntos de datos a escala mundial pueden analizarse para obtener la pendiente media de cada uno de los principales ríos del mundo. Estos mapas de pendiente promedio muestran que existe un vínculo clave entre su pendiente media y el entorno tectónico. Hay tres ríos asiáticos (el Indo, el Ganges y el Yangtsé) que destacan por tener unas de las mayores pendientes medias fluviales. No es casualidad que estos se encuentren también entre los más activos del mundo en cuanto a tasas de erosión, transporte de sedimentos y sedimentación. Por el contrario, algunos de los ríos más llanos y menos activos (como el sistema fluvial Murray-Darling, en Australia, y el San Lorenzo, en Norteamérica) se encuentran en entornos con una tectónica estable.

Los detalles de la forma del perfil longitudinal son también un aspecto crucial. Lo habitual era pensar que la gran mayoría de los perfiles longitudinales tienen, en líneas generales, una forma cóncava ascendente (es decir, que la pendiente se allana poco a poco con la distancia río abajo), lo que produce un perfil suave que a veces se ve interrumpido por bruscos saltos asociados a las cascadas. No obstante, si bien es cierto que la mayoría de los perfiles fluviales son cóncavos, ahora se sabe que, por sistema y en todo el mundo, se vuelven menos cóncavos con el aumento de la aridez (*superior*), y también que hay una considerable minoría de ellos que incluso se vuelven convexos (su pendiente se hace más pronunciada con la distancia río abajo). Estos patrones en la forma del perfil longitudinal se deben a variaciones sistemáticas en la velocidad a la que cambia el caudal con la distancia río abajo. Por ejemplo, los perfiles de los ríos se vuelven cada vez más cóncavos en los ambientes húmedos porque el caudal aumenta más deprisa con la distancia río abajo que en las regiones áridas.

# Las formas de los cauces

La anchura y profundidad de los ríos se ajustan para acomodar el flujo de agua y sedimentos que llega desde aguas arriba, pero también les influye la resistencia del lecho y los materiales de las riberas, así como la presencia o ausencia de vegetación y otras biotas. Asimismo, la sección transversal del cauce influye en el transporte de sedimentos y en la ecología acuática.

A medida que un río típico fluye desde su nacimiento hasta el mar, tanto su anchura como su profundidad tienden a aumentar para dar cabida al creciente volumen de agua. En la mayoría de los ríos, la velocidad a la que crece la anchura del cauce con el aumento del caudal es mayor que la de la profundidad del río, lo que significa que la relación entre anchura y profundidad (crucial para la forma del cauce) tiende a aumentar hacia la desembocadura del río: los ríos aumentan relativamente con respecto a su profundidad. Sin embargo, aunque no cabe duda de que el caudal es el factor que más influye en el grosor y profundidad de los ríos, los cambios en la carga de sedimentos que le llegan a estos también son importantes, tanto que a veces pueden provocar cambios muy bruscos en la morfología del cauce.

Hay más factores que influyen en la modulación de la anchura y la profundidad de los ríos. En concreto, resulta importante la resistencia de los materiales de las riberas (incluidos los efectos protectores de la vegetación), ya que las riberas débiles tienden a dar lugar a ríos más anchos (y, por lo tanto, más someros).

## El río más profundo

Se cree que la máxima profundidad fluvial del mundo se da en ciertas partes del río Congo. A unos 300 km del mar, el Congo se precipita en una serie de escarpadas gargantas delimitadas por el lecho rocoso (*véanse* páginas 34-35). La enorme descarga de caudal, con una media de unos 41 000 m³/s, y la pronunciada gradiente hacen que el río forme pozas que alcanzan los 220 metros bajo la superficie, tan profundas que no penetra en ellas la luz. Estas condiciones, junto con la fuerza de las corrientes fluviales, que dificulta el desplazamiento de las especies entre las distintas partes del río, han generado un ecosistema único.

Hay un habitante de las profundidades del Congo que en la zona se conoce como *mondeli bureau*, u «hombre blanco en una oficina». Se trata de un pez pálido, sin ojos y con una peculiar forma alargada, lo que sugiere que sus adaptaciones evolutivas pueden estar motivadas por la vida en las grandes profundidades y las rápidas corrientes.

**Habitante de las profundidades**
Lamprologus lethops, *el pez ciego del curso inferior del río Congo.*

## ◢ Transformado por la arena

*El curso inferior del río William, un arroyo monocanal relativamente estrecho y profundo que fluye hacia el norte hasta el lago Athabasca, multiplica por cuarenta la cantidad de sedimentos en solo 27 km a su paso por el Athabasca Sand Dunes Provincial Park, situado en Saskatchewan, Canadá. Como resultado, el cauce se trenza de forma abrupta mientras quintuplica su anchura decuplicando la relación entre anchura y profundidad.*

## ▶ Riberas inestables

*Hipopótamo (Hippopotamus amphibius) en una orilla muy erosionada del río Luangwa, Parque Nacional de Luangwa Norte, Zambia.*

# Arenas movedizas

Cuando los ríos transportan sedimentos, los accidentes que se generan (dunas, barras e islas de distintos tipos) se erosionan, se acrecientan y migran. Si bien estos elementos del lecho fluvial son los componentes básicos de la morfología general del cauce y los terrenos inundables, estos están sometidos a constantes cambios.

El continuo movimiento de sedimentos aguas abajo hace que la forma de los cauces de los ríos esté siempre cambiando, aunque la mayor parte del trabajo se realiza en los caudales altos, cuando los elevados volúmenes de agua mueven la mayor parte de los sedimentos. Basta con detenerse junto a un río poco profundo y bajar la mirada para ver ese flujo constante de granos en movimiento a lo largo del lecho del río. Pero ¿cómo puede verse ese cambio a mayor escala? La comparación de mapas, gráficos de batimetría fluvial e imágenes aéreas y satelitales de ríos en distintas épocas nos permite ver cómo han ido cambiando los cauces en escalas de tiempo que van de minutos a años, incluso siglos. Estos mapas muestran las arenas y gravas movedizas y revelan el flujo del movimiento de sedimentos y cómo este remodela el lecho del río.

## Un paisaje que cambia

Las arenas movedizas son vitales para la ecología de los ríos y los seres humanos que viven alrededor de estas vías fluviales y en sus terrenos inundables. A medida que los cauces fluviales evolucionan, sus ecosistemas dentro del cauce y en los terrenos inundables también se ven sujetos a cambios, influyendo en el uso humano de estos recursos. Así, las barras fluviales desvían las corrientes, generando la erosión tanto de las riberas como de los bosques y las zonas agrícolas de los terrenos inundables. Aunque este fenómeno puede desplazar a los seres humanos, también forma nuevas tierras en las que se pueden edificar viviendas. Además, el crecimiento de barras e islas fluviales permite a las plantas establecer nuevas sucesiones vegetales, lo que brinda un mecanismo para que la ecología fluvial se renueve. Así, aunque la ingeniería fluvial ha intentado a menudo constreñir y fijar los ríos para hacer de los terrenos inundables lugares para la agricultura, el crecimiento urbano y el desarrollo de las civilizaciones, los valles fluviales siempre cambian y llevan haciéndolo miles de años.

**Arenas movedizas**
Cambios en la topografía del río trenzado Saskatchewan Sur, Canadá, durante un período de un año (2015-2016). El rojo y el amarillo indican las zonas de erosión; el azul y el verde, las regiones de deposición, lo que revela la migración río abajo de las barras de arena, que se mueven a una velocidad media de alrededor de 1 metro por día.

Flujo

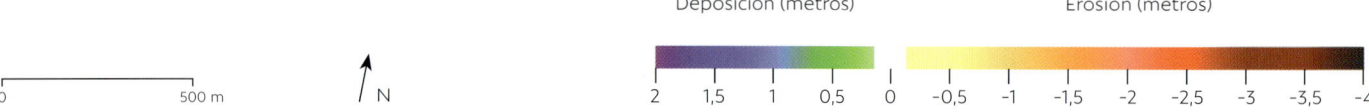

Deposición (metros)          Erosión (metros)

2   1,5   1   0,5   0   -0,5   -1   -1,5   -2   -2,5   -3   -3,5   -4

0          500 m

N

## SUCESIÓN VEGETAL

A medida que se van conformando las barras de arena fluviales,
la nueva vegetación las coloniza y genera una sucesión de
crecimiento vegetal a lo largo del tiempo.

Sucesión temprana
(0-60 años)

Sucesión
intermedia
(60-100 años)

Sucesión tardía / bosque
adulto (más de 100 años)

# Formas en planta fluviales

La forma en planta de los ríos es la que se percibe al observarlos desde arriba. Las que adoptan los ríos en su curso aguas abajo son el resultado de la interacción entre la erosionabilidad del cauce y de los sedimentos de los terrenos inundables y los procesos que contribuyen a la formación de barras, islas y otros accidentes. Esta compleja situación da lugar a la enorme diversidad de formas de planta en las redes fluviales de la Tierra.

Las formas en planta de los ríos están determinadas por el conjunto de unidades morfológicas (formas de fondo, barras e islas) depositadas en el cauce activo. Los ríos rectos son raros en la naturaleza, pues la mayoría son meandriformes, trenzados o anabranquios (*inferior*). El propio término *meandro* procede del sinuoso río Büyük Menderes, al sur de Esmirna, actual Turquía; los antiguos griegos lo conocían como Maíandros, lo que dio lugar al nombre latino Maeander. Sin embargo, muchas formas en planta naturales de los ríos han sido alteradas por la actividad humana, tanto que los ríos enderezados son ahora un indicador común de la huella humana en los paisajes fluviales.

## Anabranquiado, anastomosado y trenzado

Los ríos anabranquiados y anastomosados comprenden sistemas de varios cauces que dividen zonas de los terrenos inundables (es decir, que generan islas aluviales con vegetación u otro tipo de estabilidad y que se elevan sobre los niveles normales de inundación anual). Estos patrones son distintos de los de los ríos trenzados, que están divididos por barras poco elevadas que suelen desbordarse durante las crecidas. Es habitual que la anabranquización se dé al mismo tiempo que otros patrones. La anabranquización se produce sobre todo en los grandes ríos: el 90 por ciento de los tramos aluviales de los diez ríos más grandes del mundo presentan esta forma.

▼ **La naturaleza aborrece las líneas rectas**
*Los ríos con formas de planta rectas son muy raros en la naturaleza; de hecho, suelen estar asociados a modificaciones humanas, como es el caso del río Vístula, enderezado hacia su desembocadura en el mar Báltico.*

◀ **Meandros**

*Imagen de Landsat 8 del río meandriforme Tsiribihina, Madagascar. El naranja amarillento del agua indica que transporta una gran carga de sedimentos en suspensión, habitual en los ríos sinuosos de un solo cauce.*

▼ **Cauces entretejidos**

*Los ríos trenzados tienden a asociarse con grandes reservas sedimentarias con riberas muy erosionables. Ambas condiciones se dan en el Rakaia, un río neozelandés donde los depósitos fluvioglaciares aportan abundantes cargas sedimentarias y cuyo ambiente templado frío limita el crecimiento de una vegetación estabilizadora en las orillas.*

## Factores que influyen en la forma en planta

Entonces, en el caso de los ríos que no se han visto modificados de forma directa por el ser humano, ¿qué determina su forma en planta? Son tres los factores que determinan que un río tenga un solo cauce o varios. El primero de ellos es el índice de desarrollo de los terrenos inundables. Cuando los sedimentos se aglomeran a gran velocidad, se favorece la acreción vertical de arena y limo en las barras laterales y en el cauce medio (en lugar de la migración río abajo), propiciando el desarrollo de islas más grandes y estables. Como resultado, los dinámicos cauces trenzados se asocian con tasas más lentas de creación de terrenos inundables. En segundo lugar, es importante la resistencia de las riberas a la erosión. Los materiales de ribera más duros, como los limos y arcillas de grano fino, o las riberas con una vegetación espesa, favorecen una menor anchura del cauce y menos ramificaciones del mismo. En tercer lugar, es importante la naturaleza de la hidráulica del flujo y, en concreto, la forma en la que este controla el mecanismo de transporte de sedimentos.

Este último factor ilustra una importante propiedad de los ríos: el orden a gran escala (en este caso, la estructura de la forma en planta de los ríos en sus terrenos inundables) suele surgir de interacciones entre flujos de agua y sedimentos que operan a escalas mucho más pequeñas, en este caso granos de sedimento individuales. Estas interacciones influyen en el mecanismo de transporte y, por lo tanto, en la evolución de la forma en planta, ya que, a medida que aumenta el tamaño del grano, se transporta más sedimento como carga de fondo (en contacto con el lecho del río) que como carga en suspensión. Es importante porque el transporte como carga de fondo se ve desviado por la gravedad en la dirección de la pendiente local del lecho, cosa que no sucede con la arena suspendida sobre él. Así, cuando se transporta como carga de fondo, puede desviarse en torno a puntos topográficos altos locales, reduciendo el crecimiento vertical de las barras, ralentizando la conversión de estas en islas con vegetación y terrenos inundables, y ensanchando el cauce. Por el contrario, cuando se transporta más sedimento en suspensión (a causa de, por ejemplo, una reducción del tamaño del grano o a un aumento de la velocidad del flujo), hay menos posibilidades de que se desvíe alrededor de elementos locales, como las barras. Esto propicia el crecimiento de barras verticales y la conversión en terrenos inundables, lo que, a su vez, impulsa la formación de cauces más estrechos y sinuosos, y, como consecuencia, una reducción del número de ramificaciones del cauce y/o el paso de la forma trenzada o anabranquizada a la meandriforme.

Si bien las formas de planta de los ríos delimitan las interacciones predecibles entre estos tres desencadenantes, los factores varían de forma sustancial de un lugar a otro, por lo que no existe una geografía emergente clara de dichas formas. Lo cierto es que la red fluvial de la Tierra comprende un complejo mosaico de formas de planta cuya belleza no se ve mermada por su estructura variable.

▲ **Cauces segmentados**

*Los ríos anabranquiados, como el Obi, Rusia, ocupan una amplia gama de entornos, tanto de baja como de alta energía, y a través de diversos entornos climáticos. Se dan sobre todo en tierras bajas.*

## DEL GRANO AL TERRENO INUNDABLE

Las formas en planta de los ríos más grandes del mundo se ven modificadas por las interacciones entre flujo y grano, que cambian la proporción relativa entre sedimentos transportados como carga de fondo y como carga en suspensión. A medida que la proporción de carga de fondo aumenta desde el punto más bajo (río Madeira) al más alto (río Negro), las formas en planta del cauce se vuelven más complejas.

**Río Madeira, Brasil**
4,1° S 59,3° O

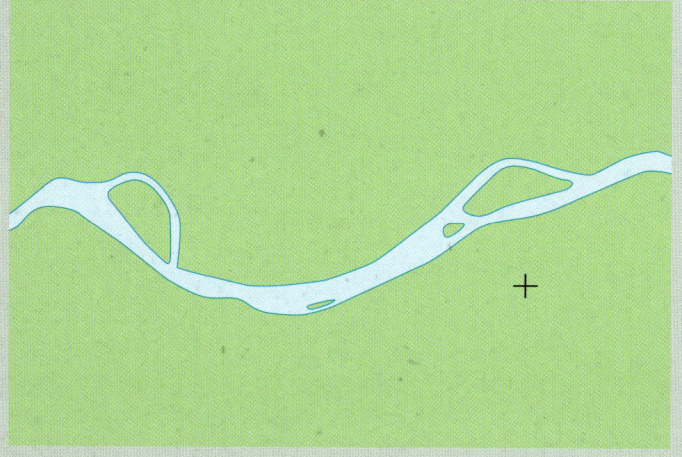

**Curso medio del río Paraná, Argentina**
2,8° S 69,9° O

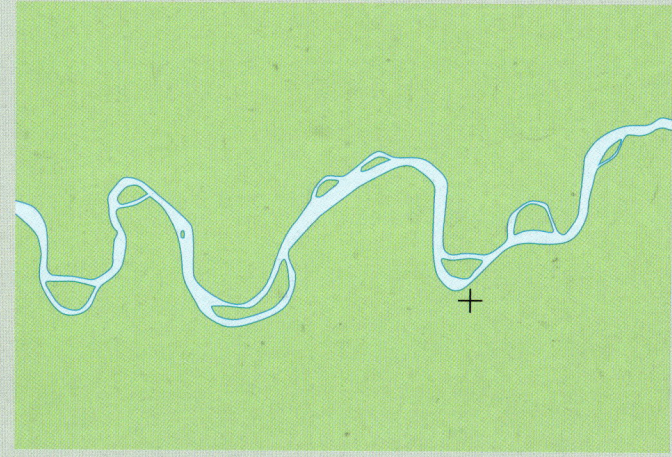

**Río Ica, Perú**
32,0° S 60,6° O

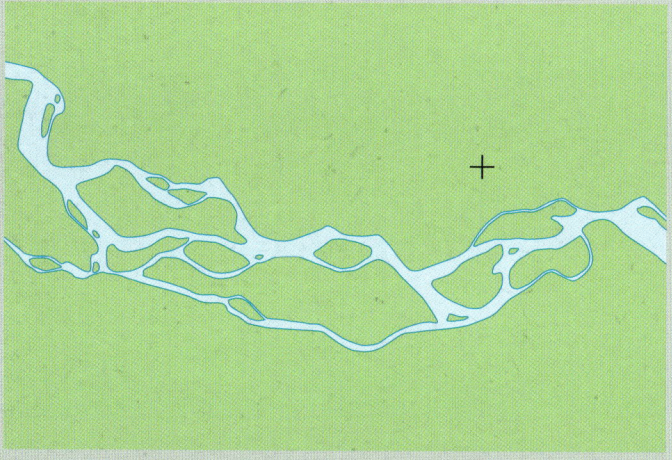

**Río Negro, Brasil**
0,6° S 63,5° O

Flujo

0        10 km

# Ríos en movimiento

Los ríos migran de forma lateral a través de sus terrenos inundables como resultado de la erosión en una orilla y la deposición en la otra. La retroalimentación entre la curvatura del cauce y estos procesos genera bellos y complejos accidentes geográficos a medida que este se desplaza dando pie a una constante recreación de los terrenos inundables. Este dinamismo sustenta ecosistemas fértiles y sanos, pero puede entrar en conflicto con el uso humano.

A menos que se vean constreñidos por elementos geológicos naturales, como el lecho rocoso, o por estructuras humanas, los cauces fluviales están en perpetuo movimiento: migran hacia atrás y hacia delante a través de sus terrenos inundables al tiempo que se desplazan hacia abajo (o incluso hacia arriba) a lo largo del eje del valle. Esto se produce allí donde la erosión fluvial y la sedimentación trabajan a la par para desarrollar patrones de estructuras cohesionadas y segregados en el espacio. Si, por ejemplo, en lugar de depositarse en el centro del cauce, una barra se adhiere a una de las orillas del río, puede «empujar» la corriente hacia la otra orilla. Lo cual, a su vez, puede provocar la erosión ribereña y el consiguiente cambio neto de la posición del cauce.

▶ **Serpentear**

*Los ríos que fluyen por pendientes poco pronunciadas tienden a serpentear y a hacer bucles sobre el terreno. Estos movimientos, que se van conformando a lo largo de décadas y siglos, pueden apreciarse en los terrenos inundables del río Selemdzhá, Rusia.*

## La dinámica de la migración de los cauces

Lo cierto es que existe una fuerte retroalimentación positiva entre la geometría de la forma de planta de los ríos (y, en concreto, su curvatura local) y la hidráulica del flujo que propicia la erosión y la sedimentación: es esta la que crea los patrones coherentes de erosión y sedimentación que dan lugar la migración de los cauces. Al igual que al ir en un automóvil a gran velocidad por una curva se experimenta una fuerza centrífuga, lo mismo le ocurre a cualquier río al fluir por ella. Dicha fuerza, que aumenta a medida que se incrementa la velocidad del agua o la curvatura del cauce, hace que el rápido flujo se desplace más hacia la orilla exterior, lo que propicia la erosión y la deposición del agua más lenta a lo largo de la orilla interior.

Cabe destacar que existe una diferencia entre la ubicación de la máxima curvatura y la posición en la que se produce la mayor erosión (esta última se da un tanto más aguas abajo que la primera). Este «desfase espacial» es crucial en el proceso de retroalimentación, ya que hace que la migración del cauce se dirija tanto hacia el exterior (al propiciar la expansión de la curva) como a lo largo del valle (al fomentar su traslación arriba o abajo). Este hace que se amplifique la curvatura del cauce, lo que acaba provocando que el río retroceda sobre sí mismo y se corte, se generen los clásicos brazos muertos, se enderece de nuevo el cauce en un punto y se reinicie el ciclo.

## MEANDROS EN MOVIMIENTO

La curvatura del cauce provoca la erosión de las riberas y, por lo tanto, la migración lateral de los meandros al dirigir el flujo rápido hacia la orilla exterior, lo que hace que se concentre en ella la erosión, mientras que la deposición se ve favorecida por el flujo de la interior, que es más lento. Ha de señalarse que el punto de máxima migración se sitúa a poca distancia aguas abajo del punto de máxima curvatura, lo que hace que los meandros migren tanto hacia el exterior (propiciando la expansión del cinturón de meandros) como a lo largo del eje del valle (fomentando la traslación de su cinturón).

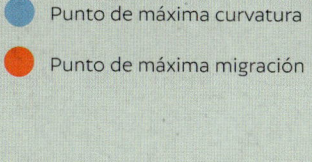

- Punto de máxima curvatura
- Punto de máxima migración

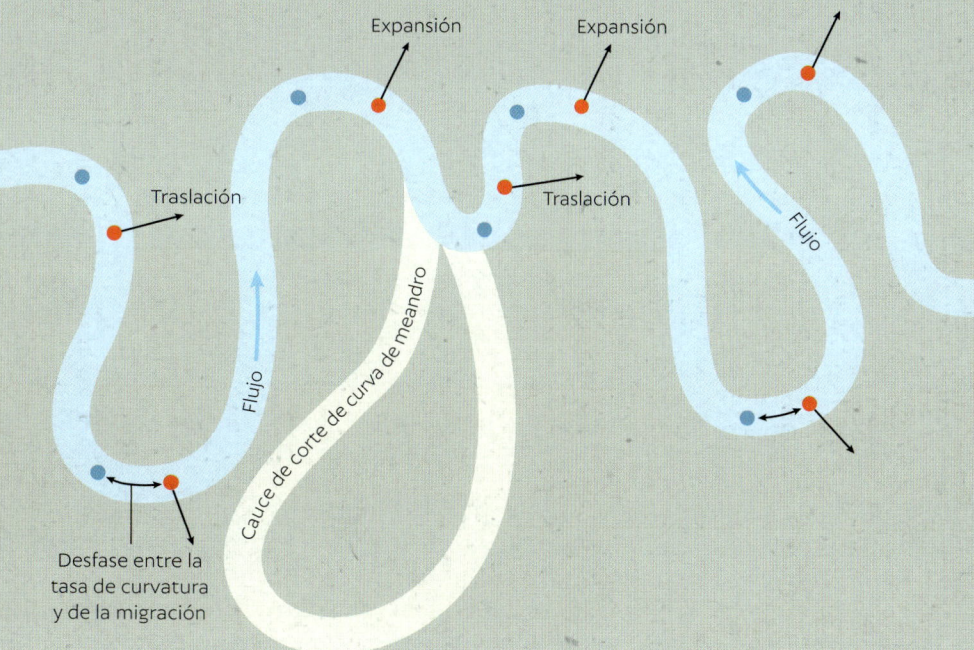

## Medir los cambios de los terrenos inundables

Con el tiempo, a medida que los ríos van migrando por sus terrenos inundables, la retroalimentación entre el flujo, la curvatura del cauce y la erosión y sedimentación generan intrincados mosaicos de formas terrestres que se conservan en dichos terrenos. Estas formas pueden revelarse al comparar el curso de los ríos en los mapas antiguos y a través de las sutiles variaciones en las elevaciones de los terrenos inundables locales, medibles con nuevas técnicas topográficas, como el LiDAR. Entre estas destacan las barras de meandro (creadas por la deposición a lo largo de la parte interior de una curva fluvial cuando esta se expande), las riberas recortadas (escarpados acantilados que se forman a lo largo de la parte exterior de una curva como resultado de la erosión lateral del cauce en los terrenos inundables) y las barras de contrapunto (que se forman a lo largo de la orilla exterior de los ríos cuando los meandros migran a gran velocidad a través de la traslación aguas abajo).

Los científicos fluviales llevan mucho tiempo midiendo las pautas y velocidades del movimiento de los cauces mediante la meticulosa comparación de mapas de distintas épocas, pero el uso de imágenes satelitales globales ha permitido obtener una visión mucho más clara de los ríos a medida que migran a través y a lo largo de sus terrenos inundables. Basándonos en estos análisis, sabemos que las tasas de movimiento tienden a aumentar con el incremento de las cargas de sedimentos de aguas arriba, cuando los regímenes de flujo se vuelven «más llamativos» y en sedimentos débiles, no consolidados o con escasa vegetación. Con todo, lo que más influye en las tasas de movimiento es la curvatura del río.

La continua reelaboración de los sedimentos de los terrenos inundables mediante la migración fluvial y las formas terrestres que se crean generan una diversidad física que sustenta una gran biodiversidad. Pero, la rápida migración de los cauces puede darles problemas a los propietarios y amenazar infraestructuras, así como tensiones entre el uso humano y la preservación de los servicios ecosistémicos.

▶ **Riqueza ecológica**

*La migración de los ríos es crucial para crear terrenos inundables biodiversos.*

## MOVIMIENTO PERPETUO

Secuencia de imágenes del satélite Landsat que muestran los movimientos dinámicos del río Mamoré en Bolivia (uno de los principales afluentes del Amazonas) entre 1990 y 2018. En este río es habitual que el cauce se desplace decenas de metros al año. Los cambios en el relieve se indican mediante los colores de los gráficos de la A a la F (azul: elevaciones bajas; rojo, altas).

N   + 14° S 65,1° O

0     50 km

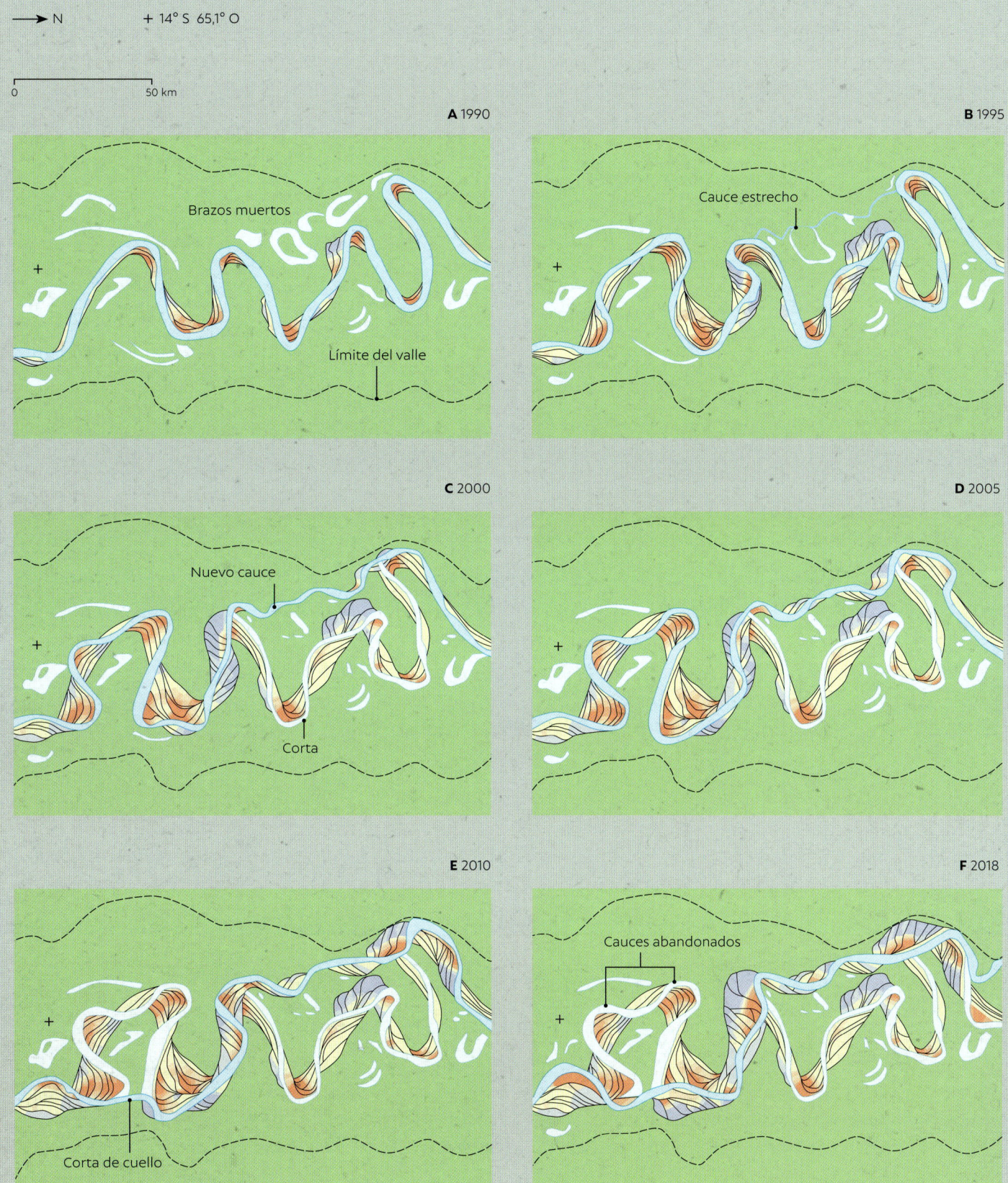

A 1990
Brazos muertos
Límite del valle

B 1995
Cauce estrecho

C 2000
Nuevo cauce
Corta

D 2005

E 2010
Corta de cuello

F 2018
Cauces abandonados

# Cambios catastróficos en los cauces

Los ríos suelen sufrir variaciones graduales en su morfología. Sin embargo, a veces pueden experimentar cambios bruscos y a gran escala (a causa de, por ejemplo, abundantes crecidas) y adoptar trayectorias totalmente nuevas en sus terrenos inundables.

Los ríos se abren camino siguiendo las líneas de menor resistencia a su paso por la senda de descenso más empinada. Cuando deposita sus sedimentos a gran velocidad (en, por ejemplo, lugares donde la carga sedimentaria es muy elevada y/o en zonas donde la pendiente cambia de forma abrupta), el lecho puede elevarse de forma puntual con relación al terreno circundante. En tales casos, la trayectoria del río puede cambiar rápidamente al buscar una nueva ruta, desviándose mucho de su antiguo curso.

▶ **El cambiante Brahmaputra (1)**
*La avulsión a gran escala del río Yamuna (Brahmaputra) en el período 1765-1860 se percibe al comparar el mapa que realizó en 1776 el topógrafo y militar británico James Rennell (1742-1830), que muestra el río en su antiguo curso, y una imagen satelital reciente (derecha).*

Este proceso, conocido como «avulsión fluvial», suele darse en los abanicos aluviales, en los terrenos inundables de ríos con gradiente baja y en los deltas fluviales cuando los cauces cambian de dirección al desembocar en un lago o el mar. Este movimiento se produce cuando un río aprovecha una pendiente puntual para desplazarse de forma lateral a fin de discurrir por una pendiente más pronunciada. Sin embargo, con el tiempo, este experimenta sedimentación dando lugar a otra avulsión. Aunque se trata de un proceso natural que se da en muchos ríos, las intervenciones humanas, como la canalización y la fijación de los ríos, pueden provocar cambios repentinos y catastróficos si el río se desborda y sigue el camino de mayor gradiente. De ahí que las avulsiones fluviales naturales o antropogénicas puedan suponer una amenaza para los seres humanos que vivan en esas zonas, ya que los terrenos antes habitables pueden inundarse de forma súbita o incluso erosionarse para formar parte del nuevo cauce fluvial.

0          100 km

◀ **El cambiante Brahmaputra (2)**
*El mapa de la página anterior y esta imagen satelital indican el abandono gradual del antiguo cauce (ahora llamado «antiguo Brahmaputra») a lo largo de un período de unos cien años, probablemente debido a la erosión de la ribera hasta que el cauce se cruzara con el curso de un canal más pequeño que fluyera hacia el sur. Tras su desplazamiento 80 km hacia el oeste, el nuevo cauce del río se profundizó y ensanchó de forma considerable para dar cabida a su nuevo caudal, que era superior. Estas avulsiones fluviales tienen importantes implicaciones en el desplazamiento de la población humana, la pérdida de vidas y medios de subsistencia y el cambio ecológico.*

## Megainundaciones

Las mayores crecidas fluviales de las que se tiene constancia se han debido a la ruptura de lagos represados por glaciares o aluviones que, al quebrarse, han liberado enormes torrentes de agua en el valle fluvial aguas abajo. Estas inundaciones pueden ser enormes: las aguas pueden alcanzar profundidades de hasta 200 metros, provocar descargas de hasta 20 millones de m³/s (unas cien veces más que el caudal máximo del Amazonas) y velocidades de hasta 60 m/s y durar desde unos días hasta varias semanas.

Se han documentado megainundaciones históricas en muchas regiones, como las catastróficas que arrasaron el valle del Brahmaputra por unos lagos represados por el hielo en el Himalaya hace entre 9000 y 30 000 años, y los torrentes que fluyeron desde la capa de hielo que se derretía en Norteamérica hace 18 000 años. Hoy, a veces se producen inundaciones por desbordamiento de lagos glaciares (GLOF, por sus siglas en inglés), como en el caso de aquellos que se rompen bajo el hielo debido a la actividad volcánica en Islandia (denominados *jökulhlaups*, que significa «desplazamiento glaciar»). El crecimiento de los lagos glaciares en un clima cada vez más cálido implica un mayor riesgo de GLOF en el futuro.

**Dunas fosilizadas**

Esta imagen LiDAR y esta fotografía de West Bar, cerca de Trinidad, en el estado de Washington, revelan dunas gigantescas de hasta 9 metros de altura y 100 de longitud, que se formaron hace unos 14 000 años por una megainundación del lago glaciar Columbia y que ahora están fosilizadas en el Valle del río Columbia. Las hoyas excavadas en el lecho basáltico se conservan en Babcock Bench, a unos 200 metros por encima de estas descomunales dunas.

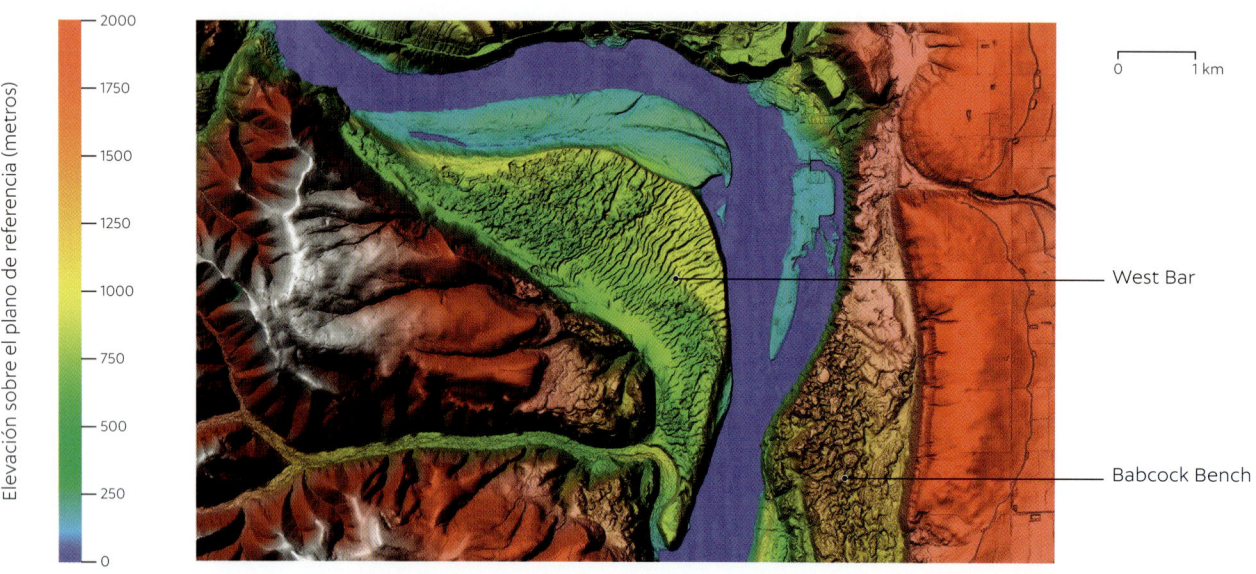

Elevación sobre el plano de referencia (metros)

2000 — 1750 — 1500 — 1250 — 1000 — 750 — 500 — 250 — 0

West Bar

Babcock Bench

0    1 km

## TRAYECTORIAS DE LAS MEGAINUNDACIONES Y CATASTROFISMO

El noroeste del Pacífico de Estados Unidos sufrió gigantescas inundaciones en la Edad de Hielo a causa de tres lagos embalsados por el hielo (el Missoula generó más de cien). Estas enormes corrientes esculpieron los valles por los que pasaron dejando cicatrices en el paisaje, testigos de estos descomunales flujos hídricos.

El conocimiento de la historia de estas catastróficas inundaciones comenzó con la pionera labor del geólogo J. Harlen Bretz (1882-1981). En la década de 1920, Bretz propuso que los llamados *channeled scablands* («terrenos desnudos acanalados») del este del estado de Washington se debían a inundaciones catastróficas distintas de cualquier caudal fluvial normal. Aunque las extraordinarias ideas de Bretz fueron recibidas con desdén y escepticismo entre sus colegas, cuando el geólogo Joseph Thomas Pardee (1871-1960) reveló más adelante que el origen de las inundaciones era el colapso de lagos embalsados por el hielo, acabaron por aceptarse. El trabajo y las experiencias de Bretz dieron lugar a su célebre frase («Las ideas sin precedentes suelen verse con malos ojos, y los hombres se escandalizan si se cuestionan sus concepciones de un mundo ordenado») y estimularon el desarrollo del catastrofismo (la idea de que la historia de la Tierra ha estado salpicada de acontecimientos catastróficos que han alterado la forma en que se han desarrollado tanto el planeta como la vida).

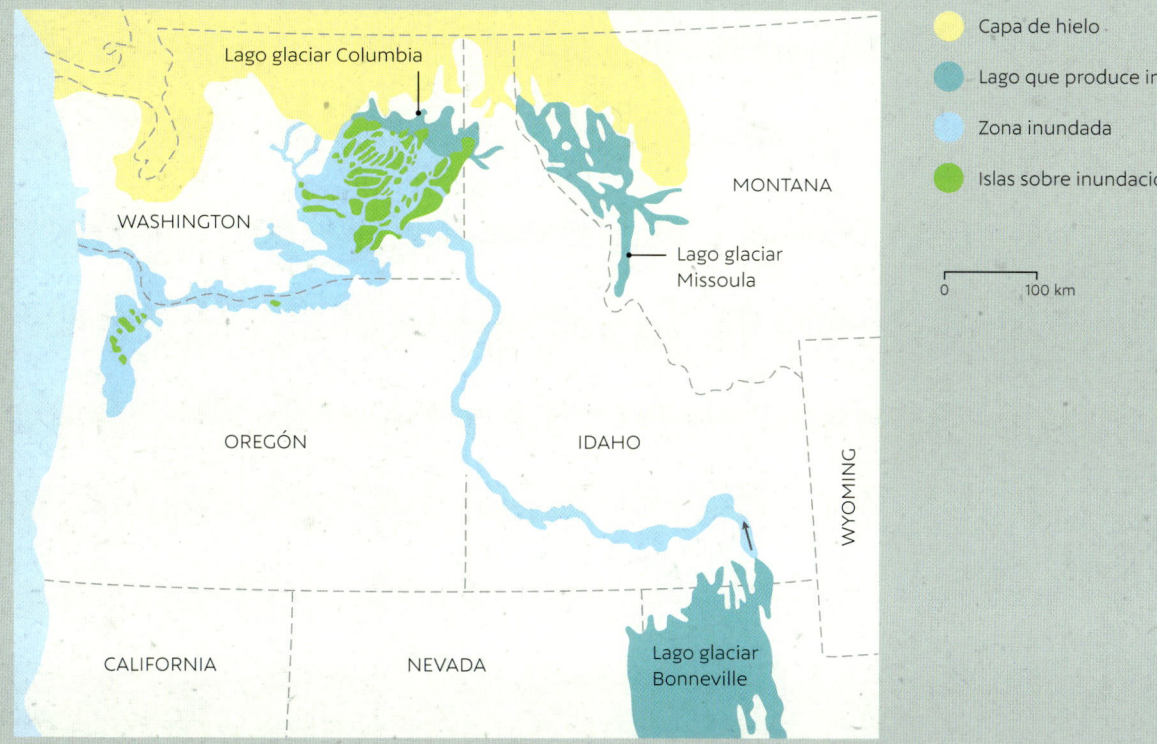

- ⬤ Capa de hielo
- ⬤ Lago que produce inundaciones
- ⬤ Zona inundada
- ⬤ Islas sobre inundaciones gigantescas

Lago glaciar Columbia

WASHINGTON

MONTANA

Lago glaciar Missoula

0      100 km

OREGÓN

IDAHO

WYOMING

CALIFORNIA

NEVADA

Lago glaciar Bonneville

**Antiguas cascadas**
Las cataratas de Pothole Coulee, en el estado de Washington, con cauces socavados erosionados que desembocan en ellas, son testigos de la enorme erosión generada durante los desbordamientos del lago Missoula.

# Ríos antiguos y mundos antiguos

Dado que los sedimentos fluviales pueden conservarse en el registro geológico, aportan pruebas de las condiciones ambientales en las que se depositaron. Estos no solo suponen una ventana a través de la cual contemplar el pasado, sino que además albergan recursos vitales, como agua, gas, áridos, carbón, petróleo y minerales, como el oro y los diamantes.

Cuando los depósitos fluviales quedan sepultados por sedimentos posteriores, y en condiciones en las que pueden conservarse, se incorporan al registro geológico sedimentario. El reconocimiento y la interpretación de los más antiguos pueden servir para saber más sobre el aspecto de la superficie terrestre en el tiempo profundo o geológico. Además, dichos sedimentos nos dan indicios de condiciones que pueden haber sido muy diferentes de las actuales, como antes de que evolucionaran las primeras plantas terrestres, hace unos 500 millones de años. Estos pueden estudiarse en afloramientos rocosos de la superficie terrestre a partir de testigos de roca obtenidos en perforaciones y mediante una serie de técnicas geofísicas que permiten obtener imágenes del subsuelo. Es importante destacar que lo que sabemos de los ríos contemporáneos y sus sedimentos nos ha dado una visión moderna con la que comparar los ríos antiguos e interpretarlos.

## Reconstrucción de paisajes antiguos

Los geólogos han intentado crear una serie de plantillas, o modelos, de los distintos tipos de ríos (por ejemplo, meandriformes, trenzados y anastomosados) que también pueden aplicarse a los ríos antiguos. Estos pueden usarse para cuantificar las diversas estructuras sedimentarias de los ríos antiguos, tanto dentro de sus cauces (por ejemplo, dunas de arena conservadas) como en sus terrenos inundables (por ejemplo, suelos y acumulaciones de materia orgánica que se transforma en carbón). Interpretar el tamaño de los antiguos cauces también puede darnos pistas sobre la profundidad y anchura de los ríos originales, la cantidad de agua y sedimentos que transportaban y la dirección en la que fluían. Toda esta información puede usarse para elaborar reconstrucciones de la superficie terrestre y de la morfología de los cauces aluviales, así como de los cambiantes controles de la sedimentación en el tiempo geológico, como la tectónica, el clima y el nivel de base.

## RECODOS ANTIGUOS

Modelo esquemático de la sedimentación en un cauce meandriforme (A) junto al patrón de migración de un recodo mostrado por una imagen LiDAR de un recodo del río Misisipi (B). Estos terrenos inundables y sus cauces meandriformes pueden conservarse en sedimentos antiguos (*véase* la sección X-X' en C), como sucede con el frontal de 70 metros de altura de una mina de carbón situada en Nueva Gales del Sur, Australia (D), en el cual hay sedimentos de 260 millones de años. La arenisca en forma de montículo de la mina de carbón corresponde a la sección X-X' del modelo esquemático (A, C): la arenisca de la barra de meandro está rodeada por arriba y por debajo de un denso carbón negro formado a partir de materia vegetal muerta depositada en los terrenos inundables de un gran río antiguo.

# Ecología y biodiversidad fluviales

4

# La biodiversidad y los ríos

Los ríos son los ecosistemas terrestres con más diversidad de flora y fauna. Esta enorme variedad de vida refleja una amplia pluralidad en cuanto a condiciones de flujo, sustratos y morfologías de cauces y terrenos inundables que conforman su hábitat físico. Algunas de las cuencas fluviales con mayor biodiversidad, como las del Amazonas, el Congo y el Mekong, se encuentran en los trópicos. Sin embargo, los organismos que habitan los ríos del mundo están cada vez más amenazados por diferentes presiones humanas.

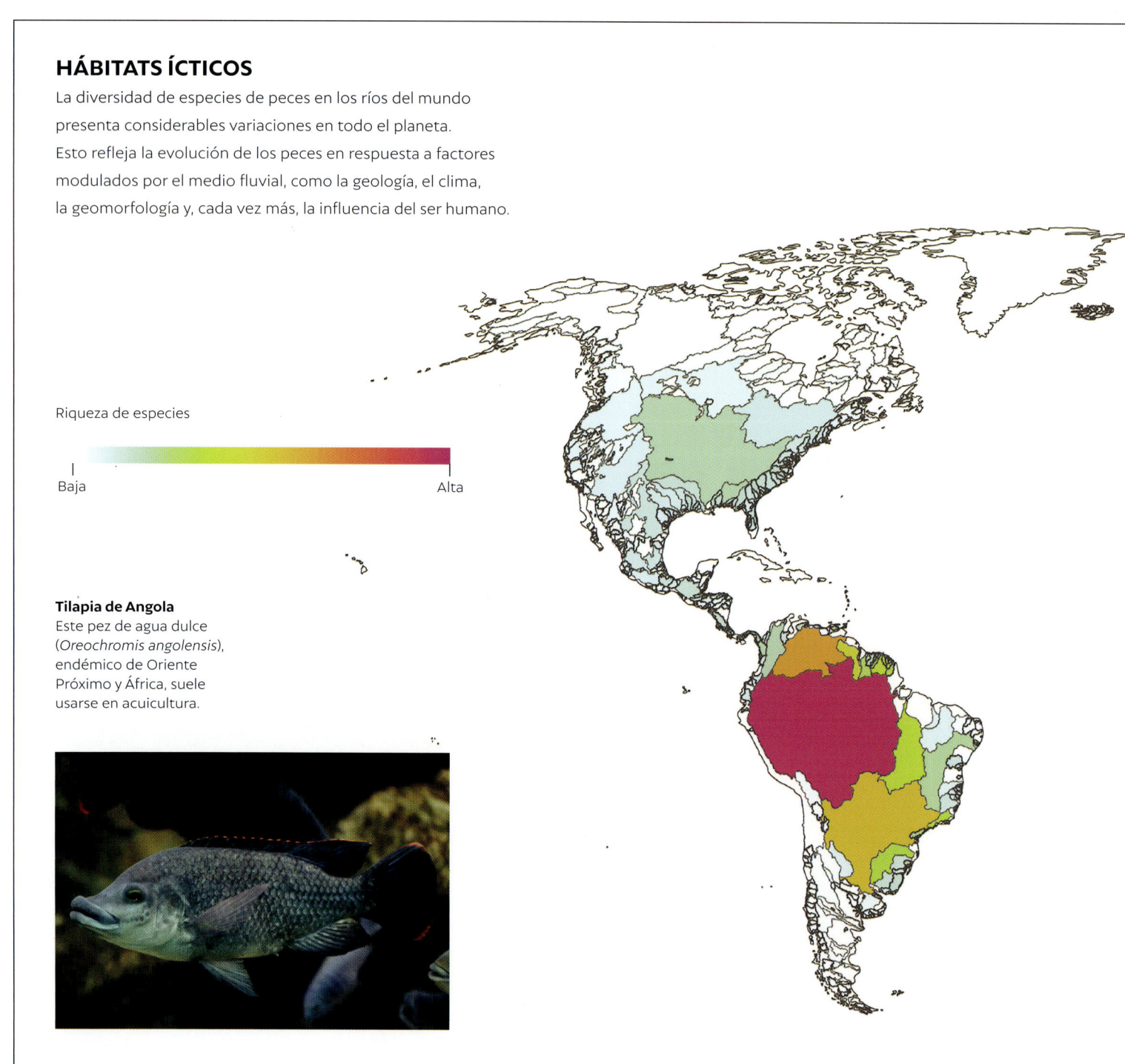

## HÁBITATS ÍCTICOS

La diversidad de especies de peces en los ríos del mundo presenta considerables variaciones en todo el planeta.
Esto refleja la evolución de los peces en respuesta a factores modulados por el medio fluvial, como la geología, el clima, la geomorfología y, cada vez más, la influencia del ser humano.

Riqueza de especies

Baja      Alta

**Tilapia de Angola**
Este pez de agua dulce (*Oreochromis angolensis*), endémico de Oriente Próximo y África, suele usarse en acuicultura.

El término «biodiversidad» alude a la pluralidad de especies, genética y de ecosistemas en un área definida y suele expresarse como la riqueza global de especies, es decir, el número absoluto que vive en dicha zona. Los ríos, al encontrarse entre las masas de agua más antiguas del mundo, han dado tiempo a que muchas especies se adapten a sus singulares condiciones. Esta larga «ventana» evolutiva, combinada con las ricas y variadas condiciones físicas y químicas que se dan en los ríos, hace que las aguas dulces corrientes de nuestro planeta sean zonas de una extraordinaria diversidad biológica. Estos solo cubren alrededor del 0,01 por ciento de la superficie de la Tierra, pero albergan más de 126 000 (7 por ciento) de todas las especies descritas; además, los grandes sistemas fluviales tropicales, como el del Amazonas y el Mekong, figuran entre los ecosistemas con mayor biodiversidad del planeta.

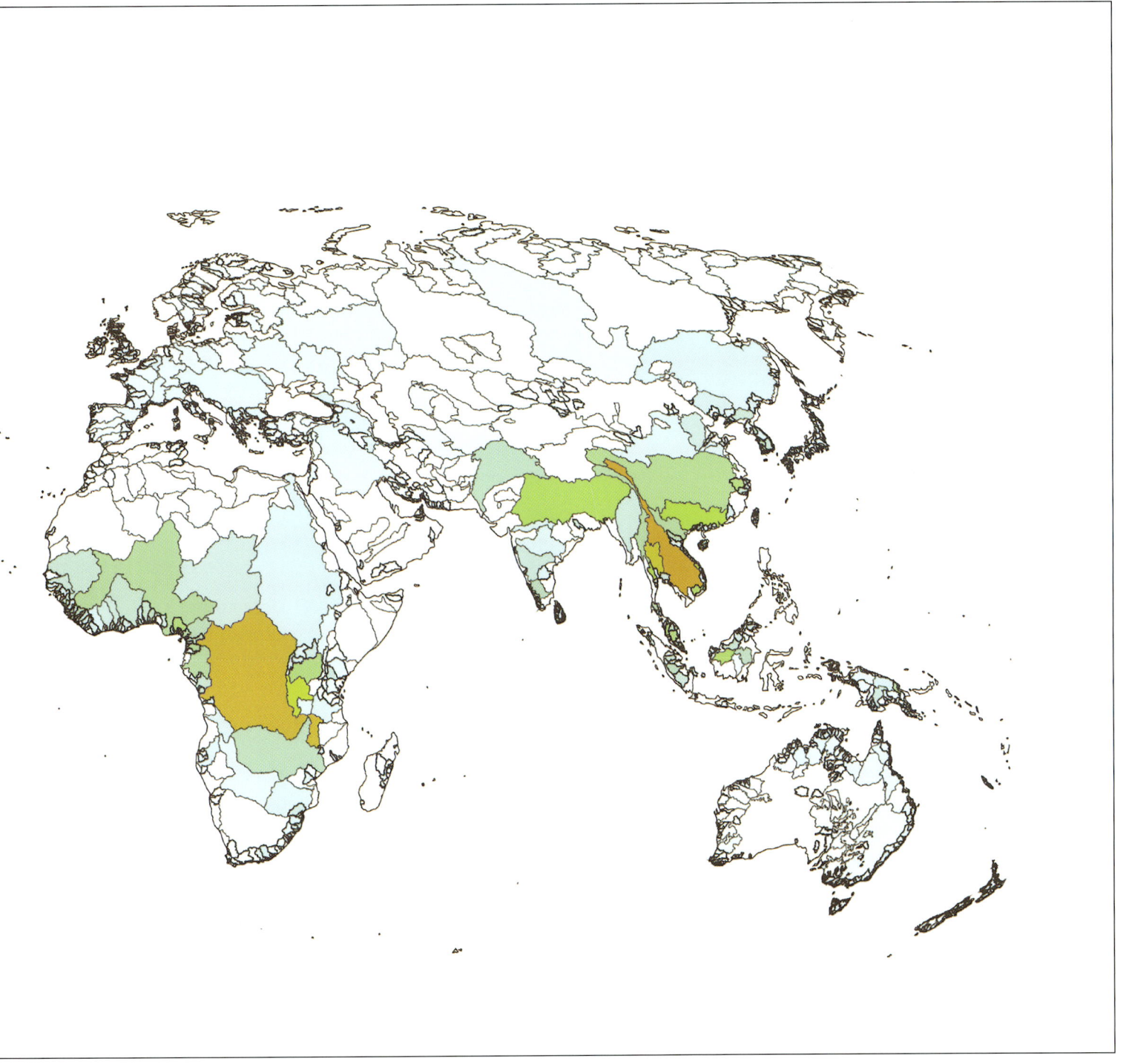

▲ **A flotar**
*Nenúfares gigantes,
el Pantanal, Brasil.*

◄ **Un mamífero
extraordinario**
*El ornitorrinco
(Ornithorhynchus
anatinus) vive en los ríos
del sudeste de Australia.
Su característico hocico
de pato está cubierto de
receptores que le ayudan
a detectar y sacar
sus presas (insectos
y larvas) de los
sedimentos del
lecho fluvial.*

## Lagunas de conocimiento

Aunque los científicos son conscientes de la gran biodiversidad de los ríos del mundo, no se conoce bien la distribución espacial exacta de las especies fluviales, y, hasta hace muy poco, no ha existido una auditoría mundial de la biodiversidad de agua dulce. Esta falta de información es problemática porque, aunque se teme que esté disminuyendo a gran velocidad, la falta de una referencia sólida hace mucho más difícil dirigir los esfuerzos de conservación a las zonas más afectadas. Sin embargo, en los últimos años se han obtenido nuevos datos, en gran parte gracias a la teledetección, y se han empezado a comprender mejor las amenazas que se ciernen sobre los hábitats de agua dulce, así como su carácter e importancia.

### Ríos de creta

Los ríos que nacen de acuíferos de creta (un tipo de piedra caliza) son muy puros en cuanto a la calidad, ricos en minerales y con una temperatura bastante constante. Estas condiciones permiten el crecimiento de una gran variedad de plantas acuáticas, que, a su vez, son el sustento de un gran número de especies de peces e invertebrados. Solo existen unos 200 ríos de creta en todo el mundo, de los cuales el 85 por ciento se encuentran en el sur y el este de Inglaterra, donde son elemento indispensable de los idílicos paisajes rurales. De hecho, ríos como el Itchen y el Test, de fama mundial por la pesca del salmón y la trucha, albergan una gran variedad de plantas, como el ranúnculo acuático, y animales, como la lamprea y el cangrejo de río europeo (*Austropotamobius pallipes*). Sin embargo, pese a su importancia internacional, están amenazados. Algunos se secan durante el verano a causa del cambio climático y la captación excesiva de agua; otra amenaza es el vertido de aguas residuales sin tratar.

**Caléndula acuática**
Caléndula acuática (*Caltha palustris*) vista bajo la ondulada superficie del río Itchen a su paso por Hampshire, Reino Unido. Esta planta es una de las más antiguas de ese país: crece allí desde la última glaciación.

# Ecología de los cauces

Los ríos albergan ricas y variadas comunidades biológicas que poseen sus propias características, distintas a las de otros ecosistemas. En este caso, es el flujo descendente del agua lo que domina todas las facetas de la vida.

Los ecosistemas son zonas donde los organismos y su entorno físico interactúan para formar redes de vida interconectada. Los fluviales son singulares porque sus organismos deben poder asumir los costes energéticos que supone mantener su posición ante la corriente de agua. Por un lado, el flujo mantiene la productividad de los ecosistemas al aportar nutrientes desde aguas arriba, pero los caudales elevados pueden destruir o reconfigurar las formas del terreno y los sustratos en los que viven los organismos. Así pues, estos experimentan cambios físicos continuos.

## Estrategias alimentarias

Las principales variaciones de los ecosistemas fluviales vienen determinadas por la pendiente del río y, por lo tanto, la velocidad del flujo, así como por la anchura del cauce y la morfología del valle. En el curso superior, suelen ser estrechos y tener una mayor pendiente, por lo que la vegetación palustre limita la penetración de la luz. En estos entornos, la respiración (consumo) supera a la producción primaria y el ecosistema está dominado por invertebrados (llamados «trituradores») que dependen de la descomposición de la materia orgánica particulada gruesa (MOPG) suministrada por la vegetación palustre, así como por aquellos organismos (los llamados «recolectores») que dependen de la materia orgánica particulada fina (MOPF) producida por los anteriores. Los peces que se alimentan de estos invertebrados necesitan las altas concentraciones de oxígeno disuelto que producen los flujos turbulentos.

▼ **Mundos submarinos**
*Los ricos y variados ecosistemas fluviales guardan una estrecha relación con su entorno.*

# EL CONTINUO FLUVIAL

A medida que los ríos serpentean desde su nacimiento hasta el mar, la ecología de los cauces responde a las cambiantes condiciones ambientales.

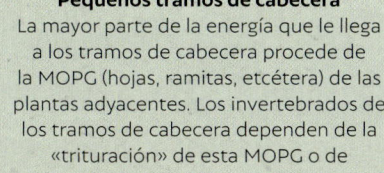

○ Recolectores ● Forrajeadores
○ Trituradores ○ Depredadores

### Pequeños tramos de cabecera
La mayor parte de la energía que le llega a los tramos de cabecera procede de la MOPG (hojas, ramitas, etcétera) de las plantas adyacentes. Los invertebrados de los tramos de cabecera dependen de la «trituración» de esta MOPG o de la recolección de MOPF.

### Cursos medios
Los aportes de energía de estos cursos de agua proceden de la MOPF suministrada desde la cabecera aguas arriba y de las algas y plantas que crecen en los ríos. Aquí, los invertebrados dominantes se alimentan de las plantas y recolectan la MOPF que les llega desde aguas arriba.

### Grandes ríos
Aunque el fitoplancton puede ser una importante fuente energética en los grandes ríos, la MOPF procedente de aguas arriba suele ser la mayor. Aquí, los invertebrados dominantes recolectan MOPF, la cual también puede ser el sustento de poblaciones de zooplancton.

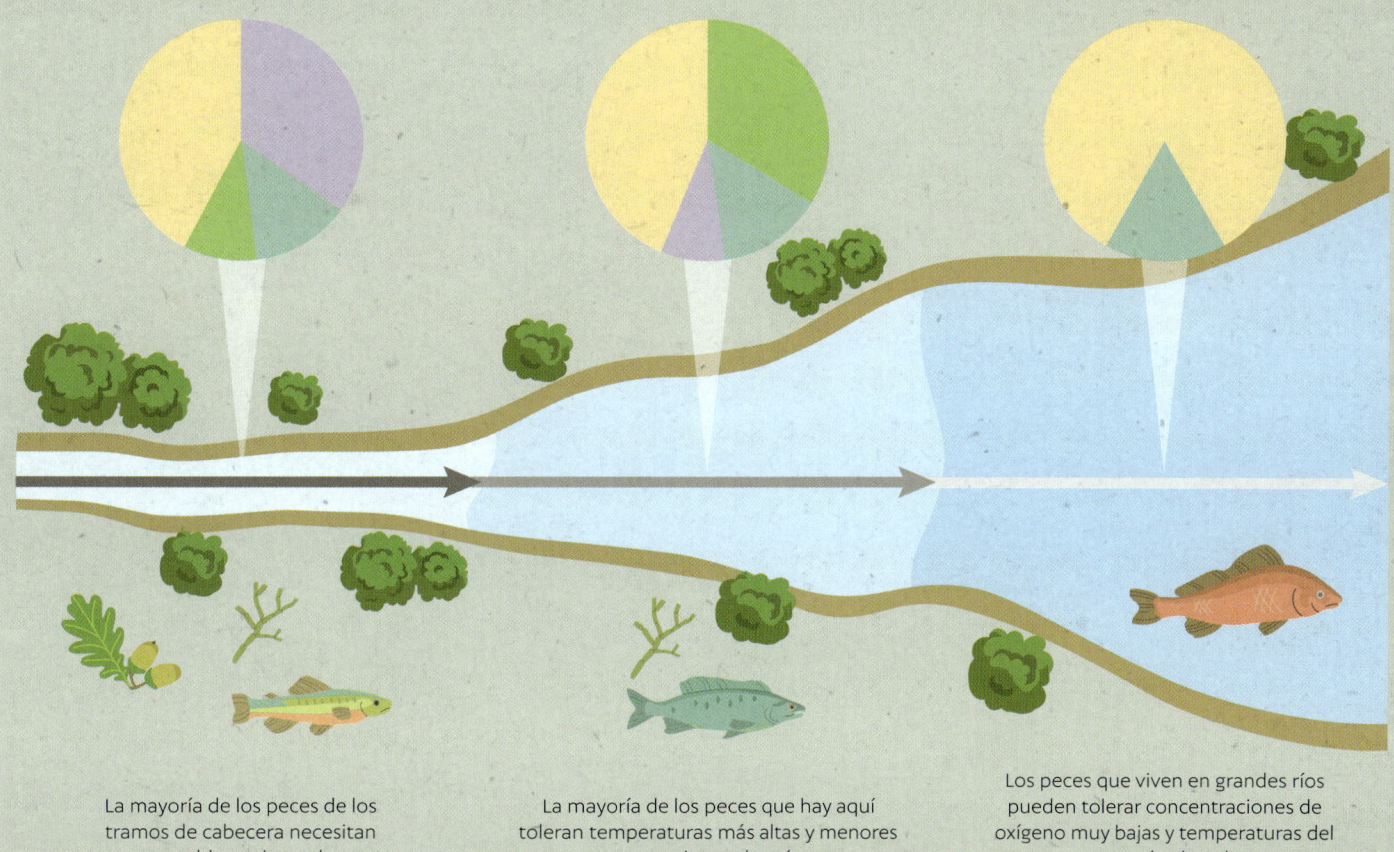

La mayoría de los peces de los tramos de cabecera necesitan agua bien oxigenada

La mayoría de los peces que hay aquí toleran temperaturas más altas y menores concentraciones de oxígeno

Los peces que viven en grandes ríos pueden tolerar concentraciones de oxígeno muy bajas y temperaturas del agua más elevadas

En el curso medio de los ríos, el cauce se ensancha y el fondo del valle se ahonda, mientras que la pendiente del lecho disminuye. Aquí, la fotosíntesis es más eficaz y la productividad primaria tiene mayor importancia, dándose una gama más amplia de estrategias alimentarias.

Río abajo, la elevada descarga transporta un mayor suministro de MOPF y el aumento de la carga sedimentaria hace que el agua sea más turbia, lo que limita la fotosíntesis. Aquí, las comunidades de invertebrados giran más en torno a recolectores y organismos que se alimentan por filtración de la columna de agua, así como a peces adaptados a las menores concentraciones de oxígeno.

**▲ Microhábitats**

*Las rocas del río Roaring Fork, en el Great Smoky Mountains National Park, Tennessee, generan diversos microhábitats que sustentan una amplia gama de organismos fluviales.*

**▶ Abundancia marina**

*Cada año, millones de salmones del Pacífico regresan a sus ríos natales para desovar. En las cataratas del río Brooks del Katmai National Park and Preserve, Alaska, los osos Kodiak (Ursus arctos middendorffi) se dan un festín con los salmones rojos (Oncorhynchus nerka) que regresan al río.*

Sin embargo, dentro de estas cambiantes estrategias alimentarias río abajo, las variaciones locales de peso en el hábitat físico propician una mayor diversidad. Estos microhábitats surgen a raíz de cambios locales en la velocidad del flujo, el tipo de sustrato y la morfología del cauce y del valle, las cuales son provocadas por elementos como las rocas, los troncos caídos, las barras de deposición, las hoyas fluviales y las aportaciones de afluentes. Esta enorme variabilidad del hábitat físico genera nichos ecológicos especializados que sustentan una gran biodiversidad.

Los ecosistemas de los cauces no son autosuficientes, y se producen intercambios de nutrientes entre los ríos y el entorno circundante. Por ejemplo, la eclosión de las efímeras puede desplazar la biomasa grandes distancias desde los ríos. En algunos los peces anádromos (los que migran río arriba desde el mar para desovar), como el salmón, son la principal fuente de nutrientes y el sustento de una gran variedad de vida terrestre.

# La vida en las corrientes

Los organismos que viven en los ríos tienen que hacer frente a condiciones cambiantes y adaptarse a ellas. El volumen, la calidad y la velocidad del flujo determinan qué especies viven y dónde lo hacen. La vida aquí viene determinada en parte por el tipo de flujo, y las alteraciones de este tienen ramificaciones en la ecología fluvial.

La vida en los ríos responde a la cantidad y calidad del flujo y a si es móvil o está quieta («aguas lóticas» y «aguas lénticas», respectivamente). El agua dulce de los valles fluviales puede considerarse como un conjunto de la móvil y la inmóvil, como estanques de terrenos inundables, lagos más grandes y humedales. También pueden darse entornos semilóticos, en los que el agua solo fluye en determinadas épocas del año, como durante las crecidas.

¿Cómo influyen los tipos de flujo en la ecología? Aunque los peces se dan en todo tipo de aguas, hay especies, como el salmón y la trucha, que necesitan ríos de corrientes rápidas, mientras que el siluro suele alimentarse en los lodosos lechos de las más lentas y de lagos. Existen además mamíferos y reptiles que viven sobre todo en el agua, pero que necesitan acceder a las orillas para alimentarse, reproducirse y anidar. Ranas y sapos prosperan en estanques y pantanos, mientras que los castores y las nutrias viven tanto en el agua como en tierra firme. Los insectos suelen preferir las tranquilas aguas lénticas y estar cerca de los animales y plantas de los que dependen para alimentarse, por lo que suelen optar por lugares con agua pero también con algo de tierra seca. Hay aves, como los patos y los gansos, a las que les gusta el agua que no fluye demasiado rápido, mientras que otras dependen de la pesca en corrientes en movimiento.

Al filtrar las partículas finas y dar tiempo a la transformación de solutos y contaminantes, las zonas de almacenamiento que brindan las aguas lénticas resultan cruciales para su retención durante las crecidas y para la salud ecológica fluvial. Sin embargo, el tiempo de almacenamiento excesivo puede favorecer la proliferación de algas que provoquen hipoxia (bajo nivel de oxígeno). Por ello, es vital lograr un equilibrio adecuado entre los flujos lóticos y los lénticos.

## Embalses, lagos y pesqueras

Aunque muchos hábitats lénticos son naturales, como los lagos de terrenos inundables o las zonas más lentas que provocan las presas de castores, el número de masas de agua estancada ha aumentado debido a intervenciones humanas, como la creación de embalses, lagos y pesqueras. El cartografiado de estas masas de agua en Estados Unidos limítrofes muestra el papel de sus más de 34 000 embalses, pero también la importante influencia de 1,7 millones de estanques de menor tamaño. Estos últimos se concentran más en las cabeceras de los ríos, donde pueden penetrar en la red los principales aportes de agua y productos químicos.

## Ríos acortados

Algunos de los meandriformes, a fin de reducir la distancia necesaria para transportar mercancías en barco, así como para combatir la erosión de las orillas y la migración de los cauces, han sido objeto de importantes obras de ingeniería para reducir su longitud. Estas se han conseguido a base de enderezar el curso de los ríos y de crear cortas artificiales en las curvas. Pese a los importantes beneficios económicos de estos enderezamientos, se puede dar la desconexión de los ríos de sus terrenos inundables, alterando el equilibrio de las condiciones lóticas-lénticas. Esto puede crear hábitats lénticos en cortas artificiales que se estancan porque impiden el desarrollo de condiciones semilóticas.

**Ágiles pescadores**
*El martín pescador común* (Alcedo atthis) *vive en las riberas de los ríos de Eurasia y el norte de África, y se alimenta sobre todo de todo peces de aguas fluviales en movimiento.*

**Desenredar un río**
*Cortas artificiales de meandros a lo largo del río Kaskaskia, Illinois, de 90 metros de anchura. Esta imagen satelital en color falso revela las elevadas concentraciones de sedimentos en suspensión en comparación con la mayor parte del agua léntica en las cortas artificiales de los meandros. Las obras de ingeniería recientes han intentado reconectar algunas de estas cortas al río principal y, así, restablecer los flujos semilóticos.*

# La vida en los terrenos inundables

Se trata de ecosistemas peculiares y diversos con un papel clave en la reducción del riesgo de inundaciones. Aunque el funcionamiento natural de muchos de estos terrenos se ha visto alterado por la actividad humana, hay organismos de gestión fluvial que tratan de restaurar espacios inundables sanos para preservar la naturaleza y aumentar la resiliencia al cambio climático.

**▲ A refrescarse**
*Unos perros salvajes africanos* (Lycaon pictus) *se refrescan en los terrenos inundables del río Zambeze.*

Los terrenos inundables son ecosistemas productivos muy bien adaptados a una combinación de procesos hidrológicos, geomorfológicos y biológicos. Estas interacciones dan lugar una rica variedad de accidentes y generan hábitats muy heterogéneos que sustentan gran cantidad de flora y fauna.

En los tramos de cabecera de los ríos, estos pueden estar entre estrechos valles, y hacen que los cauces poco sinuosos queden constreñidos por sedimentos gruesos. Estos depósitos suelen verse desplazados por los potentes flujos, por lo que estos espacios experimentan frecuentes alteraciones físicas: de ahí que la vegetación de dichos terrenos suela estar dominada por especies pioneras, como el sauce. Más abajo, los valles se ensanchan y la gradiente del río se reduce, y así se forman terrenos de inundación alrededor de cauces mayores que pueden ramificarse. En estos casos, presentan un mosaico más complejo de entornos perturbados y estables, que desarrollan tanto especies colonizadoras como bosques más maduros y de sucesión tardía. Los árboles que se secan al envejecer, o que acaban derribados por perturbaciones físicas episódicas, añaden más complejidad al hábitat, ya que desvían los flujos de los terrenos inundables y esculpen intrincadas formas en su superficie.

## Adaptadas a las inundaciones

Muchas especies que viven en terrenos inundables necesitan crecidas periódicas y están adaptadas a frecuencias, duraciones y profundidades de inundación específicas. Así, por ejemplo, los álamos autóctonos de las zonas áridas de Estados Unidos las necesitan para tener suficiente humedad y establecerse. Muchos peces de río migran estacionalmente entre los cauces fluviales y los terrenos inundables, mientras que otros se adaptan específicamente para estos últimos, donde viven confinados. Esto significa que la conectividad entre el río y sus terrenos inundables es fundamental para la salud de las funciones del ecosistema. Cuando dejan de inundarse, pueden producirse importantes desplazamientos de especies, con una reducción general de la biodiversidad.

Ante la creciente intrusión humana en los terrenos de inundación y el aumento de los fenómenos meteorológicos extremos debidos al cambio climático, se ha prestado más atención a la urgente necesidad de restaurar su función natural. Este paso es necesario para preservar los hábitats faunísticos y para propiciar el almacenamiento de aguas de crecida naturales y así aumentar la resiliencia a las inundaciones.

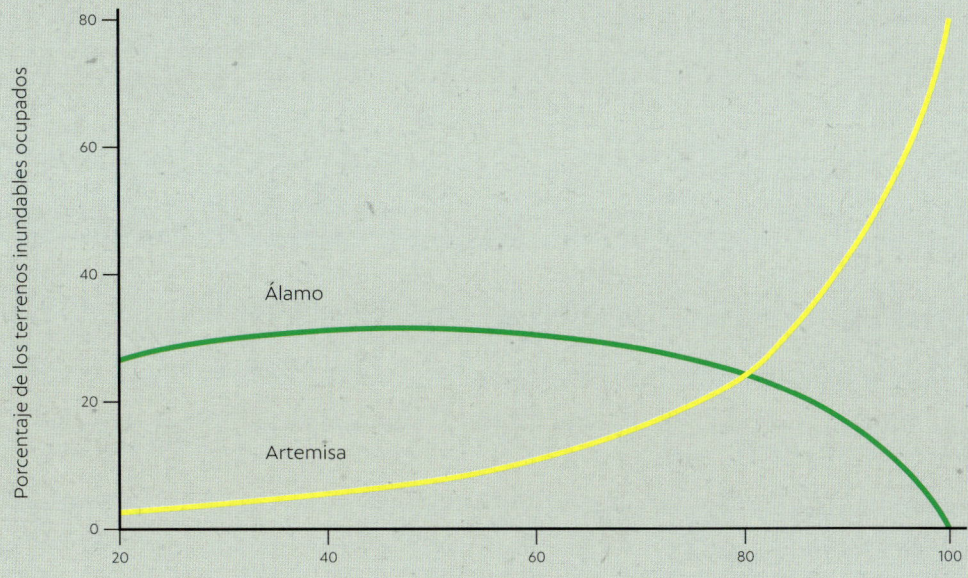

## TRANSICIONES DE LOS TERRENOS INUNDABLES

La reducción en la frecuencia de las inundaciones del río Dolores,
Utah, debida a la construcción de presas aguas arriba, ha provocado
cambios en la vegetación de los terrenos inundables, pasando
de árboles, como los álamos, a arbustos, como la artemisa. Tal
y como se ve en el gráfico, el cambio climático amplificará estos
efectos en el futuro.

# Cómo evoluciona la vida fluvial

La forma de los valles fluviales, consecuencia de una serie de cambios tectónicos, climáticos y del nivel del mar, se ha ido esculpiendo a lo largo de muchos millones de años. A medida que evoluciona el paisaje físico, la vida en él también tiene la oportunidad de adaptarse y desarrollarse, con lo que hay un vínculo entre el cambio de las especies y la geomorfológica de los ríos.

El desarrollo de la vida en las cuencas fluviales debe considerarse en una amplia gama de escalas espaciales, desde la de una barra de sedimentos hasta la de toda la cuenca fluvial, y en un gran espectro de marcos temporales, desde meses hasta decenas de millones de años. La erosión y deposición fluviales conforman un mecanismo continuo a corto plazo para el crecimiento de nueva vegetación y el establecimiento de nuevos hábitats.

## Evolución en escalas de tiempo geológicas

En el marco temporal geológico, las interacciones entre tectónica, clima y evolución del paisaje ejercen un control primordial sobre la evolución de la ecología. Por ejemplo, en la cuenca del Amazonas, el desarrollo de la red fluvial (*véase* capítulo 2) ha reducido de forma progresiva el área de sedimentación derivada de las rocas más antiguas del escudo guayanés y del brasileño ampliando los depósitos derivados de los Andes, lo que influye en la disponibilidad de nutrientes. Como consecuencia, la geomorfología

▼ **Bosque inundado**

*Bosque de várzea inundado (véase página 120), río Amazonas, Brasil.*

## EVOLUCIÓN FLUVIAL Y CAMBIO FORESTAL

El modelado numérico muestra la evolución de la red fluvial del Amazonas a lo largo de 24 millones de años y revela su influencia en el tipo de cubierta forestal (*véanse* las definiciones de los tipos de bosque, página 120).

- Bosque de várzea
- Igapó
- Bosque de tierra firme
- Praderas con inundaciones periódicas
- Montañas de más de 1500 m

27 Ma

25 Ma

19 Ma

17 Ma

13 Ma

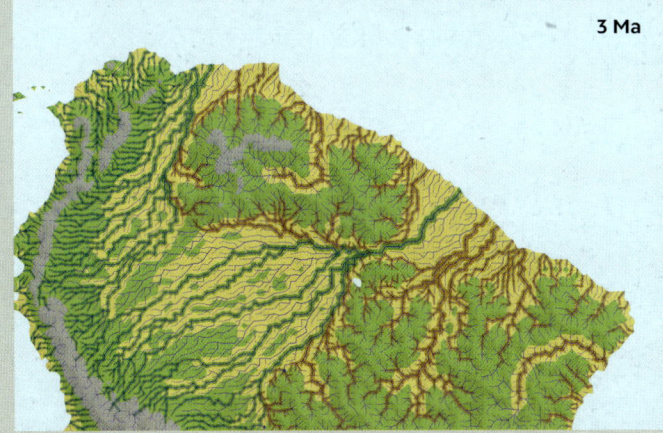

3 Ma

de la superficie y los hábitats bióticos han cambiado, lo que provoca una expansión hacia el este del bosque de tierra firme (que incluye terrazas fluviales más altas y es un bosque alto y rico en especies que ocupa suelos bien drenados y con muchos nutrientes) y del bosque de várzea (el cual se inunda de forma anual por las crecidas de ríos de aguas blancas cargados de sedimentos). Esta expansión se vio acompañada de una reducción de la superficie del igapó (bosque inundado estacionalmente por ríos de aguas negras pobres en sedimentos y ricos en materia orgánica) y de cambios a escala milenaria en el mosaico de hábitats de los terrenos inundables de las tierras bajas. La interacción dinámica entre tectónica, clima y geomorfología de la superficie, junto con los cambios en el nivel del mar, proporciona el modelo para los patrones de especiación en el bioma más biodiverso de la Tierra.

## Una evolución electrizante

Las anguilas eléctricas del Amazonas no son auténticas anguilas, sino peces cuchillo que tienen más en común con la carpa o el siluro. Estas, que pueden llegar a medir hasta 2,75 metros de largo y pesar hasta 23 kg, fueron la inspiración natural para que el físico italiano Alessandro Volta (1745-1827) desarrollara la primera pila que proporcionó una fuente fiable de corriente eléctrica, así como para el reciente desarrollo de baterías de hidrogel para su uso en implantes médicos. Estas prefieren vivir en aguas lentas y poco profundas, y suelen habitar en pequeños arroyos y estanques de los terrenos inundables. Poseen tres órganos eléctricos con unas células (electrocitos) que generan una corriente eléctrica, que, en el caso de la especie *Electrophorus voltai*, puede ser de hasta 860 V. Para situar esta cifra en su contexto, los desfibriladores cardíacos suelen aplicar entre 200 y 1700 V.

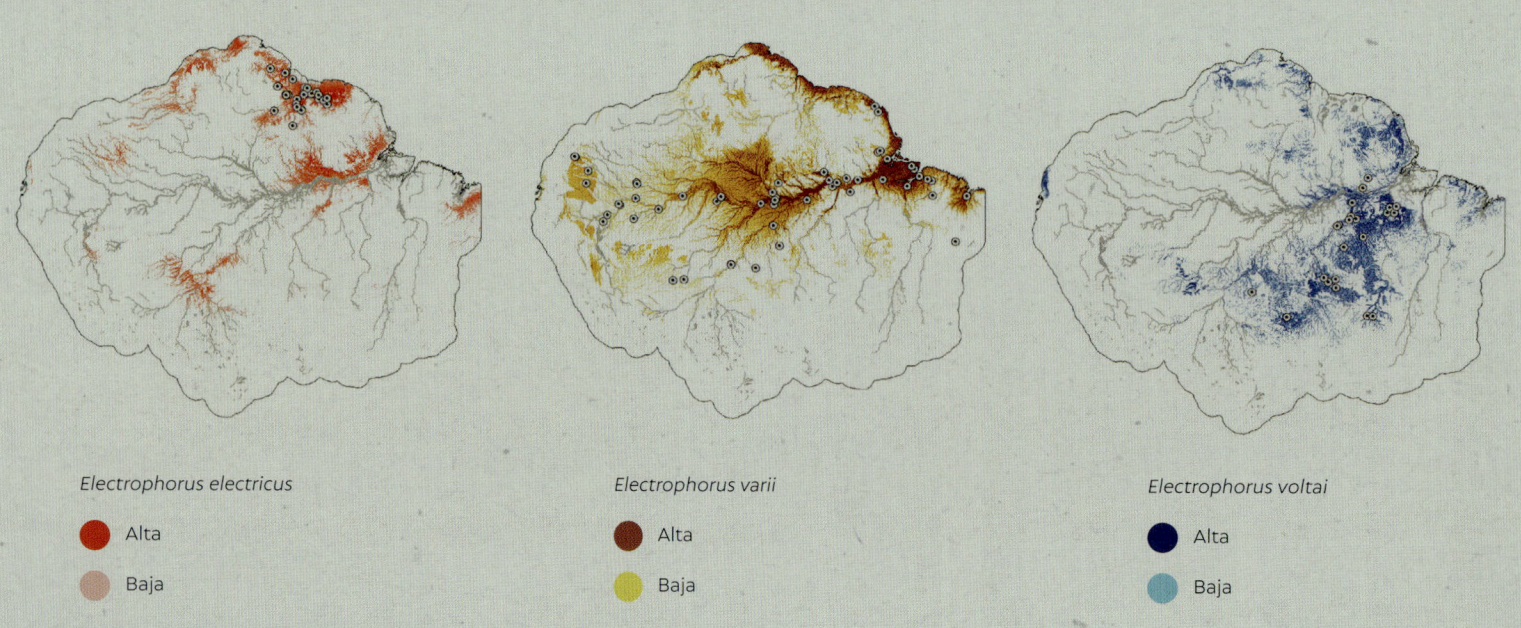

**¿DÓNDE ESTÁN LAS ANGUILAS AMAZÓNICAS?**
Distribución de las tres especies de anguila eléctrica *Electrophorus* en la cuenca amazónica. Los colores representan las distribuciones de cada una en función de las predicciones de los modelos de nicho ecológico basados en variables climáticas y geomorfológicas y los puntos negros indican las especies registradas durante los estudios de campo.

*Electrophorus electricus*
- Alta
- Baja

*Electrophorus varii*
- Alta
- Baja

*Electrophorus voltai*
- Alta
- Baja

Al principio se creía que solo existía una especie de anguila eléctrica en el Amazonas, *Electrophorus electricus*, pero las investigaciones de 2019 revelaron la existencia de otras dos: *E. voltai* y *E. varii*. Se especula que la divergencia entre *E. voltai*, que vive en ríos del escudo brasileño, y *E. electricus*, que habita en aguas del escudo guayanés, comenzó hace unos 7 millones de años, al aparecer barreras a la dispersión por el crecimiento del sistema de terrenos inundables fluviales de alta conductividad del moderno río Amazonas. Esto separó a las dos poblaciones de anguilas, ambas restringidas a aguas de baja conductividad, que evolucionaron por separado. La altitud, la geoquímica del suelo y del agua, así como la temperatura media del agua y la descarga, muy ligadas a la crecida anual del río, determinaron en buena parte las áreas de distribución geográfica de las tres especies.

## Nuestro pariente más cercano

Los bonobos (*Pan paniscus*) son simios que viven en una parte de la cuenca del Congo, al sur del río principal, y junto con los chimpancés (*P. troglodytes*), son nuestros parientes vivos más cercanos, pues compartimos con ellos el 98,7 por ciento del genoma. Sin embargo, difieren entre ello tanto en lo físico como en su estructura social. Los bonobos no cazan de forma cooperativa, no usan herramientas, no muestran agresividad letal y sus sociedades están dominadas por las hembras. En cambio, los chimpancés (presentes al norte del río Congo) cuentan con machos dominantes, muestran una intensa agresividad que puede ser letal entre distintos grupos, usan herramientas, cazan semejantes de forma cooperativa e incluso llegan a comerse a las crías de otros grupos de chimpancés. ¿Cómo son tan diferentes estas dos especies tan emparentadas?

▼ **Ánguila eléctrica**
*La anguila eléctrica amazónica (Electrophorus electricus) aturde a su presa a base de generar electricidad. Son nocturnas y tienen muy mala visión, por lo que usan electrorreceptores para localizar a sus presas.*

**▼ Un paseo en familia**

*Los bonobos* (Pan paniscus) *tienen una estructura social matriarcal cuya jerarquía está dominada por una coalición de los individuos más veteranos y experimentados de ambos sexos. En la cúspide de dicha jerarquía, hay una matriarca mayor y versada que se encarga de tomar las decisiones.*

Las recientes investigaciones han demostrado que los bonobos y los chimpancés empezaron a diferenciarse hace unos 1-1,7 millones de años. Se cree que la descarga del río Congo debió de ser muy menor es esa época, y que fue eso lo que permitió que los antepasados del bonobo cruzasen el cauce principal y empezasen a desarrollarse en un refugio forestal a la orilla sur del río. Los cambios en la hidrología volvieron a elevar el flujo del río y, después, aislaron a las poblaciones, que evolucionaron por separado hasta formar dos especies distintas. Con el tiempo, sus diferentes situaciones ambientales y, quizá, también su dispar competencia con otros simios, dieron lugar al carácter social de cada una y a sus diferencias corporales (los bonobos son un tanto más bajos y esbeltos que los chimpancés). Además, la separación de las especies de chimpancés hacia el norte por la barrera física del río Ubangui dio pie al desarrollo de las subespecies de chimpancé oriental y central. Así pues, la evolución divergente de los simios se produjo debido a la separación física causada por estos caudalosos ríos y a que el cambio climático permitió que los antepasados del bonobo cruzasen el río Congo hasta su orilla meridional.

## LA EVOLUCIÓN DEL BONOBO
## Y EL CAMBIO FLUVIAL

Mapas que ilustran el área de distribución y la evolución del bonobo (*Pan paniscus*) y del chimpancé (*P. troglodytes*) en la cuenca del río Congo. Los cambios en los flujos fluviales provocaron la evolución diferenciada de estas dos especies separadas por el río Congo así como el desarrollo de las subespecies de chimpancé oriental y central a ambas orillas del río Ubangui.

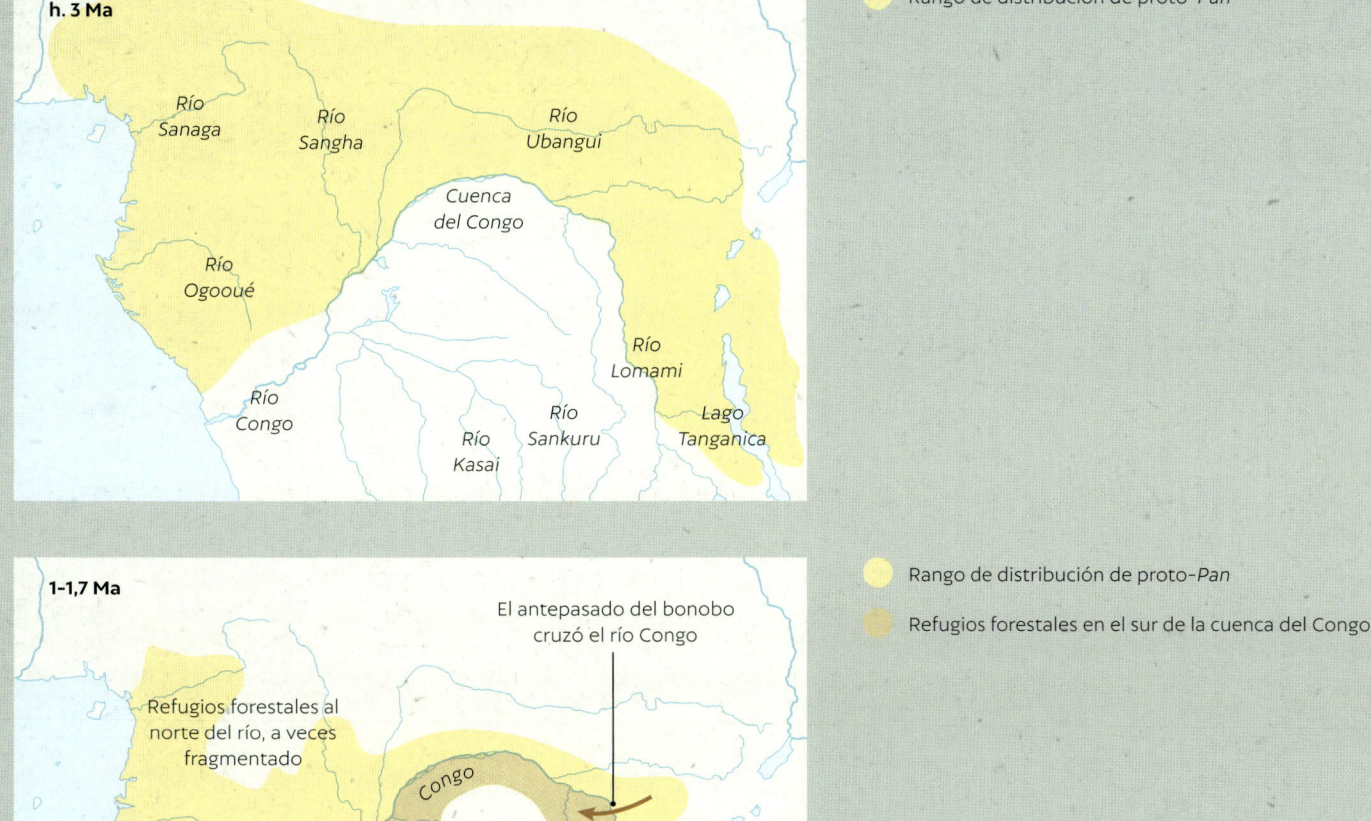

Rango de distribución de proto-*Pan*

Rango de distribución de proto-*Pan*

Refugios forestales en el sur de la cuenca del Congo

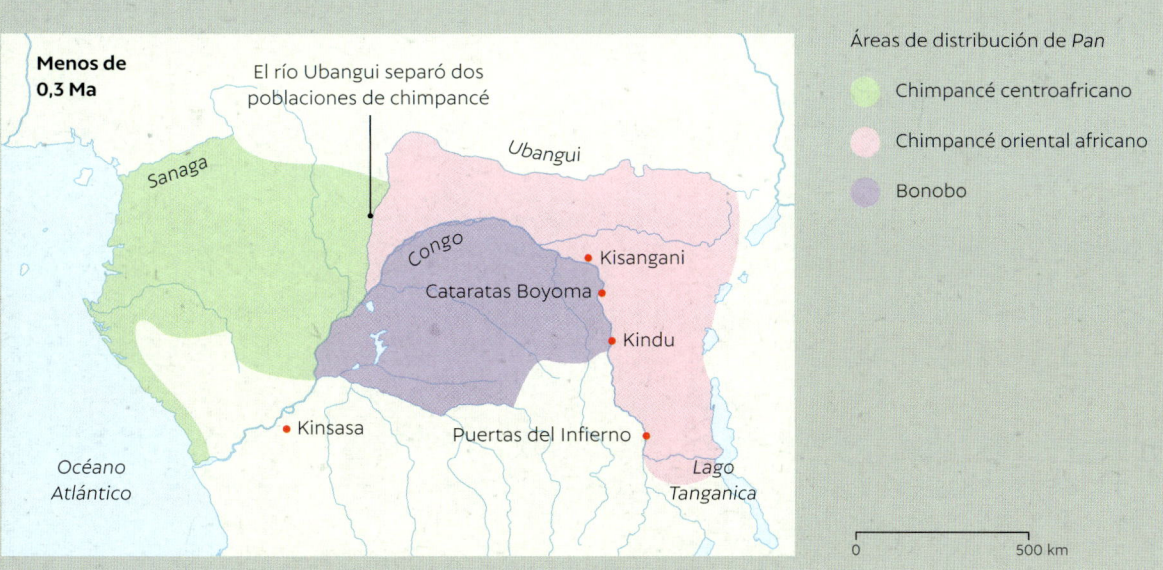

Áreas de distribución de *Pan*

Chimpancé centroafricano

Chimpancé oriental africano

Bonobo

# El valor de los ríos

Los ríos no solo le proporcionan al ser humano lo más elemental para vivir, sino que también aportan una amplia gama de beneficios adicionales, conocidos en su conjunto como «servicios ecosistémicos», que sustentan todos los aspectos del bienestar humano. Si bien su valor económico es enorme, las funciones de los ecosistemas que los generan se desmoronan ante las crecientes tensiones medioambientales.

▼ **Una mercancía valiosa**

*Cosecha de nenúfares en el río Mekong, Vietnam. Además de usarse con fines ornamentales, también se emplean en la preparación de alimentos, como la sopa agria de nenúfar.*

Los ríos han sustentado al ser humano desde que este existe y le han brindado una amplia gama de beneficios, como el abastecimiento de agua, el transporte, la alimentación y el acceso a oportunidades recreativas. Las ventajas que el ser humano obtiene de los ecosistemas fluviales y de los terrenos inundables son de una increíble riqueza y se conocen en su conjunto como «servicios ecosistémicos». En 2014, se estimó que el valor económico anual total de los servicios prestados por todos los ríos, lagos y terrenos inundables del mundo rondaba los 4 billones de dólares (al valor de 2011). Esta cifra representa el 5 por ciento del valor de todos los servicios ecosistémicos prestados en la parte terrestre del planeta, aunque la parte cubierta por ríos y terrenos inundables es inferior al 2 por ciento.

### El mayor caladero de agua dulce del mundo

El río Mekong es el mayor caladero interior del mundo, con unas capturas anuales estimadas en 2,3 millones de toneladas (es decir, más que el total de capturas de peces de agua dulce desembarcados en África) y un valor económico anual de 11 000 millones de dólares. Esta actividad es vital para la seguridad alimentaria y los ingresos familiares de millones de personas: solo en Camboya, unos tres millones de personas dependen del pescado del Mekong como principal fuente de proteínas. Se prevé que su número de habitantes aumente de forma sustancial en las próximas décadas, con el consiguiente incremento de la dependencia de la pesca. Ya hay indicios de que el cambio climático, la fragmentación de la red fluvial por las presas (muchas de las 1148 especies de peces del Mekong son migratorias), la contaminación y la sobrepesca tienen un impacto negativo. Aunque el total de capturas ha aumentado en los últimos quince años, disminuyen el tamaño y la variedad.

**Pescadores faenando**
Unos pescadores en el río Mekong a su paso por Sangkhom, Tailandia.

## Tipos de servicios ecosistémicos

La Evaluación de los Ecosistemas del Milenio, un importante estudio encargado por Naciones Unidas en 2000, identificó cuatro grandes categorías de servicios ecosistémicos: de provisión, de regulación, de apoyo y culturales. Aunque la cuantía económica indicada más arriba da cuenta del enorme valor económico de los ríos y terrenos inundables del mundo, estimaciones financieras como esta no transmiten la importancia fundamental de nuestros ríos: sin ellos, la vida humana no sería posible. Nuestro bienestar físico y mental depende de las cruciales funciones que desempeñan los ríos y los terrenos inundables.

El servicio ecosistémico de provisión es todo aquel beneficio que las personas pueden extraer directamente de la naturaleza. Así, los ríos y terrenos inundables brindan agua limpia para beber, para lavar y limpiar, para uso industrial y agrícola y los alimentos extraídos de la pesca y cultivados en los terrenos inundables del mundo.

Los servicios de regulación son los beneficios que proporcionan los procesos ecosistémicos que moderan los fenómenos naturales. En los ríos, se incluye la filtración natural del agua a través de los acuíferos o la vegetación (que elimina los contaminantes nocivos y regula la calidad del agua), la amortiguación de la erosión excesiva por la vegetación palustre, la deposición de sedimentos ricos en nutrientes en los terrenos inundables (que sustentan cultivos productivos) y el almacenamiento de las aguas de crecida en ellos, que atenúan de forma natural el riesgo de inundaciones en los tramos aguas abajo. Cada vez se tiene más presente que la restauración de estos servicios naturales de regulación (perdidos en muchos lugares por la ingeniería intensiva) puede ser una herramienta importante para una gestión fluvial más sostenible.

▲ **Darle un espacio al río**

*Tras siglos de ingeniería humana, se han renaturalizado partes de los terrenos inundables del Rin en los Países Bajos mediante su reconexión al río y permitiendo el almacenamiento de las aguas de crecida, lo que mejora los hábitats y reduce el riesgo de inundaciones río abajo.*

Los servicios de apoyo son aquellas formas ecosistémicas que resultan necesarias para la producción de todos los demás servicios ecosistémicos. En el contexto de los ríos y los terrenos inundables, el ciclo básico del agua es un ejemplo clave.

Los servicios ecosistémicos culturales son los beneficios que los seres humanos obtienen de sus interacciones con los espacios medioambientales. Los paisajes fluviales albergan importantes festivales culturales, santuarios religiosos y rituales; además, ofrecen oportunidades de recreo mediante actividades como el piragüismo, el senderismo y el turismo por lugares pintorescos. Estos son de un valor incalculable, pues propician el bienestar humano a muchos niveles.

## Mantenimiento de los servicios ecosistémicos

Pese a lo esencial que es conservar los valiosos servicios ecosistémicos fluviales, el ser humano usa los de provisión de forma muy extractiva, lo que altera la relación entre los distintos tipos de servicios ecosistémicos de los que todos dependemos de una forma que puede dificultar su mantenimiento. Así, por ejemplo, la retirada excesiva de agua fluvial para regar cultivos (servicio de provisión) puede tener graves repercusiones negativas en el caudal de los tramos aguas abajo, donde estos se reducen. La sobrepesca de las poblaciones salvajes de peces de agua dulce puede también mermar su número y reducir su resiliencia a los impactos externos. Es esencial dar con formas más sostenibles de gestionar los polifacéticos recursos que nos proporcionan nuestros ríos y terrenos inundables si queremos seguir disfrutando de sus beneficios materiales e inmateriales.

## Servicios culturales

*La Festividad de la Jarra Sagrada, o Kumbh Mela, es la mayor reunión humana del mundo. Se celebra cada cuatro años en un ciclo de doce y congrega a hasta 50 millones de hinduistas, que peregrinan para bañarse en las aguas sagradas en uno de los cuatro lugares situados a orillas de los ríos Ganges, Yamuna, Sárasuati, Godavari y Shiprá.*

## La sequía del Murray

*La captación intensiva de aguas para regar cultivos río arriba ha provocado un descenso récord del nivel aguas abajo del río Murray, en el sudeste de Australia.*

**5**

# Los ríos y nosotros

# Crecimiento demográfico y urbanización

La Revolución Industrial estimuló una profunda reestructuración de la sociedad. En 1800, la mayoría de la gente vivía en el campo y solo el 3 por ciento de la población mundial lo hacía en ciudades. En la actualidad, más de la mitad (55 por ciento) de los 8000 millones de habitantes del planeta viven en zonas urbanas, y es probable que ese porcentaje aumente hasta el 68 por ciento (6660 millones) en 2050. Las ciudades siempre han estado situadas cerca de las vías fluviales, y este enorme crecimiento urbano tiene imporantes implicaciones en cómo vivimos junto a ellas.

## Inundaciones y contaminación

El rápido crecimiento mundial de las zonas urbanas y de la población influye en el riesgo de inundaciones. Dos son los principales desencadenantes de estos cambios. En primer lugar, la construcción de carreteras y edificios hace que la urbanización aumente de forma considerable la superficie terrestre impermeable. Esta hace que las precipitaciones tengan menos posibilidades de filtrarse en el suelo, aumentando en gran medida el riesgo de inundaciones pluviales, donde las aguas de crecida se acumulan por las precipitaciones que no pueden drenarse en lugar de por el desbordamiento de una masa de agua. En segundo lugar, los nuevos datos satelitales han demostrado que el crecimiento urbano se concentra de forma desproporcionada en los terrenos inundables, que son precisamente las zonas con mayor riesgo. De hecho, la superficie urbana total situada en estos terrenos casi se duplicó en el período 1985-2015. El lugar que elegimos para vivir es ahora uno de los principales factores del aumento del riesgo mundial de inundaciones.

▼ **El crecimiento urbano aumenta el riesgo de inundaciones**
*Bamako, la capital de Mali, se extiende con rapidez por los terrenos inundables del río Níger.*

# CIUDADES EN PELIGRO

Bamako, la capital de Mali, se ha expandido por los terrenos inundables del río Níger (*véase* página 130). En estos mapas figuran la proporción de nuevas intrusiones urbanas en los terrenos inundables del mundo entre 1985 y 2015 como porcentaje de la superficie total de estos terrenos (*inferior*) y una instantánea de 2015 de la población urbana mundial expuesta a las inundaciones fluviales, separada por tramos de renta (*extremo inferior*).

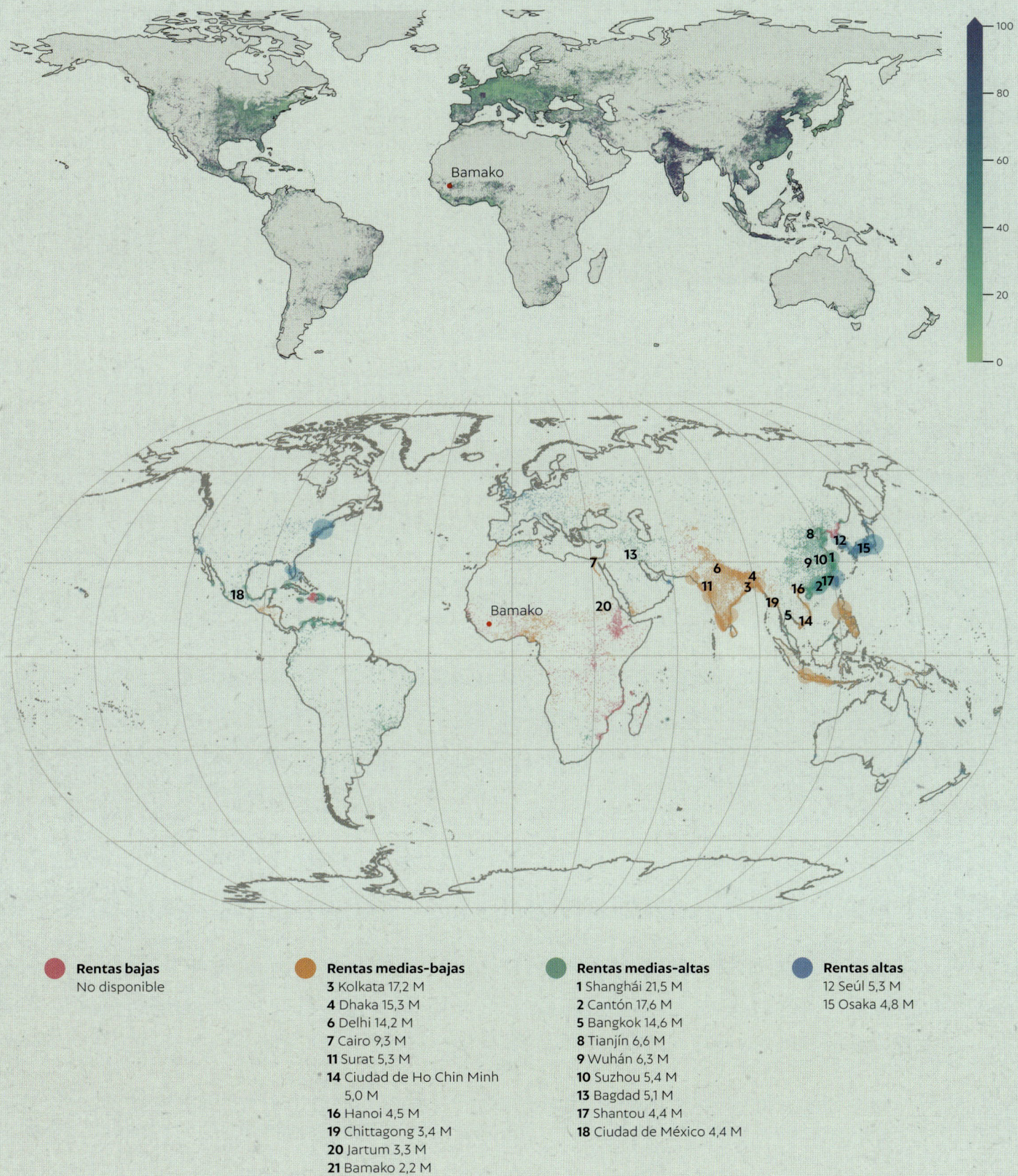

**Rentas bajas**
No disponible

**Rentas medias-bajas**
**3** Kolkata 17,2 M
**4** Dhaka 15,3 M
**6** Delhi 14,2 M
**7** Cairo 9,3 M
**11** Surat 5,3 M
**14** Ciudad de Ho Chin Minh 5,0 M
**16** Hanoi 4,5 M
**19** Chittagong 3,4 M
**20** Jartum 3,3 M
**21** Bamako 2,2 M

**Rentas medias-altas**
**1** Shanghái 21,5 M
**2** Cantón 17,6 M
**5** Bangkok 14,6 M
**8** Tianjín 6,6 M
**9** Wuhán 6,3 M
**10** Suzhou 5,4 M
**13** Bagdad 5,1 M
**17** Shantou 4,4 M
**18** Ciudad de México 4,4 M

**Rentas altas**
**12** Seúl 5,3 M
**15** Osaka 4,8 M

Además, los ríos urbanos son muy propensos a contaminarse. Las industrias pesadas situadas en estas zonas suelen utilizarlos como un medio cómodo en el que verter residuos, mientras que las densas poblaciones humanas que viven allí generan ingentes volúmenes de excrementos, que, si no se tratan, constituyen una importante fuente de contaminación. A esto se ha sumado el reciente problema de los grandes volúmenes de residuos plásticos que generamos y que, con demasiada facilidad, acaban llegando a nuestros cursos de agua. En el río Támesis, Reino Unido, se ha registrado uno de los niveles más altos de microplásticos de todos los ríos del mundo: unas 94 000 partículas de microplásticos por segundo están presentes en sus aguas a su paso por Greenwich, Londres.

## Restauración de ríos urbanos

En el pasado, los ríos urbanos se consideraron una amenaza para las infraestructuras y el bienestar humano, por lo que fue habitual confinarlos entre muros de contención. Su recuperación busca el equilibrio entre la necesidad de proteger a las personas y los bienes y el deseo de aprovechar los servicios ecosistémicos (*véanse* páginas 125-127) que estos aportan. Dicha restauración debe mejorar el acceso al espacio abierto urbano y la provisión de hábitats, así como restablecer los terrenos inundables con vegetación y sus estanques, ya que pueden ayudar a aumentar la capacidad de almacenamiento de agua y, así, proteger contra las inundaciones.

**Idilio urbano**

*El río Isar en Múnich, Alemania, durante (izquierda) y tras (derecha) su restauración. Una vez restaurado y recuperado, proporciona un valor recreativo, un hábitat mejorado y un espacio para el almacenamiento de aguas de crecida.*

# Cambio climático: inundaciones y sequías

El cambio climático antropogénico, provocado por las emisiones de dióxido de carbono y otros gases de efecto invernadero, intensifica el ciclo del agua en la Tierra y aumenta la frecuencia y gravedad de las inundaciones y sequías. Estos hechos tienen una influencia directa en cientos de millones de personas a lo largo de todo el mundo. Además, el aumento del tamaño de las crecidas libera y transporta más sedimentos, lo que provoca una situación que remodela los paisajes fluviales del mundo.

## El cambio climático y el ciclo del agua

La emisión de gases de efecto invernadero a la atmósfera está provocando preocupantes aumentos de temperatura. En 2022, la Organización Meteorológica Mundial estimó que la media mundial ya era 1,15 °C superior a los niveles preindustriales (1850-1900). Aunque puede que no parezca gran cosa, este calentamiento ya tiene profundas repercusiones en el ciclo del agua de la Tierra, pues incrementa la evaporación de los mares, lo que aumenta la humedad de la atmósfera. A su vez, esta situación conlleva precipitaciones más frecuentes e intensas, y, sobre el suelo, una evaporación mayor provocada por las temperaturas más elevadas causa sequía sobre la superficie. Como resultado, las zonas que reciben mayores precipitaciones también verán aumentar la intensidad y frecuencia de las inundaciones, mientras que las zonas alejadas de las trayectorias de las tormentas experimentarán un mayor riesgo de sequía.

## Inundaciones y sequías

Estos dos extremos hidrológicos causan sufrimiento a millones de personas. Las inundaciones son el peligro natural más grave del mundo: afectan a más de 300 millones de personas al año y causan pérdidas de vidas humanas y ganado, daños materiales y destrucción de cosechas. Además, tienen un impacto considerable y continuado en la salud y el bienestar debido al trauma emocional que pueden generar y al aumento del riesgo de enfermedades transmitidas por el agua. La sequía, que también tiene importantes costes económicos, sociales y medioambientales, afecta a unos 55 millones de personas cada año por sus repercusiones en la agricultura, la calidad del agua y las infraestructuras. Pueden provocar migraciones masivas: para 2030, hasta 700 millones de personas podrían estar en riesgo de desplazamiento a causa de ellas.

▶ **Extremos hidrológicos**

*Inundaciones (superior): el huracán Harvey batió récords de precipitaciones cuando azotó Texas y Luisiana en agosto de 2017. Las inundaciones causaron más de 100 muertos y daños por valor de 125 000 millones de dólares.*

*Sequías (inferior): en el verano de 2022, el río Loira tenía un caudal inferior al 5 por ciento de su nivel medio anual, lo que constituía una amenaza al suministro de agua de refrigeración para cuatro reactores nucleares construidos en sus márgenes.*

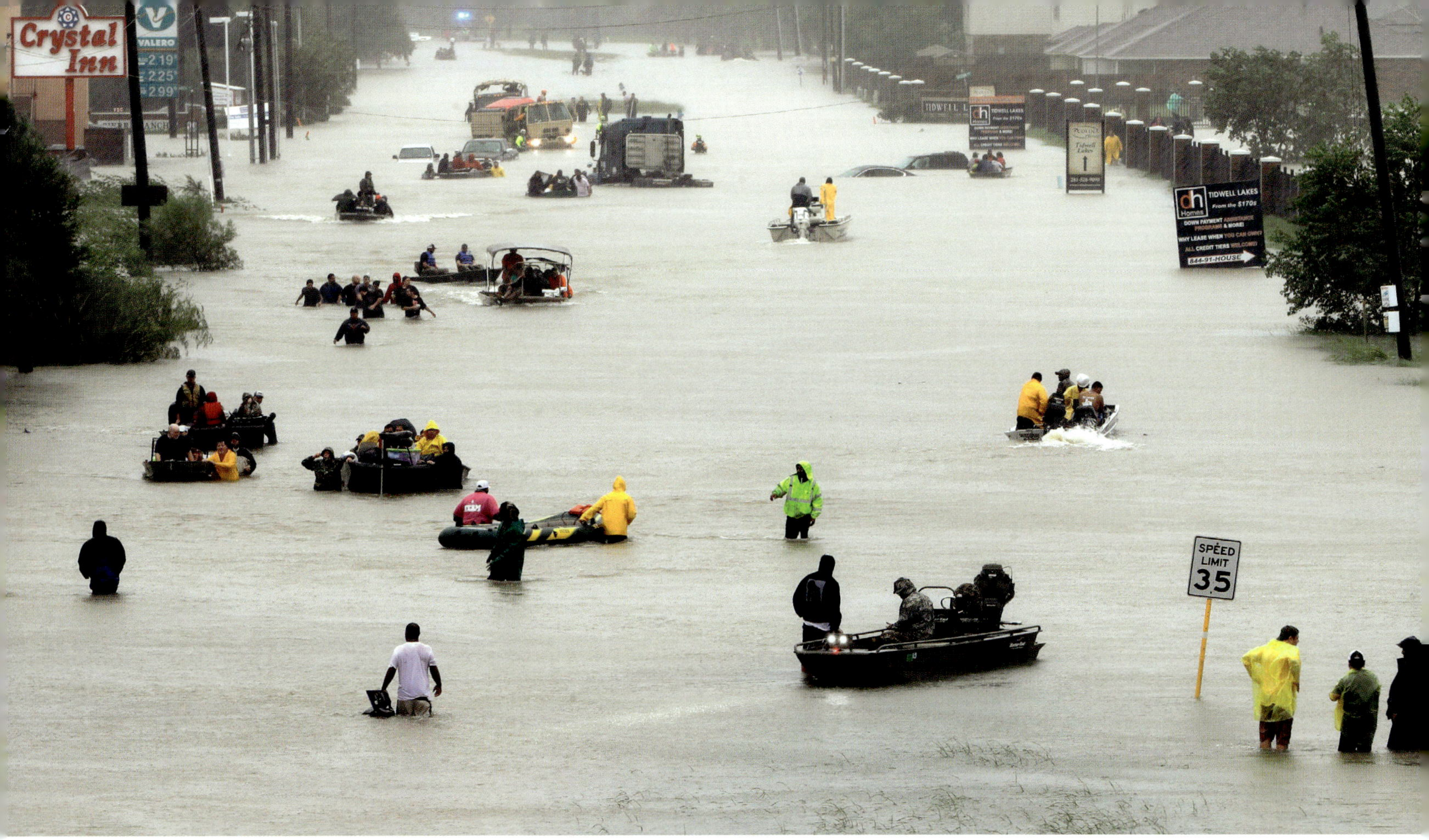
Crystal Inn
VALERO
SPEED LIMIT 35

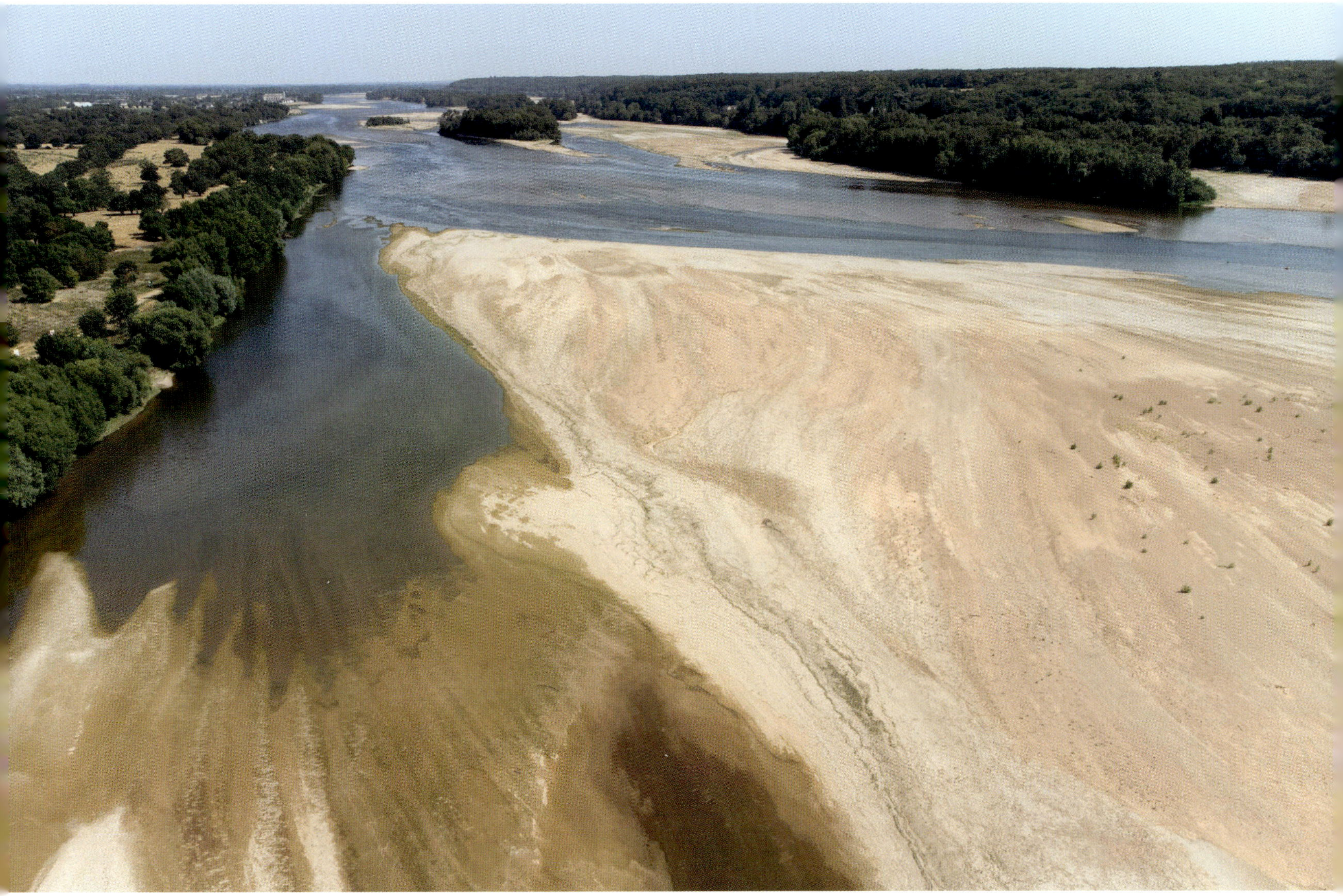

Mil millones de personas viven ya en zonas en las que la probabilidad anual de inundación supera el período de retorno de uno en 100 años (es decir, el 1 por ciento de probabilidades), que es la norma que las agencias del agua de todo el mundo suelen adoptar como nivel de referencia para la protección contra las inundaciones. Sin embargo, las predicciones de los modelos indican que en muchas regiones (en especial en el sur y el sudeste de Asia, el noreste de Eurasia, el este y las latitudes bajas de África y buena parte de Sudamérica), el calentamiento aumentará la frecuencia e intensidad de las inundaciones. En otros lugares, sobre todo en el norte y el este de Europa, Asia Central y el sur de Sudamérica, habrá regiones en las que se reducirá su frecuencia. En general, sin embargo, incluso un calentamiento de 1,5 °C de aquí a 2100 duplicará el número de personas expuestas a inundaciones centenarias.

## SECADO

Proyecciones de modelos (*inferior*) del impacto de un aumento de 2 °C de la temperatura media global sobre el período actual de retorno de la sequía de 50 años (2 por ciento de probabilidad de ocurrencia) a finales del siglo XXI. El rojo y el azul indican, respectivamente, las zonas de frecuencia creciente y decreciente de la sequía. Las más frecuentes dificultan el uso de las corrientes fluviales para necesidades humanas básicas como lavar la ropa.

Período de retorno (años)

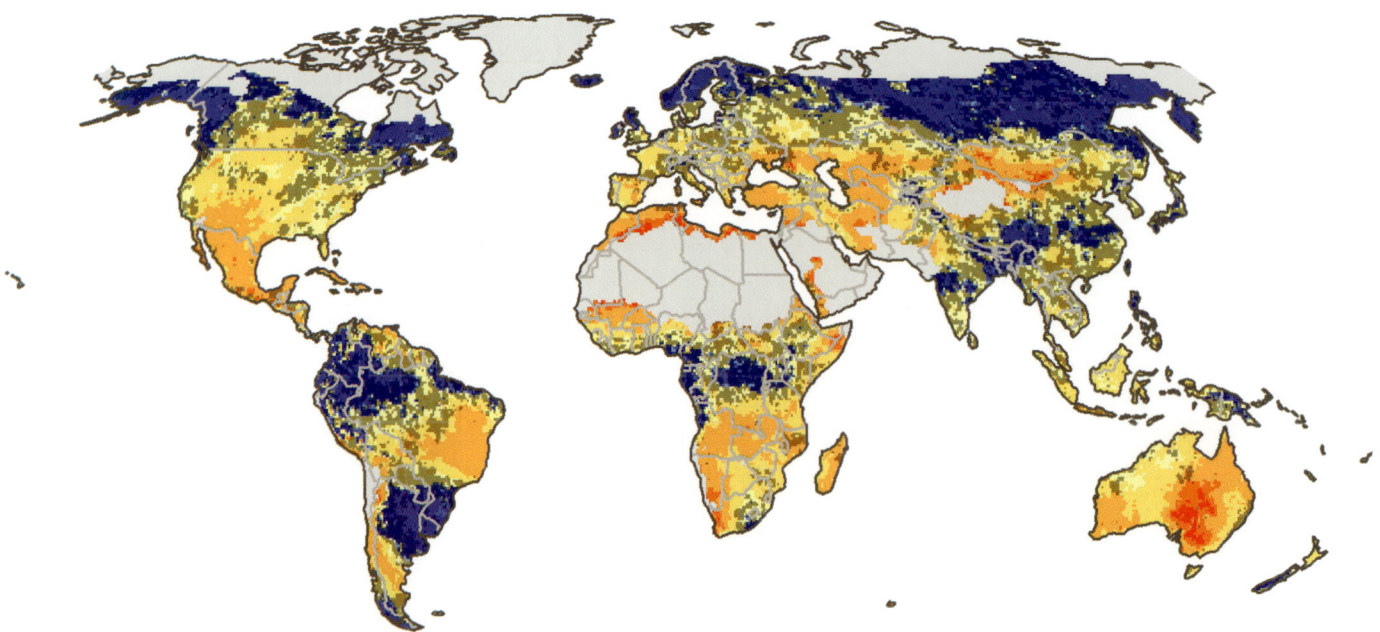

## AUMENTO DE LA FRECUENCIA DE LAS INUNDACIONES

Proyecciones de modelos del impacto de un aumento de 1,5 °C de la temperatura media global del futuro calentamiento (hasta 2100) sobre el período actual de retorno de la inundación de 100 años. El azul indica las zonas donde este nivel se hace más frecuente, mientras que los tonos de amarillo a rojo aluden a las zonas donde las inundaciones son más raras.

Período de retorno (años)

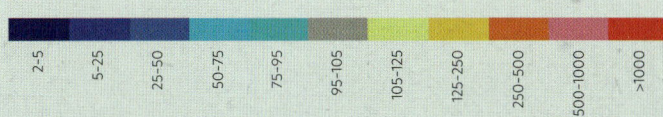

2-5  5-25  25-50  50-75  75-95  95-105  105-125  125-250  250-500  500-1000  >1000

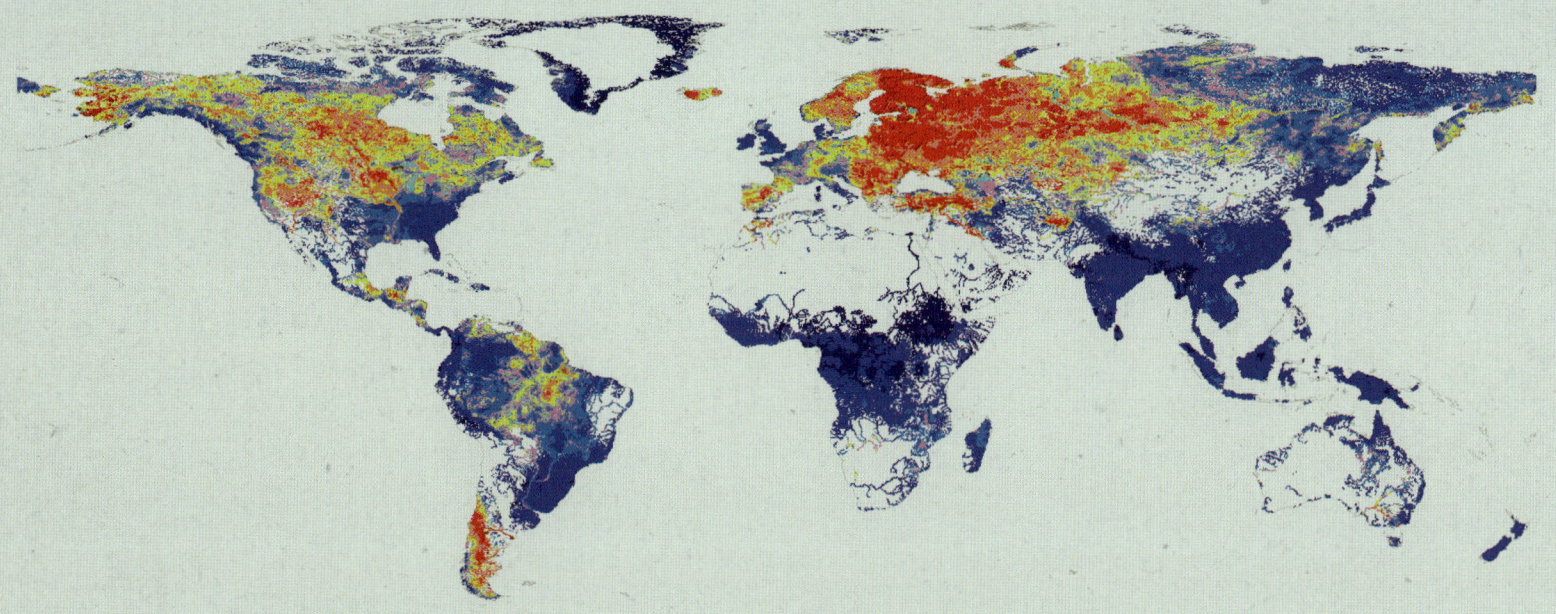

**Inundación de la Costa Dorada**

La Costa Dorada australiana sufrió inundaciones récord en 2022. En la imagen, el crecido río Tweed se desbordó sobre campos de caña de azúcar, pastos y zonas urbanas con agua cargada de sedimentos.

Los modelos también muestran cambios en la frecuencia e intensidad de las sequías: en total, dos tercios de la población mundial experimentarán un aumento de aquí a 2100. Las zonas más afectadas suelen ser las que ya están secas, como buena parte de África, Australia, el Mediterráneo, el sur y el centro de Estados Unidos y ciertas zonas de Sudamérica. Sin embargo, alrededor de una quinta parte de la superficie terrestre, sobre todo en latitudes septentrionales y ciertas partes del este y sudeste de Asia, sufrirán menos sequía en el futuro.

## Ríos más turbios

A medida que el clima se calienta y aumenta la intensidad de las precipitaciones, se incrementa la probabilidad de erosión del suelo y de deslizamientos de laderas, lo que libera más sedimentos en las redes fluviales. Se prevé que el cambio climático, unido al aumento de las descargas de inundación, incremente la velocidad de transporte de sedimentos, sobre todo en las regiones de latitudes altas, los Balcanes y buena parte de Asia. Los cambios en su transporte por las redes fluviales de la Tierra tienen importantes repercusiones colaterales en la morfología fluvial; además, provocan cambios en la calidad del agua y amenazan infraestructuras clave, sobre todo al llenar los embalses.

**CARGAS SEDIMENTARIAS ALTERADAS**

Diferencia porcentual en el transporte de sedimentos en suspensión estimada para la última década del siglo XXI (2090-2099) en comparación con el pasado reciente (1950-2005) para un escenario modelo en el que el futuro aumento de la temperatura media mundial se limite a 2 °C sobre los niveles preindustriales.

Cambio en el transporte de sedimentos en suspensión

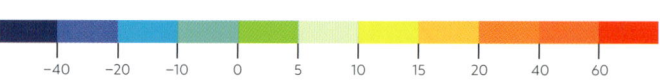

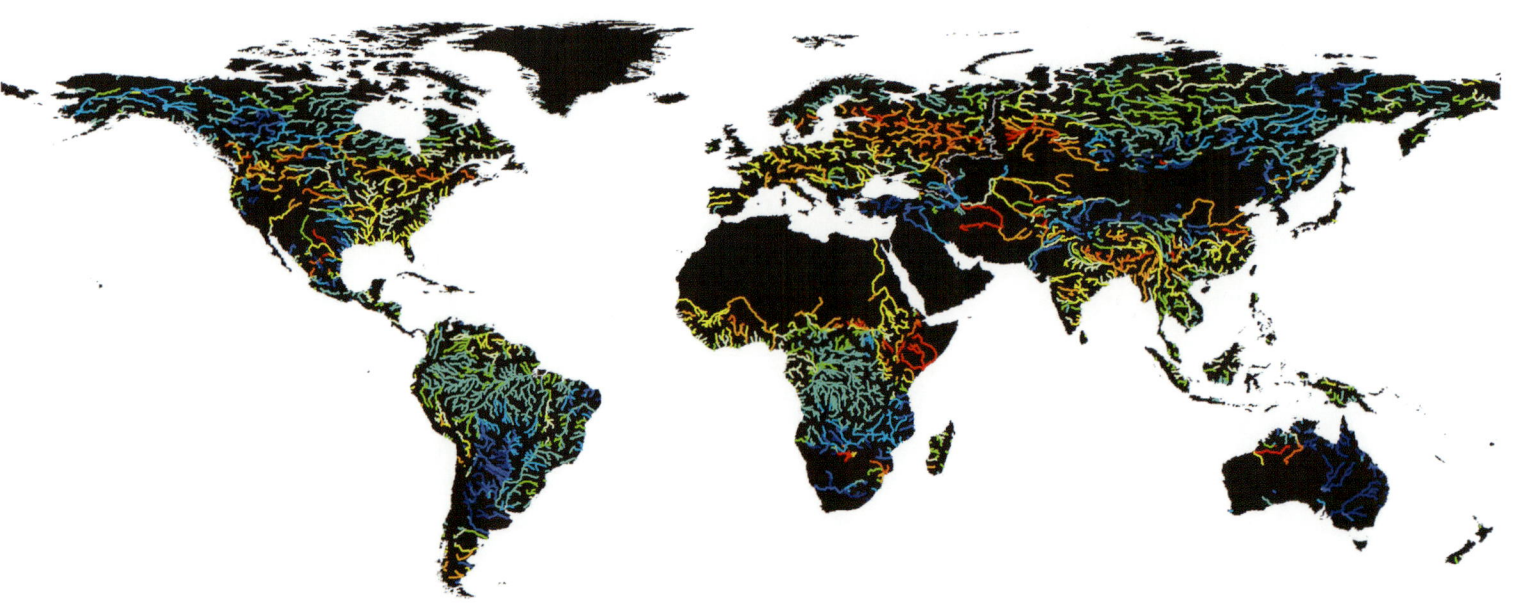

Los cambios en la producción de sedimentos se hacen notar sobre todo en la meseta tibetana y en la alta montaña asiática que la rodea y que alimenta muchos de los ríos más grandes de Asia. Esta región se conoce como el «tercer polo», porque es la tercera reserva de hielo más grande de la Tierra. El calentamiento del clima ya ha provocado el rápido deshielo de los glaciares y del permafrost de la región, lo que hace que se liberen mayores flujos de sedimentos, se altere la calidad del agua y llene los embalses hidroeléctricos. Las proyecciones de modelos indican que el flujo sedimentario de los ríos que drenan esta zona podría ser de más del doble en 2050 si no logramos limitar el calentamiento global dentro del objetivo «seguro» de 1,5 °C fijado por las 196 naciones que firmaron el Acuerdo de París de 2015 sobre el cambio climático.

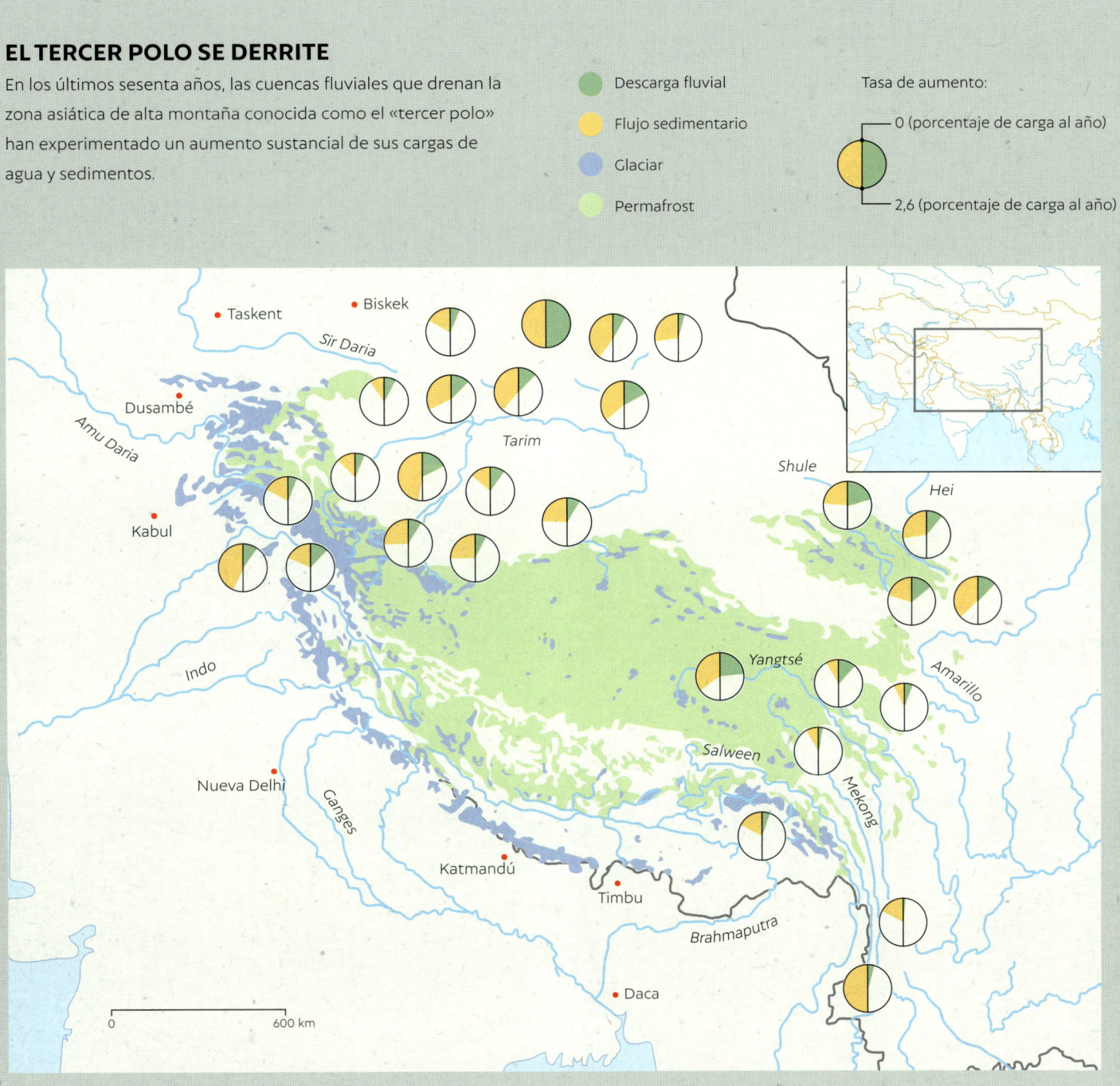

## EL TERCER POLO SE DERRITE

En los últimos sesenta años, las cuencas fluviales que drenan la zona asiática de alta montaña conocida como el «tercer polo» han experimentado un aumento sustancial de sus cargas de agua y sedimentos.

Descarga fluvial

Flujo sedimentario

Glaciar

Permafrost

Tasa de aumento:

0 (porcentaje de carga al año)

2,6 (porcentaje de carga al año)

# Construcción de presas

Las presas nos proporcionan multitud de beneficios, como energía hidroeléctrica, control de las inundaciones, abastecimiento de agua, riego, piscicultura y ocio. Sin embargo, también pueden cambiar el paisaje, fragmentar los perfiles longitudinales de los ríos y alterar la ecología fluvial. La forma que tenemos de erigir, explotar y desmantelarlas plantea enormes problemas para el futuro.

## Un mundo de presas

Existen presas de distintos tamaños, desde las pequeñas filtrantes ubicadas en valles tributarios hasta las megapresas que hay en algunos de los ríos más grandes del mundo. Suelen plantear enormes retos de construcción y constituyen algunos de los logros más espectaculares de la ingeniería. Además, pueden dar lugar a cooperación o tensiones políticas de calado cuando afectan al trasvase transfronterizo de agua. El ser humano lleva milenios construyendo presas: la primera presa conocida, la de Jawa, Jordania, se erigió hace unos 5000 años. Desde entonces, deben de haberse creado en todo el mundo más de 800 000 presas de diversos tamaños. La construcción de las de gran envergadura en Estados Unidos y Europa comenzó a finales del siglo XIX y se aceleró en estos territorios en la década de 1950, mientras que en China lo hizo a mediados y finales del siglo XX. En todo el mundo hay unas 57 000 grandes presas de más de 15 m de altura, de las que China y Estados Unidos han construido, respectivamente, más de 23 000 y 9200. Hay más de trescientas megapresas que superan los 150 metros de altura.

**Cambios en las presas**
Cambios medioambientales en el río Xingú, Brasil (**1**), debido a la construcción de las presas hidroeléctricas de Belo Monte (**2**) y Pimental (**3**). Hay un nuevo canal (**4**) que une los dos nuevos embalses.

0         10 km

26 de mayo de 2000

20 de julio de 2017

N

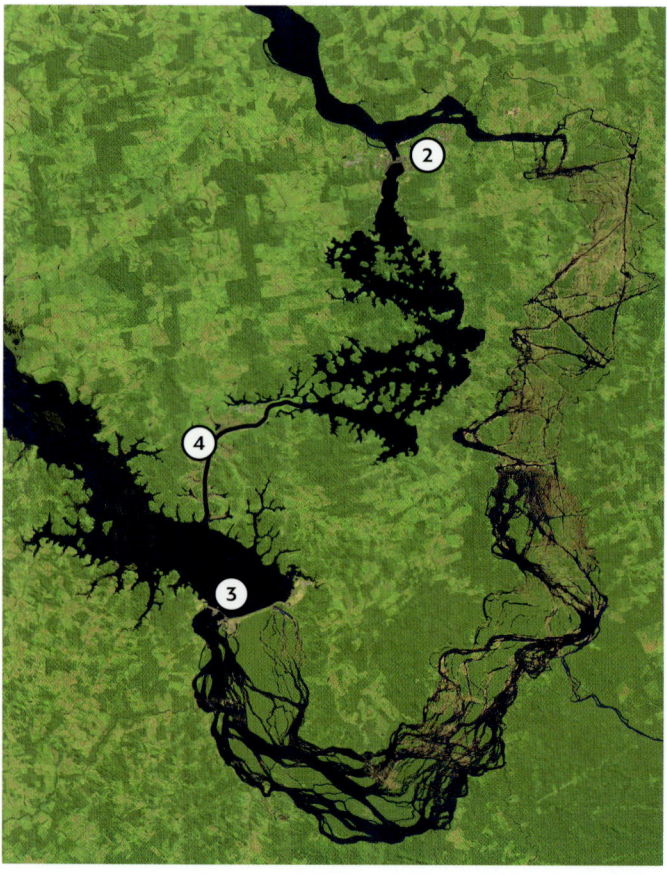

## DISTRIBUCIÓN DE LAS PRESAS

Ubicación de las 35 000 presas grandes y medianas del mundo en 2023 (mapa *superior*) y sus zonas de captación (mapa *inferior*). Los principales usos de estas, según los datos recabados, son la generación de hidroelectricidad (25 por ciento) y el riego (20 por ciento); a lo que se suma el abastecimiento de agua, el control de inundaciones, las actividades recreativas, el agua para el ganado y la navegación.

**Ubicación de las presas**

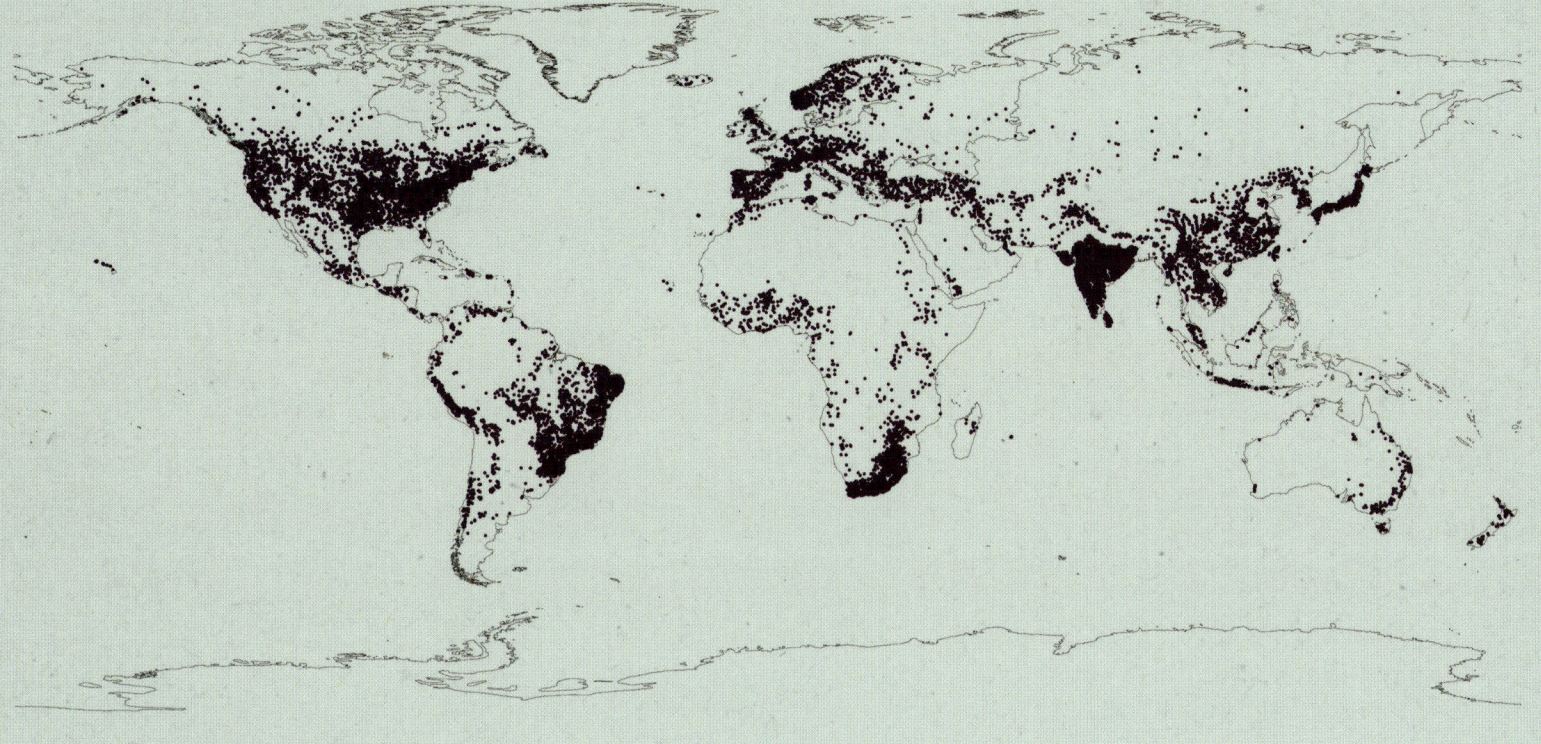

**Zonas de captación de las presas**

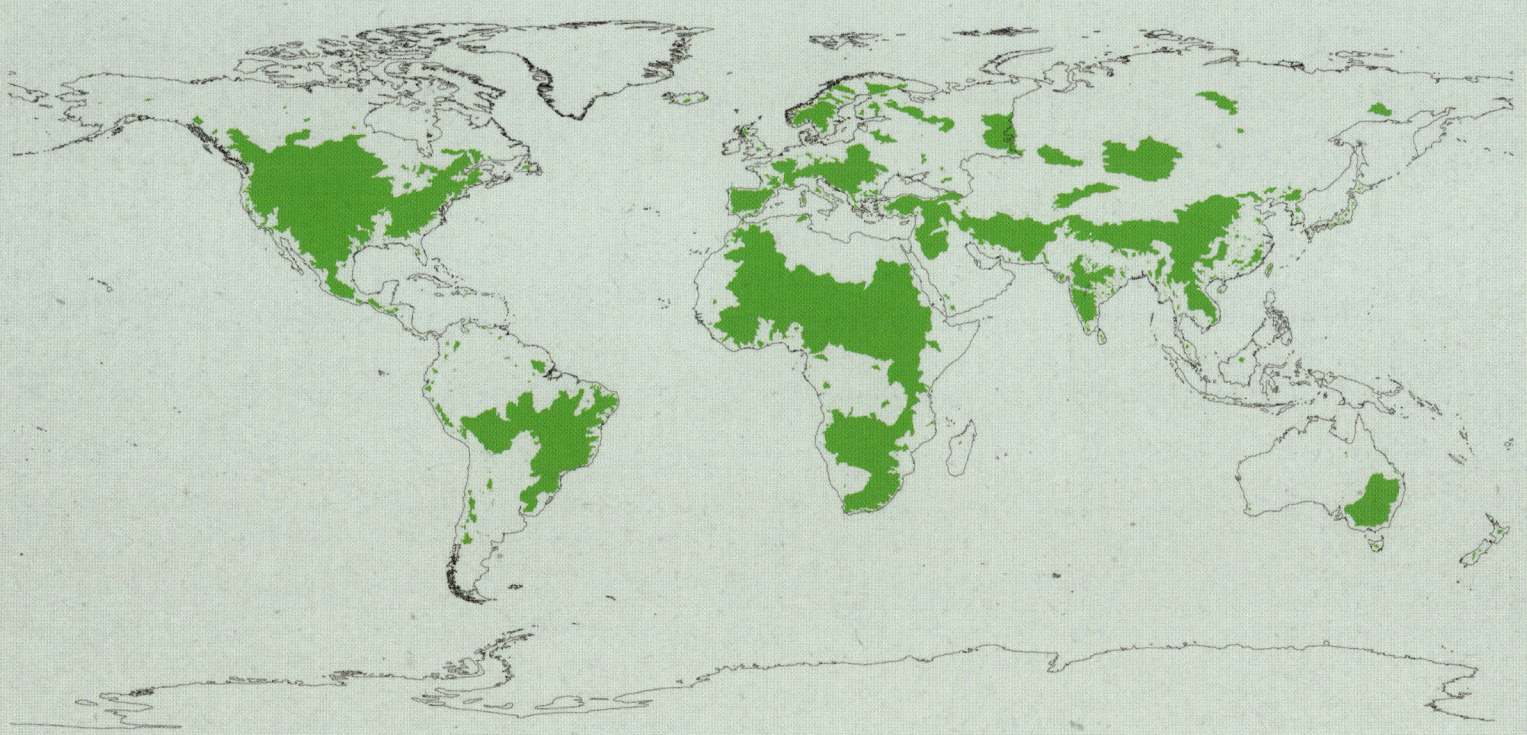

Se cree que entre 40 y 80 millones de personas se han visto desplazadas debido a la construcción de presas, y algunas estimaciones indican que entre 26 y 58 millones se han desarraigado solo en India y China entre 1950 y 1980. Las hidroeléctricas se han convertido en una fuente de energía verde cada vez más importante para muchos países, de los cuales China, Estados Unidos, Brasil, Canadá y Rusia son los mayores productores. Con todo, las presas provocan sustanciales cambios medioambientales, e incluso hay estimaciones que sugieren que la vegetación que se descompone en los bosques tropicales tras las inundaciones provocadas por ellas puede generar importantes gases de efecto invernadero. Los costes económicos de la energía hidroeléctrica de las megapresas también se han puesto en tela de juicio y se cree que suelen ser mucho peores que las estimaciones originales, con sobrecostes que alcanzan una media del 96 por ciento y en algunos casos superan el 1000 por ciento.

## Desmantelamiento de las presas

Dos de los principales problemas que plantean las presas son su desmantelamiento a fin de restablecer regímenes fluviales más naturales y el atrapamiento de sedimentos en el embalse tras la presa, lo que lleva al final de su vida útil. Este proyecto avanza a buen ritmo en Norteamérica (en 2022 se habían desmantelado 1951 presas) y en el noroeste de Europa, pero aún ha de verse qué hacer con las presas muy grandes cuando estén llenas. Las más recientes y las renovadas permiten cierta limpieza por descarga de los sedimentos, tanto para ralentizar el tiempo que estos tardan en llenar el embalse como para permitir su paso aguas abajo. Sin embargo, el problema de la sedimentación sigue sin solucionarse en la mayoría de los casos.

# Cambios en el uso del suelo y agricultura

Las cuencas fluviales han sido fundamentales para el desarrollo de la civilización humana, las prácticas agrícolas y el desarrollo urbano. Los cambios en el uso del suelo provocados por la presencia de personas y el crecimiento demográfico llevan milenios influyendo en los ríos, ya que alteran su naturaleza y dejan una huella indeleble en los valles fluviales.

El flujo de agua y sedimentos que llega a los ríos, impulsa el cambio de los cauces y sustenta las ecologías fluviales se ve muy influido por la forma en la que los seres humanos usan y gestionan las cuencas hidrográficas. El tipo de vegetación y el uso del suelo ejercen controles de primer orden sobre los flujos de agua y sedimentos, y los valles fluviales han ido respondiendo a medida que el ser humano ha ido cambiando el uso del suelo a lo largo de los milenios. Por ejemplo, la deforestación puede modificar la cantidad de agua y sedimentos que llegan a los ríos, y las prácticas agrícolas pueden alterar la erosión del paisaje. Un ejemplo espectacular es el río Amarillo, en China, que ha experimentado enormes cambios en cuanto a producción de sedimentos en los últimos 4000 años. El gran aumento de su flujo se debió a la eliminación de los bosques de la meseta de Loes (por la que pasa el río) y al desarrollo de la agricultura, que fomentó la erosión masiva de los sedimentos loéssicos, que son de grano fino. Los recientes planes de recuperación están devolviendo de forma drástica la carga sedimentaria del río a un estado similar al que tenía hace 1200 años.

## FLUJO SEDIMENTARIO ANTROPOGÉNICO

Cambios del flujo sedimentario del río Amarillo a lo largo de los últimos 3000 años a causa de la influencia humana en la cuenca hidrográfica. Cada punto es la media anual del intervalo histórico señalado.

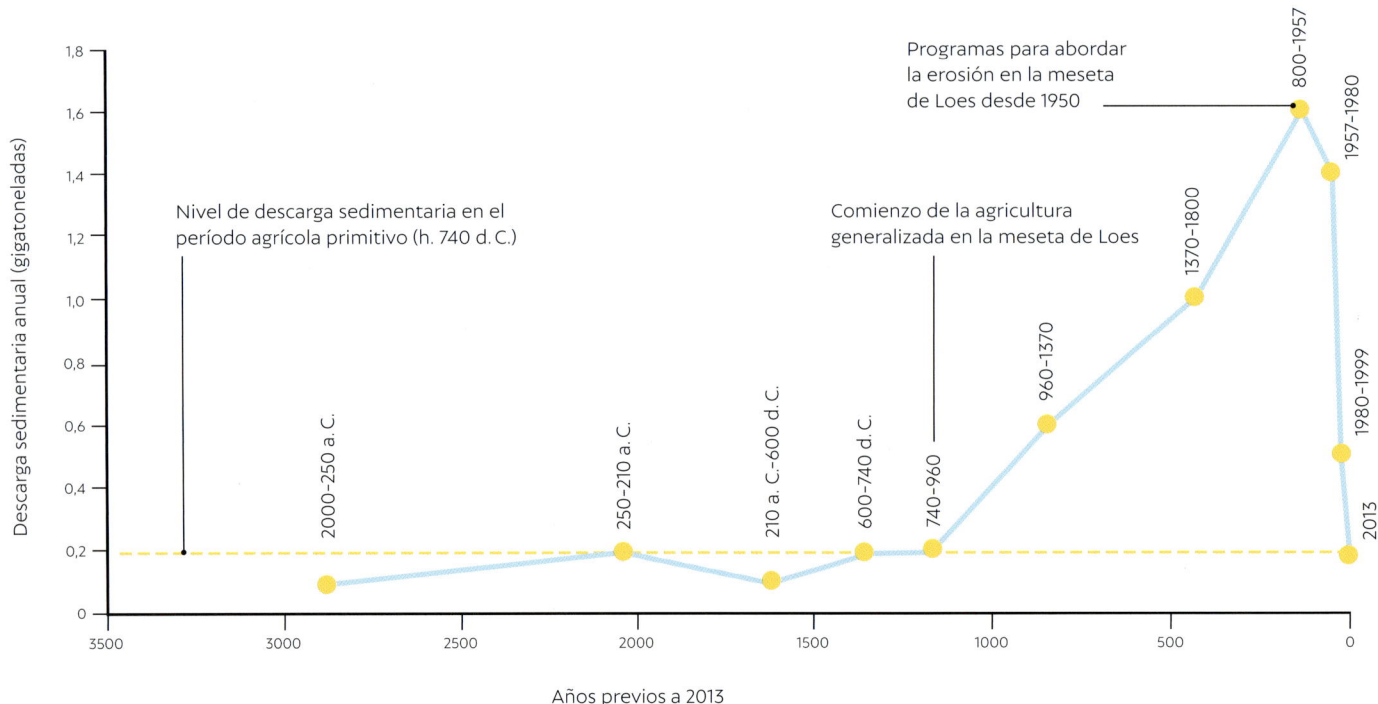

# Agua virtual

Un aspecto del trasvase de agua desde las cuencas fluviales que cada vez es más importante apreciar y cuantificar es su flujo virtual, que es el agua que se usa y retiene en la producción de cultivos y bienes manufacturados. Cada persona tiene una huella hídrica, que es la cantidad de agua empleada para producir los bienes y servicios que usa. Esto puede suponer la «exportación» de agua virtual de regiones con escasez hídrica a otras que importen dichos bienes pero que puedan tener bastante agua. Esta exportación puede realizarse entre regiones de un mismo país o entre países. Así, por ejemplo, se ha calculado que Reino Unido utiliza al año unos 185 millones de m³ de agua africana a través de la importación de judías verdes de catorce países africanos, lo que equivale en torno al 9 por ciento del total anual del río Támesis a su paso por Londres. El uso del agua virtual, y cómo influye en los ríos de las regiones donde se producen los bienes, debe tenerse en cuenta a la hora de planificar el uso del agua y el cambio medioambiental debido a su captación y su gestión sostenible a escala mundial.

## FLUJOS GLOBALES DE AGUA VIRTUAL

Los flujos (cifras en **negrita**, en 2016) se expresan en 10⁹ m³ y van de izquierda a derecha para indicar si las regiones son exportadoras (cifras en *cursiva*) o importadoras (cifras en redonda) netas de agua, y la anchura de las franjas indica el volumen de intercambio hídrico. Los porcentajes de la izquierda muestran el total de agua virtual exportada como porcentaje de la empleada en la producción total, y los de la derecha indican el total de agua virtual importada como porcentaje del agua incorporada en el consumo total.

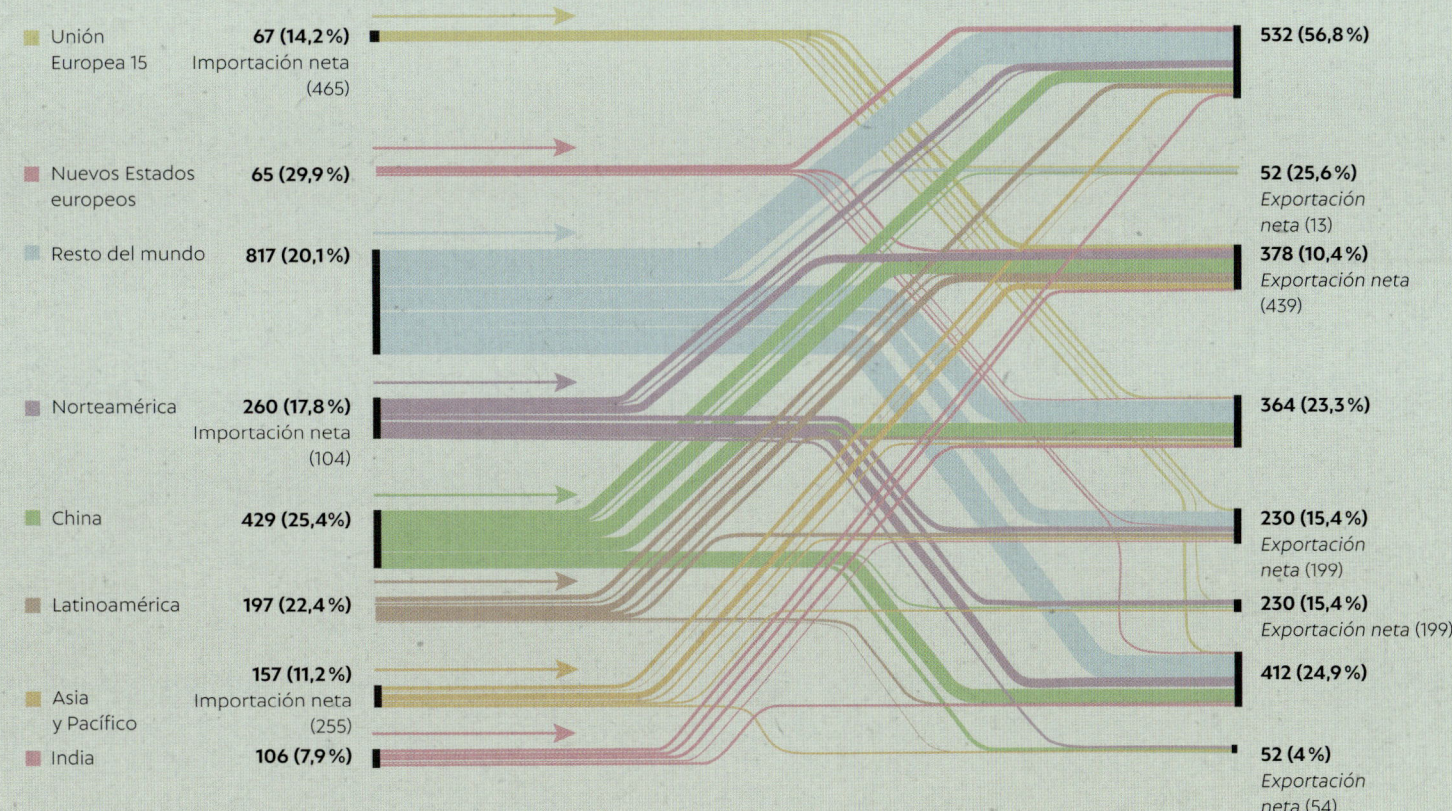

Unión Europea 15 — 67 (14,2%) — Importación neta (465) — 532 (56,8%)
Nuevos Estados europeos — 65 (29,9%) — 52 (25,6%) *Exportación neta* (13)
Resto del mundo — 817 (20,1%) — 378 (10,4%) *Exportación neta* (439)
Norteamérica — 260 (17,8%) — Importación neta (104) — 364 (23,3%)
China — 429 (25,4%) — 230 (15,4%) *Exportación neta* (199)
Latinoamérica — 197 (22,4%) — 230 (15,4%) *Exportación neta* (199)
Asia y Pacífico — 157 (11,2%) — Importación neta (255) — 412 (24,9%)
India — 106 (7,9%) — 52 (4%) *Exportación neta* (54)

# Uso humano del agua e ingeniería fluvial

La demanda humana ha requerido a menudo grandes infraestructuras de ingeniería a fin de controlar el movimiento del agua, evitar inundaciones y tener una fuente segura y fiable para una población creciente. Estas acciones pueden rehacer la geografía física del paisaje al modificar de forma sustancial los patrones y los procesos fluviales.

A medida que la población crece y se produce una rápida urbanización, aumenta la demanda de agua (para usos agrícolas, domésticos, recreativos e industriales). Algunas regiones reciben precipitaciones limitadas y poseen menos recursos hídricos subterráneos con los que satisfacer esta creciente demanda, lo que da lugar a planes de derivación de aguas. Estos se adoptan en todo el mundo y han contribuido al establecimiento y crecimiento de ciudades como Los Ángeles, en California. El desarrollo de esta ciudad a finales del siglo XIX condujo a la construcción de acueductos, los cuales suscitaron conflictos en torno a los derechos del agua entre la ciudad y los agricultores de las regiones de origen del líquido elemento (fue la llamada «guerra del agua de California»). Aunque proporcionaron un agua esencial para el crecimiento de Los Ángeles, estas derivaciones provocaron enormes cambios en la ecología de las zonas de origen y provocaron litigios y planes de restauración. Así, las derivaciones de aguas no están exentas de costes ecológicos y financieros.

## Los mayores trasvases de agua del mundo

En la actualidad están en marcha dos ambiciosos planes de derivaciones de aguas. El Proyecto de Transferencia de Agua del Sur al Norte de China, con una fecha de finalización prevista en torno a 2050, es el mayor trasvase jamás emprendido. Tres rutas, con 2900 km de canales y túneles y un coste estimado de 62 000 millones de dólares, moverán agua de las regiones más húmedas del río Yangtsé a la región septentrional, más seca, y al valle del río Amarillo, hogar de la creciente región de Beijing, con graves problemas de agotamiento de las fuentes subterráneas.

El National River Linking Project de India pretende trasvasar agua de las regiones excedentarias a las deficitarias mediante la construcción, con un coste de 120 000 millones de dólares, de treinta enlaces de canales de una longitud de más de 12 500 km y trescientos depósitos que irrigarán 350 000 km² de tierra y generarán 34 GW de electricidad.

▼ **Aguas desviadas**
*Canal de desvío de agua que forma parte del Proyecto de Transferencia de Agua del Sur al Norte de China.*

Los trasvases a gran escala plantean problemas por la propagación de la contaminación en la red de canales, la alteración de los regímenes, la introducción y el desarrollo de especies alóctonas, la pérdida de biodiversidad piscícola, la menor migración de los peces por las presas y la salinización, el desplazamiento de poblaciones humanas y la falta de suministro sedimentario a los deltas aguas abajo.

## Diques y terraplenes

Los planes de ingeniería fluvial han incluido la construcción de diques y otras estructuras dentro de los cauces para evitar la inundación de los terrenos, controlar el movimiento del agua y los sedimentos y mantener una profundidad adecuada del cauce para su navegación. Desde que, hace más de 3000 años, se construyera un sistema de diques de 965 km a lo largo de la orilla occidental del río Nilo, estos sistemas se han convertido en elementos habituales de muchos ríos de todo el mundo. En regiones donde el cambio climático está generando un aumento de las tormentas y las precipitaciones, la cuestión de la magnitud y la frecuencia de las inundaciones lleva a reconsiderar el tamaño que deben tener estas estructuras para alcanzar sus objetivos originales. Sin embargo, estos pueden desconectar los terrenos de inundación de sus ríos, poniendo en peligro los servicios ecosistémicos que estos brindan. En algunos lugares incluso se están eliminando a fin de restaurar la función natural de los terrenos inundables y aumentar la resiliencia al cambio climático.

### RECONEXIÓN DE LOS RÍOS

La retirada de diques que se lleva a cabo en muchas zonas del mundo está restaurando las funciones de los terrenos inundables, incluido el almacenamiento de agua, para ayudar a proteger las zonas situadas aguas abajo.

Tiempo transcurrido en años desde la retirada del dique

1                                                100

0      500 km

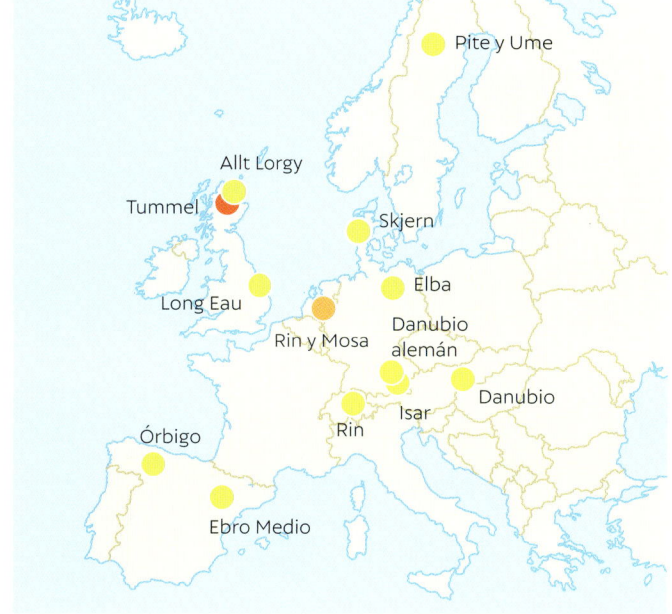

# Contaminación

Los ríos se han usado durante mucho tiempo como forma para deshacerse de los desechos de los asentamientos humanos. Con el aumento de la población, la urbanización y la extensión de la agricultura, la contaminación fluvial se ha convertido en un problema de primer orden. En algunos ríos, los esfuerzos de rehabilitación han tenido un éxito espectacular y demuestran que la limpieza fluvial puede rejuvenecer la ecología acuática.

▼ **Plegarias contra la contaminación**
*En oración, rodeados de la espuma tóxica de la superficie del río Yamuna en Nueva Delhi, India.*

Los contaminantes que se vierten en los ríos son muchos y muy diversos: residuos humanos y animales, subproductos industriales, fosfatos y nitratos de los campos de cultivo (que provocan zonas dañinas con bajo nivel de oxígeno en lugares como el golfo de México), y metales pesados y residuos de procesamiento procedentes de la minería. Investigaciones recientes han demostrado además que los ríos vierten enormes cantidades de plásticos en el mar y que los productos farmacéuticos derivados del consumo humano y animal entran en los ríos a través de las aguas residuales, lo que da lugar a una creciente resistencia bacteriana a los antibióticos. La «contaminación heredada» (derivada de las actividades humanas y almacenada en los sedimentos fluviales) supondrá un gran riesgo medioambiental y económico en el futuro.

## El río que ardió

El río Cuyahoga, en Cleveland, Ohio, se hizo célebre cuando su superficie se incendió el 22 de junio de 1969, a pesar de que llevaba décadas contaminado y de que había ardido trece veces desde 1868. A causa de su intenso uso industrial y del vertido no regulado de aceites, toxinas y residuos, se consideraba el más contaminado de Estados Unidos. En 1970, en la revista *Time* se dijo lo siguiente sobre él: «[Es] marrón chocolate, aceitoso; bajo su superficie burbujean gases; más que fluir, rezuma», y de su curso bajo se señaló que carecía de «cualquier atisbo de vida, ni siquiera formas bajas, como sanguijuelas y tubifícidos, que suelen prosperar entre los desechos».

A finales de la década de 1960, este río, junto con otras vías fluviales muy afectadas por la contaminación, se convirtieron en señales de alarma para galvanizar el pujante movimiento ecologista. Tras la enorme participación pública que tuvo el primer Día de la Tierra, el 22 de abril de 1970, contaminaciones como la del Cuyahoga influyeron en la creación de la Agencia de Protección del Medio Ambiente de Estados Unidos aquel año y la promulgación, en 1972, de la Ley de Agua Limpia. Ambos factores han tenido un enorme impacto en la calidad de las vías fluviales estadounidenses. De hecho, el Cuyahoga volvió a tener en 2019 peces seguros para el consumo, un ejemplo de lo que pueden lograr una gestión y una legislación acertadas.

Los incendios de este río han llegado también a la cultura popular estadounidense a través de obras de arte plástico y música. El grupo de *rock* R.E.M. compuso la canción «Cuyahoga» en 1986 para poner de relieve la degradación medioambiental y el trato que reciben los indígenas estadounidenses:

*Aunemos esfuerzos y pongamos en marcha un nuevo país, bajo el lecho del río haremos que este arda.*

*Aquí es donde anduvieron, nadaron, cazaron, danzaron y cantaron. Toma aquí una foto. Llévate un recuerdo.*

*Cuyahoga, Cuyahoga, nada queda.*

**El río en llamas**
El río Cuyahoga ardió el 1 de noviembre de 1952 (*superior*). Morgan Adler dio su interpretación del incendio en su pintura de 2020 titulada *El río Cuyahoga está en llamas* (*inferior*).

# Extracción de sedimentos

Los ríos pueden ser fuente de importantes minerales y metales, de ahí que el ser humano los haya explotado durante milenios en busca de oro, diamantes, grava, arena y otros materiales. De la arena se obtiene sílice, que se usa para edificios, carreteras, vidrio y electrónica, y constituye la base de la sociedad moderna. A medida que aumenta la demanda de estos recursos, se incrementan las presiones sobre nuestros valles fluviales.

### Minerales valiosos

Los minerales procedentes de la erosión pueden concentrarse en los depósitos fluviales, en especial los granos más duros y resistentes a la erosión, como los diamantes. Así, los ríos pueden ser valiosas fuentes (denominadas «placeres aluviales») de importantes minerales, como oro, diamantes, zafiros, uranio y minerales de tierras raras. Estos pueden extraerse tanto de los cauces fluviales modernos como de antiguos depósitos, y constituyen recursos de suma importancia económica. Además, generan importantes tipos de empleo, desde los relacionados con la minería artesanal a pequeña escala hasta los que lo están con la extracción industrial. Sin embargo, también genera importantes problemas medioambientales cuando los efectos de la extracción son perjudiciales o insostenibles para la ecología fluvial. Esto puede deberse a la minería no regulada, a la falta de remediación y a la contaminación provocada por el procesamiento de los minerales (la mayor causa de contaminación por mercurio se debe al procesamiento del oro).

### Arena de río

La arena y la grava son recursos de los que depende la economía de todos los países, y los ríos suelen ser una fuente de excelente arena para la construcción. La de río tiene granos angulosos, lo que hace que el hormigón sea fuerte, y, a diferencia de la del mar, rara vez contiene sal, que es perjudicial para la resistencia del hormigón. De los ríos también se extraen áridos que suelen estar cerca del lugar de uso, como ocurre cuando se rellenan humedales para crear nuevos terrenos edificables. Si bien la arena y la grava de río se han convertido así en un recurso de importancia mundial en los últimos veinte años, en muchos ríos se extraen en la actualidad a un ritmo insostenible. Por ejemplo, las estimaciones del curso inferior del Mekong revelan que la extracción anual elimina nueve veces la cantidad de arena que el río transporta de forma natural. La extracción de la de este río y de los de muchos otros países (entre ellos India, China, Camboya, Estados Unidos y Birmania) se ha asociado a la degradación ecológica, el descenso de los cauces, la erosión de las riberas y la contaminación del agua. Además, este hecho tiene consecuencias para los habitantes de estas regiones, como el desplazamiento y la migración de la población o la delincuencia asociada a la minería furtiva.

▼ **Arrasado por la minería**
*Deforestación, extracción de oro y degradación medioambiental a lo largo del río Madre de Dios, Perú.*

## MINERÍA Y TENSIONES MEDIOAMBIENTALES

Las actividades mineras generan tensiones que afectan a los hábitats del salmón en la región noroeste del Pacífico norteamericano. Entre los estresores figuran los cambios en la hidrología, la temperatura y los hábitats de los ríos, así como los contaminantes vertidos al medio ambiente. Estos influyen en los procesos de las divisorias de aguas, los hábitats y la salud de los peces.

### ACTIVIDADES

**Minería**
• Prospección
• Construcción
• Extracción
• Procesamiento
• Transporte
• Fundición y refinado
• Cierre

**Infraestructura asociada**
• Central eléctrica
• Alojamientos
• Corredor de transporte
• Estructuras para el control del agua

### ESTRESORES

**Alteración hidrológica y térmica**
• Desvío y descarga de agua
• Interceptación y bombeo de aguas subterráneas
• Alteración de la temperatura del agua
• Cambio de los regímenes naturales
• Desconexión entre agua superficial y agua subterránea

**Modificación y pérdida de hábitat**
• Montones de roca estéril
• Instalaciones de almacenamiento de residuos
• Pozos abiertos y túneles subterráneos
• Rellenado de valles
• Obstrucción por sedimentos finos
• Carreteras y cruces de ríos
• Eliminación de suelos y hábitats naturales
• Lixiviación en pilas

**Contaminantes**
• Metales pesados
• Rocas y residuos generadores de ácidos
• Nutrientes químicos
• Vertidos de combustibles y químicos
• Polvo
• Aguas residuales del campamento minero
• Turbidez
• Ruido

### RESPUESTAS

Procesos de las divisorias de aguas

Calidad y cantidad de los hábitats

Salud y supervivencia ícticas

# Fragmentación

Las presas, los embalses y los diques, junto con los cambios en la temperatura, la química y la calidad del agua provocados por la contaminación, pueden crear barreras que impidan el flujo de agua y sedimentos y el movimiento de las especies. De este modo, el perfil longitudinal de los ríos puede fragmentarse y, como consecuencia, que cambie el funcionamiento de su ecosistema natural. En concreto, las especies que dependen de largos recorridos a través de los ríos pueden verse muy restringidas. Del mismo modo, aquellas con elementos de fragmentación naturales, como los saltos de agua, pueden sufrir cambios en el ecosistema cuando se eliminan estas barreras, como sucede con la creación de grandes embalses.

La fragmentación fluvial puede influir en el paso de las especies migratorias y restringir su área y su abundancia; además, puede alterar la distribución de los hábitats naturales dentro de la cuenca fluvial y, así, modificar el funcionamiento ecológico de dichas especies. Estos cambios pueden afectar a los peces migratorios anádromos (adultos que viven en el mar y migran río arriba para desovar en agua dulce), como la trucha y el salmón, y a las especies catádromas (que migran al mar para desovar pero crecen en ríos), como ciertas anguilas. La fragmentación puede implicar tanto la creación de barreras a la migración de especies río arriba y río abajo como la separación del cauce de sus terrenos inundables, y provocar grandes cambios en el comportamiento del ecosistema. Por ejemplo, muchas especies de peces dependen de la migración a los estanques de dichos terrenos, que actúan como zonas de desove y lugares para que crezcan los peces jóvenes. Por lo que limitar este movimiento mediante diques puede impedir esta parte crucial de su ciclo vital.

## ¿Cuántos ríos fragmentados hay?

Según un estudio de 2019, solo el 37 por ciento de los ríos de más de 1000 km son de curso libre en toda su longitud, y los muy largos se limitan al Ártico y a las cuencas de los ríos Congo y Amazonas. Quedan muy pocos de curso libre en zonas con gran densidad de población, y las presas y sus embalses son la principal causa de pérdida de conectividad entre los distintos tramos del perfil longitudinal de los ríos.

Según un estudio de 2020, existen 1,2 millones de barreras en los ríos de 36 países europeos (presas, rampas, azudes, esclusas, alcantarillas y vados), con una densidad media de una barrera cada 1,35 km. La actual Estrategia de la UE sobre Biodiversidad pretende reconectar 25 000 km de ríos europeos para 2030 y exigir que se comprenda en su totalidad el papel de estas barreras. El desmantelamiento de presas, que ya ha comenzado en algunos países, busca reconectar el perfil longitudinal con sus terrenos inundables. El programa Room for the River de Países Bajos (*véase* página 381), iniciado en 2007, ha rebajado el nivel de los terrenos inundables con amortiguadores de agua para los caudales altos, ha reubicado diques, aumentado la profundidad de los cauces laterales y construido desvíos para las inundaciones. Con esto no solo se facilitará una mayor resiliencia a las inundaciones, sino que también se reducirá la fragmentación.

## RÍOS DE CURSO LIBRE Y FRAGMENTADOS

Mapa de los ríos de curso libre y de los ríos fragmentados
afectados por una conectividad reducida. El índice del estado
de la conectividad (CSI, por sus siglas en inglés) cuantifica
la conectividad fluvial en un rango del 0 al 100 por ciento.

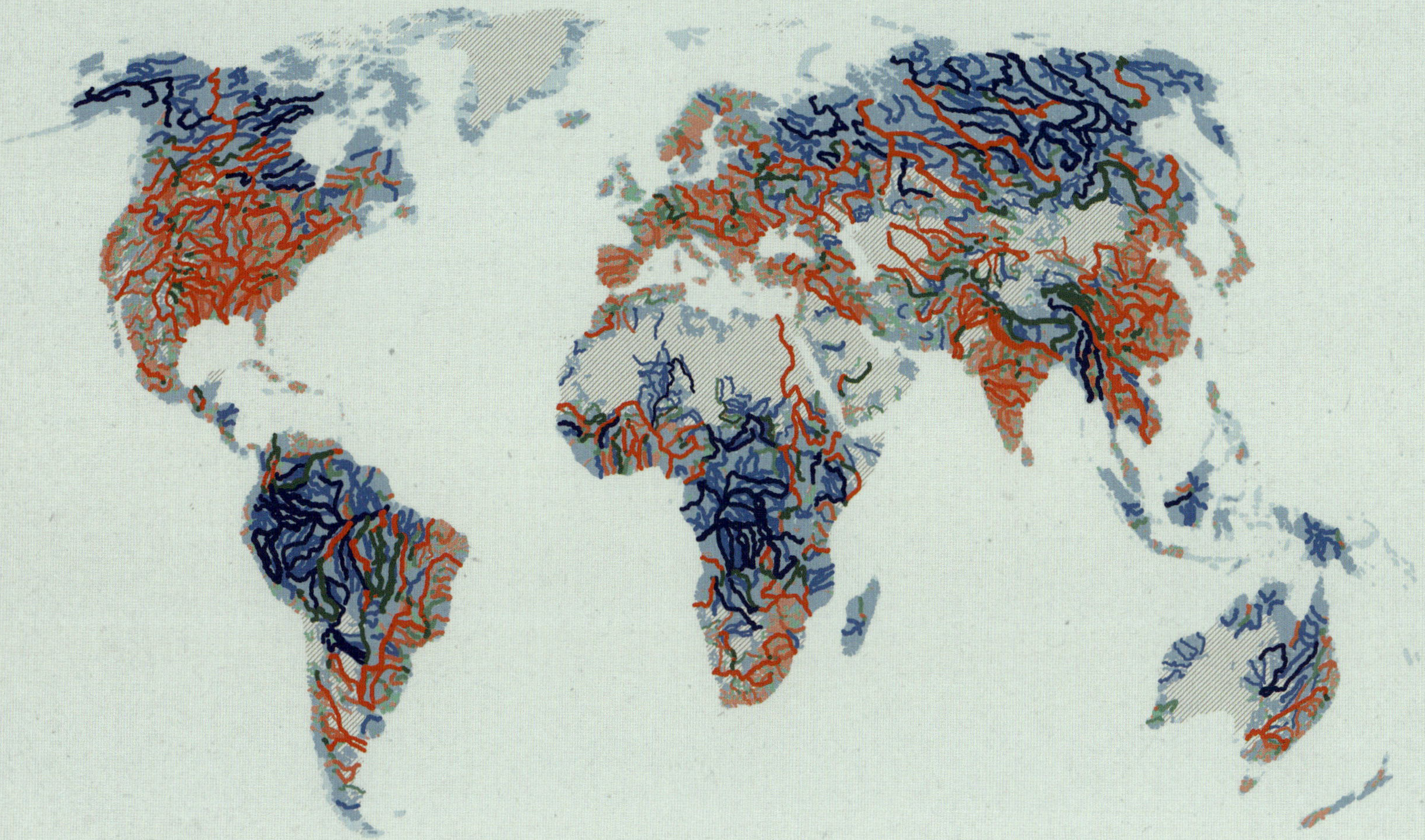

**Estado del río**

Ríos de curso libre (CSI ≥ 95 %
en toda la longitud del río)

ML  L  M  C

Buen estado de la conectividad
(CSI ≥ 95 % en partes del río)

ML  L  M  C

Impactado
(CSI < 95 %)

ML  L  M  C

Sin cauce

**ML** Río muy largo (> 1000 km)
**L** Río largo (500-1000 km)
**M** Río mediano (100-500 km)
**C** Río corto (10-100 km)

**Delfines bloqueados**
La fragmentación de los ríos
puede impedir la migración de
especies como el delfín rosado
(*Inia geoffrensis*).

# Especies alóctonas e invasoras

A medida que los seres humanos nos hemos extendido por el planeta, hemos llevado con nosotros flora y fauna que pueden establecerse en nuevas zonas desplazando a los habitantes autóctonos. Estas especies alóctonas (denominadas «invasoras» si causan daños ecológicos) pueden propagarse con especial rapidez por los valles fluviales y generar rápidos y pronunciados cambios ecosistémicos. Estas alteraciones pueden verse amplificadas por el cambio climático, que influye en la temperatura de las aguas fluviales y en las áreas geográficas donde viven y se adaptan las especies.

Además de haber sido unos de los corredores más útiles para el acceso del ser humano al interior de los continentes, los ríos han sido durante milenios rutas vitales para la exploración, el transporte y el comercio. Las cuencas fluviales también han ofrecido vías por las que pueden propagarse especies que no son autóctonas de una región concreta. Estas especies pueden verse introducidas por el ser humano a propósito o de forma accidental. Este fenómeno, llamado «contaminación biológica», se ha producido a través de la exploración, el expansionismo colonial y el comercio mundial (del que forman parte la acuicultura y la repoblación de peces).

## PASOS DE CEBRA

La rápida propagación del mejillón cebra (*Dreissena polymorpha*) en Estados Unidos entre 1989 y 1994.

Distribución del mejillón cebra

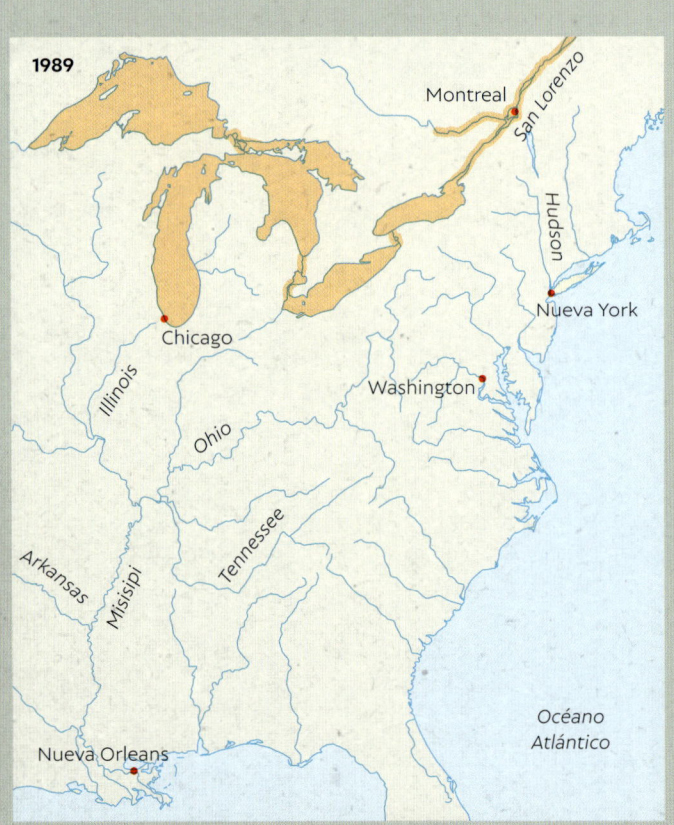

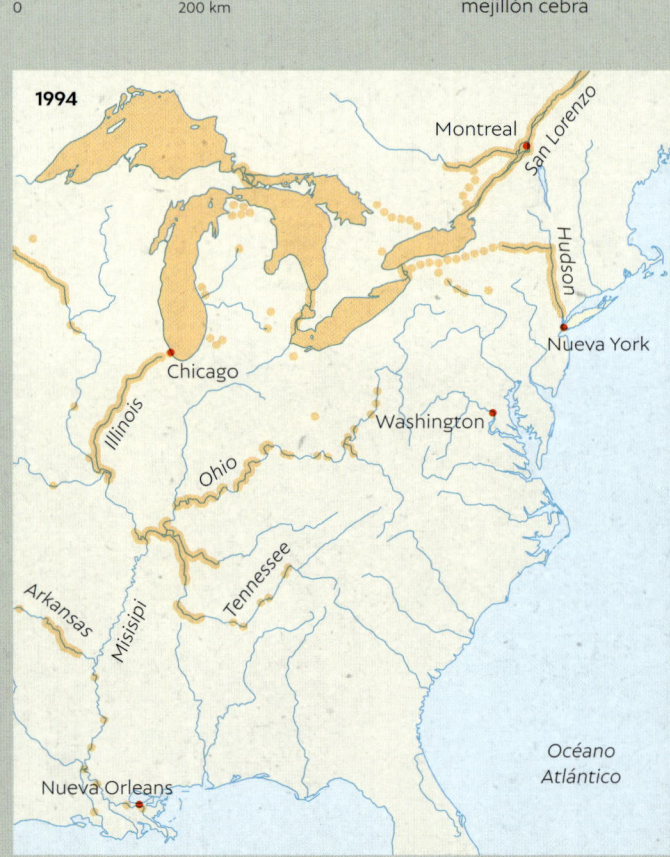

## Invasores perjudiciales

La propagación de especies alóctonas e invasoras puede agravarse si entran en puertos marítimos y se transportan a lo largo de cauces fluviales en embarcaciones. Por ejemplo, es probable que el mejillón cebra (*Dreissena polymorpha*), de agua dulce y originario del sur de Rusia y Ucrania, llegase a los Grandes Lagos norteamericanos en la década de 1980 como polizón en las aguas de lastre vertidas por los barcos. Se extendió con rapidez por los grandes ríos de la cuenca oriental del Misisipi y ha sido responsable de la superación de las especies autóctonas al filtrar las algas que estos moluscos autóctonos necesitan para crecer. Tras su llegada, el primer paso más allá de los Grandes Lagos sucedió en 1991, cuando cruzó el estado de Nueva York por el canal de Erie y el río Mohawk hasta llegar al río Hudson. Aunque puede migrar de forma natural nadando y transportándose en corrientes de agua, su rapidísima propagación se debió al tránsito en aguas de lastre y a que los mejillones adultos se adhirieron a los cascos de barcos comerciales, barcazas y embarcaciones de recreo.

Otros ejemplos de especies invasoras que se han propagado por cursos de agua fuera de su área de distribución nativa son la planta acuática *Hydrilla verticillata* en Estados Unidos, el cangrejo señal (*Pacifastacus leniusculus*) en Europa, Japón y California, los eucaliptos y los árboles del género *Tamarix* en Norteamérica, el alga moco de roca (*Didymosphenia geminata*) en ríos de la Patagonia y en Australia y Nueva Zelanda, el jacinto de agua (*Eichhornia crassipes*) en amplias zonas de Norteamérica, Europa, Asia, Australia y África, el visón americano (*Neogale vison*) en Argentina, Chile y el noroeste de Europa, y la almeja asiática (*Corbicula fluminea*) en ríos del noroeste de Europa, Sudamérica, el noroeste de Estados Unidos y Canadá.

Las especies invasoras pueden provocar grandes cambios medioambientales, y las medidas para eliminarlas o evitar su propagación son costosas. Según un estudio de 2022, para hacer frente a todas ellas (no solo las que afectan a las cuencas fluviales) desde 1960 se han invertido 95 000 millones de dólares en gastos de gestión y la friolera de 1 131 000 millones en mitigar los daños que causan. En Estados Unidos, alrededor del 70 por ciento de las extinciones de especies autóctonas en el último siglo guardan relación con el impacto de organismos alóctonos. La gestión de su entrada y propagación en los ríos es, por lo tanto, una cuestión de importancia ecológica y económica de primer orden.

▲ **Invasores saltarines**
*Carpas cabezonas (Hypophthalmichthys nobilis) y carpas plateadas (H. molitrix), ambas originarias de Asia, en el río Illinois, Estados Unidos, donde son alóctonas.*

# La política fluvial

Los ríos implican tanto beneficios como peligros, y desde hace mucho tiempo se gestionan con el objetivo de maximizar los primeros y minimizar los segundos. Sin embargo, la naturaleza conectada de las redes fluviales, unida al inexorable flujo aguas abajo de agua, sedimentos y nutrientes, hace que las ganancias y las pérdidas entre diferentes comunidades y países sean desiguales.

## Los ríos como fronteras

Hace mucho tiempo que los ríos se utilizan como prácticos delimitadores territoriales naturales: al menos el 23 por ciento de las fronteras nacionales interiores (no costeras) del mundo están delimitadas por ríos. Estas pueden ser fuente de disputas. Aquellos que conforman fronteras entre naciones pueden convertirse en peligrosos puntos de paso para los migrantes, mientras que el hecho de que los ríos cambien de forma natural su curso ha sido durante mucho tiempo un tema espinoso. En la primera escena del tercer acto de *Enrique IV, primera parte*, de William Shakespeare, Edmund Mortimer, Harry Percy (Hotspur) y Owen Glendower conspiran contra el rey. Al discutir cómo dividir Inglaterra tras su planeada victoria, Mortimer sugiere que se usen los cursos de los ríos Trent y Severn para definir los territorios. Hotspur observa que un meandro del río Trent se adentra en su propio territorio y sugiere que se enderece para, así, obtener más tierras. Glendower está dispuesto a beligerar, y su respuesta sugiere que, ya en 1597, Shakespeare entendía la naturaleza serpenteante y migratoria de los ríos: «¿No se torcerá [el río]? Lo hará; ha de hacerlo. Ya veréis que sí».

## Conflicto en torno a las presas

Cientos de millones de personas de once países dependen del Nilo. La Nile Basin Initiative rige desde 1999 el uso compartido de las aguas del río, pero las tensiones aumentaron en 2011 cuando Etiopía anunció la construcción de una presa hidroeléctrica de 6000 MW en el Nilo Azul. Esta tendrá un considerable efecto en el flujo y dificultará que Egipto pueda satisfacer sus necesidades hídricas.

▲ **Línea fronteriza**
*El río Bravo desemboca en el golfo de México y separa el extremo sur de Texas, en Estados Unidos (norte), del estado de Tamaulipas, en México (sur). En 2022, más de 150 migrantes fallecieron al intentar cruzarlo, en su camino de México a Estados Unidos.*

# Desigualdades sociales de las inundaciones

¿Quiénes sufren las riadas? Responder a esta pregunta es vital para coordinar la ayuda necesaria a las comunidades para que se recuperen tras las inundaciones. La carga es mayor allí donde hay doble factor de riesgo: el crecimiento de la población en las zonas inundadas (aumentando la exposición a las inundaciones) y el cambio climático (generando peligrosidad). En Estados Unidos, las pérdidas económicas medias anuales debidas a las inundaciones (32 100 millones de dólares con las actuales condiciones climáticas) recaen sobre todo en los grupos blancos más pobres. Sin embargo, los cambios demográficos y el cambio climático indican que el riesgo futuro afectará de una forma desproporcionada a las comunidades negras. Estas desigualdades están bien representadas en la ciudad de Los Ángeles. En ella, los modelos de inundación de ultra alta resolución revelan que los residentes negros no hispanos y los hispanos tienen, respectivamente, un 79 y un 17 por ciento más de probabilidades que los residentes blancos no hispanos de verse expuestos a grandes inundaciones (>1 m).

## RIESGOS DE INUNDACIÓN NO EQUITATIVOS

En Los Ángeles, California, la zona de riesgo con un período de retorno de 100 años (1 por ciento de probabilidad anual) se cruza con diversas comunidades. Esto hace que la representatividad de la exposición a las inundaciones (FER, por sus siglas en inglés), que es la fracción de una población por raza o etnia que vive en una zona inundable dividida por la fracción del mismo grupo dentro de una región, ponga de manifiesto grandes desigualdades en la exposición a las inundaciones. Por ejemplo, la FER de las comunidades negras no hispanas (*izquierda*) es mucho mayor que la de las comunidades blancas no hispanas (*derecha*).

FER
- <0,25
- 0,25-0,5
- 0,5-0,8
- 0,8-1,2
- 1,2-2,0
- 2,0-4,0
- >4,0

0       10 km

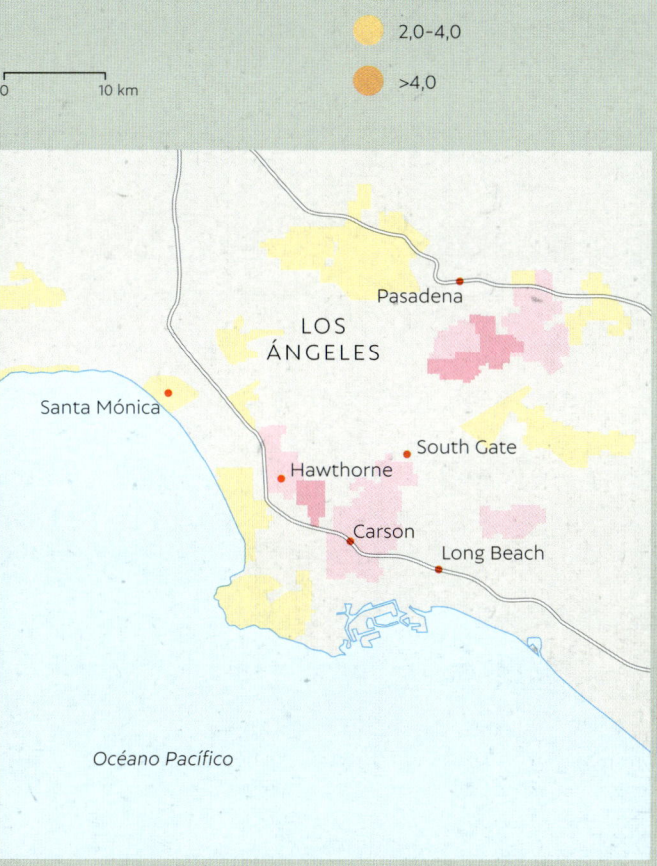

# Cambio antropogénico en los ríos del mundo

¿Cómo se van a gestionar los ríos del mundo para garantizar su sostenibilidad? Además de identificar los tipos de tensiones antropogénicas que pueden sufrir, también debemos evaluar la magnitud de los efectos, si pueden interactuar las diferentes tensiones y el ritmo del probable cambio resultante. Al igual que los primeros intervinientes en el lugar de un accidente, ha de hacerse un triaje fluvial para asegurar que se tratan primero los síntomas que necesitan una atención y una actuación más urgentes y, así, priorizar el plan de acción.

## Escalas temporales de los cambios

Como hemos visto, los ríos se ven influidos por una amplia gama de tensiones de origen humano que pueden cambiar su geomorfología y ecología y llevar al colapso de ecosistemas. Algunas de estas actúan en cuestión de horas o días, como los vertidos contaminantes de los complejos industriales; otras, a lo largo de años o decenios, como la propagación de especies alóctonas; y otras, duran decenios o siglos, como la magnitud cambiante de las inundaciones y sequías a causa del calentamiento del clima y la subida del nivel del mar en los cursos inferiores de los ríos.

## Umbrales de resiliencia

Podemos ver la acción de un determinado estresor antropogénico con relación a una condición umbral de resiliencia, más allá de la cual el río cambia. La tensión de fondo puede aumentar debido al calentamiento del clima y que se produzcan cambios en la frecuencia y magnitud del flujo a causa de fenómenos extremos que podrían superar este umbral. Además, la menor resiliencia puede deberse a otros estresores antropogénicos, como la construcción de presas, generando cambios en los ecosistemas en momentos más tempranos. También puede darse que los ríos estén sometidos a varios estresores, en lugar de uno solo. Tenemos que evaluar si estos son aditivos, si se compensan entre sí o incluso si producen reacciones opuestas a las de los estresores individuales. El triaje fluvial debe evaluar de todos estos complejos mecanismos y retroalimentaciones.

▼ **Muerte por intoxicación**
*Peces muertos por contaminación tóxica en el río Óder, Alemania, 2022.*

## El contexto de los estresores antropogénicos

La forma en la que respondemos a los cambios en los hábitats fluviales y en su funcionamiento también viene determinada por los antecedentes generales que condicionan el contexto social, económico y político de cada río. Por ejemplo, las epidemias globales, los conflictos y las guerras, así como las ideologías políticas, han provocado perturbaciones y limitaciones en la forma de ver, usar y gestionarlos, ejerciendo una gran influencia en muchas cuencas fluviales. La forma de dirigir y gobernar ríos que pasan por varios países, atraviesan zonas climáticas y afectan a poblaciones muy diferentes, junto con sus recursos naturales, es una cuestión de suma importancia mundial. Con todo, para mantener la asombrosa biodiversidad de los corredores fluviales es esencial poner en práctica una buena gestión.

# ESTRESORES ANTROPOGÉNICOS EN LOS RÍOS

El contexto social, económico y político general de las presiones
antropogénicas sobre los ríos del mundo, junto con los diferentes
tipos y escalas temporales de sus efectos.

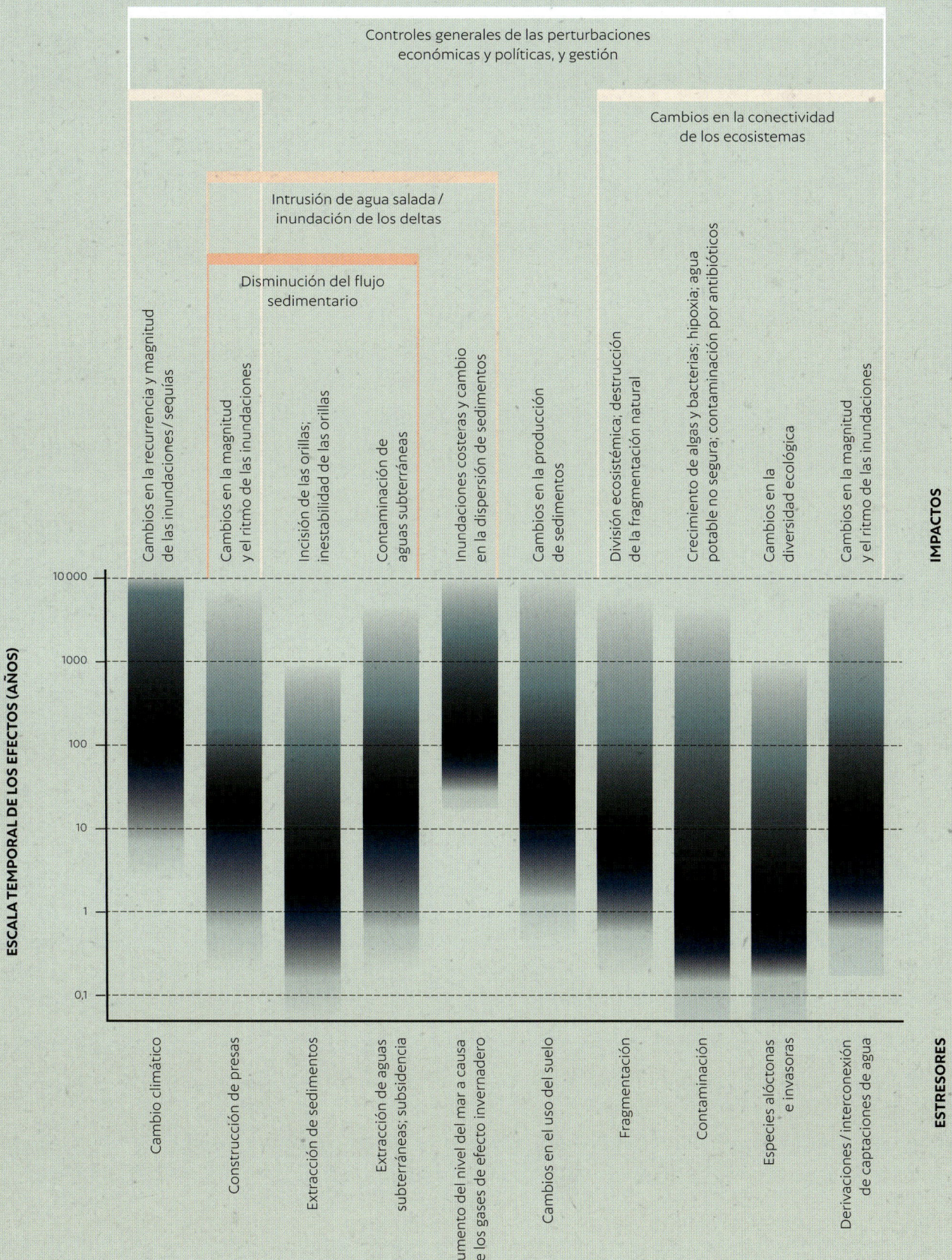

**EFECTOS DE LOS ESTRESORES COMPUESTOS**

Controles generales de las perturbaciones
económicas y políticas, y gestión

Cambios en la conectividad
de los ecosistemas

Intrusión de agua salada /
inundación de los deltas

Disminución del flujo
sedimentario

**ESCALA TEMPORAL DE LOS EFECTOS (AÑOS)**

10 000
1000
100
10
1
0,1

**IMPACTOS**

Cambios en la recurrencia y magnitud
de las inundaciones / sequías

Cambios en la magnitud
y el ritmo de las inundaciones

Incisión de las orillas;
inestabilidad de las orillas

Contaminación de
aguas subterráneas

Inundaciones costeras y cambio
en la dispersión de sedimentos

Cambios en la producción
de sedimentos

División ecosistémica, destrucción
de la fragmentación natural

Crecimiento de algas y bacterias; hipoxia; agua
potable no segura; contaminación por antibióticos

Cambios en la
diversidad ecológica

Cambios en la magnitud
y el ritmo de las inundaciones

**ESTRESORES**

Cambio climático

Construcción de presas

Extracción de sedimentos

Extracción de aguas
subterráneas; subsidencia

Aumento del nivel del mar a causa
de los gases de efecto invernadero

Cambios en el uso del suelo

Fragmentación

Contaminación

Especies alóctonas
e invasoras

Derivaciones / interconexión
de captaciones de agua

# 6

# ¿Cómo funcionan los estuarios?

# La importancia de las mareas

Las mareas hacen que suba y baje el nivel del agua, generando espacio para que se produzca la formación de hábitats intermareales. Las corrientes mareales desempeñan un papel clave en la circulación estuarina, en la colmatación, en el intercambio de nutrientes y en la distribución de la vida marina. Cuanto mayor sea esta, más influencia tendrá en el estuario.

## AMPLITUD DE MAREA

La amplitud de marea varía de un lugar a otro del mundo en función de la distribución de las masas continentales, el volumen de agua de la cuenca oceánica y la forma de la costa. Las más altas se dan en el interior de los estuarios. Se muestra aquí la ubicación de las seis más altas del mundo, junto con la amplitud media de la marea viva y la mayor elevación mareal.

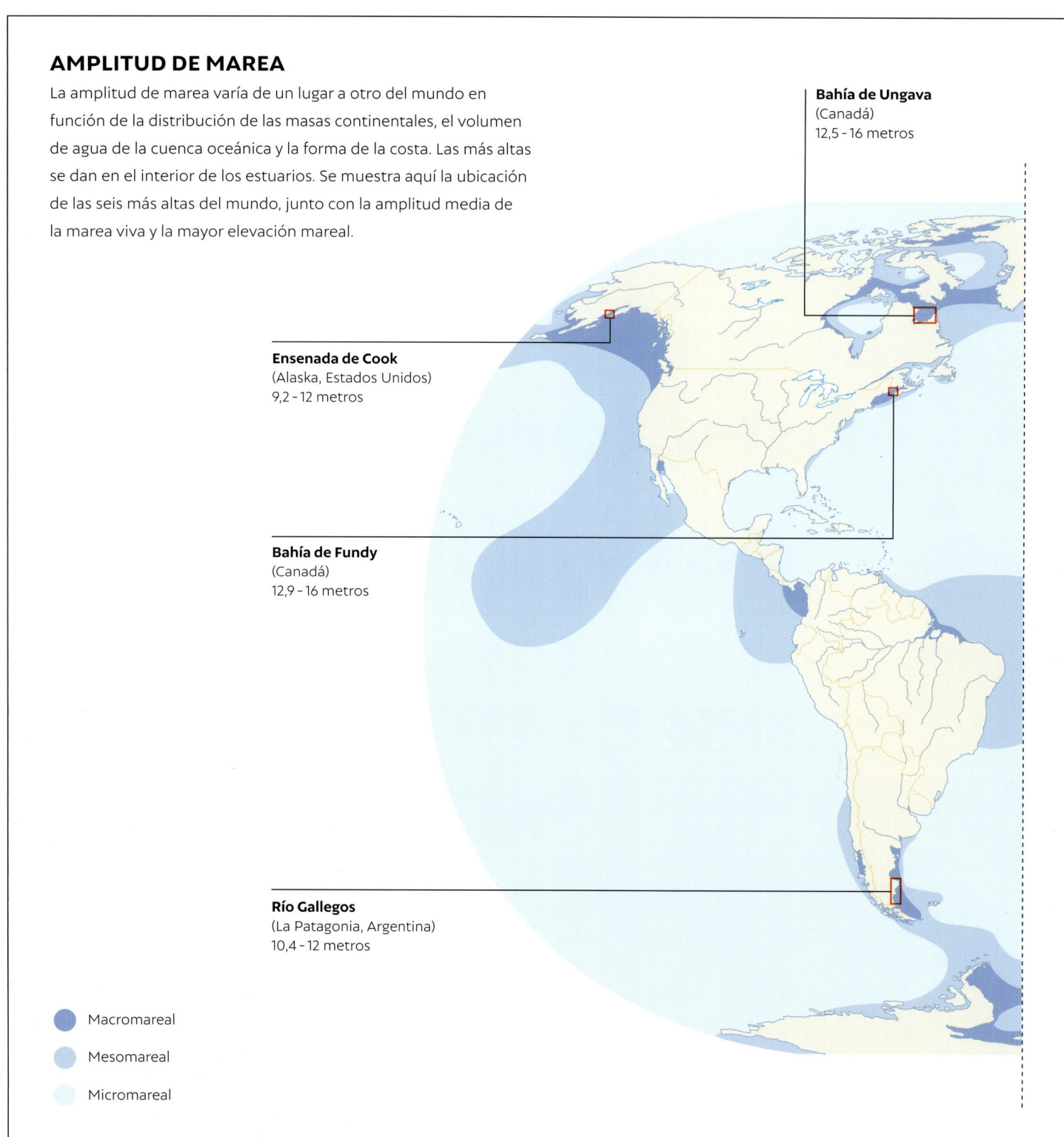

**Bahía de Ungava**
(Canadá)
12,5 - 16 metros

**Ensenada de Cook**
(Alaska, Estados Unidos)
9,2 - 12 metros

**Bahía de Fundy**
(Canadá)
12,9 - 16 metros

**Río Gallegos**
(La Patagonia, Argentina)
10,4 - 12 metros

Macromareal

Mesomareal

Micromareal

En la mayoría de los lugares, la marea sube y baja dos veces al día. La diferencia vertical del nivel del agua entre la bajamar y la pleamar es a lo que se llama «amplitud de marea», que puede ser micromareal (inferior a 2 metros), mesomareal (2-4 metros) o macromareal (más de 4 metros). El término «hipermareal» se reserva para lugares donde el rango es muy grande (más de 6 metros). En los hábitats intermareales, elemento clave de los estuarios, se dan llanuras mareales que se desarrollan en lugares expuestos durante la bajamar y marismas salinas o manglares, presentes en zonas inundadas durante la pleamar.

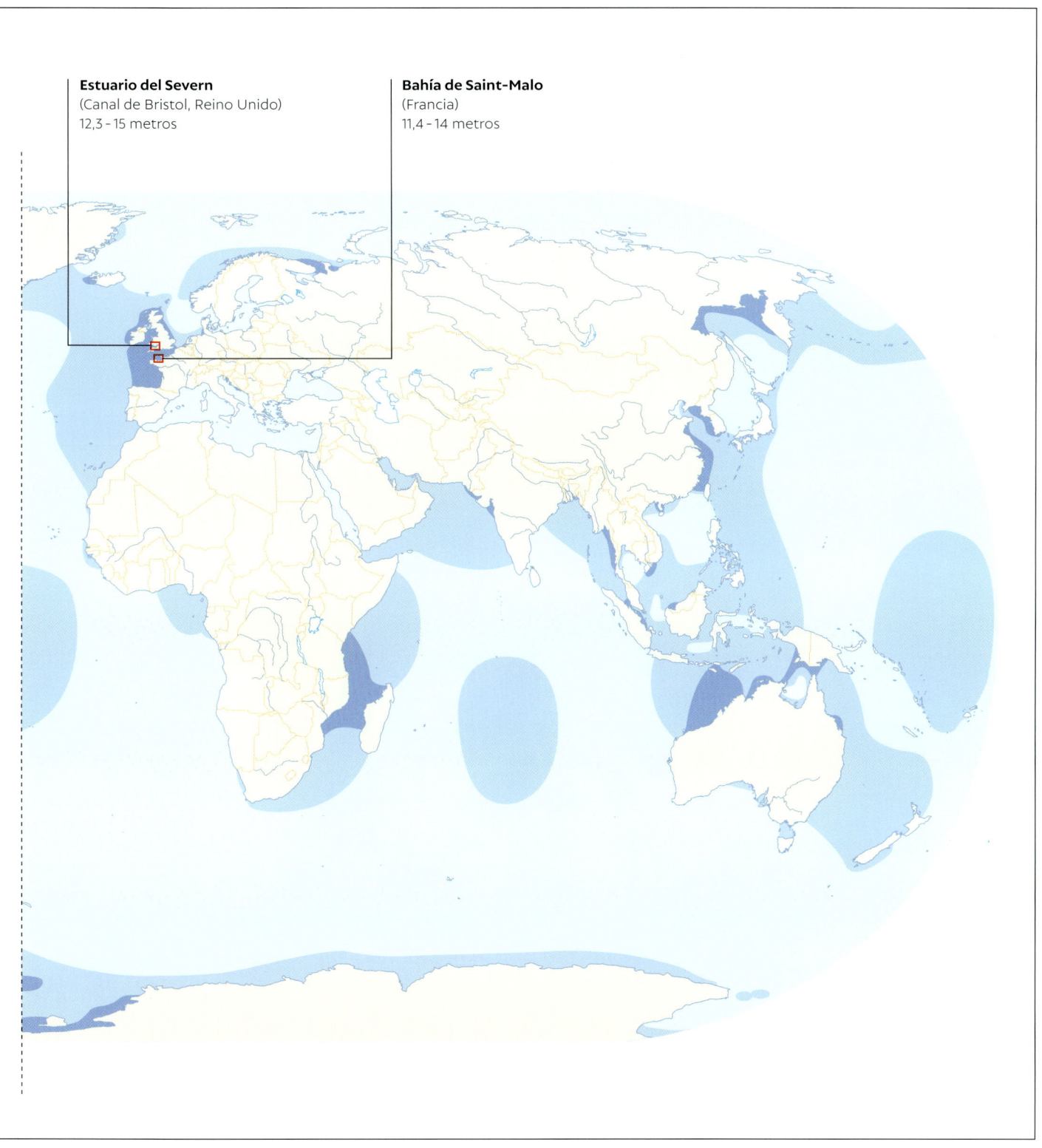

**Estuario del Severn**
(Canal de Bristol, Reino Unido)
12,3 - 15 metros

**Bahía de Saint-Malo**
(Francia)
11,4 - 14 metros

## Influencia extraterrestre

Las mareas astronómicas se deben a la atracción gravitatoria que ejercen la Luna y el Sol sobre la Tierra. Estas aumentan con el incremento de la masa y disminuyen en un factor de tres con la distancia. Aunque la masa de la Luna es muy inferior a la del Sol, está mucho más cerca de la Tierra, por lo que su influencia sobre las mareas es el doble que la de este. La elevación mareal varía con el tiempo a medida que cambian las distancias entre la Luna, el Sol y la Tierra. Si bien las mareas astronómicas pueden predecirse con exactitud, el nivel del agua cambia también por las condiciones meteorológicas, y son más difíciles de predecir.

Las mareas son menores cuando el Sol y la Luna se encuentran a 90° grados con respecto a la Tierra (durante el primer y el último cuarto lunares), ya que las fuerzas gravitatorias de ambos astros se oponen entre sí. Dos veces al mes, cuando están alineados con respecto a la Tierra (durante la luna llena y la nueva), las variaciones de las mareas son mayores y tienen lugar las «mareas vivas» (*véase* página 27). Las más altas se producen dos veces al año, en torno al equinoccio de primavera y el de otoño (marzo y septiembre), cuando el Sol y la Luna se encuentran sobre el ecuador terrestre. Estas mareas son aún más altas en torno a cada cuatro años y medio, cuando la Luna pasa más cerca de la Tierra (las «supermareas»).

▼ **Energía renovable**

*Esta turbina de 16 metros de diámetro se instaló en el lecho marino de la bahía de Fundy, Canadá, en 2016 para aprovechar la energía de las potentes corrientes mareales. El proyecto fracasó en 2018, cuando la turbina dejó de funcionar y el fabricante quebró, claro ejemplo del reto de ingeniería que suponen estos proyectos.*

## La influencia de la ubicación

Las mareas solo son perceptibles en masas de agua muy grandes y tienen poco efecto en las que no están conectadas a grandes cuencas oceánicas. Las del mar Mediterráneo, el Báltico y los Grandes Lagos norteamericanos, por ejemplo, son muy pequeñas. Por otro lado, estas se amplifican en zonas poco profundas y estrechas que estén conectadas con el mar, como los estuarios. Las amplitudes hipermareales suelen darse en sus zonas más estrechas con forma de embudo.

Como los niveles de las mareas varían de un lugar a otro, el agua tiende a fluir de las zonas más elevadas a las más bajas, generando corrientes mareales. Estas son más fuertes durante las mareas vivas, ya que es cuando hay más agua en movimiento entre la bajamar y la pleamar. Las mareas mueven grandes volúmenes de agua marina y generan tanta energía que la fricción con el fondo marino en aguas someras hace que la rotación de la Tierra se ralentice una milésima de segundo cada siglo.

### AMPLITUD HIPERMAREAL

La bahía de Fundy, en Nueva Escocia, Canadá, tiene la mayor amplitud de marea del mundo. Como se ve, resulta muy evidente, ya que va de los 6 metros en la entrada a los 16 metros en la cuenca de Minas. Por contraste, la amplitud es de poco más de 2 metros en la costa abierta de Halifax.

# Macareos

En algunos estuarios hipermareales, la incursión de las mareas más altas provoca fricciones con su lecho y márgenes, lo que propicia el desarrollo de los llamados «macareos». Se conoce su existencia en un centenar de estuarios, que suelen ser largos, con forma de embudo y una profundidad media del cauce similar a la de la marea viva local. Aunque solo las mareas más altas (en torno al equinoccio) dan lugar a macareos, la descarga del río y las condiciones eólicas pueden impedir su formación. Estos se parecen a una ola (o serie de ellas) turbulenta y rápida que hace subir de forma súbita el nivel del agua cuando la marea de crecida sube por el estuario. La fuerza de la corriente remueve los sedimentos del fondo del estuario y puede provocar una rápida erosión de sus márgenes y llevarse árboles, casas y personas por delante. Los macareos pueden transportar grandes cantidades de sedimentos estuarinos río arriba.

Como si se tratase de un advertencia, los macareos producen un sonido atronador que puede oírse durante más de una hora antes de que se vea la ola: los del Amazonas se llaman «pororocas», que significa «sonido rugiente», en tupí. Pese al peligro que entrañan, atraen a los surfistas que buscan paseos muy largos. En 2016, un surfista fue capaz de recorrer 17,2 km en el macareo Bono, en el río Kampar, en Sumatra, Indonesia. Alcanzó más de 2,4 metros de altura en su punto máximo y se desplazó a 20 km/h.

El del río Qiantang, en el este de China, conocido como Dragón de Plata, es el mayor del mundo. Se celebra en un festival que atrae a miles de espectadores cada septiembre. Alcanza hasta 4 metros de altura y 3 km de anchura, y se desplaza a más de 20 km/h.

Los macareos atraen a los surfistas incluso en Alaska, donde la temperatura del agua ronda los 4 °C (*véase* página 167). El del brazo Turnagain de la ensenada de Cook, cerca de Anchorage, puede alcanzar los 3 metros de altura y desplazarse a más de 24 km/h.

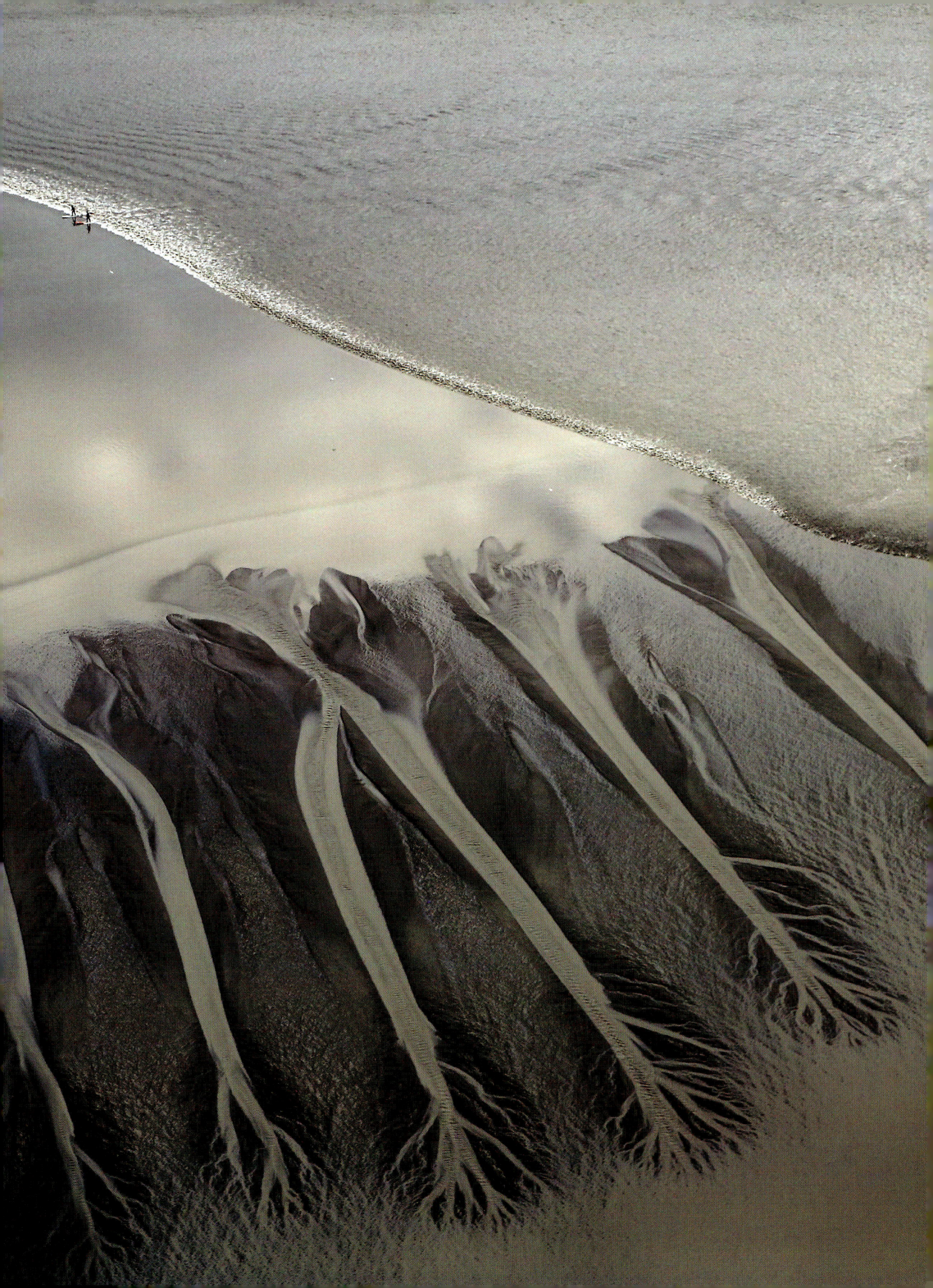

# El equilibrio de poder

Los estuarios pueden describirse como el campo de batalla entre dos poderes opuestos: el río, que lleva el agua dulce hacia el mar; y las mareas, que llevan el agua de mar hacia tierra. Lo que ocurre allí depende, sobre todo, de si gana la batalla la descarga fluvial o las corrientes mareales.

Por lo general, los estuarios pueden dividirse en tres partes en función del predominio relativo de la influencia marina o fluvial. En el estuario bajo (el más cercano al mar) predominan las condiciones marinas, cuya influencia disminuye hacia el interior. En estas zonas, las olas y las corrientes mareales pueden formar depósitos de arena, y, si las condiciones son favorables, se desarrollan praderas marinas. Aunque sigue sometido a las variaciones mareales, en el estuario superior (en el extremo hacia tierra) predominan las condiciones de agua dulce y la influencia del río se reduce según se acerca a la costa. El estuario medio se caracteriza por una combinación de energía fluvial y mareal y por la mezcla de agua dulce y de mar.

Tanto el río como el agua del mar transportan organismos, sedimentos, nutrientes, oxígeno y contaminantes al estuario. Especialmente en el estuario medio, los procesos físicos, químicos y biológicos actúan a modo de filtros y determinan qué permanece (y durante cuánto tiempo) y qué sale de él. Los sedimentos finos, los nutrientes y ciertos contaminantes tienden a depositarse en estas zonas, lo cual se ve favorecido por la presencia de sales. Los límites entre las zonas estuarina superior, media e inferior no son estancos, sino que pueden cambiar cuando las condiciones favorecen la descarga fluvial o la incursión de las mareas.

**Río Támesis, Londres**
En esta imagen satelital en color falso, las zonas urbanas aparecen en rosa, las zonas agrícolas en rojo y el verde indica las zonas de vegetación.

1 Límite mareal
2 Estuario superior
3 Londres
4 Estuario medio
5 Estuario inferior
6 Estuario del Támesis

0      10 km

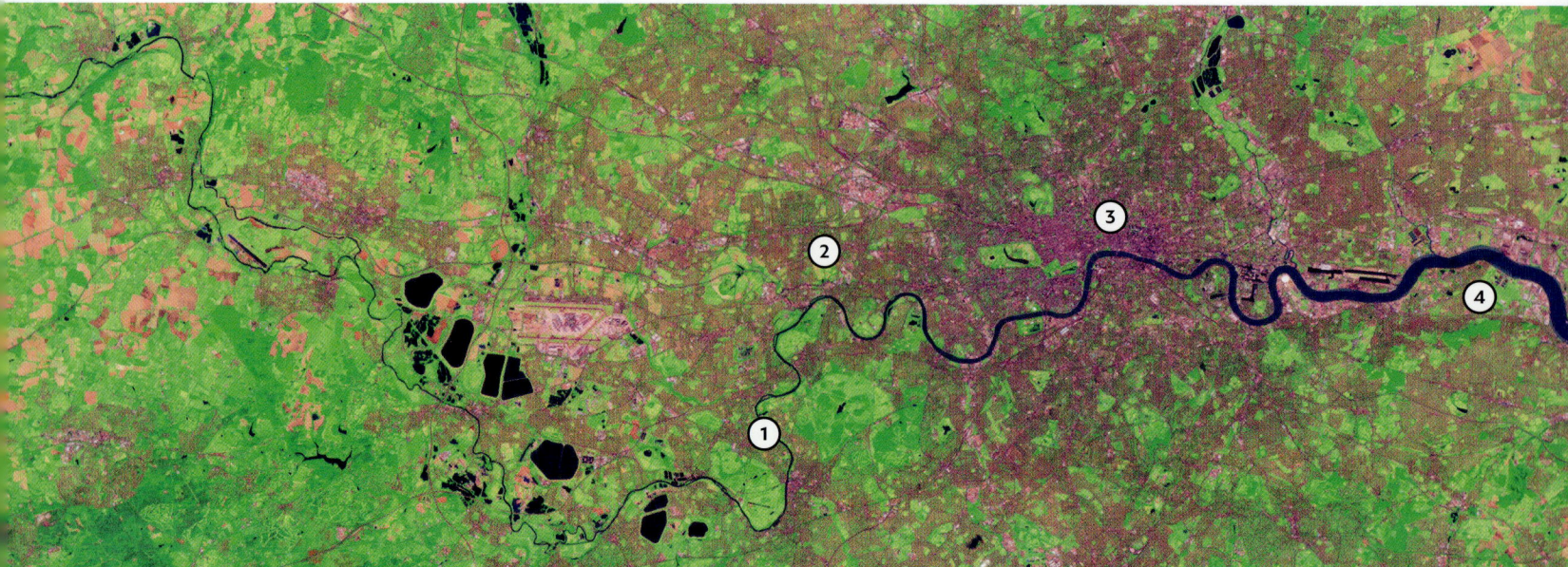

## INFLUENCIA DE LOS FLUIDOS

En los estuarios urbanizados, como el del Támesis, en Reino Unido, el flujo fluvial y el mareal suelen verse alterados por el aterramiento, la canalización y las medidas de control de inundaciones, las cuales limitan los tipos de hábitats que se desarrollan en el estuario y sus alrededores. Mientras que las corrientes mareales y el flujo fluvial son importantes a lo largo de los estuarios y su influencia se equilibra en el estuario medio, los procesos fluviales dominan en el superior y los marinos prevalecen en el inferior, tal y como se ve en el siguiente gráfico.

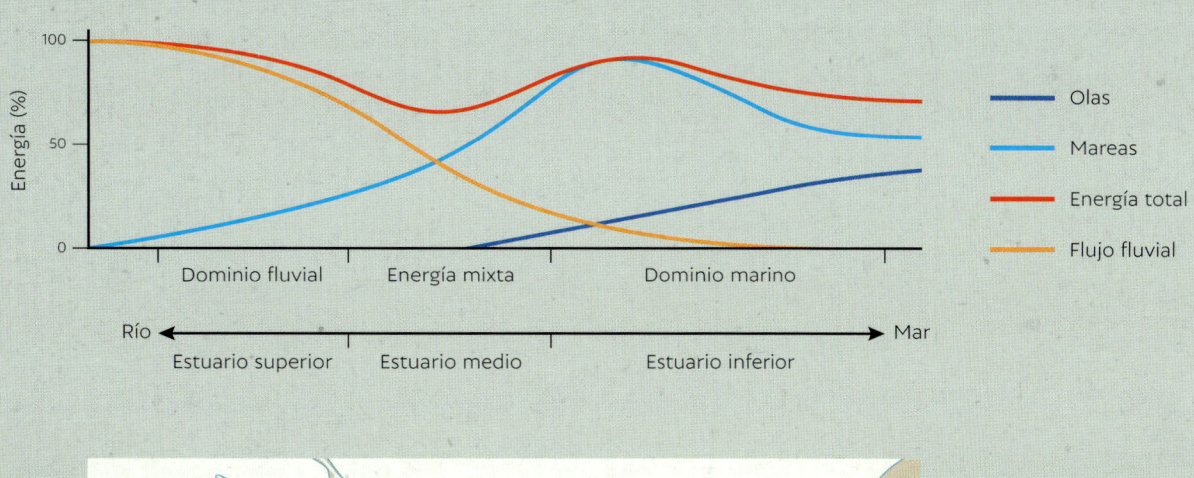

- Olas
- Mareas
- Energía total
- Flujo fluvial

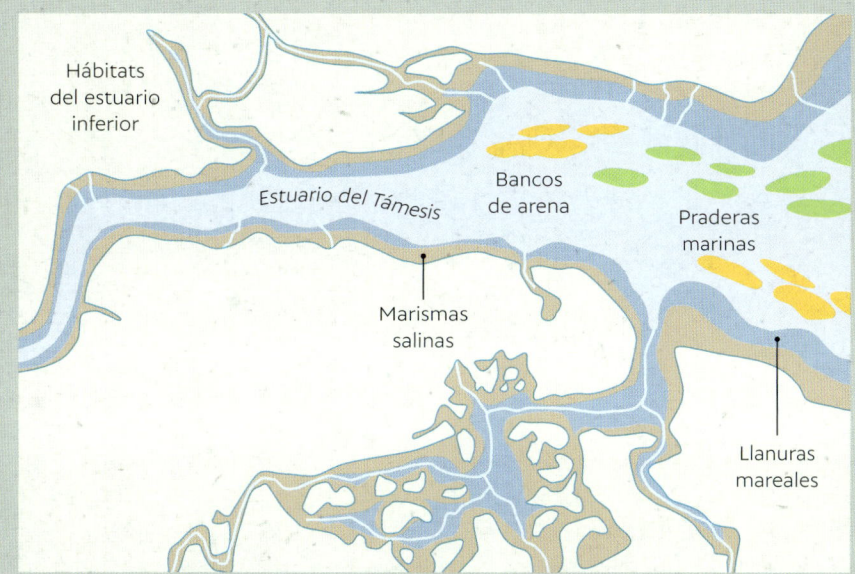

**Por debajo** *Las descargas fluviales elevadas pueden extender la influencia del agua dulce más allá en el estuario. Aunque el agua menos densa puede fluir hacia el mar en la superficie (como ocurre en el estuario del río Baluarte, México, pocos días después del paso del huracán Jimena, el 9 de septiembre de 2009), las mareas pueden seguir empujando el agua de mar hacia el estuario por debajo de este flujo superficial.*

## Densidad del agua

La diferencia de densidad entre el agua dulce y salada es de solo un 2,5 por ciento, pero es un factor clave que influye en el flujo de los estuarios. Esta aumenta con el incremento de la concentración de sales y sedimentos en suspensión y con la disminución de la temperatura del agua. El agua dulce, menos salada y densa, fluye sobre el agua de mar, más salada y densa, y la fricción entre ambas da lugar a una cantidad limitada de mezcla. Por lo tanto, la columna de agua de la mayoría de los estuarios tiene la más salada en el fondo y la más dulce en la parte superior.

Que la salada o la dulce domine la columna de agua (o a lo largo del estuario) depende de la velocidad de la corriente mareal, de la descarga de la segunda y de cuánto se mezclen. Para que estas lo hagan, se necesitan turbulencias que rompan la frontera entre el agua dulce y el agua de mar. Si bien esta mezcla se debe sobre todo a las fuertes corrientes mareales, los efectos causados por la forma del estuario y los vientos persistentes también pueden ser importantes. En un mismo estuario, las condiciones pueden variar con el tiempo y que cambie qué partes del estuario estén dominadas por agua dulce, salobre o marina.

## SAL

Los cambios de salinidad en cuatro momentos ilustran cómo varía la presencia de agua dulce, salobre y de mar en la columna de agua a lo largo de los 10 km inferiores de un estrecho estuario. Cuando el cauce fluvial es bajo, hay una mayor presencia de agua de mar y más mezcla de agua (agua salobre), incluso a mitad de la bajamar. Si es elevado, se reduce la cantidad de agua salobre (menos mezcla) y se expulsa el agua de mar más deprisa durante el reflujo.

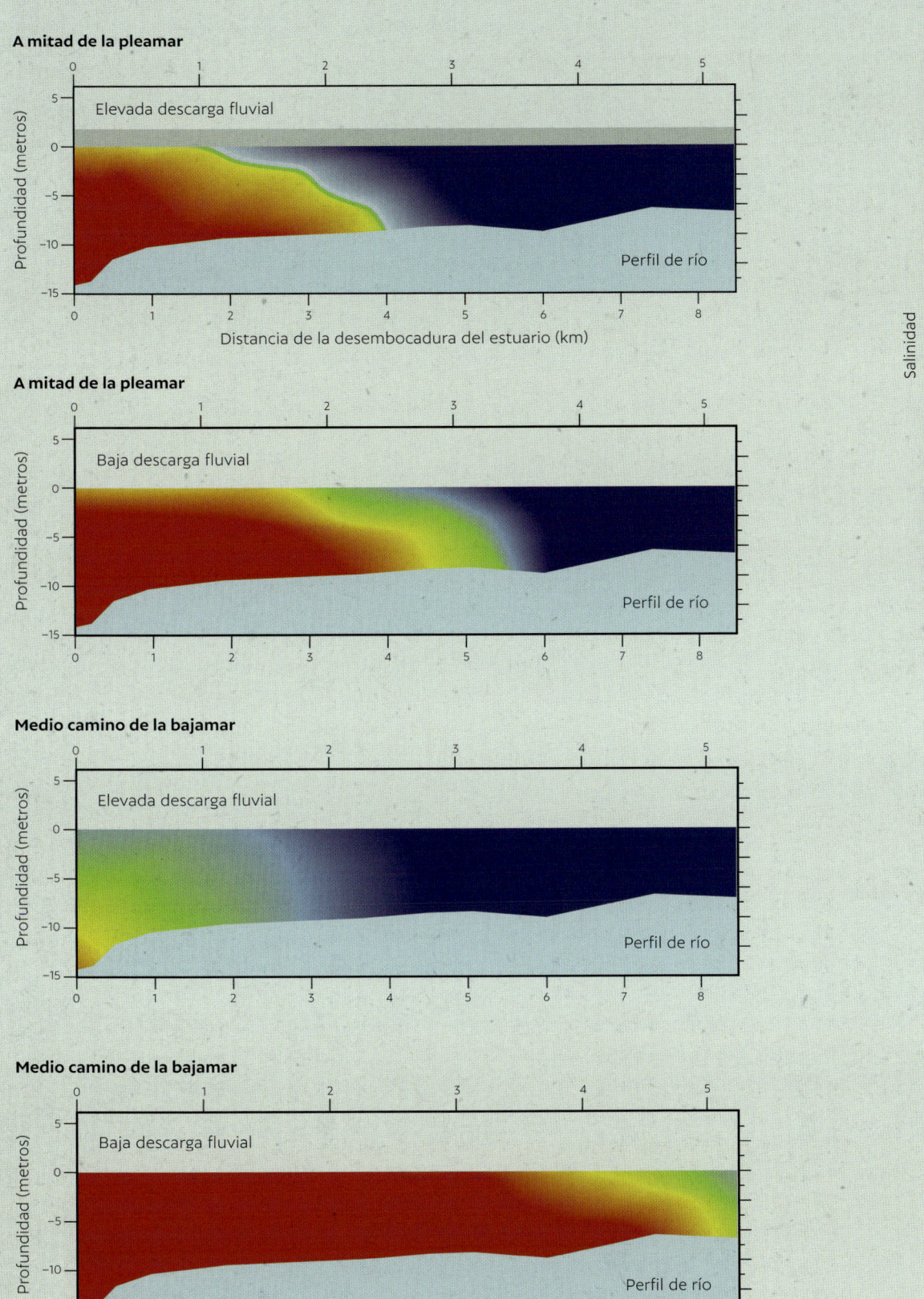

**A mitad de la pleamar**

Elevada descarga fluvial

Perfil de río

Profundidad (metros)

Distancia de la desembocadura del estuario (km)

**A mitad de la pleamar**

Baja descarga fluvial

Perfil de río

Profundidad (metros)

**Medio camino de la bajamar**

Elevada descarga fluvial

Perfil de río

Profundidad (metros)

**Medio camino de la bajamar**

Baja descarga fluvial

Perfil de río

Profundidad (metros)

Salinidad

35
30
25
20
15
10
5
0

▲ **Arena** *Las olas y las mareas llevan arena al estuario inferior, lo que pone de manifiesto la influencia marina. Este fenómeno es común en los estuarios formados por barras, como el de Noosa, en la Costa Dorada de Australia.*

## Corrientes mareales

Las mareas ascendentes que entran en los estuarios se denominan «mareas de crecida», mientras que las descendentes que salen son «reflujos» o «mareas descendentes». Durante un breve período a cada lado de la pleamar y la bajamar, la corriente mareal casi se detiene antes de cambiar de dirección, lo que se denomina «estoa de marea». Las velocidades de flujo, al ser en extremo bajas, permiten que los sedimentos en suspensión muy finos se depositen en la columna de agua, dando lugar a la formación de depósitos de lodo. En función de la profundidad y la forma del estuario, las corrientes mareales son más rápidas cuando están a medio camino entre la pleamar y la bajamar, o justo antes de estas. Su velocidad suele ser inferior a 4 km/h o alrededor de 1 m/s, pero es mayor cuando el estuario es más estrecho, al entrar el mismo volumen de agua por un área más pequeña. Las corrientes mareales pueden ser muy fuertes al pasar por conductos de entrada muy estrechos. La corriente se ralentiza al extenderse por una zona más amplia, haciendo que los sedimentos mayores (generalmente arena) se sedimenten. Así se forman barras arenosas o un delta de flujo en la parte de la entrada que va hacia tierra, o uno de reflujo en la que va hacia el mar. Los sedimentos más finos pueden ascender por el estuario o ir hacia el mar.

## Extremos

El aspecto de los estuarios tropicales varía en función de si la estación es seca o húmeda. Al reducir el agua dulce durante la estación seca, en el estuario dominan las condiciones marinas. Si el flujo es muy débil y las mareas no son fuertes, la conexión con el mar puede interrumpirse. Así, pueden entrar pequeñas cantidades de agua de mar de forma intermitente a través de infiltraciones subterráneas o por desbordamiento de la barrera de arena durante la pleamar. Se dan problemas en la calidad del agua, ya que la salinidad aumenta debido a la evaporación y el oxígeno acaba consumido por los organismos y la descomposición de la materia orgánica. Esto persiste hasta que se restablece la conexión con el mar, ya sea de forma artificial o natural por la erosión de las olas, el aumento del flujo fluvial, una marea muy alta o una marejada ciclónica.

Por el contrario, los períodos de precipitaciones extremas o de deshielo rápido en la zona de captación de los estuarios pueden aumentar mucho el caudal fluvial, limitando la influencia marina en su parte baja. Durante estas épocas, la capacidad de los estuarios para retener sedimentos y nutrientes se ve reducida debido a la menor salinidad (menos floculación) y a una mayor velocidad en el flujo de salida, que traslada el material al mar antes de que pueda sedimentarse.

El paso de ciclones tropicales (conocidos como «huracanes» en el Atlántico y «tifones» en el Pacífico) puede tener un doble efecto en los estuarios. Los vientos fuertes y la baja presión atmosférica pueden provocar marejadas ciclónicas, aumentando el nivel del agua en la costa (y aún más en los confines de los estuarios). Dichas marejadas pueden provocar una grave erosión e inundaciones costeras, sobre todo cuando coinciden con la pleamar. Durante estos fenómenos, las corrientes se intensifican y el mar puede penetrar más tierra adentro, donde se depositarán los sedimentos erosionados del lecho y los márgenes del estuario. Además, los ciclones tropicales provocan en grandes zonas del interior intensas lluvias que a menudo causan inundaciones. Al cabo de unos días, estos grandes volúmenes de agua fluyen hacia el estuario, arrastrando escombros, sedimentos y nutrientes, materiales de los que buena parte va a parar al mar. Aunque los ciclones pueden causar víctimas humanas y cuantiosos daños económicos, también contribuyen a enriquecer las aguas costeras y marinas con nutrientes necesarios para estimular la productividad biológica.

**Inundación**

En esta imagen del satélite Landsat 8 se combinan datos de luz visible e infrarrojos para destacar la cantidad de materia orgánica que arrastran los ríos hasta los estuarios de la costa de Carolina del Norte, Estados Unidos, y hacia el mar, el 19 de septiembre de 2018, cinco días después del paso del huracán Florence, que provocó intensas lluvias.

**1** New River
**2** White Oak River
**3** Adam's Creek
**4** Cape Lookout
**5** Océano Atlántico

Materia orgánica disuelta coloreada

Menos                          Más

0                    10 km

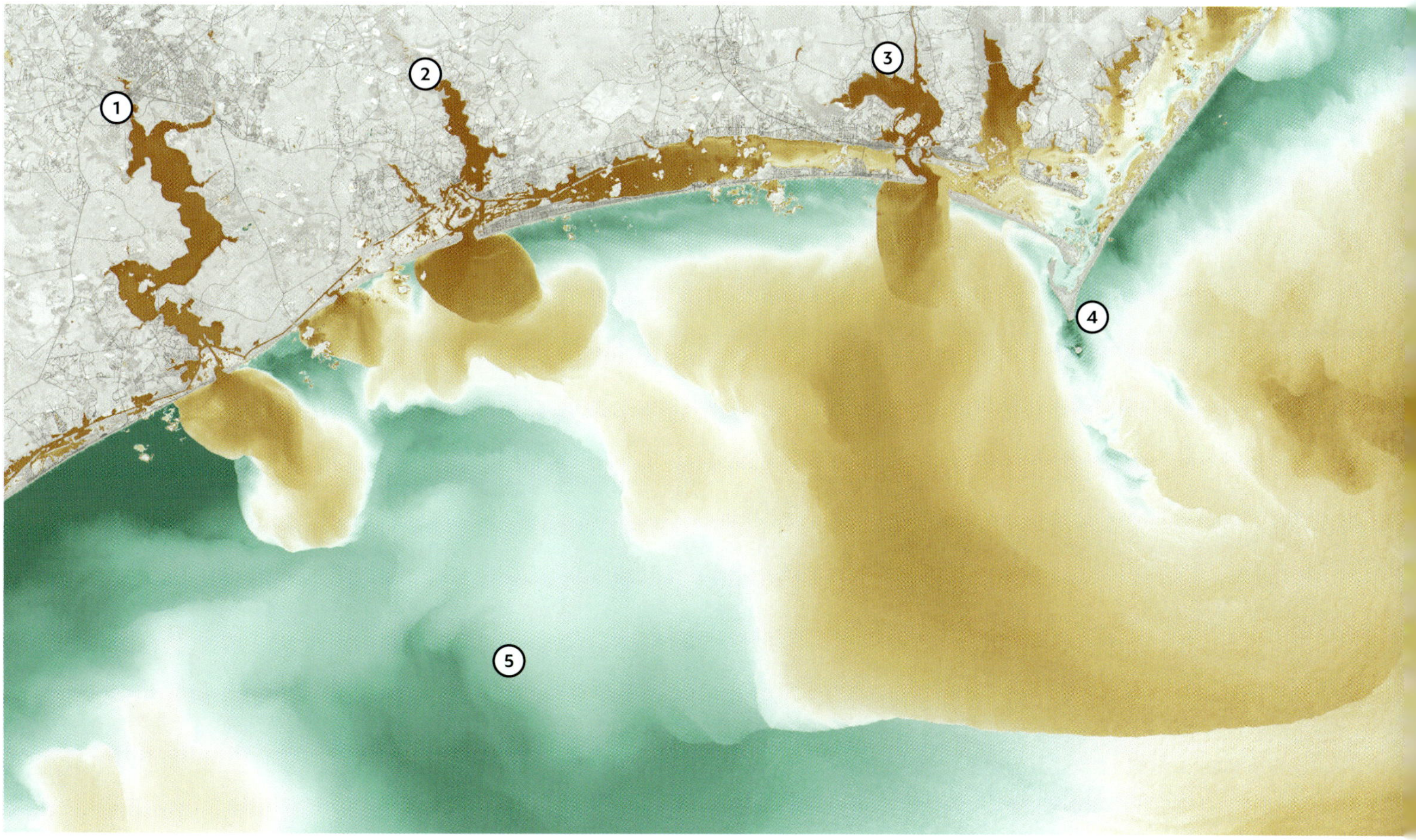

# Aguas estuarinas

Las aguas estuarinas son aquellas de transición entre el agua dulce y de mar. Esto suele describirse en términos de cambios en la salinidad, los cuales desempeñan un papel importante en la circulación estuarina y la concentración de sedimentos y nutrientes.

Que el agua dulce y de mar se mezclen con facilidad, o no lo hagan en absoluto, es un factor clave que influye en lo que sucede en los estuarios. La variación de la salinidad es un indicador sencillo de los distintos tipos de circulación estuarina. La mayoría de los estuarios tienen circulación positiva (en la que el agua más salada entra en el estuario por el fondo y el agua menos salada sale por la superficie). Existen cuatro patrones de circulación positiva en función del nivel de mezcla: estuarios bien mezclados, parcialmente mezclados, estratificados y muy estratificados. Algunos presentan una circulación negativa o inversa (en la que el agua más salada sale del estuario). Dado que el caudal fluvial y la velocidad de las corrientes mareales varían en diferentes escalas temporales, su patrón de circulación puede variar si cambian las condiciones.

## Circulación inversa

En zonas áridas o durante sequías prolongadas en zonas tropicales, la evaporación puede superar el aporte total de agua dulce en el estuario superior. Esta aumenta la concentración de sales en el agua que queda, la cual se vuelve más densa y se precipita. Esta agua fluye hacia el mar por el fondo, mientras que el agua de mar va hacia el estuario por la superficie. A diferencia de lo que sucede en los positivos, la pérdida (y no la ganancia) de agua dulce en los estuarios inversos es una fuerza motriz de la circulación.

## Estuarios bien mezclados

También conocidos como «estuarios dominados por las mareas», tienen corrientes mareales con la fuerza suficiente como para mezclarse con el agua dulce en toda la columna de agua a medida que entran en el estuario, y el resultado es que no hay gradiente vertical en la salinidad. Sin embargo, la salinidad varía a lo largo del estuario, de modo que disminuye río arriba. En los amplios, someros y macromareales suele darse una fuerte mezcla vertical.

◀ **Atrapada**

*Los fuertes vientos del sur, junto con una entrada de agua dulce menor, empujan el agua de mar 120 km hacia la laguna de los Patos, al sur de Brasil, lo que reduce el flujo hacia el mar de agua dulce rica en sedimentos (colores más claros).*

## AGUAS QUE SE MEZCLAN

Son cinco los patrones de circulación estuarina que existen en función de la cantidad de mezcla de agua que tenga lugar, que, a su vez, depende en buena parte de la velocidad de las corrientes mareales. Los nombres de los patrones giran en torno a los cambios de salinidad que se dan a través de la columna de agua. Esta se indica en partes por mil.

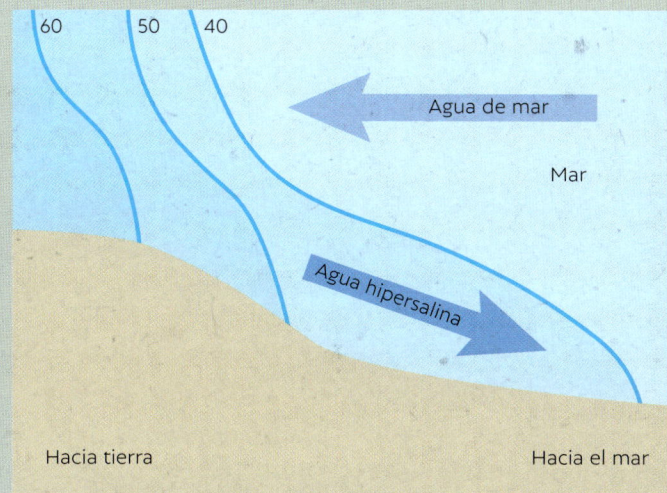

**CIRCULACIÓN INVERSA**

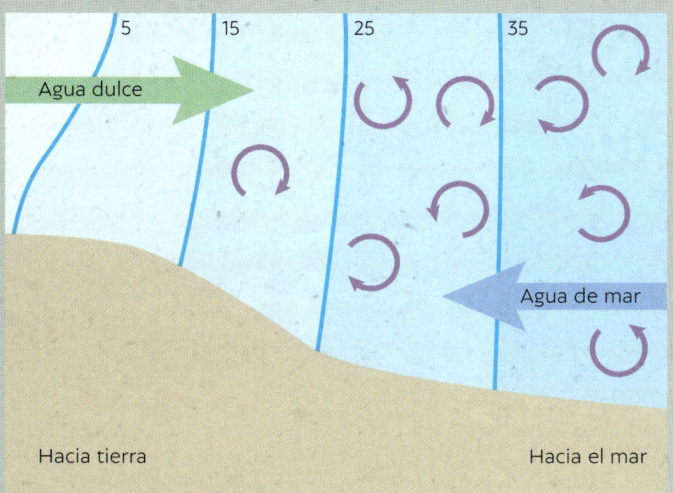

**BIEN MEZCLADO**

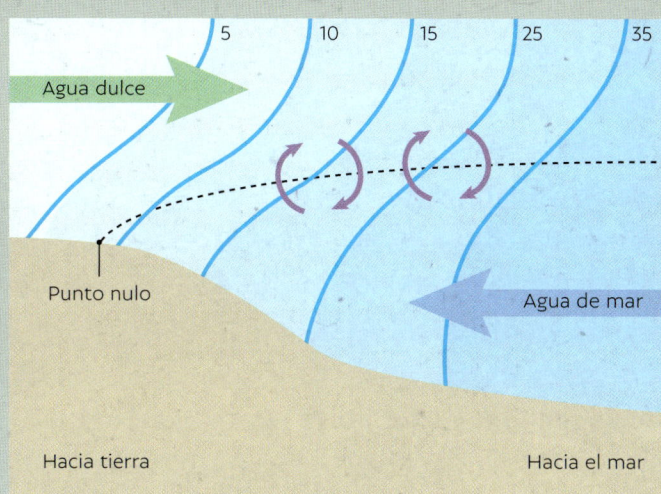

**PARCIALMENTE MEZCLADO**

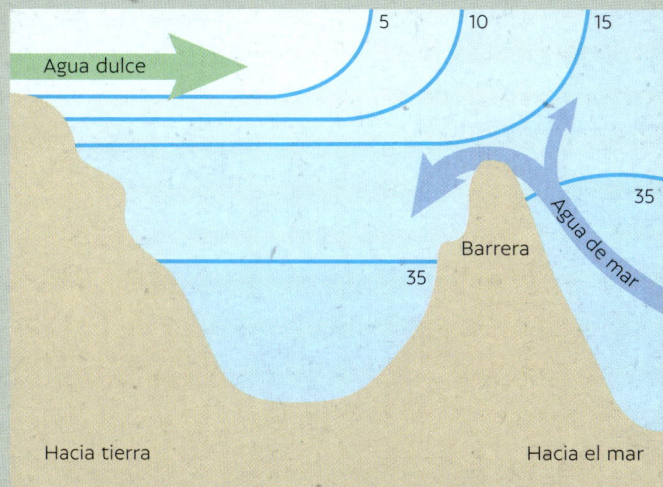

**ESTRATIFICADO**

**MUY ESTRATIFICADO**

## Estuarios parcialmente mezclados

Las mareas más fuertes generan turbulencias debido a la fricción en el lecho estuarino y, también, entre el agua dulce y de mar, provocando mezclas más eficaces del agua de mar hacia arriba y dulce hacia abajo. A medida que la salobre que sale del estuario arrastra una mayor proporción de la de mar, esta pérdida se ve compensada por una mayor entrada de la de mar en el estuario, por el fondo, con lo que se refuerza el flujo hacia tierra. Esto genera un gradiente vertical de salinidad menos pronunciado que en los estuarios estratificados. En un punto de la zona superior, el volumen de agua que se desplaza hacia fuera por la superficie se compensa con la que se desplaza hacia dentro por el fondo, y no hay flujo neto de agua hacia el mar ni hacia tierra. En este momento, se forma un máximo de turbidez donde la concentración de sedimentos es mayor, moviéndose hacia arriba y hacia abajo con las mareas. La profundidad a la que se produce el máximo de turbidez aumenta a medida que se asciende por el estuario hasta llegar a su lecho. A esto se le denomina «punto nulo» y define el límite hacia tierra para la deposición de sedimentos fluviales y marinos arrastrados por el agua estuarina, que es más densa.

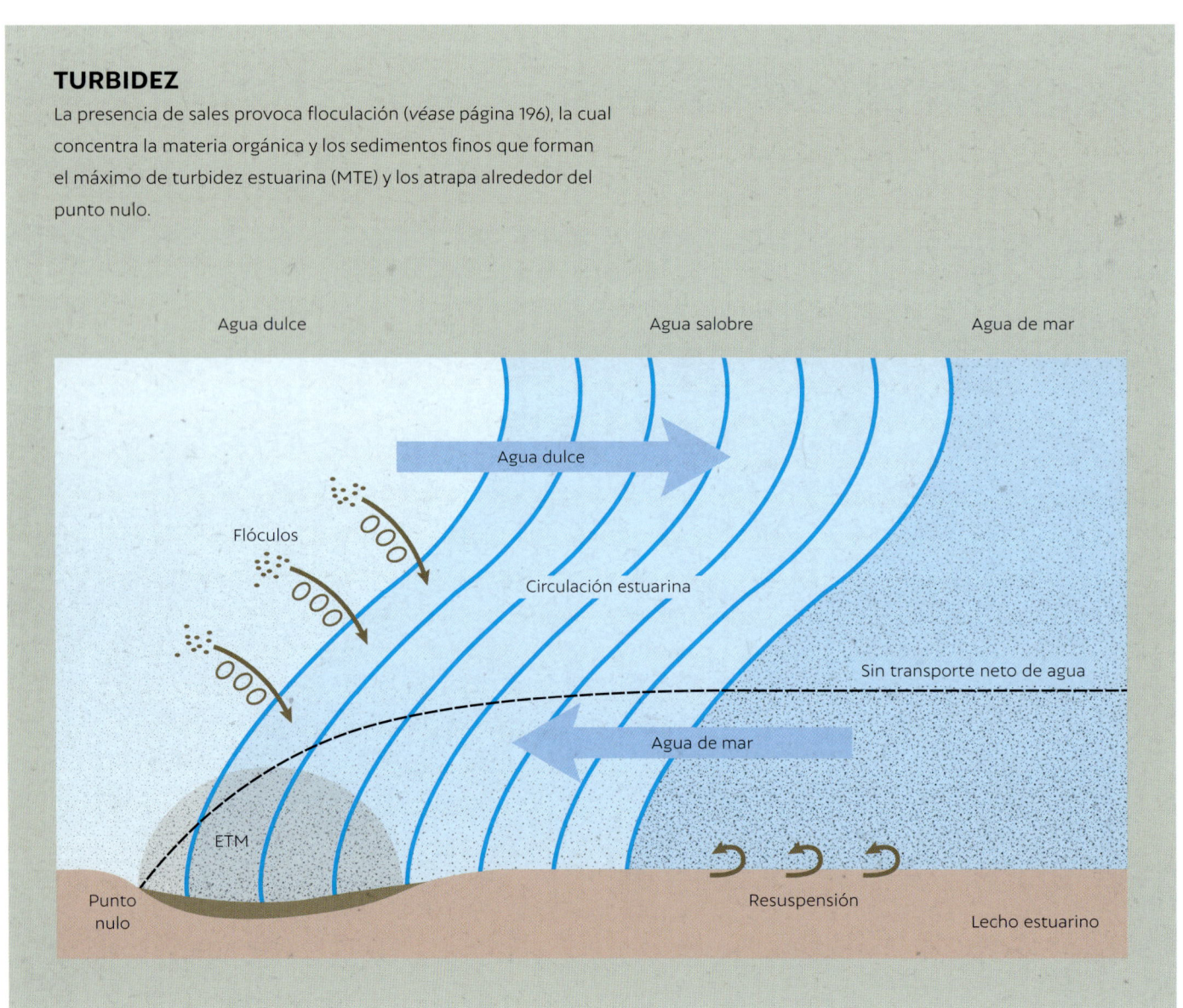

**TURBIDEZ**

La presencia de sales provoca floculación (*véase* página 196), la cual concentra la materia orgánica y los sedimentos finos que forman el máximo de turbidez estuarina (MTE) y los atrapa alrededor del punto nulo.

Agua dulce

Agua salobre

Agua de mar

Agua dulce

Flóculos

Circulación estuarina

Sin transporte neto de agua

Agua de mar

ETM

Resuspensión

Punto nulo

Lecho estuarino

## Estuarios estratificados

Estos estuarios también se conocen como «estuarios de cuña salina» y «estuarios dominados por el río». Frente a la resistencia del caudal fluvial, el agua de mar entra encajonada entre el lecho marino y el agua dulce que se desplaza hacia el mar. El caudal de la primera es considerablemente mayor que la corriente mareal y el flujo conforma capas, entre las cuales hay una mezcla ascendente limitada de agua de mar. Esto genera una haloclina, que es un cambio brusco de salinidad entre la capa superficial (de menor salinidad) y la inferior (de mayor salinidad). Esta puede desplazarse hacia el interior durante las mareas vivas y los períodos de menor caudal del río. Predominarán los sedimentos fluviales, las partículas más grandes se depositarán en la haloclina y los más finos se verán transportados al mar (*véase* página 175).

## Estuarios muy estratificados

También se conocen como «estuarios tipo fiordo» porque muchos de estos presentan esta circulación del agua. Sin embargo, no todos tienen una circulación muy estratificada, y, además, esta puede darse en otros tipos de estuarios. Al igual que los anteriores, estos presentan un pronunciado cambio vertical en la salinidad. Sin embargo, no se forma una cuña salina, ya que la incursión de agua marina en el estuario se ve limitada por la presencia de una barrera física submarina cerca de la desembocadura del mismo. La circulación es de, sobre todo, agua dulce que sale del estuario por encima de esta barrera, que dificulta aún más la entrada de aguas más saladas. Los fiordos son más someros en su desembocadura debido a los depósitos glaciares que estos dejan en su retroceso, restringiendo el flujo de agua de mar por el fondo. Si permanecen estancadas durante demasiado tiempo, las aguas más profundas del interior de los fiordos pueden volverse hipóxicas (con poco oxígeno) o incluso anóxicas (sin oxígeno).

▲ **Variaciones horizontales**

*Los cambios de salinidad pueden producirse a lo ancho del estuario, como se ve en esta imagen estival del río Affall en Landeyjarsandur, Islandia, donde sale y entra agua dulce (color parduzco) y agua de mar, una junto a la otra.*

# Mediciones estuarinas

Muchos estuarios tienen una evaluación periódica de los efectos de las actividades humanas y los fenómenos naturales sobre la calidad del agua y la salud de sus ecosistemas. El instrumental puede instalarse *in situ* o desplegarse desde embarcaciones para realizar mediciones precisas de lugares concretos, mientras que, para zonas más extensas, se pueden usar datos obtenidos por satélite.

## Medición de la calidad del agua

Suele evaluarse mediante mediciones de salinidad, temperatura, oxígeno disuelto, turbidez, pH (grado de acidez o alcalinidad del agua) y nutrientes, como el nitrógeno y el fósforo. Estos factores son buenos indicadores de la calidad medioambiental, ya que influyen en la productividad primaria y en la presencia y el comportamiento de la vida acuática. La salinidad, la temperatura y el pH pueden medirse con instrumentos instalados de forma permanente o desplegados desde una embarcación. En el caso de otros indicadores, hay que tomar muestras de agua y analizarlas en el laboratorio. El control de la calidad es muy importante en los estuarios donde se crían ostras y otros moluscos comerciales, ya que acumulan contaminantes que pueden afectar a la salud humana.

La presencia de un exceso de nutrientes es un problema crucial. Estos entran en los ríos y estuarios de forma natural a través de la meteorización de las rocas y la descomposición de la materia orgánica, y de forma artificial a través de las aguas residuales domésticas e industriales y la escorrentía de las zonas agrícolas y urbanas. Si bien son necesarios para el desarrollo de las plantas, un exceso de nitrógeno y fósforo puede causar eutrofización, que es el aumento del fitoplancton (que da lugar a la proliferación de algas) y del zooplancton que se lo come, reduciendo los niveles de oxígeno. El fitoplancton son las plantas microscópicas que forman la base de la cadena alimentaria acuática. Como la mayoría, contienen clorofila, un pigmento verde esencial para la fotosíntesis. Así, su cantidad en el agua es un indicador de la concentración de fitoplancton y de la cantidad de productividad primaria que tiene lugar en ella.

## Datos satelitales

▶ **Imágenes satelitales**
*Los datos de luz visible del Landsat 8 contrastan el agua de mar (azul) y las concentraciones de sedimentos y nutrientes (de amarillo a rojo) en el estuario del río Ord, en Australia Occidental. Los datos de onda corta e infrarrojo cercano muestran manglares (verde oscuro) y otra vegetación terrestre (verde claro).*

Algunos satélites llevan sensores diseñados ex profeso para captar las condiciones de la atmósfera, la tierra o el mar. Estos registran la radiación en la superficie terrestre y en la atmósfera, incluidas las bandas ultravioleta, de luz visible, infrarroja y de microondas. Los sensores del Landsat 8, por ejemplo, captan la radiación en once bandas de infrarrojos y luz visible, detallan cada 15-100 metros de la superficie terrestre en la órbita del satélite y vuelven al mismo lugar cada 16 días. Los satélites Terra y Aqua pasan sobre el mismo lugar cada uno o dos días y captan 36 bandas de radiación con una resolución espacial de 250 metros.

Estos pueden captar los cambios en la calidad del agua porque el plancton y los sedimentos absorben y reflejan la luz de forma diferente que el agua clara. Los sensores reciben las concentraciones de clorofila, las cuales reflejan la salud de la vegetación en tierra y la cantidad de fitoplancton en el agua. La diferencia entre lo que captan los sensores del satélite y lo que se espera de un agua clara es un indicativo de turbidez.

# 7

# La anatomía de los estuarios

# Estuarios y ciudades estuarinas importantes

La privilegiada situación de los estuarios en la zona de transición entre los ríos y el mar
ha hecho de ellos un lugar habitual para asentamientos humanos desde la Antigüedad.
En el pasado, muchos de ellos acabaron abandonándose debido a los cambios en los
estuarios donde estaban situados. En la actualidad, la presencia humana los reconfigura.

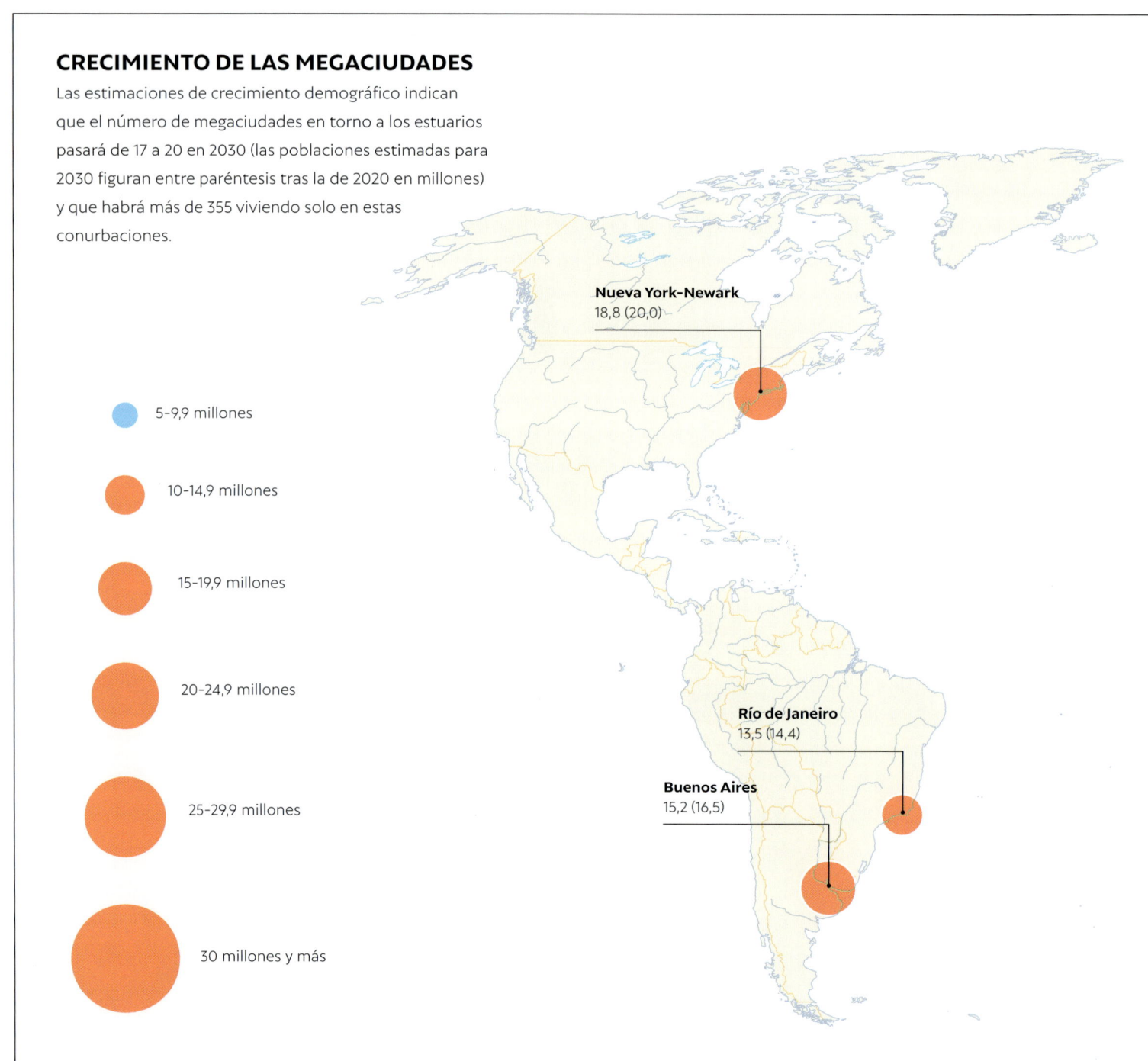

## CRECIMIENTO DE LAS MEGACIUDADES

Las estimaciones de crecimiento demográfico indican
que el número de megaciudades en torno a los estuarios
pasará de 17 a 20 en 2030 (las poblaciones estimadas para
2030 figuran entre paréntesis tras la de 2020 en millones)
y que habrá más de 355 viviendo solo en estas
conurbaciones.

5-9,9 millones

10-14,9 millones

15-19,9 millones

20-24,9 millones

25-29,9 millones

30 millones y más

**Nueva York-Newark**
18,8 (20,0)

**Río de Janeiro**
13,5 (14,4)

**Buenos Aires**
15,2 (16,5)

Naciones Unidas estimó en 2017 que alrededor del 40 por ciento de la población mundial vive a menos de 100 km de la costa y que el 10 por ciento lo hace en zonas costeras bajas por debajo de los 10 metros de altitud. Esta población en 2022 será de casi 3200 millones de habitantes, muchos de los cuales vivirán en zonas urbanas alrededor de estuarios.

El mundo cuenta con 35 megaciudades (con más de 10 millones de habitantes), 17 de las cuales se desarrollaron en torno a estuarios. La población de estas supera los 250 millones de habitantes, y esta cifra no incluye otras grandes conurbaciones estuarinas, como, por citar solo algunas, Londres (9,3 millones), Nankín (8,9 millones), Hangzhou (7,6 millones) y Houston (6,3 millones). La mayoría de estas están situadas en estuarios de llanuras costeras.

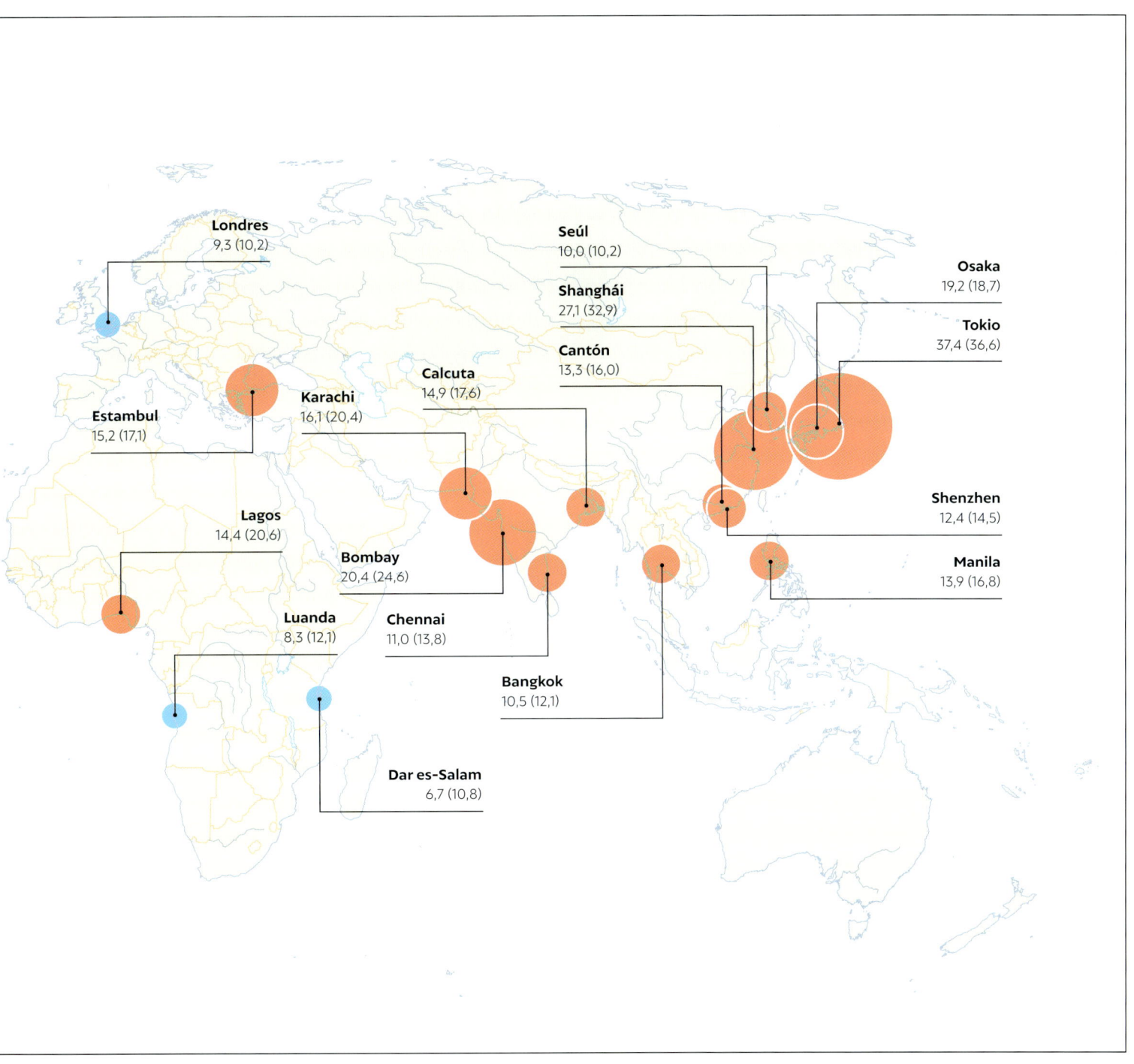

Londres
9,3 (10,2)

Seúl
10,0 (10,2)

Osaka
19,2 (18,7)

Shanghái
27,1 (32,9)

Tokio
37,4 (36,6)

Cantón
13,3 (16,0)

Estambul
15,2 (17,1)

Karachi
16,1 (20,4)

Calcuta
14,9 (17,6)

Lagos
14,4 (20,6)

Bombay
20,4 (24,6)

Shenzhen
12,4 (14,5)

Luanda
8,3 (12,1)

Chennai
11,0 (13,8)

Manila
13,9 (16,8)

Bangkok
10,5 (12,1)

Dar es-Salam
6,7 (10,8)

## Presiones urbanísticas

**▲ Crecimiento**

*El aterramiento ha provocado una pérdida del 90 por ciento de las llanuras mareales de la bahía de Tokio en los últimos cien años, lo que ha dado lugar a desequilibrios ecológicos que provocan la proliferación de algas nocivas (PAN). Dichas llanuras albergan bacterias que, por su naturaleza, inhiben la proliferación de algas.*

En el pasado, las ciudades más grandes estaban en el norte global, mientras que hoy hay más en el sur, región en la que las tasas de urbanización y crecimiento demográfico siguen acelerándose, mientras que en muchos países desarrollados se han desacelerado. Trece de las diecisiete megaciudades estuarinas están situadas ahí (nueve de ellas en Asia). En 2030 habrá tres nuevas en torno a estuarios, dos de ellas en África: Luanda, en Angola, y Dar es-Salam, en Tanzania.

La urbanización, sobre todo en el ámbito de las megaciudades, provoca enormes cambios en las características físicas, químicas y ecológicas de los estuarios, hasta el punto de que muchos pierden las ventajas que suscitaron la ocupación humana en un principio. Una vez que se pierden los servicios ecosistémicos, es necesario recurrir al ingenio humano para sustituir los beneficios que antes proporcionaba la naturaleza. En las megaciudades puede ser difícil encontrar soluciones a la contaminación del agua, las inundaciones, la pérdida de biodiversidad y las implicaciones que estos cambios tienen para la salud humana.

## Las PAN de Tokio

Tiempo atrás, Tokio se llamaba Edo, que significa «estuario», reflejo de su ubicación en la parte norte de la bahía, donde los ríos Edo, Arakawa y Sumida aportan agua dulce. La ocupación humana del lugar comenzó hace 5000 años, y la ciudad ya despuntó en la época medieval, como indica la construcción del castillo de Edo, erigido en 1457 y aún utilizado como Palacio Imperial. En 1880, Tokio se convirtió en la primera ciudad del mundo en superar el millón de habitantes, y hoy, con los más de 37 millones de personas que viven en su área metropolitana, es la urbe más poblada del mundo.

A lo largo de su historia, Tokio se ha visto afectada por peligros naturales, como terremotos y tsunamis. Al igual que muchos otros estuarios de Japón, también tiene que enfrentarse de forma periódica a la proliferación de algas nocivas (PAN). Estas «mareas rojas», que a veces pueden ser azules o verdes en función del color de las algas dominantes, son tóxicas tanto para los organismos acuáticos como para el ser humano.

Las PAN se producen cuando en una masa de agua entran grandes cantidades de nutrientes, lo que desencadena el crecimiento excesivo de especies tóxicas de plancton. En algunos lugares se dan de forma natural, cuando los vientos y las corrientes marinas llevan hacia la costa surgencias de aguas oceánicas ricas en nutrientes. Sin embargo, son más frecuentes cuando se combinan los procesos naturales y las actividades humanas. El plancton puede consumir todo el oxígeno del agua y generar anoxia, la cual, a su vez, produce una mortandad de la vida acuática. Además, el plancton tóxico puede entrar en la cadena alimentaria, afectando a las personas que consuman pescado y marisco contaminados.

Desde el siglo XIII se han registrado PAN en Japón que han implicado mortandad de peces y personas. Aunque hoy en día los niveles de toxinas de las especies comerciales de pescado se controlan con meticulosidad, se siguen produciendo brotes de intoxicación por marisco. En la bahía de Tokio, la degradación de los hábitats estuarinos y la contaminación provocada por la acuicultura intensiva y los efluentes industriales y domésticos causan proliferaciones de algas una media de cincuenta veces al año, de las cuales unas diez son PAN.

Esto es más frecuente en aguas cálidas, ya que las temperaturas más elevadas estimulan el crecimiento del plancton. Por lo tanto, el cambio climático puede aumentar la aparición de PAN y hacer que las especies de algas tóxicas se expandan a nuevas zonas. En octubre de 2021, las PAN provocaron una gran mortandad de salmones y erizos de mar a lo largo de la costa de Hokkaidō (que no suele verse afectada por las proliferaciones de algas), lo que le provocó a la industria marisquera local un coste de 55 millones de dólares.

**Algas desde el espacio**
Esta imagen satelital tomada el 14 de junio de 2019 capta unos 100 km de una proliferación de algas frente a la costa de Hokkaidō, Japón, que en total cubría un área de más de 500 km de largo y 200 de ancho.

# ¿Cómo se forman los estuarios?

Los estuarios suelen describirse como la zona donde el río se encuentra con el mar. Más concretamente, se forman cuando, al mezclarse el agua dulce y marina, se generan unas condiciones salobres. Muchos estuarios se encuentran en lagunas costeras, bahías o en los tramos bajos de los ríos, donde las mareas se hacen notar.

▶ **Hipersalinidad**
*El escaso aporte de agua dulce ha favorecido la sedimentación que ha cortado la conexión del estuario de Kuyalnik, Ucrania, con el mar Negro. Este está en proceso de sequía y tiene una salinidad de 300 ppt.*

Las zonas costeras se ven moldeadas por las interacciones entre los controles geológicos, los cambios del nivel del mar y las fuerzas hidrodinámicas (olas, mareas y flujos fluviales). La geología controla la topografía, los tipos de rocas presentes y, justo con las condiciones climáticas, la meteorización de las rocas y el papel de la gravedad en la eliminación de los sedimentos resultantes. Combinados, el nivel del mar y la geología determinan el llamado «espacio de acomodación» disponible para la sedimentación en la costa. La energía de las fuerzas hidrodinámicas y la cantidad y el tipo de sedimentos que lleguen a la costa también son determinantes en cuanto a los accidentes que se formen.

Si llegan a la costa más sedimentos de los que puedan retirar las fuerzas hidrodinámicas, se llenará el espacio de acomodación y se desarrollarán deltas o llanuras costeras. Cuando esas fuerzas hidrodinámicas pueden retirar los sedimentos a un ritmo más rápido de su capacidad de acumulación (o si el aporte de sedimentos a la costa es escaso) y se produce una mezcla de agua dulce y agua de mar, lo que se genera es un estuario.

## Tipos de estuarios

Los estuarios pueden clasificarse en cuatro tipos en función de su origen o geomorfología: estuarios formados por barras, estuarios de llanuras costeras, fiordos y estuarios tectónicos. Los dos últimos tipos suelen ser más profundos y escarpados que los dos primeros, que tienden a ser relativamente bajos y someros. Estos cuatro tipos aluden a que son masas de agua costeras delimitadas de forma parcial por tierra y con una conexión permanente o temporal con el mar, como de hecho ocurre con la mayoría de ellos. Sin embargo, esta clasificación se basa en la forma y su origen sin tener en cuenta la mezcla de las aguas. El caudal de algunos ríos puede ser tan potente que el agua dulce puede penetrar en el mar a lo largo de muchos kilómetros. En esos casos, ambas se encuentran y mezclan sobre todo fuera de los confines de los estuarios, como sucede en el Amazonas y el Congo, donde el agua salobre puede rastrearse cientos de kilómetros más allá de las desembocaduras.

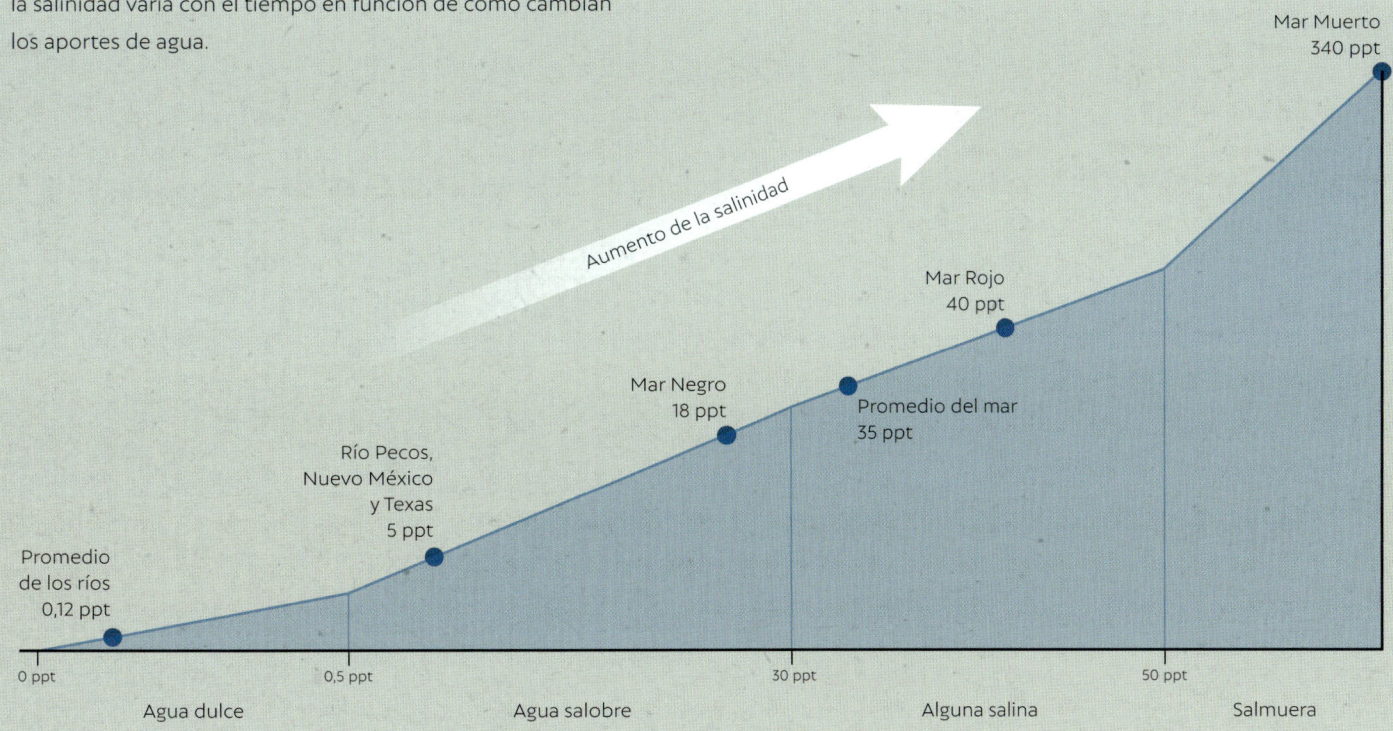

## SALINIDAD

En la ilustración figuran los tipos de agua según la concentración de sales (o salinidad), que se mide en partes por mil (ppt, por sus siglas en inglés). Aunque los estuarios suelen ser salobres, la salinidad varía con el tiempo en función de cómo cambian los aportes de agua.

Aumento de la salinidad

Mar Muerto
340 ppt

Mar Rojo
40 ppt

Mar Negro
18 ppt

Promedio del mar
35 ppt

Río Pecos,
Nuevo México
y Texas
5 ppt

Promedio
de los ríos
0,12 ppt

0 ppt

0,5 ppt

30 ppt

50 ppt

Agua dulce

Agua salobre

Alguna salina

Salmuera

## Estuarios formados por barras

Estos se producen cuando las corrientes generadas por las olas crean un depósito alargado de arena o grava en la desembocadura de un río (o laguna o bahía que reciban aportes de agua dulce), restringiendo la conexión con el mar. Estas corrientes, conocidas como «derivas litorales», se forman cuando las olas alcanzan la costa en ángulo, obligando a que el agua se mueva en paralelo a ella. El depósito alargado (conocido de forma genérica como «barra de arena») suele estar alineado con la dirección de la corriente. Los estuarios formados por barras se dan en costas con oleajes de una energía relativamente elevada, común en el este de Sudáfrica, Brasil, Australia, el sur y el este de Estados Unidos y ciertas partes de Europa. Allí donde la energía de las olas y el aporte de agua dulce varían de forma estacional, la barra de arena suele estar conectada a tierra (y entonces se denomina «cordón litoral»); existen ejemplos de estos en las costas orientales de Sudáfrica y Australia. En otros lugares, está formado por una o varias barras de arena no conectadas a tierra (conocidas como «islas barrera»), como las que se ven a lo largo de la costa de Texas y el litoral oriental de Estados Unidos. Las islas barrera se forman a lo largo de las costas donde el nivel relativo del mar lleva miles de años subiendo.

También pueden crecer a lo largo de la entrada del estuario creando una playa de barrera que corte la conexión con el mar. Estos se forman cuando las olas y la deriva litoral llevan muchos más sedimentos de los que pueden retirar el flujo estuarino o las mareas. La entrada puede reabrirse de forma natural tras fuertes lluvias o tormentas de consideración. Hay veces en las que las playas de barrera pueden durar largos períodos, sobre todo durante los meses secos en zonas tropicales y subtropicales, cuando el flujo de agua dulce es muy débil. Esta combinación de factores es común a lo largo de la costa oriental de Sudáfrica. Pueden darse problemas con la calidad del agua cuando se corta la conexión con el mar durante períodos prolongados. Se puede crear un conducto de entrada artificial para restablecer el flujo mareal hacia el estuario y, así, mejorar la calidad del agua. Por otro lado, las barreras pueden desaparecer por completo en caso de lluvias extremas o marejadas ciclónicas, creando otros problemas, como el riesgo de inundaciones.

## Estuarios de llanuras costeras

También llamados «rías», estos estuarios son valles fluviales anegados que se forman cuando el aumento del nivel del mar hace que se inunde. Son muy habituales en la actualidad, ya que el nivel del mar ha ido subiendo a lo largo de muchas costas de todo el mundo desde el último máximo glacial. En aquel entonces (hace unos 18 000 años), la capa de hielo tenía su máxima extensión y el nivel del mar era más de 120 metros inferior al actual, ya que hubo grandes volúmenes de agua que quedaron atrapados en los glaciares. Las costas se desplazaron cientos de kilómetros hacia el mar, haciendo que mares antes someros (la plataforma continental) se transformaran en llanuras costeras. Los valles fluviales se expandieron en estas llanuras y se adaptaron a los cambios del nivel de base (*véase* página 58).

Los glaciares retrocedieron cuando las temperaturas empezaron a aumentar, lo que hizo que llegara al mar el agua que hasta entonces había sido hielo. El nivel del mar subió a gran velocidad durante miles de años, pero se redujo al ritmo actual hace unos 2000-5000 años. Actualmente, los valles se siguen llenando de agua de mar y forman rías.

▼ **Rías**

*Aunque los estuarios de llanuras costeras presentan diversas formas, suelen parecerse a un embudo que se estrecha por el extremo del río y se ensancha hacia el mar, como es el caso de de la desembocadura del río Avon en Devon, Reino Unido.*

## El espectáculo de los fiordos

*Las escarpadas paredes y tranquilas aguas ofrecen unas grandes vistas. El fiordo de Geiranger y el de Nærøyfjord, en Noruega, son Patrimonio de la Humanidad por la UNESCO.*

## Fiordos

Los fiordos son valles glaciares anegados. Los glaciares son masas de hielo y sedimentos que se desplazan con lentitud y que van abriendo un valle a su paso. El retroceso de estos puede dejar tras de sí valles profundos y escarpados, así como una acumulación de sedimentos en el extremo en retroceso que forma una barrera (o *sill*). Se forman cuando estas depresiones se llenan de agua de mar. Su presencia se limita a zonas de gran latitud donde antaño dominaron los glaciares, como Escandinavia, Islandia, Escocia, Nueva Zelanda, el norte de Norteamérica y el sur de Sudamérica.

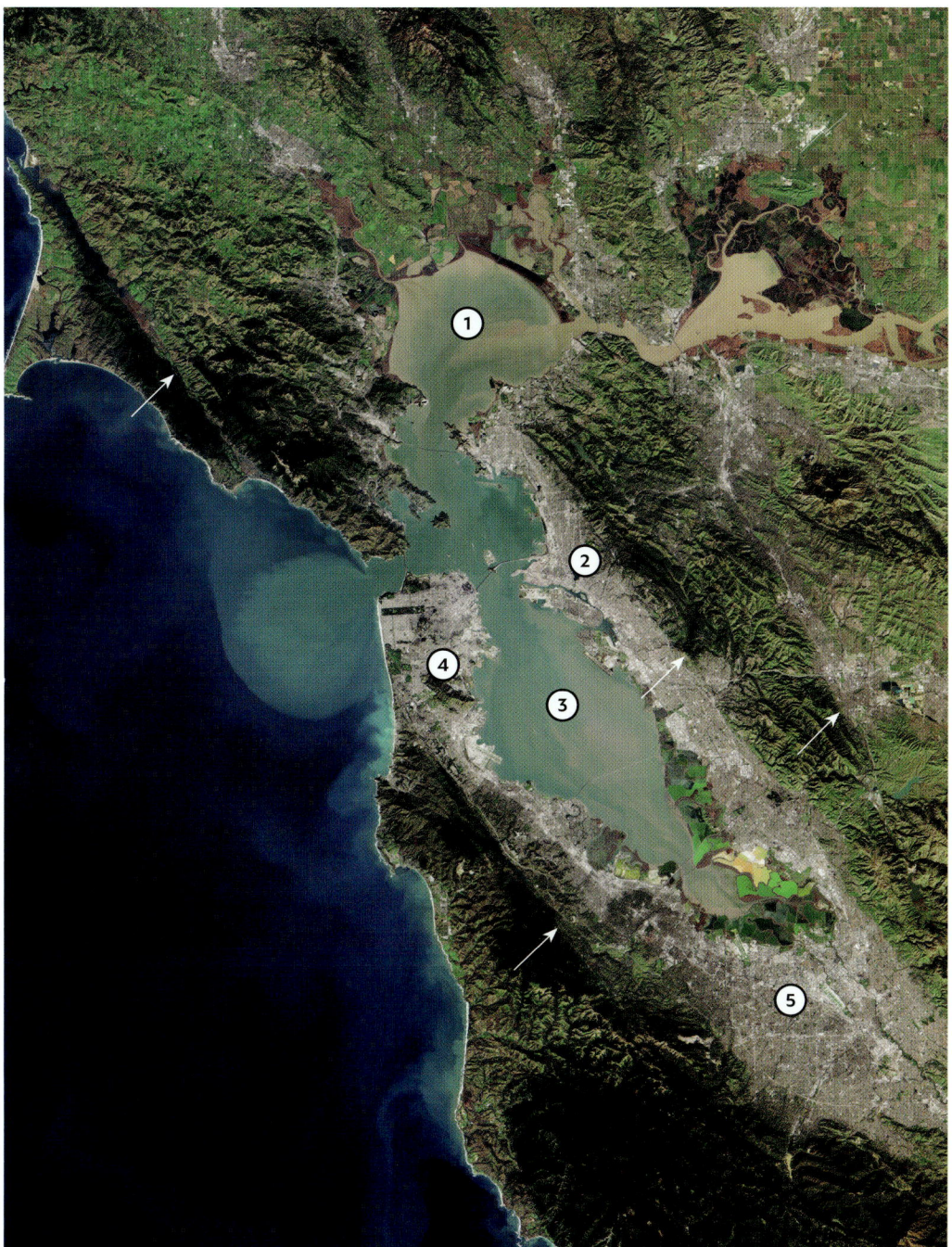

**Estuario tectónico**
La bahía de San Francisco ocupa el centro de esta imagen satelital (tomada el 25 de enero de 2019). Algunas de las líneas de falla de la zona son evidentes, al igual que el flujo parduzco de las aguas fluviales, ricas en sedimentos, que se mezclan con la azulada, que es más salada.

**1** Bahía de San Pablo
**2** Oakland
**3** Bahía de San Francisco
**4** San Francisco
**5** San José

= Las flechas apuntan a las líneas de falla

0          10 km

## Estuarios tectónicos

Este tipo se forma cuando los movimientos tectónicos generan una depresión a lo largo de las líneas de falla o los grábenes, que son valles de origen tectónico. Si quedan por debajo del nivel del mar, pueden provocar la incursión de agua marina y forzar la convergencia del drenaje fluvial en el valle, generando un estuario. La bahía de San Francisco (en la Costa Oeste estadounidense) es uno de los más conocidos. La actividad tectónica ha provocado una serie de fallas a lo largo de la costa de California, para acomodar el movimiento entre las placas del Pacífico y de Norteamérica (*véase* página 28). Estas se deslizan unas contra otras y crean tensiones que se liberan en forma de fracturas (fallas) y terremotos. La bahía de San Francisco es un estuario tectónico formado a causa del movimiento relativo a lo largo de las siete grandes fallas que discurren casi paralelas entre sí en esta zona.

# La diversidad de las formas estuarinas

Los estuarios presentan una gran variedad en cuanto a tamaño, forma y profundidad. Se dan en zonas de mareas pequeñas y grandes y de caudales fluviales más o menos abundantes, así como en diversos climas. Así generan una variedad de hábitats que atraen a especies de agua dulce, estuarinas y marinas.

## DIVERSIDAD FORMAL

Estos cuatro ejemplos, tomados de Estados Unidos (bahía de Galveston), Francia (bahía de Arcachón), Sudáfrica (estuario del Tugela) y Australia (estuario del Hastings), ilustran la diversidad de formas y tamaños de aquellos formados por barras. Los otros tipos de estuario también presentan diversas formas.

Bahía de Galveston    0    10 km

Bahía de Arcachón    0    5 km

Estuario del Tugela    0    1 km

Estuario de Hastings    0    1 km

La característica diversidad de los estuarios se debe a que están formados y moldeados por la interacción de muchos procesos que se dan a lo largo de toda una serie de escalas temporales. Las condiciones meteorológicas influyen mucho en lo que sucede a lo largo de días y semanas, ya que las precipitaciones afectan al flujo fluvial, y los vientos forman olas que, junto con los cambios en la presión atmosférica, pueden provocar tormentas. El clima determina lo que pasa a lo largo de las estaciones. En una escala temporal más larga, los cambios en el nivel relativo del mar son importantes a lo largo de muchas décadas, siglos y milenios. Los procesos geológicos que se producen de larga duración sientan las bases que determinan qué tipos de costas y paisajes se forman en cada lugar. Los procesos astronómicos tienen también su importancia, ya que crean mareas, aunque su amplitud viene determinada por la forma y el tamaño de las cuencas oceánicas y de los mares. En cada lugar de la Tierra se da una combinación particular de estos factores, que condiciona el que se puedan formar o no estuarios y, en caso afirmativo, qué forma tendrán y los tipos de ecosistemas que puedan desarrollarse en ellos.

## Los estuarios más grandes

Los estuarios son tan variados que resulta difícil llegar a un consenso sobre cuál es el más grande, el más pequeño o el más profundo. Sus límites fluctúan, y en cuanto al tamaño puede recurrirse al área, al volumen o a la longitud. Los de mayor área suelen ser los de llanuras costeras, mientras que los más profundos son, sin duda, los fiordos. Se suele decir que el del río San Lorenzo, en Canadá, es el más largo del mundo. Se extiende 400 km desde la Isla de Orleans, cerca de Quebec, hasta su desembocadura en el golfo de San Lorenzo, y sus aguas salobres recorren más de 1200 km hasta el estrecho de Isla Bella. Tiene el segundo mayor caudal de agua dulce de Norteamérica (una media de 12 000 m³/s, equivalente a cinco piscinas olímpicas por segundo en Quebec) y su amplitud de marea es de unos 3 metros. Aunque este tiene la típica forma de embudo, su configuración geológica es compleja: el valle fluvial se desarrolló en una depresión tectónica formada hace millones de años y que, después, se llenó de hielo durante las glaciaciones de los últimos 2,5 millones de años.

▼ **Vida marina**
*El estuario del río San Lorenzo alberga una enorme variedad de organismos, desde aves migratorias hasta coloridas criaturas submarinas. Es una importante zona de alimentación de muchos mamíferos marinos, como el rorcual común (Balaenoptera physalus); además, hay otras doce especies de ballenas que también lo visitan.*

Otros consideran que el golfo del Obi, en Siberia, es el mayor estuario del mundo. Mide 850 km de largo, tiene un área de 41 000 km$^2$ y una cuenca hidrográfica de 3,3 millones de km$^2$. Su caudal medio de agua dulce es de 16 800 m$^3$/s, lo que supone alrededor del 15 por ciento de la escorrentía total hacia el océano Ártico. Con sus 75 km de longitud y un área de 635 km$^2$, el estuario del Gironda, Francia, es el mayor de Europa Occidental; el más grande de Asia es el del Yangtsé: tiene 150 km de longitud, un área de unos 2200 km$^2$ y un caudal medio de más de 28 600 m$^3$/s. Ambos tienen la típica forma de embudo y una amplitud de marea de unos 5 metros.

## La bahía de Chesapeake

Se trata del mayor estuario de Estados Unidos y se considera que es el tercero del mundo. Esta ría se formó cuando el aumento del nivel del mar inundó el valle del río Susquehanna y, debido al sistema de desagüe de la zona, no presenta la típica forma de embudo. En su zona de captación viven más de dieciocho millones de personas repartidas entre varios lugares, entre ellos Washington D. C. y Baltimore. Debido al aporte de sedimentos, la bahía es bastante somera: su profundidad media es de 6,5 metros. Es un punto caliente en cuanto a biodiversidad: recibe en torno a un tercio de la población de aves migratorias de la costa atlántica. Fue el primer estuario de Estados Unidos en el que se puso en marcha un programa integrado de recuperación.

## Los estuarios más profundos

Se tiene constancia de unos 1200 fiordos noruegos, entre ellos algunos de los más conocidos. Con todo, el más profundo conocido, pues supera los 1900 metros, es la ensenada de Skelton, en la barrera de hielo de Ross, Antártida. Esta es nueve veces mayor que la del río Congo, que es el más profundo del mundo (*véase* página 86). El fiordo mayor de Noruega es el Sognefjord, a menudo llamado el «rey de los fiordos». Se extiende a lo largo de más de 205 km, su profundidad máxima supera los 1300 metros y está rodeado de montañas que alcanzan los 1000 metros de altitud. Si se tiene en cuenta la distancia que hay entre las cimas de las montañas que flanquean el fiordo hasta su punto más profundo, resulta comprensible que se le considere el rey.

**Bahía de Chesapeake**
Esta imagen del satélite Landsat 5 pone de relieve el drenaje de los numerosos ríos que desembocan en ambas márgenes de la bahía de Chesapeake, situada en la costa noreste de Estados Unidos. Las zonas de color rojizo oscuro del margen oriental de la bahía (6) son marismas que albergan miles de aves.

**1** Río Susquehanna
**2** Río Delaware
**3** Bahía de Delaware
**4** Río Potomac
**5** Bahía de Chesapeake
**6** Marismas

# Un destino ineludible

Los estuarios son trampas sedimentarias. En términos geológicos, la mayoría de ellos son efímeros y se transforman poco a poco en marismas. Su vida útil viene determinada por la velocidad a la que se llenen de sedimentos. Aunque en los últimos 10 000 años se han formado muchos, también son muchos los que han desaparecido en dicho período.

## Colmatación de los estuarios

La mayoría de los estuarios son lodosos. «Lodo» es un término que se usa para describir depósitos formados por una mezcla de limo y arcilla, ambos sedimentos de tamaño muy pequeño (denominados «de grano fino»). Estos suelen ser indicativos de entornos de baja energía, en los que los sedimentos finos en suspensión pueden hundirse poco a poco a través de la columna de agua. A esta acumulación se la conoce como «colmatación».

En los estuarios, esta se ve intensificada por la floculación. Se trata de un complejo proceso biogeoquímico en el que intervienen minerales arcillosos, sales y materia orgánica y en el que las partículas de arcilla se unen para formar flóculos. Estos, al ser más grandes y pesados, se sedimentan más deprisa, con lo que aumenta su tasa. La floculación influye también en la concentración de nutrientes, metales pesados y microplásticos de la sedimentación estuarina, ya que estos tienden a adherirse a los flóculos.

Debido a la unión geoquímica que se produce en presencia de sales, solo las corrientes mareales o fluviales muy rápidas pueden eliminar los depósitos de lodo que se asientan en los lechos estuarinos. Esta hace que las partículas de lodo se adhieran entre sí, de ahí que los limos y las arcillas suelan ser sedimentos cohesivos. Como los flujos rápidos son poco frecuentes en los estuarios, los depósitos de lodo se acumulan con el paso del tiempo. Sin esta unión geoquímica, estos no serían tan lodosos como son, y sus sedimentos no serían tan ricos en materia orgánica y, en algunos casos, contaminantes.

▶ **Llanuras mareales**
*La bajada de la marea deja al descubierto las llanuras mareales y la red de arroyos que jalonan este entorno intermareal. Son zonas de alimentación muy importantes para las aves limícolas. En estuarios ricos en sedimentos, estas llanuras pueden ganar altura con rapidez y verse cubiertos de vegetación.*

▶ **Sustento**
*Los hábitats estuarinos proporcionan zonas de alimentación y descanso a las aves limícolas, como estos correlimos comunes (Calidris alpina) en el estuario de Hayle, Cornualles, Reino Unido.*

**Limpieza de
los estuarios**

*Retirar los sedimentos
de los puertos de los
estuarios exige un
trabajo regular, y en
algunos lugares puede
ser a una escala mucho
mayor que la que se ve
aquí, a la entrada del
puerto de Padstow, en
el río Camel, al sudoeste
de Inglaterra.*

Los estuarios ofrecen aguas resguardadas, conexión con el mar y, a veces, con zonas del interior a través de ríos navegables y acceso a agua dulce. Estas condiciones tan favorables han propiciado el asentamiento humano y la creación de puertos a lo largo de milenios. Sin embargo, tienden a volverse someros con el tiempo debido a la colmatación, con lo que sellan el destino de muchos puertos antiguos y se convierten en un problema habitual entre los modernos.

La actividad humana puede acelerar la colmatación. La deforestación y la mala gestión del suelo en las cuencas fluviales pueden aumentar la cantidad de sedimentos que llegan a los estuarios, mientras que el aterramiento puede reducir la superficie estuarina a tasas que equivalgan a cientos de años de colmatación natural. Aunque el dragado puede eliminar las acumulaciones de sedimentos, es una medida paliativa con pocas posibilidades de cambiar su destino a largo plazo.

## El destino de los puertos antiguos

Aunque las aguas resguardadas son necesarias para garantizar la seguridad de los marinos, los navíos y su carga, invitan a la sedimentación. En los tiempos modernos, es habitual tener que llevar a cabo operaciones de dragado para que los cauces tengan la profundidad suficiente como para que resulten navegables. En el pasado se usaron formas primitivas de ingeniería a fin de crear refugios para las embarcaciones, pero no había forma fácil de mitigar la situación. Como resultado de ello, muchos puertos históricos quedaron abandonados al volverse demasiado someros. En algunos lugares, las actividades portuarias se trasladaron a otras partes del estuario a medida que iba avanzando la colmatación, pero esta medida solo lograba postergar lo inevitable.

En torno a la mitad de los antiguos puertos mediterráneos conocidos se abandonaron o trasladaron a otro lugar, sobre todo debido a la colmatación, y esto sucedió en muchos otros lugares del Viejo Mundo. El puerto de Chester, en las márgenes del río mareal Dee, al noroeste de Inglaterra, fue el más activo de la región desde la época romana hasta que fue víctima de ello. Los barcos solían atracar junto a las murallas de la ciudad, donde hoy se encuentra el Hipódromo de Chester, pero en el siglo XIV se alejó el cauce del río. Esto frustró múltiples intentos de mantener vivo el puerto mediante el dragado y la reubicación de los amarres a otras partes del estuario. El río Dee se canalizó y se construyeron nuevos muelles en un intento de retomar las actividades, pero el puerto de Liverpool empezó a dominar el comercio local a partir del siglo XVII. Aunque el Dee sigue sufriendo las mareas hasta el dique del centro de Chester, el puerto ya no existe.

▲ **Colmatado**

*El estuario del Dee, en el noroeste de Inglaterra, está tan colmatado que llega a las últimas fases del ciclo vital de los estuarios. Aquí se aprecia que parte del estuario inferior se ha convertido en una marisma.*

## La caída de Éfeso

Hace unos 6000 años, la zona donde se desarrolló la antigua ciudad griega de Éfeso estaba en las márgenes de un gran golfo producido por la subida del nivel del mar. Con el tiempo, los sedimentos lo rellenaron, lo que llevó la costa hacia el oeste y dio lugar a la formación de estuarios y terrenos inundables. Los asentamientos humanos en la zona, que se remontan a hace más de 7000 años, fueron cambiando de ubicación a fin de adaptarse al movimiento de la costa.

Éfeso fue una importante ciudad de la antigua Grecia, de lo cual da fe la construcción hace unos 2800 años del impresionante templo de Artemisa, el doble de grande que el Partenón de Atenas y considerado una de las siete maravillas del mundo antiguo. Tras verse destruido y reconstruido dos veces, el tempo sucumbió en el año 401 d. C., durante la ocupación cristiana de la ciudad. De él solo queda en pie una de sus columnas.

Se cree que el templo de Artemisa se construyó cerca del puerto de la ciudad, en el estuario del Caístro (también conocido como Küçük Menderes). Este fue fundamental para la prosperidad de la ciudad, pues era uno de los centros comerciales más importantes entre Oriente y Occidente. Sin embargo, en la época romana, el litoral ya se había desplazado debido a la colmatación. La ciudad que había en torno al templo se abandonó debido a la pérdida del puerto y a la propagación de la malaria (el desarrollo de marismas en las aguas someras tal vez dio pie a la proliferación de mosquitos).

**Seco**
La calle del puerto, que se extiende desde el teatro romano de Éfeso hacia el estuario, se construyó en el siglo IV d. C. para conectar la ciudad con su puerto. *Derecha*: la zona parduzca que hay al final de la calle es el humedal que se desarrolló donde otrora estuvo el estuario. *Inferior*: en esta representación artística figura el puerto de Éfeso y su conexión con el mar en época romana.

## La base de la cadena alimentaria

Que la naturaleza prospere en los estuarios se debe sobre todo a la presencia de una abundante vida microscópica. La concentración de nutrientes que aportan los ríos y la descomposición de la materia orgánica producida por la vegetación estuarina estimulan el crecimiento del fitoplancton, algas microscópicas que están en la base de la cadena alimentaria. El zooplancton (animales microscópicos entre los que se incluyen larvas de peces y crustáceos) se alimenta del fitoplancton y, a su vez, sirve de sustento a organismos mayores de la red trófica estuarina. En los márgenes, las aves y los depredadores terrestres se alimentan en aguas someras o en el lecho estuarino durante los reflujos. El plancton lo conforman organismos que viven en la columna de agua y que se mueven con la corriente, ya que no pueden desplazarse por sí mismos. A los que viven cerca del fondo o en este, así como en el sedimento o sobre él, se les llama «bentónicos».

La vida microbiana, de suma importancia para la salud estuarina, suele estar dominada por un grupo de algas microscópicas llamadas «diatomeas», las cuales desempeñan muchas funciones beneficiosas. Toleran grandes variaciones de salinidad y son omnipresentes en la parte baja y alta del estuario (algunas especies viven en el agua y otras en el sedimento). Son una fuente primaria de alimento clave y favorecen el desarrollo de sus ecosistemas, ya que consumen menos oxígeno del que producen, lo que aumenta su concentración en el agua. Este es necesario para que las bacterias reciclen la materia orgánica muerta y devuelvan los nutrientes al agua. Las diatomeas pueden realizar la fotosíntesis con niveles de luz relativamente bajos, por lo que pueden empezar a consumir nutrientes antes que otras algas, reduciendo la concentración de nitrógeno y fósforo en el agua y las posibilidades de que se desarrollen proliferaciones de algas nocivas (PAN).

▲ **Microscópico**
*Ejemplos de diatomeas y dinoflagelados que dan una idea de la variedad fitoplanctónica que conforma la importante vida microbiana de los estuarios. Esta imagen está tomada con un microscopio con iluminación de campo oscuro, de ahí el color del fondo.*

◄ **Sustento de viveros**
*La vegetación estuarina intermareal y de aguas someras proporciona alimento y refugio a peces, moluscos y otras criaturas. Estos manglares, que crecen sobre un lecho arenoso y en aguas claras, son característicos de los estuarios bajos tropicales que se dan a lo largo de las costas caribeñas.*

## Comestible

*Salicornia es un género de plantas pioneras de las marismas salinas que toleran altas salinidades e inundaciones frecuentes y que incluye algunas especies comestibles. Estas plantas colonizan las partes bajas de la zona intermareal de Norteamérica, Europa, Asia Central y África meridional. Aunque por lo general son verdes, muchas especies se vuelven rojas en otoño, como las que se ven aquí, en el Nationalpark Schleswig-Holsteinisches Wattenmeer, Alemania.*

## Diversidad de especies

Los estuarios tienen menos especies que los entornos marinos adyacentes, ya que muchos organismos no pueden sobrevivir a las grandes variaciones de salinidad y turbidez que se dan en ellos. Sin embargo, aquellas adaptadas a las variables condiciones estuarinas pueden encontrarse en gran cantidad debido a la abundancia de alimento y a la menor competencia con otras especies. Por lo general, su número aumenta en función del tamaño del estuario, la temperatura del agua, la producción primaria y una conexión más constante con el mar. La combinación de estos factores contribuye a las variaciones de diversidad que se dan en los estuarios de todo el mundo. A escala local, la salinidad y el tipo de sedimento son los factores más importantes que influyen en la riqueza de especies presentes.

Las zonas con mayores concentraciones de sedimentos finos en suspensión y en el lecho estuarino presentan una menor diversidad de especies. Los primeros tardan mucho más tiempo que la arena en asentarse y, además, producen turbidez en el agua, reduciendo la penetración lumínica y, por lo tanto, la cantidad de productores primarios y de los organismos que se alimentan de ellos, lo que se hace notar en los depredadores que están más arriba en la cadena alimentaria. Las aguas turbias también influyen en la capacidad de los depredadores para ver a sus presas, ya que se ven obligados a alejarse para cazar en otras más claras. Si bien algunas especies están adaptadas a vivir en entornos lodosos, las altas concentraciones de sedimentos finos pueden obstruir el sistema de alimentación y el respiratorio de organismos que se alimentan por filtración, como las ostras, las almejas y algunos peces y crustáceos. Hay animales grandes que se alimentan por filtración, como el tiburón ballena (*Rhincodon typus*), las mantarrayas, la ballena jorobada (*Megaptera novaeangliae*) y los flamencos.

## UNA VIDA COMPLEJA

La anguila europea (*Anguilla anguilla*) es un pez en peligro crítico de extinción que lleva a cabo toda una hazaña: comienza su vida en el mar de los Sargazos y se traslada más de 5000 km hacia el este para llegar a Europa Occidental y el norte de África (flechas amarillas). Vive en aguas salobres y dulces de estas regiones entre veinte y treinta años y pasa por tres etapas antes de alcanzar la madurez. A continuación, inicia su migración de vuelta hacia el oeste a través del Atlántico Norte hasta el mar de los Sargazos, donde desova y muere. Hoy, se están realizando esfuerzos para restaurar sus poblaciones en los ríos europeos.

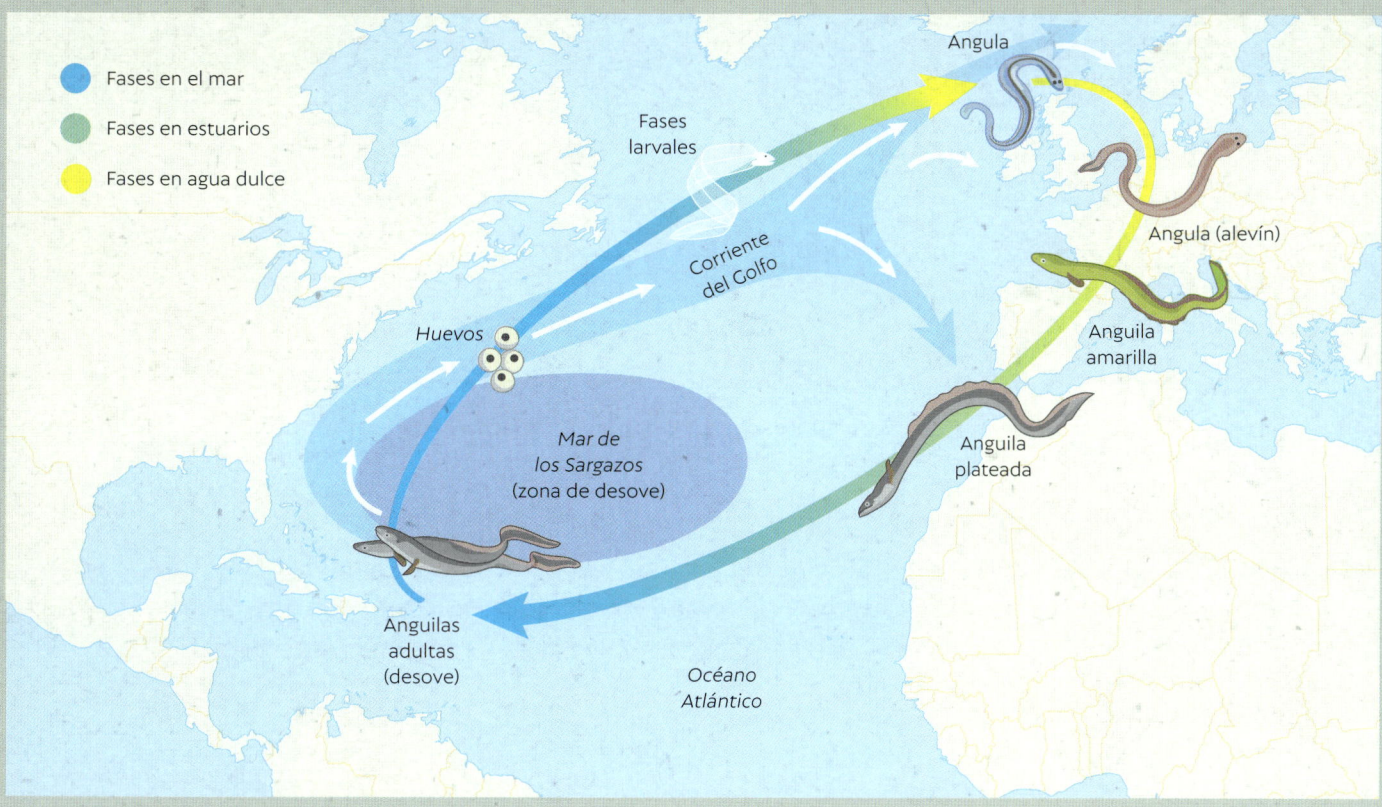

En los estuarios, excepto si la salinidad es muy baja, predominan las especies marinas. El número de especies disminuye con el descenso de la salinidad que se da desde el borde marino del estuario inferior hasta el superior. La biodiversidad es menor en salinidades de 5-10 ppt, por la menor adaptación a estas condiciones intermedias. En las inferiores a 5 ppt, la riqueza de especies vuelve a aumentar gracias a la presencia de aquellas de agua dulce. Aunque los estuarios reciben muchos visitantes de mar y río, solo unas cuantas especies son genuinamente estuarinas y pasan su vida en aguas salobres. Aunque pueden vivir en una amplia gama de salinidades, tienden a concentrarse en zonas intermedias, donde se benefician de una menor competencia por el hábitat y el alimento. Algunas de las marinas visitan los estuarios para alimentarse, mientras que otras los atraviesan en su migración para desovar. El salmón y el esturión son peces marinos que se reproducen en agua dulce, mientras que ciertas especies de anguila de agua dulce desovan en agua de mar. La gamba, el arenque, la pescadilla, la platija y el bacalao son marinas, cuya etapa juvenil transcurre en estuarios, donde la disponibilidad de refugio y alimento les ayuda a alcanzar la madurez.

## Una pizca de sal

Muchos organismos toleran poco o mal los cambios de salinidad porque son incapaces de regular la concentración de sales en el cuerpo. Si se trasladan a un entorno más dulce, sus células corporales absorben agua para diluir la concentración interna de sal y, como consecuencia, se les hinchan las células. Algunos pueden sobrevivir un tiempo en esas condiciones, pero, en última instancia, perecen si sus células empiezan a reventar. Si pasan a un entorno de mayor salinidad, las células pierden agua y pueden deshidratarse. Se necesitan adaptaciones especiales para sobrevivir a dichas variaciones.

Muchos peces cartilaginosos marinos, incluidos los tiburones y las rayas, pueden producir compuestos orgánicos con los que equilibran las concentraciones internas y externas de sales. Existen también especies de peces que pueden absorber o expulsar la cantidad necesaria a través de las branquias para, así, alcanzar un equilibrio con la salinidad exterior. En función de sus necesidades, las plantas de las marismas salinas utilizan una estrategia similar, ya que pueden retenerlas en los tejidos o excretarlas a través de las hojas.

Algunos depredadores marinos han desarrollado adaptaciones especializadas para vivir durante largos períodos en aguas de baja salinidad, donde la competencia de otros depredadores es menor. Tal es el caso del tiburón sarda (*Carcharhinus leucas*), que pasa tiempo en aguas salobres, da a luz en ellas y usa los estuarios como zonas de cría. Se sabe que este tiburón sobrevive durante meses en agua dulce y se le ha visto en ríos del interior, como el Amazonas y el Misisipi. Cuando vive en ambas aguas, el tiburón la elimina produciendo orina con mucha más frecuencia y en una concentración muy diluida en comparación con cuando está en agua de mar. Y para retener la concentración de sales en el organismo, recicla la urea (rica en nitrógeno) en los riñones en lugar de eliminarla por la orina.

# El paraíso de las vacas marinas

La salud de los sistemas estuarinos es crucial para la conservación de los manatíes (género *Trichechus*) y los dugongos (*Dugong dugon*). Pese a estar más emparentados con los elefantes que con los bóvidos, a estos lentos y dóciles herbívoros se les conoce como «vacas marinas». Pertenecen a dos familias distintas del orden de los mamíferos acuáticos denominado Sirenia: los sirenios. Aunque puede que no perciba ninguna similitud entre estos mamíferos y las sirenas, el explorador italiano Cristóbal Colón sí que la vio. En enero de 1493, a los pocos meses de haber desembarcado en el Nuevo Mundo, describió la visión de tres sirenas, «ni la mitad de hermosas de lo que las pintan», en las costas de la actual República Dominicana. Esta anotación de su diario es el primer registro escrito de los manatíes en América.

Existen cuatro especies de vaca marina, pero no todas lo son: el manatí amazónico (*Trichechus inunguis*) solo vive en agua dulce. Las otras dos especies de manatí, el africano (*T. senegalensis*) y el antillano (*T. manatus*), se dan en aguas marinas, salobres y dulces. Por su parte, el dugongo solo vive en aguas marinas y salobres.

## VACAS MARINAS

Distribución global de las vacas marinas.

- 🔵 Manatí de Florida (*Trichechus manatus latirostris*)
  Estatus: en peligro

- 🟠 Manatí antillano (*Trichechus manatus*)
  Estatus: en peligro

- 🔴 Manatí amazónico (*Trichechus inunguis*)
  El único manatí que solo se da en agua dulce
  Estatus: vulnerable

- 🟡 Manatí africano (*Trichechus senegalensis*)
  Estatus: vulnerable

- 🟤 Dugongo (*Dugong dugon*)
  Estatus: vulnerable

- ⭕ Dugongo (subpoblación de las islas Nanséi)
  Estatus: en peligro crítico <10 adultos maduros (Okinawa)

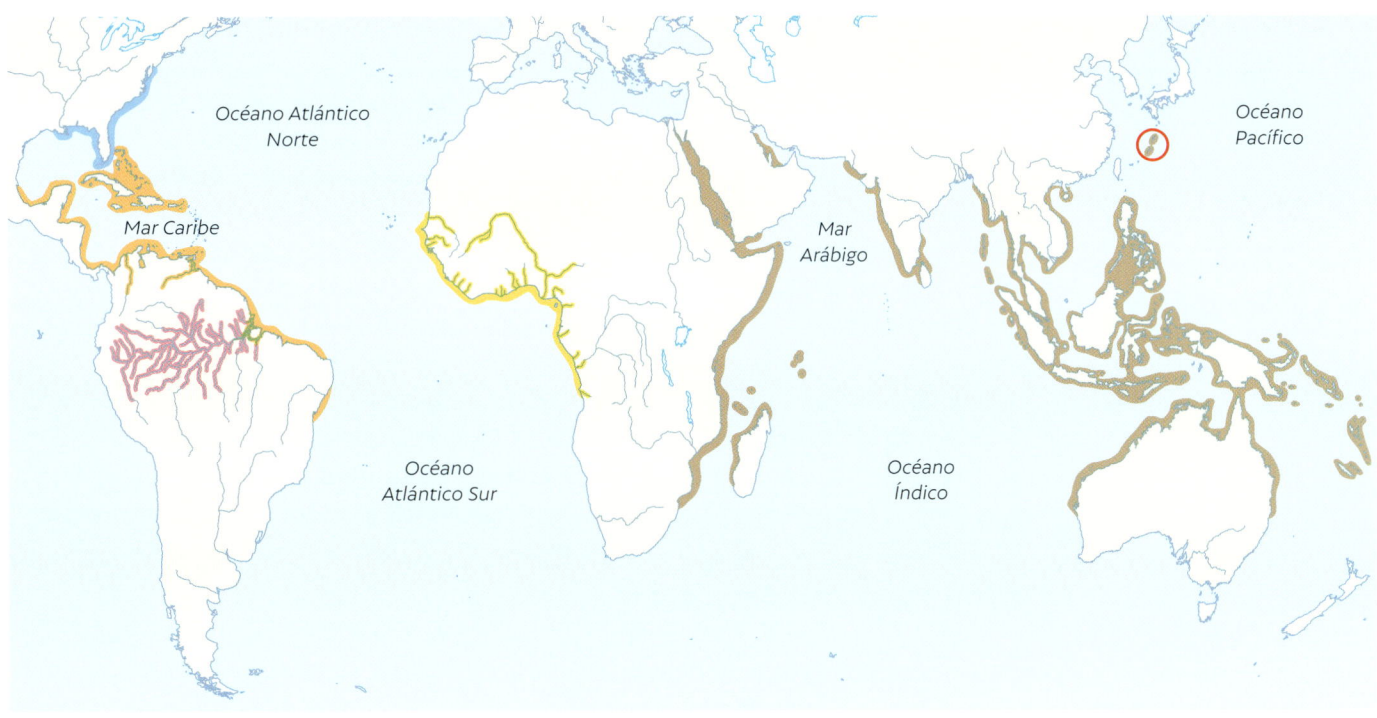

*Los manatíes permanecen bajo el agua la mayor parte del tiempo y solo se les ven los orificios nasales cuando salen a la superficie a respirar, en torno a cada cuarto de hora. Cerca de los manatíes suele haber peces pequeños que se alimentan de las algas adheridas a estos mamíferos.*

A excepción del manatí amazónico, las vacas marinas dependen en gran medida de los estuarios para refugiarse, alimentarse y acceder al agua dulce. Se sustentan sobre todo de pastos marinos y, en menor medida, de algas y mangles. De vez en cuando, necesitan ingerir agua dulce para regular la concentración de sal en su organismo, para lo cual beben o comen vegetación con un alto contenido en agua. Durante las estaciones secas locales, cuando se reduce el aporte de agua dulce a los estuarios y las salinidades son más altas, los manatíes lo remontan para alimentarse de plantas de agua dulce. Durante las estaciones húmedas, cuando las salinidades se diluyen por el aumento del caudal de los ríos y las precipitaciones, se quedan en el estuario inferior y en las aguas costeras.

## En peligro

Las poblaciones de manatíes y dugongos han ido disminuyendo debido a diversas presiones humanas, desde la caza y las heridas causadas por embarcaciones hasta la degradación ambiental y la pérdida de hábitats de praderas marinas. El dugongo y el manatí amazónico figuran como vulnerables en la Lista Roja de Especies Amenazadas de la Unión Internacional para la Conservación de la Naturaleza (UICN). En 2019, se estimó que el grupo diferenciado de dugongos (subpoblación de las islas Nanséi) que vive a lo largo de la costa de Okinawa, Japón, estaba formado por menos de diez individuos, por lo que pasó a considerarse en peligro crítico. Ambas subespecies del manatí antillano pasaron a estar en peligro en 2008, ya que se calculó que sus poblaciones incluían menos de 2500 individuos maduros y que era probable que se redujeran un 20 por ciento en los siguientes cuarenta años. Hoy se llevan a cabo esfuerzos de conservación, y la población del manatí de Florida (*Trichechus manatus latirostris*, *véase* página 211), subespecie del manatí antillano, se está recuperando, aunque con grandes fluctuaciones.

## Salvar al manatí de Florida

Cuando llega el verano, los manatíes de Florida se dispersan por las costas de Estados Unidos entre Texas y Massachusetts. Como son sensibles a temperaturas inferiores a los 20 °C, buscan las aguas más cálidas de Florida en invierno y se congregan en torno a los desagües de centrales eléctricas y a manantiales termales. Los períodos prolongados de frío pueden provocar inanición y ser letales, ya que pueden agotar los pastos de una zona cuando no pueden buscar forraje más lejos. Las olas de frío, la pérdida de praderas marinas y el envenenamiento por proliferaciones de algas nocivas han incrementado la mortalidad de estos animales. Como muestra de la precariedad de estas poblaciones, en 2021 se alcanzó un récord de 1100 muertes y, en los primeros meses de 2022, se llevó a cabo un esfuerzo intenso para alimentar a los hambrientos animales con lechuga.

El río Crystal, que desemboca en el golfo de México por el noroeste de Florida, tiene un estuario de llanura costera con características naturales y culturales singulares. Sus manantiales suministran un flujo constante de agua dulce a 22 °C, con lo que conforman un refugio invernal seguro para cientos de manatíes de Florida. En Estados Unidos, estos están protegidos por ley y se crean refugios para la conservación de especies protegidas. El Crystal River National Wildlife Refuge, el único refugio estadounidense de este tipo centrado en la protección del manatí de Florida, se creó en 1983 para salvaguardar las zonas que rodean los manantiales de la bahía de Kings. De noviembre a marzo, cuando su número está en su punto álgido, las zonas designadas como santuarios se cierran al público.

El Florida Park Service calcula que alrededor del 75 por ciento de la pesca recreativa y comercial del estado se da en el estuario del río Crystal, donde tanto los manglares como las marismas salinas actúan como zonas de cría y proporcionan refugio. Aunque las marismas salinas suelen darse en zonas templadas y los manglares en zonas más cálidas, el clima subtropical y la mezcla de aguas dulces de manantiales con agua marina del golfo de México favorecen el desarrollo de ambos sistemas. Además, parte de esta zona está considerada hito nacional y se creó un parque arqueológico estatal para proteger las pruebas arqueológicas de que en la zona ha vivido gente durante casi 2000 años (es una de las ocupaciones humanas continuas más prolongadas de Florida). El inicio de los asentamientos humanos coincidió con el desarrollo de los humedales costeros, lugares con abundantes alimentos.

**Visitantes**
El Crystal River National Wildlife Refuge recibe más de 400 000 visitas al año. De abril a octubre, es posible bucear, nadar o hacer piragüismo para acercarse a los manatíes.

# La vida en el lodo

El lodo se acumula en las márgenes de los estuarios, donde forma llanuras mareales que quedan expuestas con el reflujo. Puede que estas extensiones de material espeso, pegajoso y hediondo no resulten agradables a la vista, pero rebosan vida y le proporcionan un alimento vital a aves costeras y otros animales.

Las llanuras mareales son hábitats intermareales sin vegetación que se cubren y descubren con regularidad. La vida en ellas puede ser más estresante que en otras partes de los estuarios. Los organismos han de adaptarse no solo a las variaciones de salinidad, sino también a la humedad y la desecación, así como a las fluctuaciones térmicas y alimentarias asociadas. Para minimizar el efecto de estos cambios, la mayoría de los organismos pasan su vida enterrados en el lodo y tienen adaptaciones que les permiten sobrevivir en condiciones de poco oxígeno. Los moluscos bivalvos, como las almejas y los berberechos, hacen frente a esta situación cerrando las conchas y usan el agua y el oxígeno que pueden retener dentro.

Bajo la superficie, las condiciones de hipoxia no tardan en darse a medida que los organismos y la descomposición de la materia orgánica muerta absorben el que hay disponible. Las madrigueras y los túneles que excavan moluscos, crustáceos y gusanos ayudan a que el agua, el oxígeno y los nutrientes penetren más en el lodo. Sin este mayor flujo de oxígeno, muchos organismos perecerían y se detendría la descomposición de la materia orgánica, lo que afectaría enormemente al ciclo de nutrientes que sustenta la red trófica presente. Muchas llanuras mareales estuarinas se han designado zonas de conservación por su papel como sustento de poblaciones de aves de importancia internacional.

## Tapices bacterianos

Las llanuras mareales contienen una gran concentración de microorganismos, sobre todo diatomeas y bacterias. Contribuyen a la fijación del carbono y reciclan nutrientes mediante la descomposición de la materia orgánica. Con la marea baja, las primeras se desplazan a la superficie del sedimento, donde la luz les permite realizar la fotosíntesis (su productividad primaria puede ser superior a la de las diatomeas planctónicas). Estos organismos microscópicos cuentan con adaptaciones para sobrevivir a las condiciones de las llanuras mareales. Producen un tipo de carbohidrato que agrega bacterias y materia orgánica conformando comunidades temporales que maximizan el intercambio de nutrientes y recursos genéticos. Las aves costeras migratorias suelen hacer escala en las llanuras mareales, donde descansan y reponen fuerzas.

**A recargarse**

*Las lombrices y demás fauna de las llanuras mareales son ricas en aceites grasos y constituyen una fuente clave de sustento para peces, cangrejos y aves costeras migratorias, como* *este juvenil de aguja colipinta (Limosa lapponica). Se sabe que los individuos de esta especie vuelan más de 13 000 km seguidos en su migración desde Alaska a Australasia, pero en su regreso al norte hacen una parada en las* *llanuras mareales del Sudeste Asiático.*

► **Tapices bacterianos**

*Los tapices bacterianos (biofilm) son apreciables durante la bajamar como un revestimiento dorado verdoso en algunas llanuras* *mareales, como se ve aquí en la bahía de San Francisco, California. Constituyen más de la mitad de la dieta de ciertas aves migratorias y son un importante alimento para cangrejos, peces y otra fauna acuática.*

▼ **Reserva natural nacional de Yancheng**

*Esta reserva, en la provincia de Jiangsu, forma parte del mayor humedal costero de China. Tiene importancia internacional para las aves migratorias y es uno de los mayores hábitats del raro ciervo del padre David, o milú (Elaphurus davidianus).*

## Interacciones que se equilibran

La vida en las llanuras mareales implica complejas interacciones entre las especies y el entorno. El biofilm que producen las diatomeas tiene un efecto aglutinante que estabiliza los sedimentos y reduce la erosión de dichas llanuras. Aunque esto crea hábitats que propician la colonización por parte de otras especies, las condiciones dependen del equilibrio entre los productores primarios y los depredadores, que se encuentran más arriba en la cadena alimentaria. Los animales que sobreviven de diatomeas o del biofilm (entre ellos, los anfípodos, un grupo de crustáceos que suelen buscar diatomeas en los estuarios) pueden reducir la estabilidad de las llanuras mareales. La concentración de diatomeas puede reducirse mucho donde abundan los anfípodos, lo que, a su vez, puede influir en la producción de biofilm. Algunas aves costeras migratorias se alimentan de anfípodos, estabilizando la cantidad de diatomeas y, por lo tanto, la producción de biofilm, que también les sirve de alimento.

## Proteger las llanuras mareales para salvar a las aves migratorias

La pérdida o degradación de estas llanuras puede tener consecuencias perjudiciales para las poblaciones de aves migratorias. La contaminación, el aterramiento y la construcción de puertos son algunos de los factores que provocan el declive de dichos lugares en todo el mundo. Las del mar Amarillo, entre China y Corea del Sur, están desapareciendo a gran velocidad, lo que es una amenaza para las especies aviares que migran entre el Ártico y Australasia por la ruta migratoria Asia Oriental-Australasia. Esta tendencia podría invertirse con la creación de santuarios para estas aves a lo largo de la costa del mar Amarillo, protegiendo las que se consideran las mayores llanuras mareales del mundo.

En 2019, dos lugares (alrededor de 185 000 ha) de la provincia china de Jiangsu se declararon Patrimonio Mundial de la UNESCO debido a su valor universal excepcional como hábitat vital e irremplazable para más de cuatrocientas especies de aves y escala crucial para más de cincuenta millones de aves migratorias. En 2021 se incluyeron en la misma lista varios lugares de la costa surcoreana. Entre aquellas que usan estas llanuras mareales están muchas especies en peligro, entre ellas el correlimos cuchareta (*Calidris pygmaea*), ave en peligro crítico cuya población ha disminuido a gran velocidad en las últimas décadas y de la que en 2021 se estimaba que solo contaba con quinientos ejemplares.

▲ **Seguimiento**
*Este correlimos cuchareta (Eurynorhynchus pygmeus) lleva un transmisor que registra datos que ayudan a los investigadores a comprender los tiempos y las pautas de migración de esta especie, en peligro crítico de extinción. Los investigadores pueden así identificar los lugares importantes para que las aves puedan protegerse. Más de la mitad de la población mundial de correlimos cuchareta usa las llanuras mareales del mar Amarillo como lugar de parada y muda.*

# El valor de los estuarios

Los estuarios proporcionan diversos beneficios (o servicios ecosistémicos) tanto a las personas que los visitan como a quienes viven en sus inmediaciones y a la sociedad en general. Varias de las industrias de primer orden que sustentan las economías locales y nacionales, como la pesca y los puertos, dependen de ellos. Además, la vegetación estuarina elimina carbono de la atmósfera y reduce el riesgo de inundaciones, a lo que hay que sumar las oportunidades recreativas que ofrecen.

▼ **Subsistencia**

*Se calcula que la fuente de alimento e ingresos de 210 millones de personas que viven en zonas costeras procede de los manglares. La mujer de la imagen está recolectando ostras en Senegal con unos manglares al fondo.*

El concepto de «servicios ecosistémicos» alude a todos los beneficios que los seres humanos obtenemos de la naturaleza. En términos generales, incluyen tanto los «productos» que extraemos de la naturaleza, como el aire, el agua, el suelo, los alimentos y la madera, como los «servicios» que se nos dispensan, como la regulación de la temperatura, la polinización, el ciclo de los nutrientes, la eliminación del carbono de la atmósfera y las oportunidades recreativas (*véase* capítulo 4). Como ya se ha comentado (*véase* capítulo 6), estos son importantes zonas de cría para diversas especies acuáticas, escalas cruciales para las aves migratorias y han tenido importancia cultural como lugares de asentamiento humano durante miles de años (pues en ellos están la mayoría de las actuales megaciudades). En, por ejemplo, Estados Unidos, las regiones estuarinas albergan el 40 por ciento de la población humana y representan el 47 por ciento de la economía y el 39 por ciento del empleo.

La importancia natural y cultural de los estuarios es innegable, ya que ofrecen toda una serie de servicios ecosistémicos, algunos con valor económico directo (como la pesca) y otros más difíciles de cuantificar. De algunos puede decirse que son incalculables: como, por ejemplo, los restos arqueológicos de un antiguo puerto, o el beneficio que supone para nuestro bienestar visitar una costa estuarina donde hay llanuras mareales y se ven muchas especies de aves y otros animales. Los economistas ecológicos intentan calcular el valor de los ecosistemas basándose en la contribución que sus servicios le aportan a la economía. Desde esta perspectiva, estos ecosistemas son de los más valiosos.

## Capital natural

Se calcula que los servicios ecosistémicos estuarinos tienen un valor aproximado de 29 000 dólares (en valores de 2007) por hectárea y año, que es el mismo valor de los lechos de las praderas marinas. Entre sus servicios se incluyen el ocio, la protección contra las tormentas, la alimentación, los hábitats y el ciclo de nutrientes. Los manglares y las marismas salinas, en las márgenes intermareales de los estuarios, tienen un valor de 194 000 dólares por hectárea y año. Su papel en la protección de las costas contra el impacto de las olas y las inundaciones, junto con su capacidad para almacenar carbono y filtrar la contaminación, son responsables de buena parte de su valía. Ya solo los arrecifes de coral tienen un valor estimado superior al de la suma de los estuarios, las praderas marinas y los manglares (352 000 dólares por hectárea y año). Estas estimaciones son medias de valores obtenidos a partir de evaluaciones locales realizadas globalmente, por lo que las variaciones entre lugares pueden ser grandes. No todos los servicios ecosistémicos pueden plasmarse en cifras. Por lo tanto, estos valores solo sirven para hacerse una idea de la magnitud de sus aportaciones a la economía, que pueden cambiar a medida que se disponga de nuevas evaluaciones.

▲ **Artesanal**

*Aunque la cría de peces y el cultivo de algas están en expansión, la pesca artesanal a pequeña escala es una fuente clave de sustento e ingresos para más de 110 millones de personas en los países en desarrollo de todo el mundo. Las trampas que usan los tsonga en el estuario de la bahía de Kosi, en Sudáfrica, están diseñadas para dejar escapar a los ejemplares pequeños y capturar a los más grandes con la marea baja.*

La importancia de la naturaleza para nuestro bienestar y supervivencia ha sido muy infravalorada. El desarrollo económico se ha basado en el uso de los recursos naturales pero sin tener en cuenta el coste real de su uso, lo que ha conllevado la degradación generalizada de valiosos ecosistemas, como los que se dan en los estuarios. Traducir el valor de ellos en términos monetarios puede servir para llamar la atención sobre lo mucho que contribuyen a la economía y a que se elaboren políticas que puedan frenar o reducir la presión humana.

## Pesca

No hay libro ni artículo sobre los estuarios en los que no se aluda a la importancia pesquera que tienen. Son zonas de reproducción o cría de especies comerciales no residentes, como los langostinos. También son hogar y zona de alimentación de las residentes, algunas con valor comercial directo (como las ostras y los berberechos) y otras que forman parte de la cadena alimentaria de especies comerciales. Los hábitats intermareales aportan materia orgánica y nutrientes que sustentan la red trófica tanto dentro como fuera del estuario. La supervivencia de las pesquerías depende en buena parte de la presencia y la conectividad de los servicios que necesitan a lo largo de su ciclo vital en los hábitats salobres y marinos que habitan.

En 2020 se capturaron 112 millones de toneladas de animales en aguas marinas, de las que alrededor del 70 por ciento se obtuvieron mediante pesca y el resto mediante acuicultura. Se calcula que ambas son el medio de vida de unos 600 millones de personas, la mayoría en países en desarrollo.

## Tigres marinos

El camarón tigre (*Penaeus monodon*) se consume en todo el mundo, pero es originario de las costas del Indo-Pacífico australiano, el Sudeste Asiático y el sudeste de África. Pasan la fase juvenil en estuarios bordeados de manglares y se trasladan a aguas marinas abiertas al llegar a la madurez. Pasan el día en sus madrigueras en el fondo marino y se alimentan por la noche de detritus, poliquetos, moluscos y otra fauna bentónica. La degradación de los sistemas y la sobrepesca han reducido las poblaciones salvajes, que, a su vez, se ha convertido en una de las especies más cultivadas. Si bien la acuicultura reduce la presión pesquera sobre las poblaciones salvajes, acarrea otros impactos, como la degradación de los manglares, la eutrofización y el riesgo de propagar enfermedades a otros animales. Se ha producido un descenso en la importación de camarón tigre por parte de la Unión Europea, ya que ha pasado de más de 55 000 toneladas en 2016 a 35 000 en 2021, en parte porque los consumidores buscan cada vez más productos de fuentes sostenibles certificadas, y descartan a muchos productores.

## Recolección de berberechos

Los seres humanos llevan miles de años recolectando almejas, berberechos y otros moluscos bivalvos en las llanuras mareales. Algunas especies se usan como cebo, mientras que otras se consumen. Durante la bajamar, estos bivalvos se encuentran en los agujeros que excavan en las planicies intermareales. En muchos países está permitida la recolección para el consumo personal siguiendo las normas relativas al tamaño de las conchas, la cantidad extraída y el momento de recolección, pero, por lo general, hace falta una licencia para fines comerciales.

Dada la escasa profundidad de las madrigueras de estos bivalvos, se pueden recoger en pequeñas cantidades con una paleta, mientras que para sacar un mayor número de conchas se puede usar un rastrillo de jardín. Tras esto, las conchas se colocan en una bandeja o en un tamiz y se les quitan los sedimentos con un cepillo. En las explotaciones comerciales emplean a muchos trabajadores, rastrillando grandes extensiones de la zona intermareal y usando tractores o *quads* para transportar la cosecha.

Con todo, esta no está exenta de peligros. Caminar por llanuras mareales con la marea baja puede ser traicionero por el riesgo de quedarse atascado en el lodo y por el rápido ascenso de las aguas. En 2004 se produjo una tragedia en la bahía de Morecambe, al noroeste de Inglaterra, cuando 23 inmigrantes ilegales procedentes de China fallecieron al quedar atrapados por la marea entrante mientras recolectaban berberechos por la noche. Los habían llevado a Europa para trabajar para un capataz, que los había enviado a las llanuras mareales durante horas para recoger berberechos. La información sobre las mareas no era correcta, no conocían la zona y apenas sabían inglés. El capataz fue acusado de homicidio involuntario y condenado a 14 años de prisión.

▼ **Cosecha**
*Recolección comercial autorizada de berberechos comunes (Cerastoderma edule) en Southport, noroeste de Inglaterra. El berberecho lleva casi 2000 años siendo una fuente de alimento e ingresos en Reino Unido, donde a veces se alcanzan cosechas de cientos de toneladas al mes. Los mariscos se venden tanto frescos como hervidos o en escabeche.*

# 9

# Los estuarios y nosotros

# Seguridad alimentaria

Los estuarios sustentan la mayor parte de la pesca marina salvaje y de la producción acuícola del mundo. Con el declive de las pesquerías debido a la sobrepesca y los efectos de la pérdida de hábitats y la contaminación, esta solución se ha extendido por todo el mundo para asegurar el suministro de alimentos. Es más que seguro que en su supermercado o restaurante le sirvan pescado y marisco de piscifactoría, incluso de países lejanos.

## ACUICULTURA MARINA Y SALOBRE

Un total de 35 países abarcaron en 2021 una producción de acuicultura marina y salobre superior a 50 000 toneladas, y, en conjunto, fueron responsables de más del 99 por ciento de la acuicultura marina mundial. China e Indonesia son los mayores productores del mundo, así como de especies marinas.

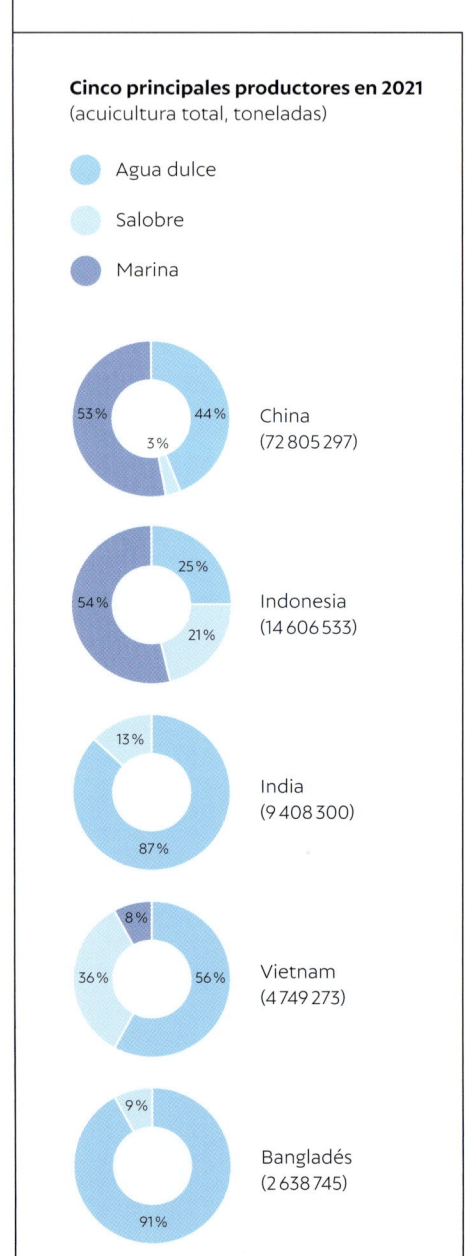

**Cinco principales productores en 2021**
(acuicultura total, toneladas)

- Agua dulce
- Salobre
- Marina

China (72 805 297): 53%, 3%, 44%
Indonesia (14 606 533): 54%, 21%, 25%
India (9 408 300): 13%, 87%
Vietnam (4 749 273): 36%, 56%, 8%
Bangladés (2 638 745): 9%, 91%

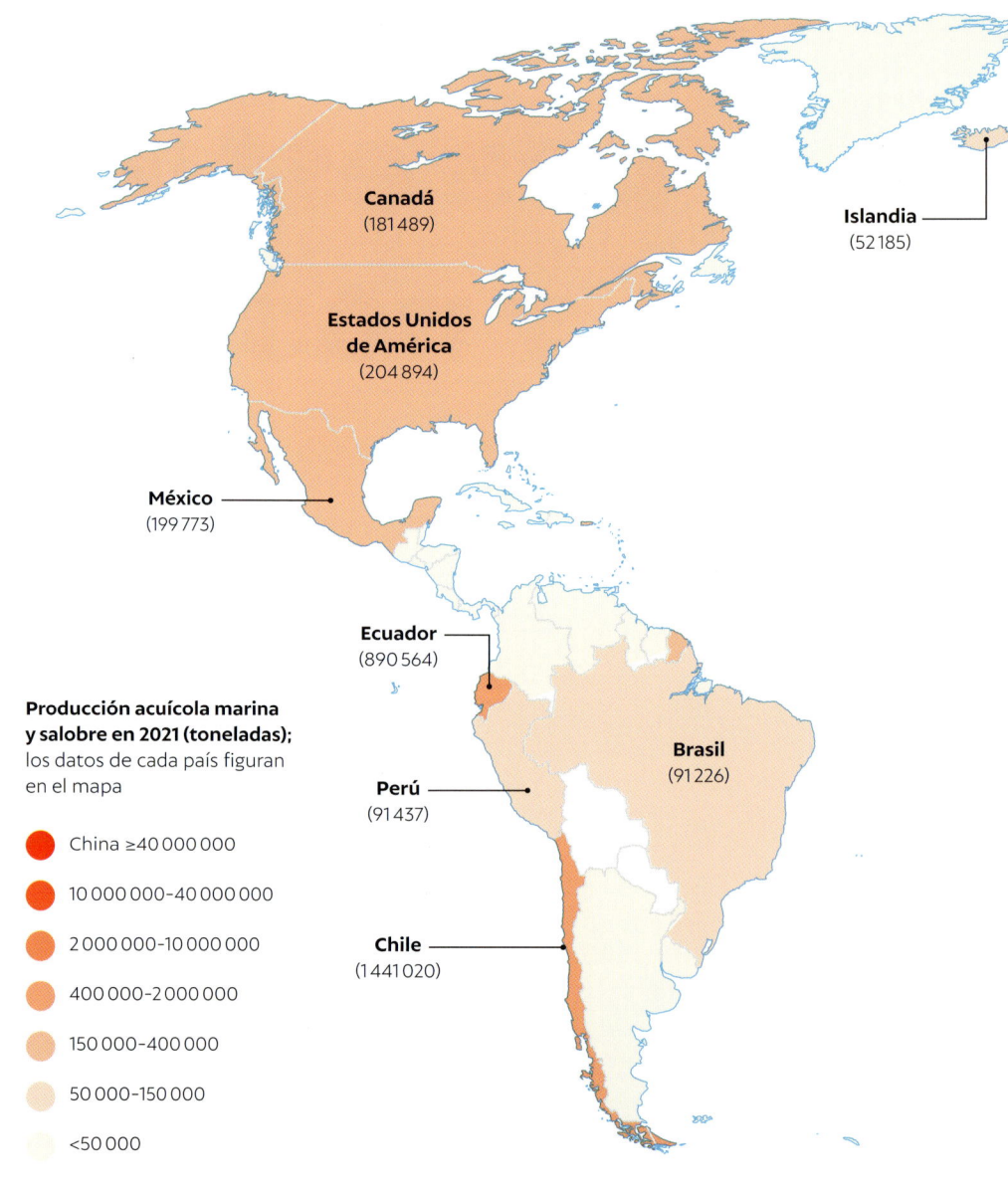

Canadá (181 489)
Islandia (52 185)
Estados Unidos de América (204 894)
México (199 773)
Ecuador (890 564)
Perú (91 437)
Brasil (91 226)
Chile (1 441 020)

**Producción acuícola marina y salobre en 2021 (toneladas);** los datos de cada país figuran en el mapa

- China ≥40 000 000
- 10 000 000–40 000 000
- 2 000 000–10 000 000
- 400 000–2 000 000
- 150 000–400 000
- 50 000–150 000
- <50 000

En 2020 se produjeron en todo el mundo más de 215 millones de toneladas de pescado, marisco, algas y otros organismos acuáticos de agua dulce y marina, de los que las especies marinas representaron el 56 por ciento. Mientras que la pesca salvaje constituye el 70 por ciento de la producción total de las marinas, el 83 por ciento de la producción de las de agua dulce procede de la acuicultura. En la década de 1970, solo representaba el 5 por ciento de la producción mundial total, pero en 2020 la cifra se situaba en 122 millones de toneladas de organismos acuáticos, es decir, el 57 por ciento de la producción mundial.

## Impactos medioambientales

Pese a la importancia que tiene la acuicultura en la seguridad alimentaria, su expansión acarrea problemas medioambientales. Algunas especies, como los langostinos, suelen criarse en estanques situados cerca del mar, lo que ha sido una de las principales causas de la degradación de los estuarios y la deforestación de los manglares. Otras se crían en estuarios o zonas costeras resguardadas (en cestas o redes cerradas en el caso del salmón, o en cuerdas colocadas bajo el agua, como con las ostras y los mejillones). Aunque este tipo de acuicultura no provoca pérdidas de hábitats intermareales, puede influir en la calidad del agua y en la biodiversidad local y restringir otras actividades acuáticas. Los desechos que producen los peces y su alimento no ingerido crean un exceso de nutrientes que conlleva la eutrofización y la proliferación de algas, sobre todo cuando la concentración de peces es elevada.

## Acuicultura extensiva

La acuicultura es omnipresente en la bahía de Sansha, al sur de China, donde las granjas de algas, las jaulas para peces y los pueblos flotantes conforman un mosaico de intervenciones humanas. La cría en jaulas comenzó en esta zona como un esfuerzo por producir corvinata azafrán (*Larimichthys crocea*), un pez que antaño abundó en la bahía pero cuya población se redujo en más del 90 por ciento en la década de 1980 debido a la sobrepesca. Esta actividad empezó a intensificarse en torno a la isla de Qingshan como parte de un plan para producir la popular corvinata.

Se calcula que a principios de la década de 2020 ya había más de 300 000 jaulas de cultivo de corvinata y 40 000 cestas de abalón en estas aguas, que se cuentan entre las más densamente cultivadas del mundo. Las primeras están ancladas al lecho marino. La expansión de la actividad en la bahía incluye el cultivo de algas (sobre todo kelp y laver), criaderos de ostras y una variada producción de pulpo, lubina y otras especies cultivadas en jaulas. Una buena parte de la zona intermareal somera de la bahía está cubierta de cañas de bambú que se usan para secar las algas tras la cosecha.

**Granjas marinas**
La acuicultura tiene una gran presencia en la bahía de Sansha, en la provincia china de Fujian. En esta imagen del satélite Landsat 8 del 8 de abril de 2017 se aprecia el cultivo de algas marinas (zonas más oscuras) y las jaulas que contienen peces, abalones y otras especies marinas (tonos más claros).

**1** Culivo de algas
**2** Jaulas
**3** Isla de Qingshan
**4** Península de Dongchong

0          5 km

◀ **Exportaciones**
*Indonesia es el país con la mayor cobertura de manglares del mundo y, debido al empleo de estanques acuícolas, tiene una de las tasas más elevadas de pérdida de los mismos.*

Los pueblos flotantes de la bahía de Sansha están habitados en su mayoría por la llamada *boat people*, poblaciones con una dilatada relación con las aguas y de las que se cree que descienden de las etnias yue del sur de China, que hace unos 1300 años se vieron obligadas a vivir en sus barcos pesqueros para evitar conflictos con los cantoneses. Durante mucho tiempo estuvieron segregados y no se les permitió pisar tierra firme. Hoy, algunos de sus miembros se han trasladado al continente y las generaciones más jóvenes no están tan interesadas en mantener las antiguas tradiciones.

Las llanuras mareales del condado de Xiapu, en el norte de la bahía de Sansha, se promocionan como uno de los paisajes costeros más fotogénicos de China, sobre todo al amanecer y al atardecer, cuando destacan las diversas explotaciones acuícolas. Se calcula que el turismo fotográfico atrae cada año a más de 400 000 visitantes a esta zona. De entre las muchas excursiones que se ofertan, las hay a miradores y lugares donde los agricultores o pescadores escenifican idílicas escenas rurales.

Es tal la presencia de jaulas y cañas de bambú en las aguas de la bahía de Sansha que la velocidad de la corriente se ha reducido a la mitad en la zona intermareal y se ha triplicado en aguas más profundas. Cuando esto pasa, tardan más en expulsar los nutrientes y contaminantes de la bahía, y aumentan el riesgo de eutrofización. Además, las estructuras flotantes limitan la cantidad de luz que penetra en la columna de agua, lo que reduce la fotosíntesis y ralentiza la descomposición de la materia orgánica. Todos estos factores han alterado el ecosistema local y han mermado la biodiversidad de la bahía.

◀ *Boat people*

*Los pueblos flotantes de los estuarios y bahías de la provincia china de Fujian son el hogar de una minoría étnica que subsiste gracias a la pesca y la acuicultura. Unas 7000 personas viven en barcos o casas de madera construidas sobre pontones y barriles de plástico en la bahía de Sansha.*

▶ **Algas**

*Cultivo de algas en Nusa Lembongan, Indonesia. Aunque China produjo el 58 por ciento de los 36 millones de toneladas de algas cosechadas en todo el mundo en 2020, esta práctica se ha extendido por todo el planeta y hoy le reporta ingresos a las comunidades costeras. Existe una demanda creciente de algas en cosmética, biocombustibles y productos farmacéuticos.*

▶ **Variedad**

*Las coloridas redes circulares aumentan el atractivo fotográfico de la bahía de Sansha..*

# Especies estuarinas invasoras

La actividad humana ha llevado especies animales y vegetales a zonas fuera de su área de distribución natural, muchas veces de forma involuntaria. Estas pueden recorrer largas distancias en el agua de lastre de los barcos, adheridas a embarcaciones o plásticos flotantes o en productos naturales transportados por las personas.

Las plantas y los animales que se encuentran en zonas fuera de su área de distribución natural se denominan «especies alóctonas» (o «especies introducidas»). Algunas se naturalizan y logran reproducirse y desarrollar poblaciones en su nuevo entorno sin causar grandes cambios en el medio ambiente y en los ecosistemas locales. Cuando las especies alóctonas prosperan, se extienden con rapidez y provocan daños en el nuevo entorno o en la biota autóctona por la depredación, la propagación de nuevas enfermedades o la competencia por el alimento, el oxígeno o el espacio, se las suele llamar «especies invasoras». Estas suelen convertirse en invasoras donde las condiciones son favorables para su crecimiento y no existen depredadores naturales o enfermedades que puedan controlar su propagación. Se sabe que alrededor del 14 por ciento de las incluidas en el Registro Mundial de Especies Marinas Introducidas son invasoras en algunas zonas.

## AMENAZAS

Las especies invasoras son una de las principales amenazas para los ecosistemas, ya que afectan a más del 85 por ciento de las ecorregiones del planeta. En las zonas costeras, los focos de invasiones se encuentran en torno al mar del Norte, el canal de la Mancha, el Mediterráneo y el Pacífico Nororiental, todas ellas zonas de intenso tráfico marítimo.

Número de especies invasoras

| Sin datos | 1-2 | 3-7 | 8-15 | 16-30 | 31-56 |

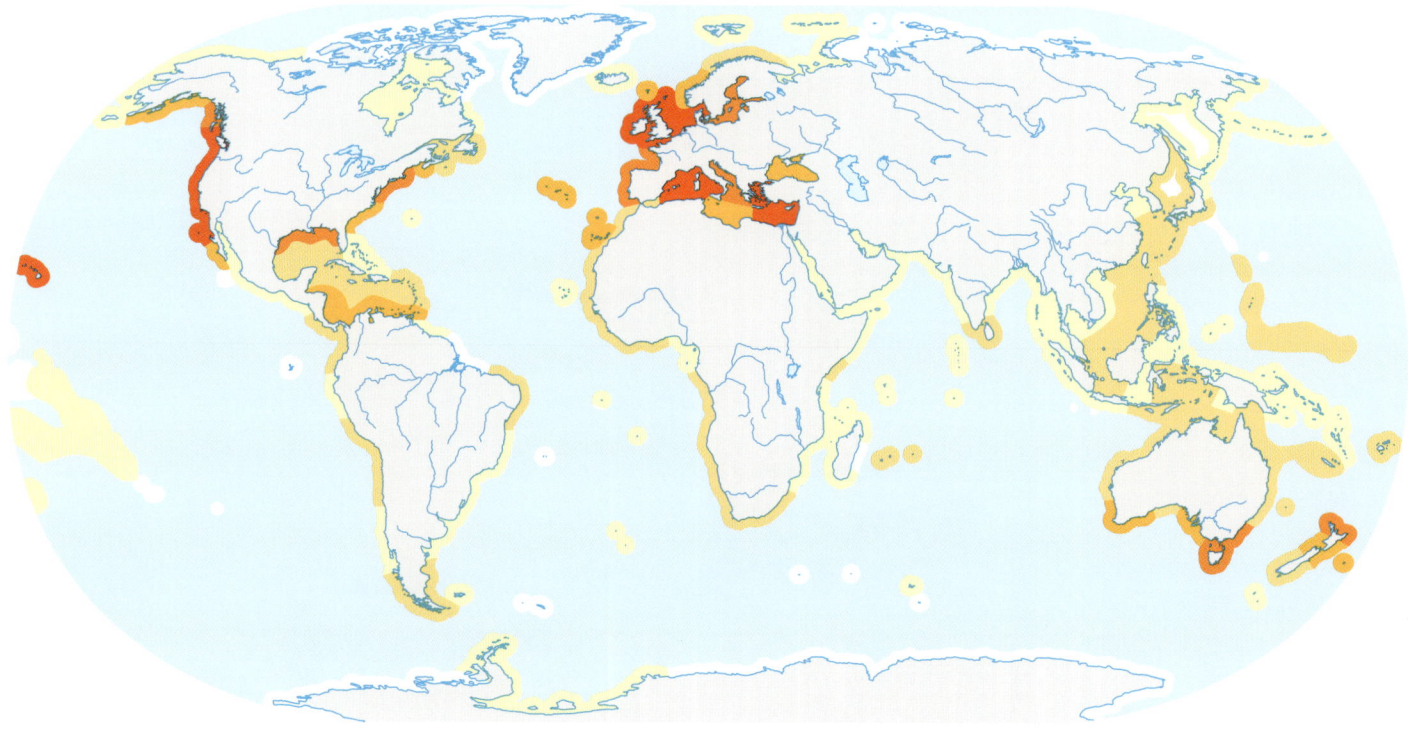

## TROTAMUNDOS

Las rutas de las especies marinas invasoras guardan una estrecha
relación con las principales rutas marítimas mundiales, indicativo
de la importancia de los navíos como sus portadores.

Rutas de las especies marinas invasoras

● Desde el Atlántico Nororiental

● Desde el Atlántico Noroccidental

● Desde Asia

## De un puerto a otro

Los aparejos de pesca, la acuicultura y el agua de lastre utilizada
para equilibrar el peso de los navíos son los principales vectores
de propagación de especies alóctonas por los estuarios. Cuando
los barcos transportan poca o ninguna carga, toman agua de los
alrededores del puerto para, así, aumentar su estabilidad durante
la navegación. A continuación, la vierten en el siguiente puerto,
lo que puede introducir en las aguas circundantes organismos no
autóctonos y agentes patógenos que hayan sobrevivido al viaje
y que pueden acabar extendiéndose por las cuencas fluviales. Se
calcula que hoy en día se transportan hasta 7000 especies cada hora
en las aguas de lastre de todo el mundo. Algunas bahías y estuarios
situados en torno a puertos muy frecuentados están hoy en
día dominados por especies introducidas, como la bahía de San Francisco, en
California, donde hay más de 230 especies alóctonas. El Convenio Internacional
para el Control y la Gestión del Agua de Lastre y los Sedimentos de los Buques de 2004
estableció normas internacionales que entraron en vigor en 2017 con el objetivo de
frenar esta introducción potencialmente perjudicial. Entre dichas medidas están la
restricción del vertido de agua de lastre a aguas abiertas y el tratamiento de la misma
para matar o esterilizar organismos antes de que se suelten en zonas no autóctonas.

▲ **Vertido invasivo**
*Muchas especies
acuáticas llegan a
zonas no autóctonas
a través del vertido
de las aguas de lastre de
los barcos en estuarios
y zonas costeras.*

## Rivales indeseables

Entre las especies acuáticas invasoras hay una amplia gama de organismos, desde dinoflagelados microscópicos, que pueden causar proliferaciones de algas nocivas, hasta algas, bivalvos, crustáceos y peces. La mayoría de las invasoras pueden vivir en condiciones muy diversas, facilitando su propagación y su adaptación a nuevos lugares.

Pese al inofensivo aspecto de los ctenóforos, el americano (*Mnemiopsis leidyi*), originario de estuarios templados y subtropicales del este de Sudamérica y Norteamérica, ha afectado mucho a las pesquerías de los mares Caspio y Negro. Esta especie carnívora se alimenta de zooplancton (incluidos huevos y larvas de peces), con lo que ha superado a los depredadores autóctonos y ha disminuido la biodiversidad y la biomasa en toda la cadena alimentaria. Las capturas del pez *Clupeonella engrauliformis* se redujeron cuatro veces tras su llegada al mar Caspio. La disminución de este pez también afectó a la población de sus depredadores, entre ellos focas y otros peces comerciales. La población del ctenóforo americano disminuyó de forma drástica en el mar Negro tras la llegada en 1997 de otro ctenóforo depredador, *Beroe ovata*, también a través de las aguas de lastre. Ello permitió la recuperación de la abundancia de zooplancton y del resto de la cadena alimentaria.

## De Asia a Occidente

Algunas de las principales especies invasoras que afectan a los ecosistemas de agua dulce de Norteamérica y Europa del Norte, como el mejillón cebra (*Dreissena polymorpha*), originario de Rusia (*véase* capítulo 5), y el cangrejo chino (*Eriocheir sinensis*), también se introdujeron a través del agua de lastre. Este último es originario de Asia Oriental y se cría y comercializa para el consumo humano en China. Puede vivir en una amplia gama de salinidades, lo que facilitó su propagación por estuarios y ríos de Europa, Canadá y ambas costas de Estados Unidos. Los cangrejos comienzan siendo larvas planctónicas en el mar y entran en los estuarios cuando son jóvenes, mientras que los adultos viven en ríos o estuarios y migran para aparearse en aguas salobres. Afectan a las especies autóctonas a través de la competencia, la depredación y los cambios en el

**Cangrejos chinos**

*Los cangrejos chinos adultos (Eriocheir sinensis) se identifican con facilidad gracias al vello que tienen en las patas y las pinzas. En algunas zonas no autóctonas, como Canadá y Reino Unido, son el único cangrejo que se encuentra en los ríos. Las madrigueras que hacen pueden desestabilizar las riberas fluviales y estuarinas, siendo necesario vallarlas para reforzarlas, como se ha hecho a lo largo del río Támesis, Reino Unido.*

entorno. Estos invasores son, además, vectores de enfermedades, ya que transmiten un patógeno mortal para las especies europeas de cangrejos de río y parásitos pulmonares a los humanos si consumen cangrejos contaminados poco cocinados. Los intentos de erradicarlo mediante su captura durante la migración han fracasado.

## Contener la invasión

Eliminar las especies acuáticas invasoras puede resultar muy difícil y costosa; además, se vuelve casi imposible si se naturalizan, es decir, cuando pueden reproducirse y propagarse en su nuevo entorno. La erradicación suele implicar la eliminación mecánica o el uso de productos químicos. Sin embargo, es algo que solo se intenta cuando la especie invasora ocupa una zona pequeña relativamente cerrada y las posibilidades de éxito superan los impactos potenciales que el método pueda tener en la biota autóctona. La introducción deliberada de especies no autóctonas para controlar especies invasoras suele evitarse debido a que las primeras pueden acabar convirtiéndose también en invasoras. Cuando se dispone de recursos, lo más habitual es contener la especie invasora impidiendo su propagación o suprimiendo la población en zonas sensibles para, así, reducir el impacto. Una vez que una llega a una nueva zona, puede propagarse a otros cursos de agua locales a través de embarcaciones y utensilios. Por lo tanto, las campañas públicas suponen una estrategia rentable con la que reducir su propagación.

El alga verde tropical *Caulerpa cylindracea*, originaria de Australia, se ha extendido por la costa de doce países del mar Mediterráneo desde 1990, cuando se notificó por primera vez su presencia en la zona. Supera a otras algas y pastos marinos locales, coloniza con rapidez las zonas degradadas y reduce la biodiversidad local. En Francia y España se intentó erradicar de las reservas naturales donde la colonización era incipiente. Si bien se ha registrado un alto índice de éxito, la técnica solo se aplica en pequeñas zonas cada vez, por lo que el coste y el esfuerzo necesarios resultan inviables si la colonización está muy avanzada.

◄ **Campañas de advertencia**

*A fin de reducir las posibilidades de que las personas propaguen de forma involuntaria especies invasoras a nuevas zonas, en todo el mundo se llevan a cabo campañas de advertencia para identificarlas y alertar a los usuarios recreativos y comerciales para que inspeccionen y limpien in situ sus embarcaciones y utensilios.*

# Impactos a distancia

Las conexiones acuáticas de los estuarios hacen que sean propensos a recibir contaminantes de fuentes locales y lejanas, tanto de actividades que tienen lugar en el mar como en tierra alrededor de la cuenca. Estos se concentran en las resguardadas aguas y los lodosos sedimentos de los estuarios, los cuales se ven impactados en mayor o menor medida por la acción humana.

## Vertidos de crudo

Suelen producirse por accidentes de buques, oleoductos y plataformas petrolíferas causados por errores humanos o motivos naturales. El crudo procede del plancton marino fosilizado y enterrado hace muchos millones de años. Aunque esta materia orgánica acaba degradándose en el mar por la luz solar y la acción de las bacterias marinas, hasta entonces puede tener graves repercusiones en la biota marina y estuarina. El petróleo es más ligero que el agua y flota, formando una capa gruesa y pegajosa en la superficie. Con el tiempo y por la acción de las corrientes, los vertidos en el mar alcanzan las costas y los estuarios. La productividad primaria se reduce, ya que el petróleo impide que la luz penetre en la columna de agua y puede cubrir raíces y hojas de las plantas intermareales, como los manglares y las especies de las marismas salinas. Muchos animales mueren por ingerirlo o por asfixia.

◄ **Flotación**
*La plataforma petrolífera Deepwater Horizon se encontraba en el golfo de México, a 80 km de la costa de Luisiana. Durante 87 días entre abril y julio de 2010, vertió más de 554 000 toneladas de crudo que afectaron a 11 000 km² de superficie marina y a 2000 km de la costa entre Florida y Texas. El color rojizo indica que se utilizaron dispersantes para disolver el petróleo.*

**▲ Hacia la orilla**

*Unas mil toneladas de crudo llegaron en 2020 a la costa de la bahía de Grand-Port, Mauricio: se trata del peor desastre ecológico del país debido a su impacto en el sensible ecosistema de los humedales de Pointe d'Esny, de importancia internacional según la Convención Ramsar.*

**⚑ Limpieza**

*Para contener la propagación de vertidos suelen usarse barreras flotantes. Después, el petróleo puede recogerse de forma mecánica de la superficie del agua, como aquí, en Mauricio.*

Los accidentes con petroleros pueden provocar vertidos de millares de toneladas y costar miles de millones en daños y limpieza, como sucedió con el Exxon Valdez. En 1989 se estrelló contra Bligh Reef, un arrecife situado en el estrecho del Príncipe Guillermo, tras lo que vertió 37 000 toneladas de crudo a lo largo de 2000 km de costa y mató a más de 250 000 aves marinas, 3000 nutrias, 300 focas y 22 orcas (*Orcinus orca*). Según Exxon Mobil, pagaron más de 4300 millones de dólares en indemnizaciones, multas y otros costes. Fue el mayor vertido de crudo en las costas de Estados Unidos hasta el desastre de Deepwater Horizon, que tuvo lugar en 2010.

## Contaminación

Los estuarios reciben agua y sedimentos, así como los contaminantes que puedan transportar. Algunos de estos llegan por la escorrentía de la tierra en las cuencas fluviales, mientras que otros se vierten de forma intencional en los cursos de agua o son el resultado de vertidos accidentales. Algunas plantas y animales, como las ostras, los mejillones y las almejas, actúan como filtros naturales y ayudan a limpiar el agua, pero al hacerlo pueden acumularlos en sus tejidos.

### Desastre de lodo tóxico

El 5 de noviembre de 2015, un fallo en una presa de relaves liberó 63 millones de m³ de lodo tóxico en la cuenca del río Doce, generando la peor catástrofe medioambiental de la historia en Brasil, conocida como «el desastre de Mariana». Los residuos de la extracción de mineral de hierro contenían altas concentraciones de mercurio, plomo, arsénico, cobre, zinc, cadmio y manganeso. Estos metales pesados contaminantes se unen mediante intercambio iónico a los minerales de arcilla, el sedimento más fino del lodo, recorriendo largas distancias suspendidos en el agua y asentarse donde lo haga dicho lodo. De este modo, pueden entrar en la dieta de los animales que se alimenten de sedimentos contaminados, y la excavación de madrigueras y la descomposición de la materia orgánica pueden liberar metales en la columna de agua, que consumirán otros organismos.

A su paso, el lodo tóxico que arrastró el río Doce sepultó pueblos, causó 19 víctimas mortales, afectó el abastecimiento de agua de más de 700 000 personas y mató a catorce toneladas de peces y otra macrofauna. Las barreras flotantes no contuvieron el lodo contaminado, que llegó al estuario del río Doce, en el estado de Espírito Santo, y al océano Atlántico, desde donde se extendió hacia el norte hasta la costa de Bahía, el tercer estado afectado por esta catástrofe. La concentración de metales en los peces hizo que no fueran aptos para el consumo humano durante dos años, y al cabo de cuatro los niveles de contaminación en los sedimentos estuarinos seguían planteando un elevado riesgo de causar efectos adversos en la biota.

La presa de Mariana era copropiedad de la empresa brasileña Vale y la angloaustraliana BHP Billiton. Antes de la catástrofe, ya había dado problemas en dos ocasiones, pero no se puso en marcha ningún plan para prevenirlos ni reaccionar ante ellos. Cuatro años después, otra presa propiedad de Vale se derrumbó a 120 km de Mariana: se vertieron 12 millones de m³ de sedimentos contaminados y acabó con la vida de 270 personas. La mala gestión y el fracaso de las medidas reguladoras contribuyen a hacer de estas un desastre en potencia. Por desgracia, este problema no es exclusivo de Brasil, y el 75 por ciento de las catástrofes medioambientales globales relacionadas con la minería se deben a la rotura de las presas.

**Tóxico**
Las actividades terrestres realizadas lejos de la costa pueden contaminar los estuarios y las aguas costeras. El lodo tóxico que, a causa del colapso de la presa de relaves del río Doce, se vertió en 2015 en Minas Gerais, Brasil, fluyó río abajo y cruzó la frontera estatal hacia Espírito Santo. A los diecisiete días, alcanzó el estuario y las aguas costeras, con lo que contaminó el suelo y el agua a lo largo de 650 km de la cuenca fluvial.

**1** Río Doce
**2** Penacho de sedimentos contaminado
**3** Océano Atlántico

0        5 km

Los contaminantes en los cuerpos de animales que se alimentan por filtración pasan a los depredadores que se alimenten de ellos, con lo que aumentará su concentración en la cadena alimentaria, la «bioacumulación». Algunas toxinas como el mercurio y el pesticida DDT pueden causar enfermedades graves y mortalidad entre los animales situados en la parte superior de la cadena alimentaria, como peces, aves, nutrias, y también a las personas. El envenenamiento por mercurio provoca graves problemas neurológicos permanentes que pueden llevar a la parálisis y la muerte. Este síndrome dio en conocerse como «enfermedad de Minamata» a raíz del desastre medioambiental ocurrido en la ciudad japonesa homónima. En 1956, miles de personas, gatos y perros tuvieron graves síntomas neurológicos provocados por el envenenamiento. El mercurio se vertió en las aguas de la bahía a través de las aguas residuales de una fábrica de productos químicos y se acumuló en el sedimento lodoso, con lo que entró en la cadena alimentaria a través del consumo contaminado.

## Eutrofización

La eutrofización (*véase* capítulo 1) es uno de los problemas más extendidos de cuantos afectan a los estuarios urbanos y rurales de todo el mundo. El nitrógeno y el fósforo, nutrientes habituales de los abonos, se encuentran en abundancia en la escorrentía de las tierras agrícolas sobrefertilizadas, los campos de golf y los vertidos de las plantas de tratamiento de aguas residuales. Aunque los nutrientes no son contaminantes *per se*, en exceso provocan la proliferación de algas, causando graves problemas medioambientales. Su crecimiento excesivo puede dejar el agua sin oxígeno a causa del aumento de la absorción por parte de los organismos que se alimentan de estas y por las bacterias al descomponer las algas muertas. Esto provoca estrés en los organismos acuáticos; además, puede producirse una gran mortalidad si el agua se vuelve anóxica y afectar a la pesca recreativa y comercial. Además de los olores desagradables y la coloración del agua, algunas proliferaciones de dinoflagelados y cianobacterias producen toxinas nocivas. La intoxicación paralizante por mariscos (PSP, por sus siglas en inglés) puede causar síntomas que van desde náuseas y entumecimiento facial hasta parálisis muscular y muerte en personas que consuman mariscos intoxicados por ciertas especies de dinoflagelados.

▲ **Chispa de mar**

*Una «marea roja» causada por el dinoflagelado* Noctiluca scintillans *provocó el cierre de las playas de los alrededores de Sídney, Australia, en noviembre de 2017. Aunque la proliferación de esta especie no causa graves problemas de salud humana, produce amoníaco y puede provocar hipoxia, y así afectar a los ecosistemas locales. Esta especie se conoce como «chispa de mar» debido a su bioluminiscencia, apreciable en esta imagen de las aguas de Hong Kong en 2015.*

# Restauración de hábitats

A causa de mútiples presiones humanas, los hábitats estuarinos se están perdiendo a un ritmo más rápido que los bosques. La desaparición, la degradación y la fragmentación de estos han provocado el declive de la pesca y la biodiversidad que dependen de la salud de los estuarios y de su conexión con los hábitats marinos y de agua dulce.

## Esturiones en peligro crítico

Los esturiones se pasan la mayor parte de la vida en el mar y emigran para desovar en los lechos de grava de los ríos, cuyas aguas son limpias y ricas en oxígeno. Tras eclosionar, se desplazan lentamente río abajo, se pasan de dos a tres años en aguas salobres y usan los estuarios como zonas de cría antes de adentrarse en el mar. Este pez existe desde hace más de 200 millones de años, y las veintisiete especies que viven en la actualidad conforman el grupo de animales más amenazado del mundo. Siete de las ocho especies de esturión autóctonas de Europa están en peligro crítico, según la Lista Roja de la Unión Internacional para la Conservación de la Naturaleza, lo que ha desencadenado un plan paneuropeo para salvarlas de la extinción.

▶ **Objeto de exposición**
*En la década de 1970 se seguían pescando grandes esturiones en el Reino Unido, por lo general como captura accesoria en los arrastreros, como fue el caso de este esturión de 40 kg capturado en la bahía de Lyme, Dorset, en 1975, y el de otro de 3 metros de largo y 230 kg capturado frente a Dogger Bank, en el mar del Norte, en 1977, el cual acabó expuesto en Harrods, los famosos grandes almacenes de Londres.*

El ser humano lleva pescándolos miles de años para consumir su carne y sus huevas, llamadas «caviar». La contaminación, la degradación de los hábitats, las barreras que obstruyen la migración, la sobrepesca y las capturas accesorias en arrastreros comerciales y redes de enmalle son las principales amenazas a las que se enfrentan estos extraordinarios peces. Resulta irónico que sea el ser humano, responsable de su merma, el que sea ahora su única esperanza de supervivencia.

## Salvado de la extinción

El esturión común (*Acipenser sturio*), antaño muy extendido por toda Europa, es hoy en día una de las especies más raras. Puede alcanzar los 6 metros de longitud y vivir más de cien años. Los ríos Garona y Dordoña, que desembocan en el estuario del Gironda, Francia, albergan la única población que queda de este, el cual no se reproduce en libertad desde 1994. La especie se salvó de la extinción gracias a la cría en cautividad, y desde 2008 se han liberado miles de ejemplares en la cuenca del Gironda para restaurar la población.

Dado que tardan entre quince y veinte años en madurar, la recuperación de su población puede implicar muchas décadas de un apoyo continuo y adecuado. Aunque Francia y Alemania han hecho grandes esfuerzos por reintroducir especies autóctonas de esturión en la naturaleza, este paso es solo una parte de la solución. Algunas poblaciones atraviesan fronteras internacionales al migrar, por lo que su supervivencia depende de la cooperación y el compromiso internacionales para restaurar los hábitats desde los ríos hasta el mar. También han de adoptarse medidas para detener el comercio ilegal y las capturas accesorias, que siguen constituyendo una importante amenaza para su supervivencia.

▲ **Resurgimiento**
*El 21 de mayo de 2016, la iniciativa en curso para restablecer la población de esturión* Acipenser oxyrinchus *alcanzó el hito de un millón de juveniles liberados en el río Óder, Alemania.*

## ¿Dónde están las ostras?

Aunque hoy en día las ostras evocan la idea de una marisquería de lujo, en el pasado eran un alimento común para muchas comunidades costeras. Las pruebas arqueológicas encontradas en Australia indican que estos moluscos han formado parte de la dieta humana desde hace más de 12 000 años. Si bien se cultivan para el consumo humano desde la época romana, en estado salvaje forman arrecifes que sirven de hábitat a muchos organismos, atraen a peces y aves y conforman ecosistemas biodiversos. Además, mejoran la calidad del agua, ya que cada ostra adulta puede filtrar 150 litros de agua al día, y reducen la erosión costera al retener los sedimentos y amortiguar el oleaje. Sin embargo, más del 85 por ciento de estos arrecifes han desaparecido debido a la sobreexplotación, la sedimentación, la mala calidad del agua y la degradación general de los estuarios. Así, son uno de los ecosistemas marinos más amenazados.

En la década de 1800, las ostras se vendían por todas partes en Nueva York, considerada por aquel entonces la capital mundial de la ostra. Los criaderos naturales de ostras cubrían 900 km² desde la bahía de Jamaica hasta el curso bajo del río Hudson, y, debido a la sobreexplotación, fueron sustituidos por criaderos artificiales a principios de la década de 1800. La contaminación del agua empezó a afectar a la producción, hasta que el último criadero comercial de ostras cerró en 1927.

Muchos países, siguiendo el ejemplo de Estados Unidos, donde la restauración de los arrecifes de ostras comenzó a finales de la década de 1990, llevan a cabo esfuerzos por restablecer los arrecifes de moluscos y crustáceos. La mala calidad el agua puede impedir el desarrollo de los arrecifes de ostras, y la restauración solo puede tener éxito si se reducen las fuentes de contaminación. El Gobierno australiano está invirtiendo en la recuperación del 30 por ciento de aquellos de moluscos y crustáceos perdidos del país, que abundaban en aguas tropicales y templadas. Las especies más comunes de estos arrecifes australianos habían disminuido muchísimo a principios del siglo XX debido a la contaminación y a la sobreexplotación para el consumo humano y la producción de cal. La ostra autóctona *Saccostrea glomerata* solo se encuentra ahora en el 10 por ciento de sus emplazamientos históricos, y *Ostrea angasi*, especie endémica, en menos del 1 por ciento. Se calcula que cada hectárea de arrecife restaurado en Australia servirá de hábitat a cien especies marinas, producirá cada año 375 kg de capturas pesqueras, filtrará 2700 millones de litros de agua y eliminará 225 kg de nitrógeno y fosfatos.

Una de las técnicas usadas para restablecer los arrecifes de ostras consiste en crear una base en el lecho marino con una mezcla de cascajos de roca y conchas recicladas procedentes de restaurantes. En este nuevo sustrato se siembran ostras juveniles cultivadas en criaderos locales para, así, favorecer la colonización, que atraerá más ostras y, con el tiempo, a otros organismos.

▲ **Restauración**

*Barcaza que transporta cascajos de granito para formar la base de los arrecifes de ostras en el río Piankatank, afluente de la bahía de Chesapeake, Estados Unidos, donde se han restaurado más de 200 arrecifes de ostras. Se calcula que cada dólar invertido genera siete dólares de beneficios.*

## Estrangulamiento de la costa

Los hábitats intermareales, como los manglares y las marismas salinas, se desarrollan en zonas inundadas durante la pleamar y expuestas durante la bajamar. Los manglares y las marismas salinas pueden soportar tasas moderadas de aumento del nivel del mar a base de acumular sedimentos, si los hay, y desplazarse tierra adentro hacia zonas más elevadas. Cuando ocurre, el agua salada penetra tierra adentro y los humedales intermareales empiezan a colonizar nuevas zonas, sustituyendo a las praderas y otra vegetación menos adaptada. Con el tiempo, la incursión máxima de la pleamar puede ser contenida por las estructuras de ingeniería costera, mientras que la marca de la bajamar se ve empujada hacia tierra por las subidas. Esta interferencia humana provoca una reducción gradual pero persistente de los hábitats intermareales, denominada «estrangulamiento de la costa». Romper o retirar las estructuras de protección costera puede restablecer el espacio intermareal y compensar las pérdidas.

## Recreación del espacio intermareal

En muchos lugares costeros de todo el mundo, la mejora o la construcción de nuevos rompeolas o terraplenes a lo largo de costas o estuarios se ve limitada por los elevados costes y por los impactos medioambientales no deseados que contempla la legislación. En Europa, para recrear el espacio intermareal y desarrollar marismas salinas se recurre cada vez más al restablecimiento de las mareas en tierras de cultivo ganadas a estuarios, ríos o la costa abierta mediante la rotura o retirada planificada de estructuras de protección contra inundaciones. Esta «realineación gestionada» refleja una tendencia creciente hacia soluciones basadas en la naturaleza que proporcionen múltiples beneficios medioambientales, además de una actitud más sostenible a la hora de gestionar los riesgos de inundación y erosión. Así, se ha llevado a cabo en más de 140 lugares de Europa, sobre todo allí cuando mantener la protección contra las inundaciones no resulta rentable y existe un requisito legal para compensar el estrangulamiento de la costa o la pérdida o degradación de los hábitats.

▼ **Rotos**

*Steart Marshes, en el sudoeste de Inglaterra, el 8 de septiembre de 2014, día en que se retiraron 200 metros de terraplenes a lo largo del estuario del Parrett para permitir que el flujo de las mareas volviera a crear 477 ha de hábitats intermareales perdidos por aterramiento. La zona está gestionada por el Wildfowl and Wetlands Trust como reserva natural.*

## ESTRANGULAMIENTO

Proceso de estrangulamiento de la costa con las marismas salinas como ejemplo de hábitat intermareal. La altura de los terrenos que colonizan las especies de estas varía en función de su tolerancia a las inundaciones y a la salinidad. Si se les da espacio, se desplazan de forma gradual hacia el interior como respuesta a la subida del nivel del mar. Cuando este se ve obstruido por la presencia de estructuras de ingeniería costera, como los rompeolas, la zona intermareal queda estrangulada a medida que el nivel del mar va subiendo, lo que acaba provocando la pérdida de hábitats debido a las inundaciones. El restablecimiento del flujo de las mareas puede recuperar el espacio para que se desarrollen los hábitats intermareales.

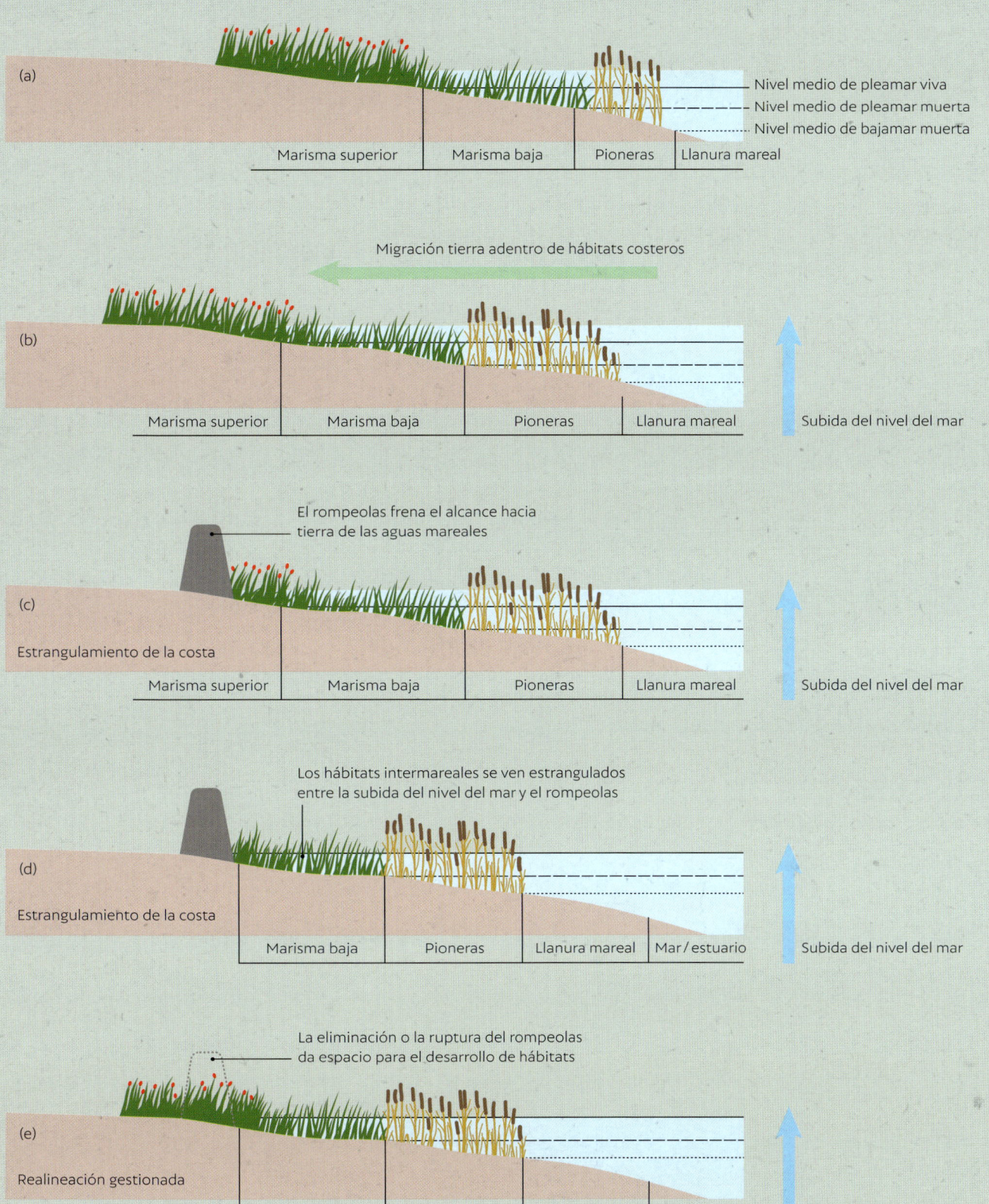

## Marismas salinas para prevenir inundaciones

Las principales causas de la pérdida de hábitats intermareales son el estrangulamiento de la costa y el aterramiento, que han contribuido a reducir en un 50 por ciento la extensión mundial de marismas salinas en el último siglo. Estas se desarrollan en climas templados y subtropicales, y hoy se sabe que aportan importantes beneficios a las personas y a la salubridad de los estuarios. Sustentan la pesca y la biodiversidad, mejoran la calidad del agua, producen materia orgánica y crean condiciones favorables para la vida microbiana que la recicla, son muy eficaces para almacenar carbono y atenúan la energía del oleaje al reducir la erosión costera y las inundaciones.

Para beneficiarse de estos servicios ecosistémicos y contrarrestar o compensar la pérdida de hábitats, muchos países invierten en la creación de condiciones para su desarrollo o restauración. En Alemania y los Países Bajos, por ejemplo, estas marismas son parte integrante de un concepto híbrido de protección más sostenible contra las inundaciones que las combina con diques «vivos». Estos tienen pendientes más suaves que permiten incorporar elementos de la naturaleza y facilitar usos variados, como zonas de forrajeo y recreo. El desarrollo de marismas salinas frente a los diques mejora la protección contra las inundaciones y reduce los costes de mantenimiento a largo plazo, ya que pueden ajustarse de forma natural a los cambios del nivel del mar.

▼ **Protección**

*Las vallas artificiales y los arroyos estimulan la colonización de marismas salinas frente a los diques, lo que puede prevenir las inundaciones y el riesgo de desbordamiento a lo largo de la costa de Groninga, que forma parte del Nationalpark Vadehavet neerlandés.*

## Estuarios en declive

A lo largo del tiempo, muchos estuarios han visto reducido su tamaño en gran medida para dar paso a tierras de cultivo, puertos, zonas urbanas y otras intervenciones costeras, lo que provoca la pérdida de hábitats y biodiversidad y la degradación de la calidad del agua. Antiguos espacios intermareales se han drenado y se ha evitado la incursión de la marea mediante la construcción de terraplenes u otras formas de control de inundaciones. Estas masas de agua se han transformado de forma que han restringido el espacio para ella, lo que, paradójicamente, ha incrementado el riesgo de inundaciones en las tierras ganadas al mar y otras zonas bajas a lo largo del estuario y río arriba.

El lago Hachirō, al norte de Akita, Japón, ilustra los intensos cambios experimentados por los sistemas estuarinos de todo el mundo. Este lago de agua dulce de unas 4000 ha es el vestigio de una laguna salobre que era más de cinco veces mayor pero que fue transformada por un extensivo aterramiento. El Gobierno japonés, en colaboración con ingenieros neerlandeses y el Banco Mundial, reactivó en la posguerra un viejo plan para transformar la laguna en arrozales y, así, resolver la escasez de alimentos y el desempleo. Unas 585 familias seleccionadas de todo el país se asentaron en las nuevas tierras y bautizaron su aldea con el nombre de Ōgata, que significa «gran laguna». Para controlar las inundaciones y reducir la salinidad, la laguna se separó del mar mediante una compuerta de marea y el pólder se cerró con terraplenes. Las comunidades pesqueras se opusieron al proyecto porque se perdía la pesca local; sin embargo, pese a la baja calidad del agua y a las proliferaciones de algas que hoy en día afectan al lago, su producción de arroz es la más elevada del país.

**Aterramiento**
En esta imagen del satélite Landsat 8, tomada el 27 de septiembre de 2014, se ve el gran pólder de más de 17 200 hectáreas que se construyó en la laguna de Hachirōgata entre 1957 y 1977. El aterramiento transformó a la segunda masa de agua más grande de Japón en el lago Hachirō, mucho más pequeño.

# ¿Cómo funcionan los deltas?

# ¿Qué son los deltas?

Los deltas se forman en la desembocadura de los ríos cuando estos van a parar a un lago o al mar y arrastran suficientes sedimentos como para formar una masa de tierra pronunciada. Estos accidentes se producen cuando este aporte se acumula más deprisa de lo que se sumerge o elimina mediante procesos marinos o lacustres. Tienen un ciclo vital en el que su crecimiento está controlado por la deposición de sedimentos y la producción orgánica (crecimiento vegetal), y su declive lo determinan la erosión y el hundimiento de los depósitos deltaicos.

Fue el antiguo geógrafo griego Heródoto (h. 484-425 a. C.) quien acuñó el término *delta* al describir la desembocadura del río Nilo en el mar Mediterráneo, donde forma un exuberante oasis verde con la forma de la letra griega mayúscula Δ, o *delta*. Tras siglos de estudio, sabemos que no todos tienen la forma de un triángulo perfecto como el del Nilo. Esto se debe a que, cuando un río llega al final de su camino, se ve afectado no solo por las fuerzas terrestres que actúan sobre él, como el clima, las precipitaciones, la pendiente y la vegetación de la costa, sino también por los procesos marinos (hacia el mar) o lacustres, como las mareas, el oleaje, las corrientes costeras y las tormentas.

## EL DELTA POR ANTONOMASIA

El delta del Nilo está justo al norte de la ciudad de El Cairo, en Egipto, donde el río se bifurca en numerosos brazos antes de desembocar en el mar Mediterráneo. Son varias las ciudades, tanto modernas como antiguas, que se asientan sobre este río y su delta.

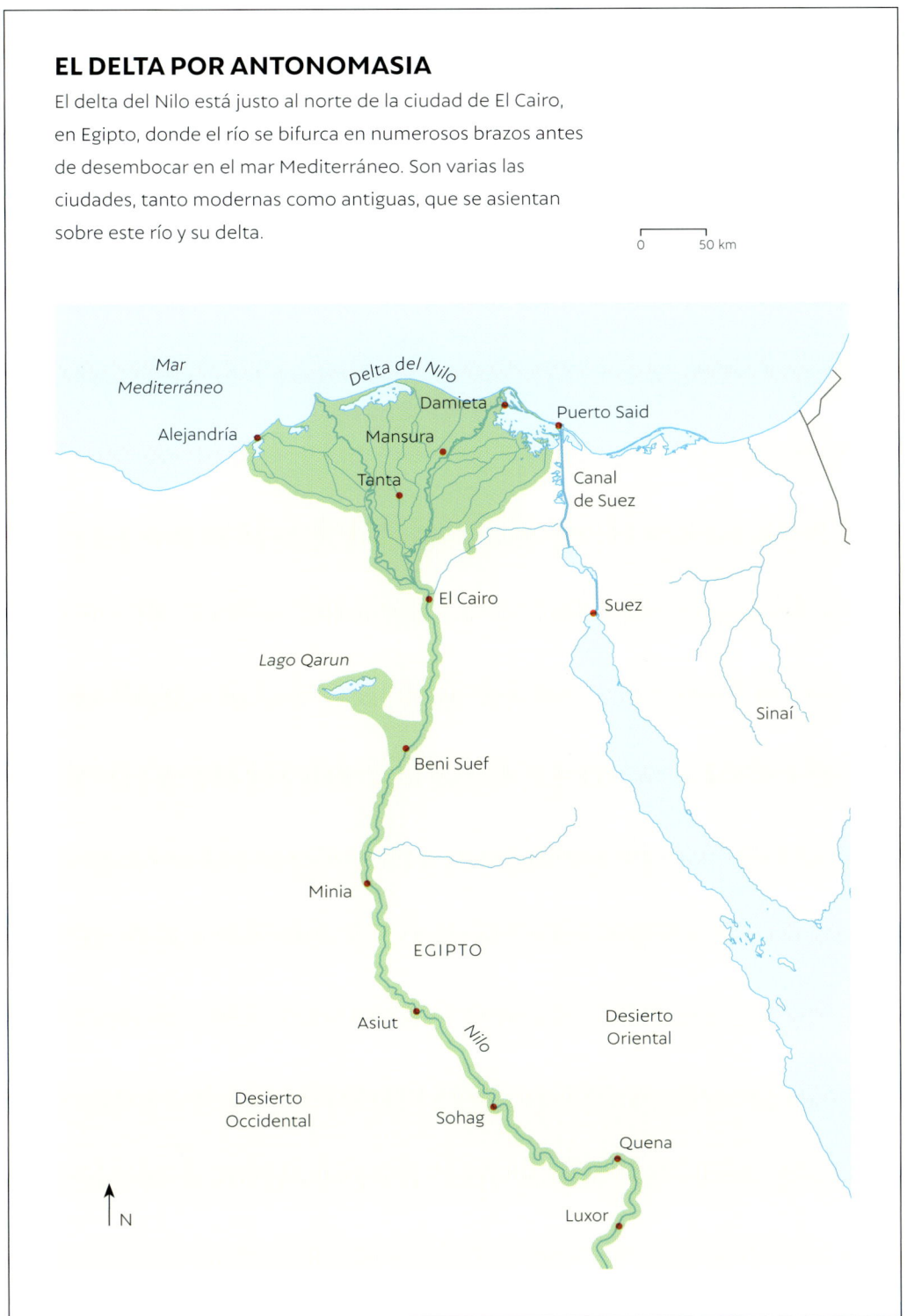

Al pisar un delta, es fácil imaginar que funciona como un organismo vivo y que respira. Las aguas fluviales y mareales que fluyen por sus canales son como la sangre que corre por su sistema circulatorio, los árboles y las plantas de los humedales son el sistema respiratorio, y el río y las mareas son el corazón, que bombea y lo regula todo. En esta analogía, hay muchos componentes que deben trabajar de forma conjunta para crear un organismo que funcione. No solo es como un organismo vivo, sino que, además, muchas especies animales y vegetales hacen de los deltas su hogar, ya sea de forma temporal o permanente.

◀ **Oasis deltaico**

*El delta del río Nilo es un importante oasis ecológico de África septentrional. Disecciona el desierto del Sáhara y proporciona tierras agrícolas para los cerca de cincuenta millones de personas que viven allí.*

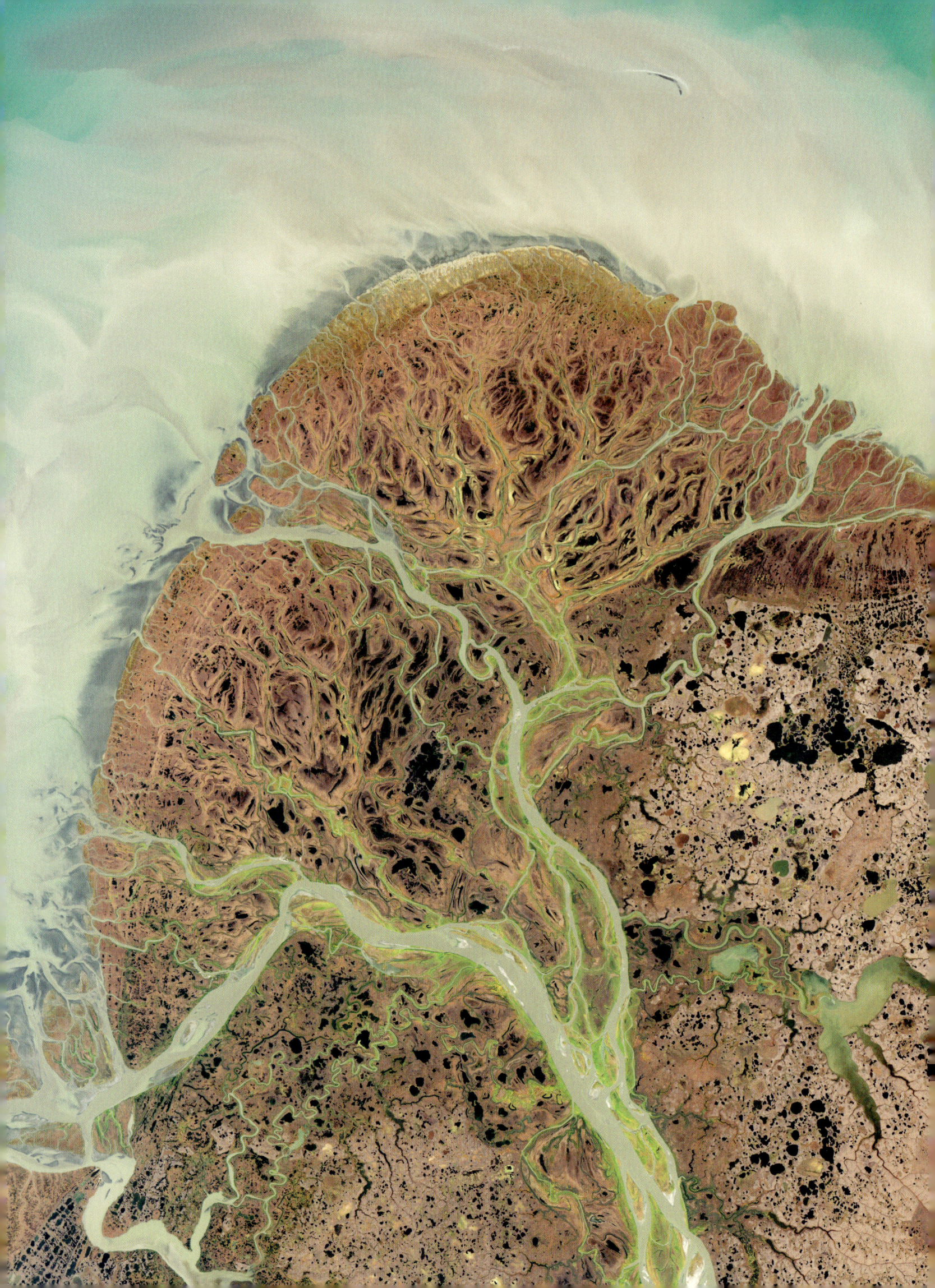

# El nacimiento de nuevas tierras

Los deltas se forman cuando un río desemboca en una masa de agua y deposita sedimentos. Cuando esto sucede, la vegetación de los humedales se puede afianzar y contribuir al crecimiento subaéreo y a la productividad deltaica. Los deltas más pequeños se forman en charcos o lagos, mientras que los que son muy grandes pueden formarse donde un gran río desemboca en el mar. La cantidad de agua y de sedimentos que llegan a la desembocadura es lo que determina la miríada de tamaños de deltas que hay en la Tierra. No solo varían en cuanto a tamaño, sino también en ubicación, ya que los hay tanto en exuberantes zonas tropicales como en desiertos y paisajes polares. Además de ser importantes zonas de cría para peces, aves, reptiles y mamíferos ecológicamente sensibles, los más grandes (como el Indo en Pakistán, el Ganges-Brahmaputra en India y Bangladés, y el Mekong en Vietnam) proporcionan alimento a muchos habitantes de los países en los que están situados.

◤ **Habitantes del delta**
*El delta del Okavango da a un lago de Botsuana y alberga algunos animales grandes y carismáticos.*

▶ **Nieve en el Selengá**
*El delta del Selengá, Rusia, se adentra en el lago Baikal, el más profundo del mundo.*

▶ **Visto desde la distancia**
*Los astronautas a bordo de la Estación Espacial Internacional tomaron esta fotografía de dos deltas fluviales a lo largo de la costa sudoccidental del lago Ayakum, Tíbet. Pueden darse tanto en exuberantes regiones tropicales como en desiertos y paisajes polares.*

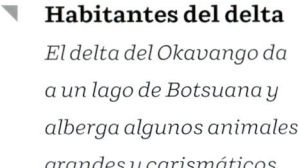

◀ **Penachos de sedimentos**
*Los penachos de sedimentos alrededor del delta del Yukón, en Alaska, indican dónde pueden formarse nuevas tierras.*

# Tipos de deltas

¿Por qué algunos deltas son triangulares y otros no? ¿Por qué algunos presentan una protuberancia de tierra muy pronunciada mientras que en otros la costa es bastante suave? ¿Qué determina su forma? En función de la fuerza relativa de los procesos primarios que mueven los sedimentos, hablamos de aquellos dominados por el río, por el oleaje o por las mareas. Como resultado de estos distintos procesos, surgen las diferentes formas de delta.

## Deltas dominados por el río

El delta del Nilo es un ejemplo de delta dominado por el río (o delta fluvial): en él, la masa de tierra que se adentra en la de agua es triangular y los cauces reparten el agua y los sedimentos en salidas más pequeñas, denominadas «canales distributarios». En aquellos dominados por el río, el pulso unidireccional de este dicta cuándo se inundan, cuándo se desbordan y cuándo generan terrenos. Este transporte de sedimentos suele ser estacional, cuando el calentamiento de las temperaturas primaverales provoca el deshielo o cuando los monzones estivales arrojan enormes cantidades de precipitaciones, como ocurre en el Sudeste Asiático.

**▼ Canales ensanchados**
*Las mareas en la desembocadura del río Indo, Pakistán, forman cauces que se ensanchan hacia el mar y que están separados por islas alargadas.*

## Deltas dominados por la marea

En los deltas dominados por la marea, o deltas mareales, no solo es importante el flujo fluvial estacional unidireccional, sino las mareas que provoca el mar. Se trata de ondas de agua de larga duración provocadas por la atracción gravitatoria de la Luna y el Sol y que, en los entornos costeros, hacen que el nivel del agua suba y baje de forma periódica. Los deltas son zonas bajas, por lo que esta subida y bajada provoca flujos bidireccionales en los que el agua se ve transportada hacia tierra durante varias horas mientras sube la marea (crecidas) y hacia el mar mientras baja (reflujos). Este movimiento bidireccional redistribuye los sedimentos en la desembocadura del río tanto hacia tierra como hacia el mar. Como resultado, el terreno entre los canales distributarios se vuelve más alargado y en forma de dedo que en los deltas dominados por el río y se orienta en dirección tierra-mar. Además, sus canales distributarios tienden a ensancharse hacia el exterior. Así, la forma en planta de un delta dominado por la marea a vista de pájaro es diferente de la de un delta dominado por el río.

# TIPOS DE DELTAS

Los deltas pueden clasificarse dentro de un diagrama triangular de predominio fluvial, mareal o de oleaje en función del equilibrio relativo de poder que se produce en la desembocadura del río.

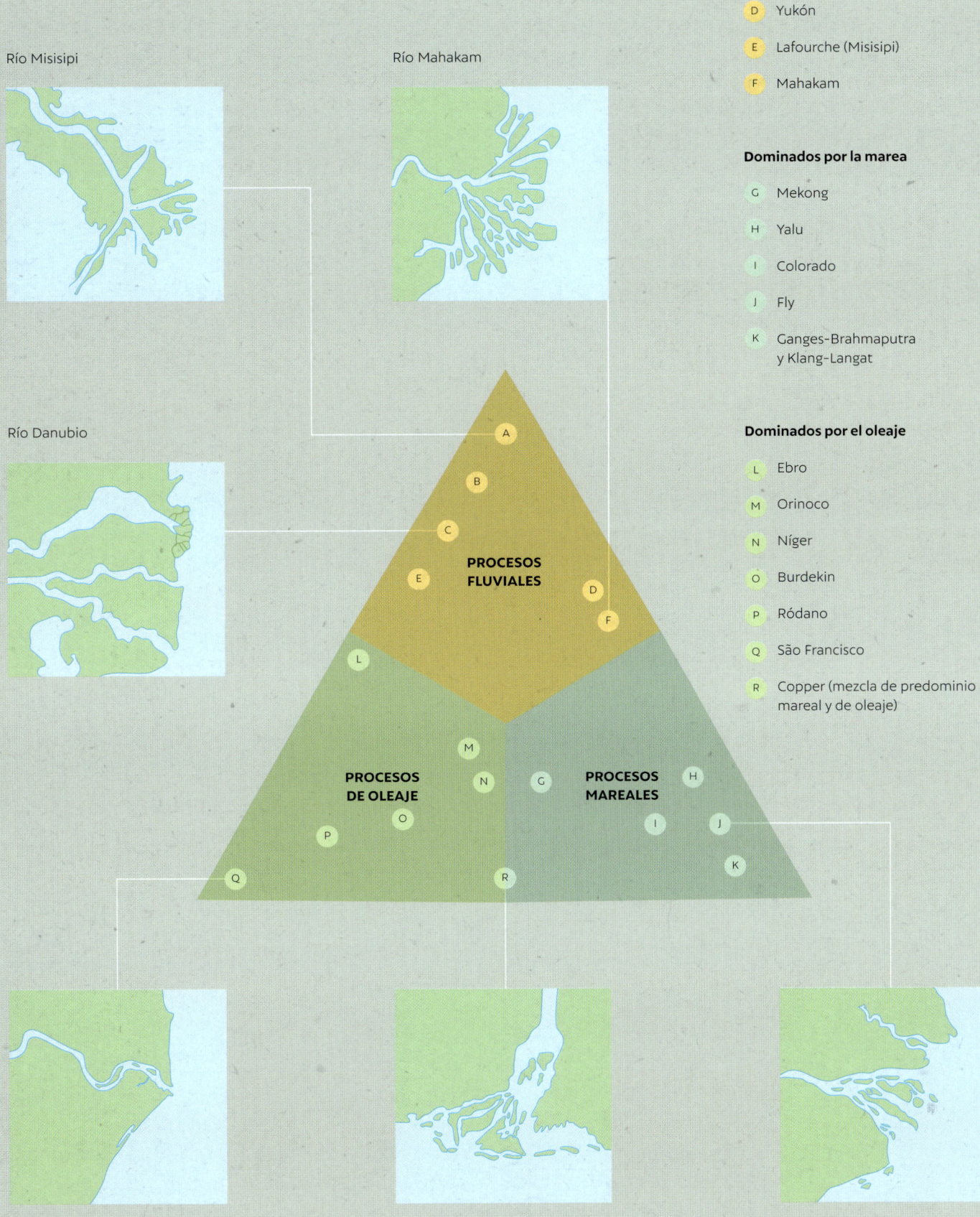

Río Misisipi

Río Mahakam

Río Danubio

**Dominados por el río**

A Misisipi moderno

B San Bernardo (Misisipi)

C Danubio

D Yukón

E Lafourche (Misisipi)

F Mahakam

**Dominados por la marea**

G Mekong

H Yalu

I Colorado

J Fly

K Ganges-Brahmaputra y Klang-Langat

**Dominados por el oleaje**

L Ebro

M Orinoco

N Níger

O Burdekin

P Ródano

Q São Francisco

R Copper (mezcla de predominio mareal y de oleaje)

**PROCESOS FLUVIALES**

**PROCESOS DE OLEAJE**

**PROCESOS MAREALES**

Río São Francisco

Río Copper

Río Fly

## Costa enderezada por el oleaje

▶ **Costa enderezada por el oleaje**

*Las olas a lo largo de la Camarga, en el delta del Ródano, Francia, forman las crestas y los bajíos característicos de los deltas dominados por el oleaje.*

# Deltas dominados por el oleaje

Estos deltas se forman cuando un río entra en una masa de agua con grandes olas que propician una constante redistribución de los sedimentos depositados en la desembocadura. La acción de las olas tiende a formar una corriente paralela a la costa, denominada «deriva litoral», transportando sedimentos a lo largo de ella. Como resultado, estos deltas tienen unos característicos patrones de forma en planta que muestran cordones de arena paralelos a la orilla, llamados «crestas de playa», y separados por bajíos. Además, la reelaboración de los sedimentos a lo largo de la costa altera el patrón distributario «normal» que se observa en otros deltas: lo habitual es que en este tipo solo haya un desagüe distributario.

## DISTRIBUCIÓN MUNDIAL Y CLASIFICACIÓN DE LOS DELTAS

Los deltas dominados por ríos, mareas y olas se dan en todo el mundo, desde los exuberantes trópicos hasta los gélidos polos. Según un análisis de las energías presentes en la desembocadura de cada río, los más extendidos en el mundo son los dominados por el oleaje, aunque los que lo están por la marea y los ríos tienen un mayor caudal de agua dulce y de flujo sedimentario, tal y como se observa en los siguientes diagramas circulares.

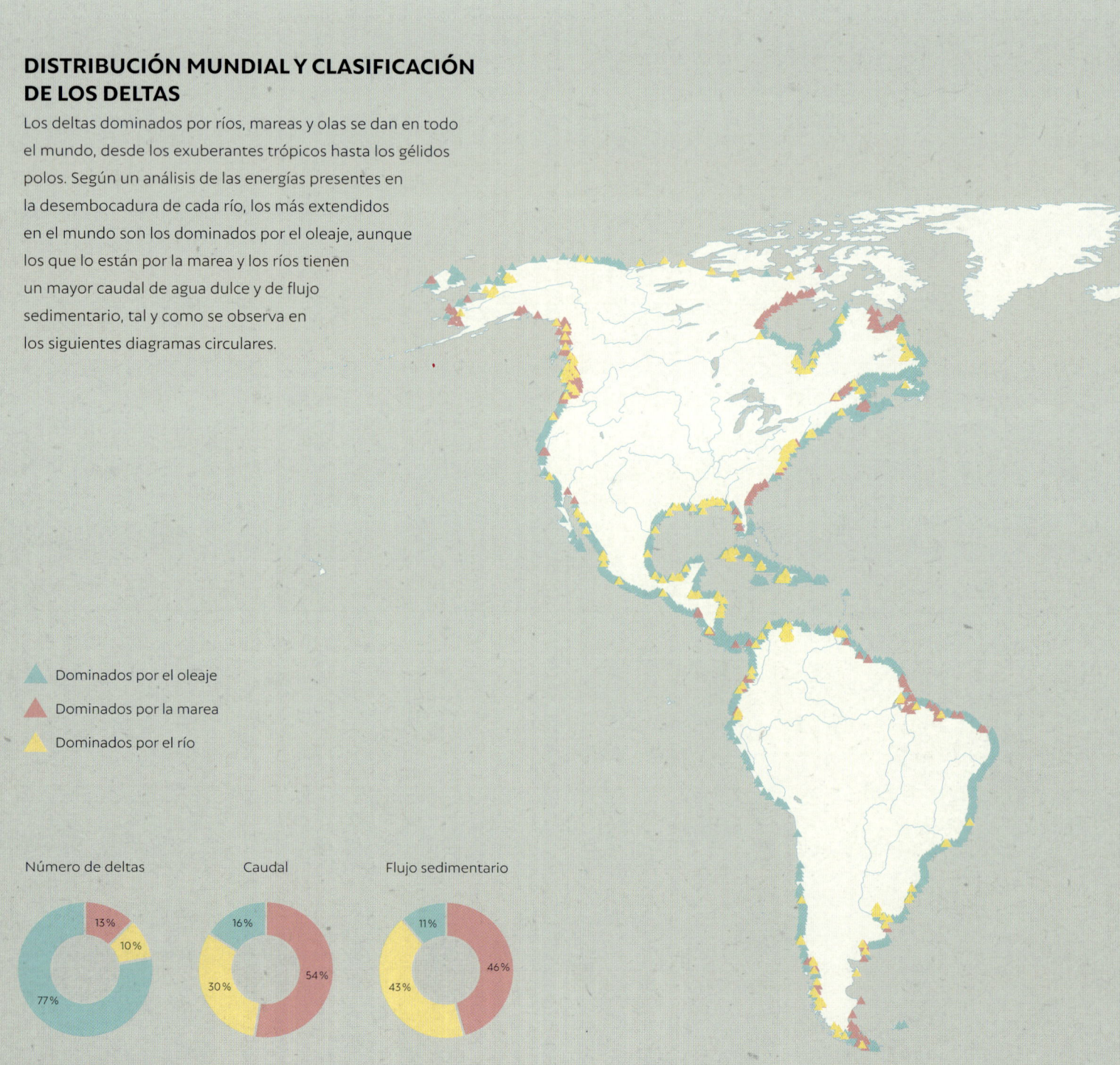

▲ Dominados por el oleaje

▲ Dominados por la marea

▲ Dominados por el río

**Número de deltas**
77%  13%  10%

**Caudal**
16%  54%  30%

**Flujo sedimentario**
11%  46%  43%

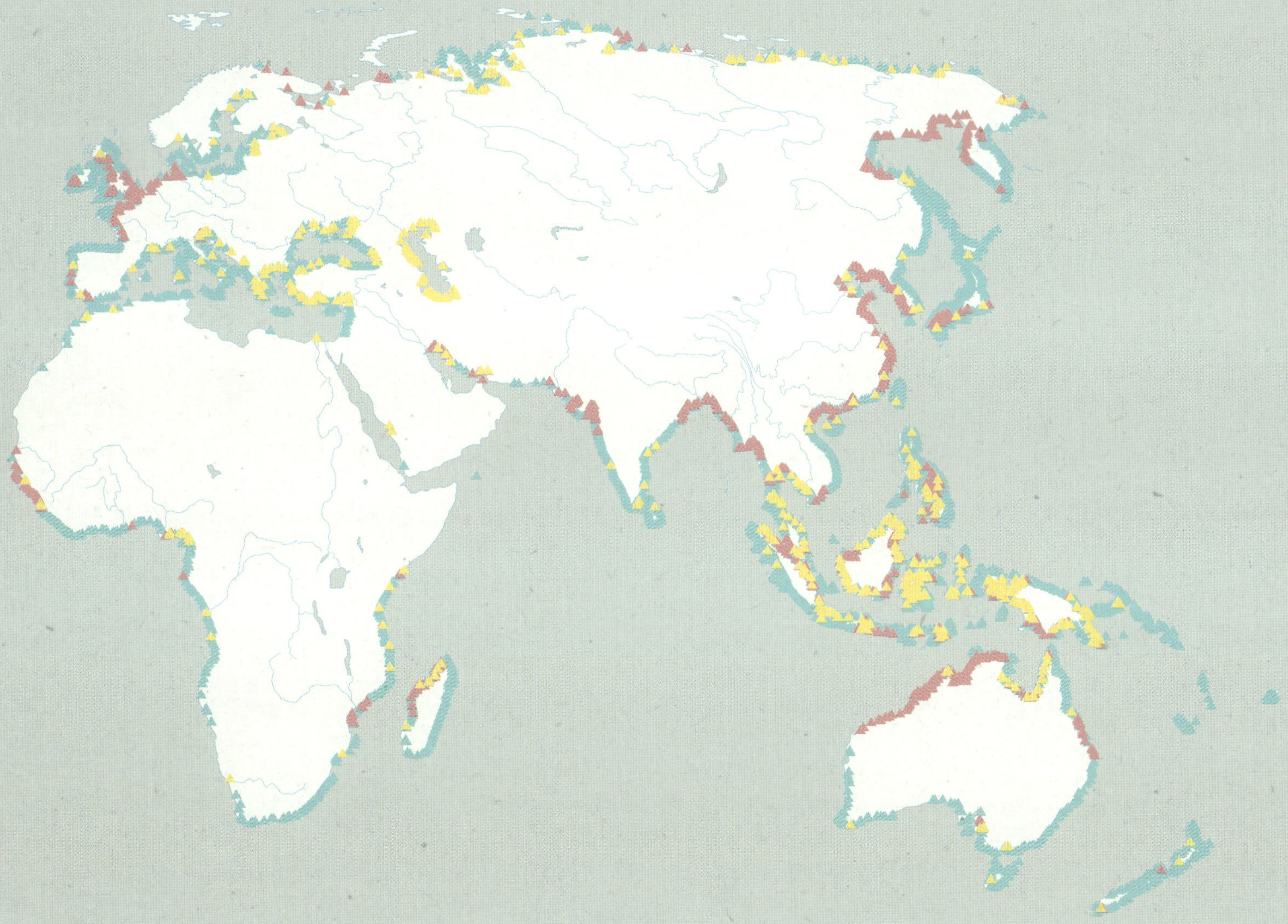

# Flujos que menguan

Cuando un río desemboca en una masa de agua, tanto esta como los sedimentos que antes estaban confinados en los canales distributarios fluyen hacia un espacio mucho mayor (y no confinado), donde pueden esparcirse. Cuando esto ocurre, la corriente se ralentiza y el agua del río se mezcla con la de la cuenca receptora, ya sea un charco, un lago, un estuario o una cuenca oceánica. Pero ¿qué pasa con toda el agua arrastrada por el río y con los sedimentos, nutrientes y restos orgánicos que han viajado en ella?

### Flujo homopícnico

La diferencia de densidad entre dos aguas determina lo que sucede cuando se mezclan. Cuando la densidad de la fluvial es la misma que la de la cuenca receptora y en la desembocadura se produce una mezcla en toda la columna de agua, se genera un flujo homopícnico. En esta situación, el sedimento que se desplaza como carga de fondo por el cauce se ralentiza y se deposita, por lo general muy cerca de la desembocadura del río, y produce acumulaciones, o barras. Estas suelen ser bastante arenosas y, con el tiempo, pueden acumularse hasta el punto de que su superficie se vea colonizada por la vegetación. Cuando las barras crecen, empiezan a dividir el flujo en la desembocadura y se forman dos canales distributarios.

Los sedimentos que están en suspensión en el agua pueden depositarse en el lecho, pero solo cuando la velocidad de la corriente disminuye lo suficiente. En esta fase, el grano más fino (lodoso) se deposita lejos de la desembocadura, en aguas más profundas, o en las propias crestas de las barras tras los pulsos de crecida. Esta variedad de depósitos conforma hábitats diferenciados que albergan una gran variedad de organismos. Algunas plantas y animales están bien adaptados a vivir en corrientes rápidas y condiciones arenosas, mientras que otros prefieren las condiciones más tranquilas de las aguas más profundas.

### Flujo hiperpícnico

Si la densidad del agua fluvial es mayor que la de la cuenca receptora, se genera un flujo hiperpícnico, donde el agua se hunde bajo la de la cuenca a modo de corriente de densidad. Estas corrientes pueden conformar «ríos subacuáticos» que recorren grandes distancias. Son muy comunes cuando los ríos transportan elevados volúmenes de sedimentos a su cuenca receptora, tantos que la masa adicional de sedimentos incrementa la densidad de la mezcla de agua y sedimentos. Los ríos relacionados con depósitos fluvioglaciares y que desembocan en lagos y los que fluyen desde cordilleras escarpadas hacia lagos o mares suelen generar estos flujos.

### Flujo hipopícnico

Cuando la densidad del agua fluvial es inferior a la de la cuenca receptora, se genera un flujo hipopícnico y el penacho de agua y sedimentos flota sobre el agua de la cuenca y se extiende. Es algo muy parecido a lo que sucede cuando se mezcla aceite con agua: el primero flota porque es menos denso que el agua. Estos flujos suelen darse cuando los ríos que llevan pocos sedimentos entran en aguas marinas salinas, con una densidad mayor que el agua dulce. Cuando sucede en un delta fluvial, las aguas fluviales (que se quedan arriba) y las receptoras (que permanecen abajo) se apilan en vertical a grandes distancias de la desembocadura hasta que las olas y las corrientes marinas acaban por mezclarlas.

◀ **Penacho hipopícnico**

*El penacho que flota en el río Misisipi en el norte del golfo de México se aprecia a simple vista en esta imagen satelital. Este penacho lo genera el sedimento lodoso que lleva el agua dulce al entrar en la salada. El del Misisipi puede extenderse más de 100 km desde la desembocadura del río.*

## MEZCLA DE FLUJOS

Las diferencias en la densidad del agua determinan si el agua fluvial en la desembocadura de un delta se mezcla bien, se hunde bajo el agua de la cuenca receptora a modo de río subacuático o flota.

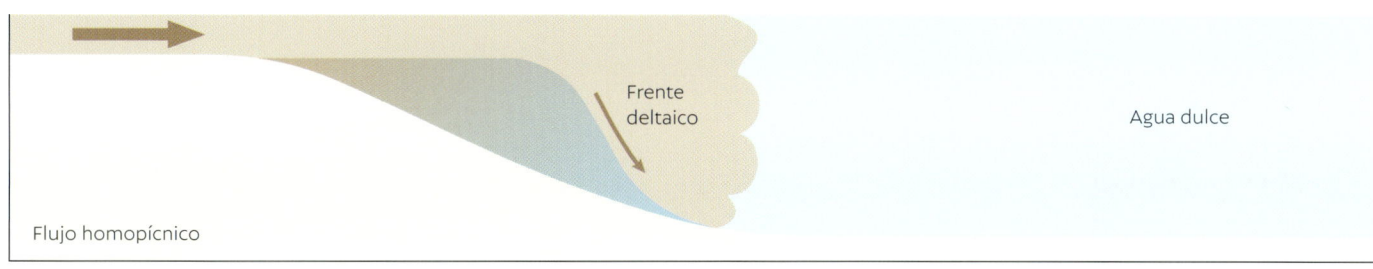

Frente deltaico

Agua dulce

Flujo homopícnico

Arrastre de aguas superficiales (descenso)

Carga en suspensión

Carga de fondo

Flujo hiperpícnico

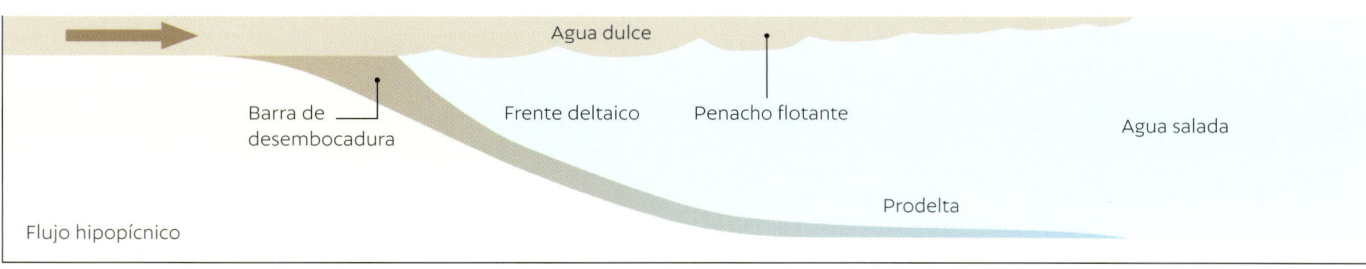

Agua dulce

Barra de desembocadura

Frente deltaico

Penacho flotante

Agua salada

Prodelta

Flujo hipopícnico

# Sumideros sedimentarios

Cuando un río entra en una masa de agua, reduce su velocidad y los sedimentos que transporta acaban por depositarse. Hay veces en las que estos se dan en enormes cantidades; de hecho, quienes se dedican a las ciencias de la Tierra llaman a los deltas «sumideros sedimentarios» por la cantidad que pueden tener bajo su superficie. El Ganges y el Brahmaputra, dos de los ríos que forman el mayor delta del mundo, transportan la mayor carga sedimentaria de la Tierra: ¡cada año llegan al delta unos mil millones de toneladas! Pero ¿qué sucede con esos sedimentos y dónde se depositan al final?

## ¿DÓNDE ACABAN TODOS LOS SEDIMENTOS?

Reparto contemporáneo de los sedimentos en los ríos Ganges, Brahmaputra y Meghna y su delta. Obsérvense los centros de deposición marinos: un delta subacuático en la plataforma continental y uno abisal con forma de abanico.

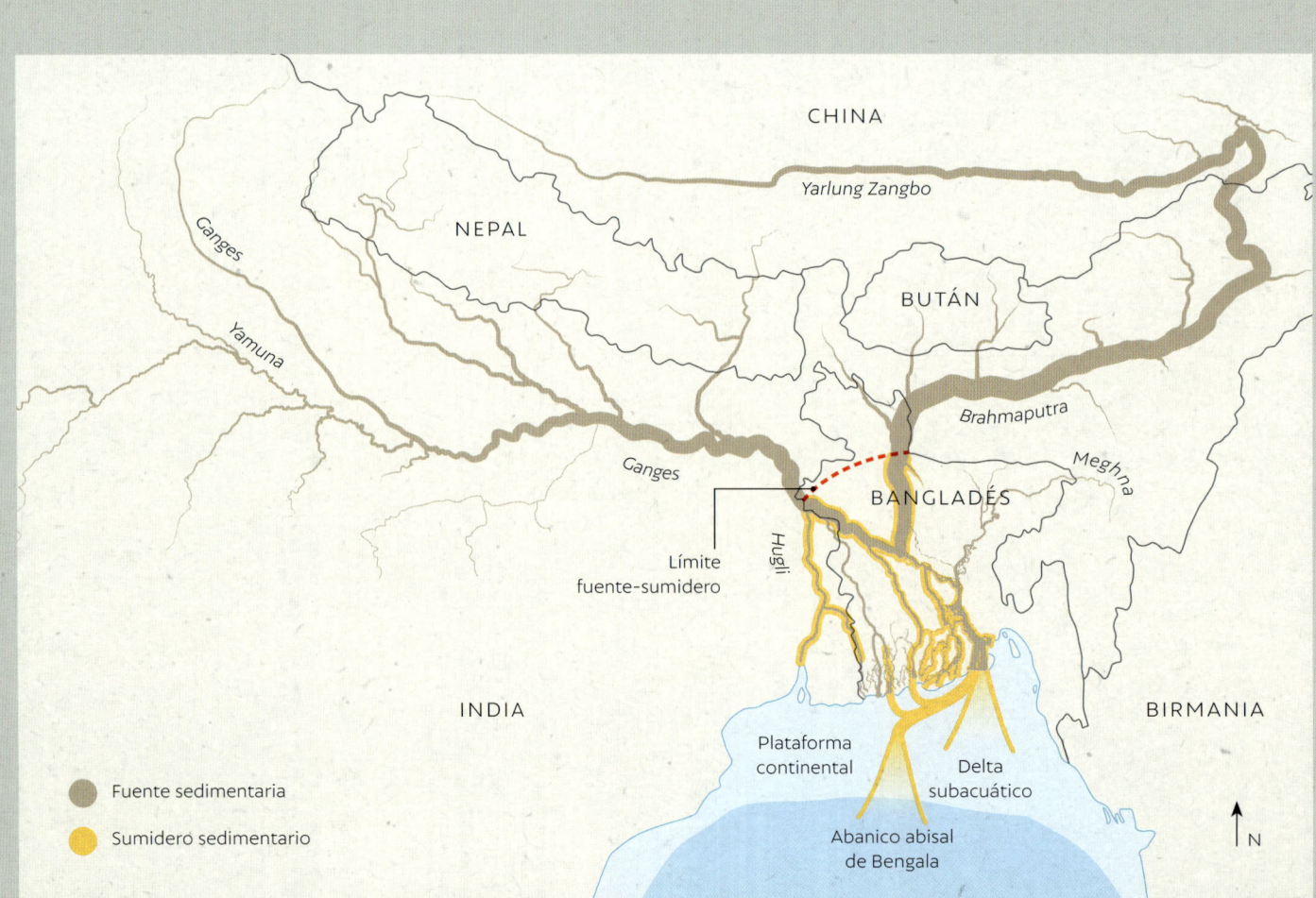

## Capas de sedimentos

Las investigaciones han demostrado que los sedimentos fluviales se distribuyen en varias regiones del delta. Una parte se deposita en la zona subaérea (es decir, terrestre), mientras que otra queda atrapada en regiones subacuáticas. En el caso del delta del Ganges-Brahmaputra-Meghna, en torno al 20 por ciento de los sedimentos que transportan estos ríos se deposita en los terrenos inundables del delta, el 30 por ciento lo hace en la desembocadura del río (incluso a lo largo de los canales), el 10 por ciento vuelve a tierra a causa de las mareas y sustenta los Sundarbans (la mayor reserva de manglares del mundo y hogar del tigre de Bengala, *Panthera tigris*) y el 40 por ciento se deposita mar adentro, en la plataforma continental y en las profundidades marinas. Esto indica que una cantidad sustancial de sedimentos se almacena en regiones subacuáticas, donde se dificulta su observación. El delta lleva formándose en la cabecera del golfo de Bengala unos cuarenta millones de años. Suponiendo que a lo largo de este tiempo hayan llegado mil millones de toneladas de sedimentos al año, se habrá acumulado una cantidad ingente. De hecho, gracias a las técnicas de prospección geofísica que permiten «ver» bajo la superficie, ahora sabemos que bajo la de este delta hay almacenados unos 20 km de este material.

▶ **¿Qué son los sumideros sedimentarios?**

*Los deltas son sumideros sedimentarios donde se depositan y almacenan bajo la superficie grandes cantidades de sedimentos. Las aguas de los deltas, cargadas de sedimentos y ricas en nutrientes, sustentan una abundante fauna, como este cocodrilo marino (Crocodylus porosus), y a poblaciones humanas que viven en el nexo entre el medio terrestre y el subacuático.*

## Depósitos descomunales

Existen otros deltas que también almacenan grandes espesores de sedimentos bajo su superficie. Los del Amazonas, Brasil, y el del Misisipi, Estados Unidos, lo hacen a una profundidad de unos 10 km, mientras que el del Volga, Rusia, tiene entre 6 y 8 km de depósitos de sedimentos bajo su superficie.

¿Qué es lo que produce tal acumulación? La explicación reside en parte en que la deposición de los deltas en las cuencas oceánicas supone una carga importante para la corteza terrestre. Además, están sometidos a un proceso denominado «subsidencia», que es el descenso de la superficie terrestre con el paso del tiempo. La doble naturaleza inorgánica (sedimentos) y orgánica (sustento de la vida) de los deltas los convierte en excelentes trampas sedimentarias. El clima y la tectónica también desempeñan un papel en el aporte de este material a los ríos y a los deltas de todo el mundo; además, hay que recordar que no se trata de fuerzas estáticas que hayan permanecido invariables a lo largo de escalas de tiempo geológicas.

## REGISTROS CLIMÁTICOS

Bajo la superficie de los grandes deltas se encuentran masas de sedimentos de espesor kilométrico, como se observa en esta ilustración del delta del Volga, Rusia. Esto se debe al proceso de subsidencia, que permite una gran acumulación a lo largo de escalas de tiempo geológicas (de miles a millones de años). Los datos sísmicos revelan capas de sedimentos que se acumulan en el mar Caspio, lo que ayuda a los científicos a comprender durante cuánto tiempo han estado activos los deltas en una zona determinada y permite reconstruir la paleogeografía y las condiciones paleoambientales de la región, lo que, a su vez, ayuda a dilucidar el paleoclima.

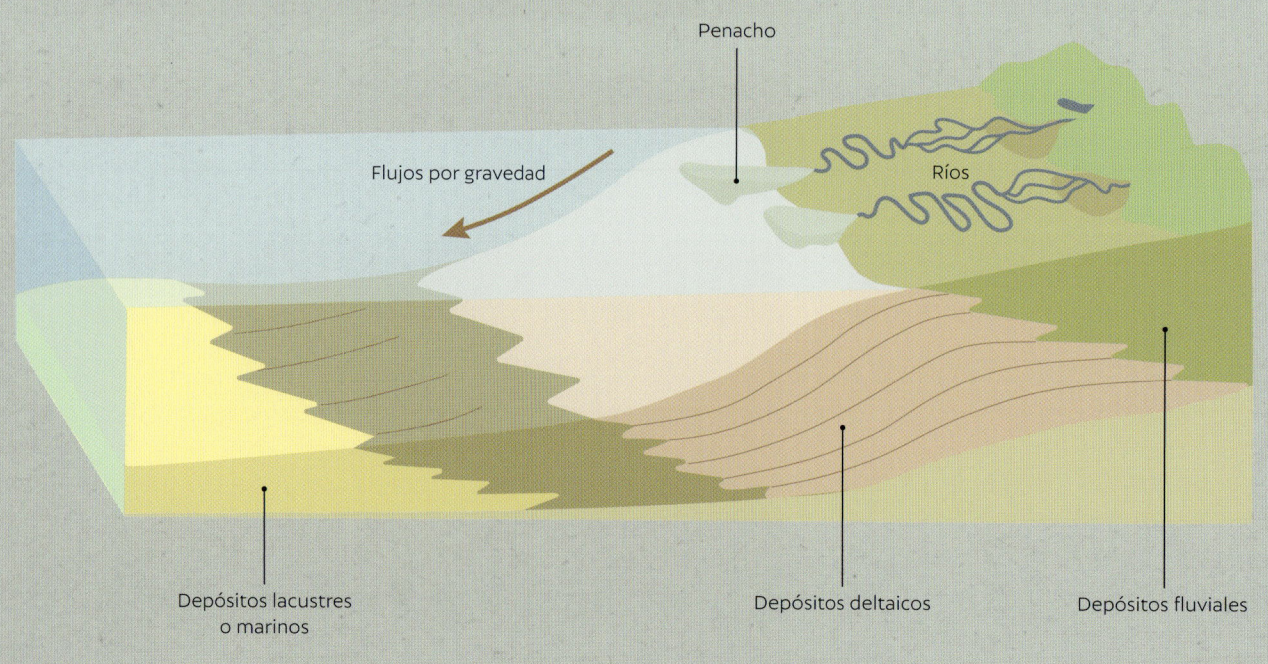

Penacho

Flujos por gravedad

Ríos

Depósitos lacustres o marinos

Depósitos deltaicos

Depósitos fluviales

Las fuerzas tectónicas, además de dar lugar a las cadenas montañosas, modifican los cursos y patrones de los ríos, lo cual a veces hace que aumente el suministro sedimentario a los deltas y que otras veces disminuya. Por ejemplo, el del Rin-Mosa, en los Países Bajos, está situado en una de las zonas de grietas en las que las fuerzas geológicas han desgarrado la Tierra. Recibe sedimentos de los Alpes, que se han ido acumulando a lo largo de millones de años. Sin embargo, los glaciares han ido erosionando la superficie terrestre de muchas regiones de Europa, de ahí que bajo la superficie del delta del Rin-Mosa solo haya unos 500 m de sedimentos. Dado que estos son excelentes registros de la erosión y del transporte sedimentario a lo largo del tiempo, las recientes investigaciones ayudan a desentrañar la historia climática de la Tierra.

## ESPESOR DE LOS SEDIMENTOS

Los sedimentos del delta del río Amarillo, China, se han ido depositando a lo largo de los últimos 11000 años. Obsérvese que el espesor de estos aumenta hacia el mar a medida que el delta se adentra en su cuenca receptora.

Espesor de los sedimentos

Bajo
(4 m)

Alto
(16 m)

Línea de la costa en 1855

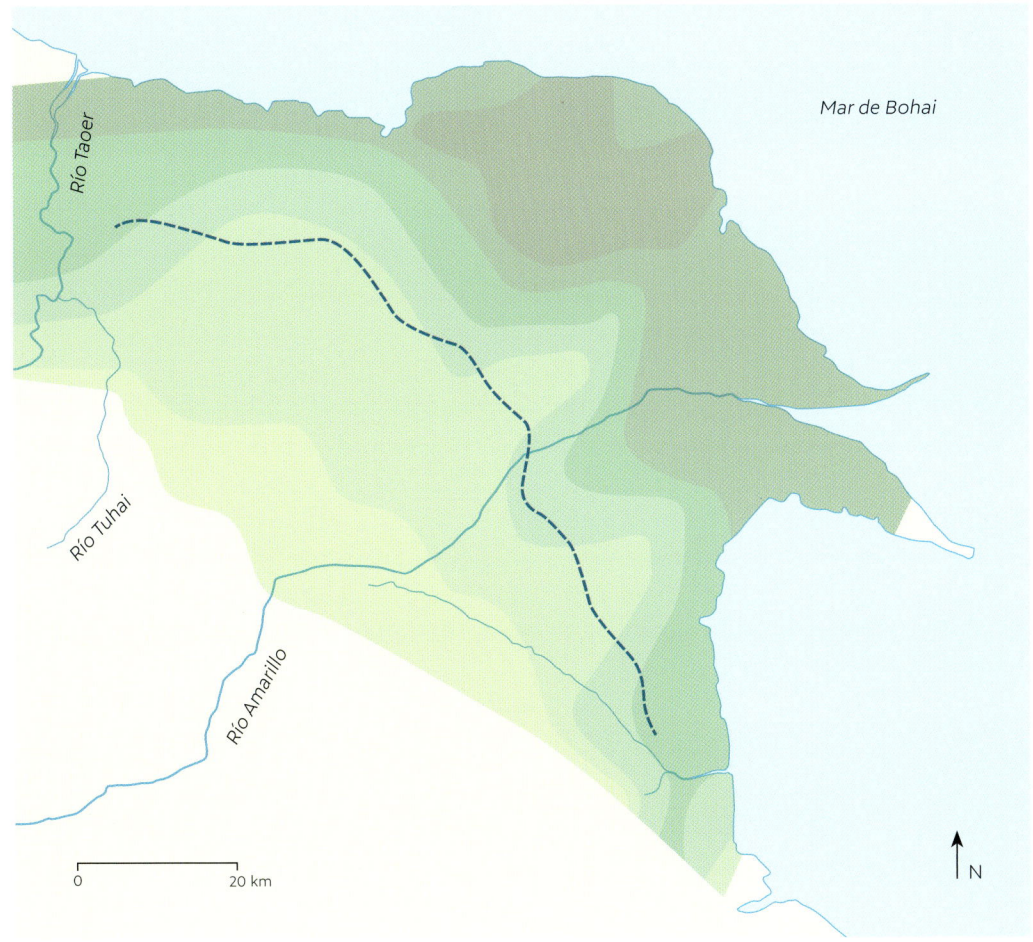

# Tamaño del grano

Al andar por una costa, tal vez se pregunte por los granos de sedimento que se le cuelan entre los dedos de los pies. ¿Por qué hay zonas agradables y arenosas mientras que otras son tan blandas que se nos hunden los pies? Todos los deltas del mundo se componen, en función de la capacidad de carga del río que los alimente, sobre todo de grava, arena o lodo (término genérico para designar el limo y la arcilla). La gradiente y la longitud del río, las características de las precipitaciones en su cuenca y la tasa de erosión determinan el tamaño de los granos que acaban llegando a la costa y formando un delta.

▲ **Tamaño del grano**
*Los tamaños de grano más habituales en los deltas varían entre grava (mayor de 2 cm), arena (de 2 cm a 63 µm) y lodo (menor de 63 µm). Los granos de lodo son difíciles de ver a simple vista: 1 micra (µm) es la milésima parte de un milímetro.*

## Deltas dominados por la grava

Los deltas dominados por la grava suelen darse donde el agua de deshielo de los glaciares desemboca en lagos o fiordos, así como allí donde los ríos escarpados desembocan de forma abrupta. Lo crucial en estos deltas es que hay una gradiente relativamente pronunciada y un caudal suficiente como para que el flujo sea bastante rápido y pueda transportar grandes granos de sedimento. Por ejemplo, el río Yallahs, Jamaica, drena los montes Azules al sudeste de la capital, Kingston. Aunque este corto río tropical solo tiene unos 40 km de longitud, desciende por 1500 metros de laderas rocosas. Dicha gradiente (unos 40 m/km), combinada con el lluvioso entorno, hace que su flujo sea muy rápido y que el sedimento del delta donde desemboca en el mar Caribe sea, sobre todo, del tamaño de la grava.

## Deltas dominados por la arena

El río Níger, en África, tiene una gradiente mucho más suave (unos 10 cm/km). Posee dos deltas: uno interior, que forma humedales en los lagos del centro de Malí, y otro costero, donde acaba desembocando en el océano Atlántico, al sur. Ambos se componen sobre todo de arena, lo cual se debe a las fuentes de sedimentos y al entorno semiárido de la cuenca de drenaje, así como a la gradiente del río, demasiado reducida como para transportar mucha grava a los deltas.

## Deltas dominados por el lodo

El río Amarillo, el segundo más largo de China, drena montañas del Sudeste Asiático de más de 4800 m de altura. Pero el río es muy largo (más de 5000 km) y atraviesa largas llanuras antes de llegar a su desembocadura en el mar de la China Oriental. Destaca por la gran cantidad de limo que arrastra a causa de la erosión de la meseta de Loes. De ahí que la masa de tierra madura que asociamos con su delta sea, sobre todo, lodo.

▲ **Un delta rico en lodo**

*El río Amarillo drena algunos paisajes espectaculares de China, como la meseta de Loes. El loess (sedimento limoso) erosionado hace que las aguas del río sean muy turbias y que su delta esté compuesto sobre todo por depósitos de lodo.*

# Compactación sedimentaria con enterramiento

Cuando se depositan los sedimentos, lo habitual es que al principio sean «esponjosos» o que haya agua entre los granos. Con el tiempo, la presión del suprayacente expulsa el agua de los espacios entre los granos (denominado «espacio poral»), con lo que el material se consolida. Este proceso, llamado «compactación», provoca una reducción del volumen del sedimento a causa de la deshidratación y de la reorganización de los granos para que quepan en un menor espacio.

## La influencia del tamaño del grano

El tamaño del grano determina la intensidad de la compactación sedimentaria. Por ejemplo, la arena recién depositada tiene un 20-50 por ciento de espacio poral, por lo que el 50-80 por ciento restante del volumen lo ocupan los propios granos. En el momento en que este depósito queda enterrado a las profundidades que suelen verse en los deltas (varios kilómetros), el espacio poral se reduce al 10-30 por ciento. Recién depositados, los granos de limo y arcilla tienen un espacio poral mucho mayor que el de la arena (entre un 50 y un 90 por ciento). Estos, en forma de lámina, experimentan una considerable organización una vez enterrados, provocando una gran deshidratación y una reducción al 10-20 por ciento del espacio poral.

## Depósitos orgánicos

Los deltas no solo contienen sedimentos inorgánicos, sino que también acumulan gruesas masas de materia orgánica procedente de organismos vivos (en este caso, plantas de los humedales). Cuando estas mueren, pueden descomponerse si hay oxígeno en el entorno o acabar enterradas y acumularse. Como los suelos de los humedales suelen carecer de oxígeno a los pocos centímetros de la superficie, las tasas de descomposición son mucho más lentas que en entornos oxigenados, de ahí que los humedales tiendan a acumular materia orgánica. Los depósitos con más de un 60 por ciento de materia orgánica generan turba.

Al igual que los sedimentos inorgánicos, los suelos ricos en materia orgánica son muy susceptibles a la compactación, y la mayor parte de la pérdida de volumen se produce a menos de 10 metros de la superficie. Esto se debe a que la materia orgánica se compone sobre todo de agua y espacio vacío (en peso, los suelos de los humedales suelen tener entre un 70 y un 95 por ciento de agua). Por lo tanto, los deltas con extensos suelos ricos en materia orgánica son muy susceptibles a la compactación. Por ejemplo, el delta del Rin-Mosa, Países Bajos, ha sufrido una gran compactación de los suelos de sus humedales, ricos en dicha materia. Esta situación se ha visto agravada por el uso de diques y pólderes con fines agrícolas, provocando la oxigenación de la zona. Como resultado, muchas partes de este delta están ahora varios metros por debajo del nivel del mar y precisan de costosos muros y sistemas de drenaje por bombeo para mantener seco el entorno.

## Compactación de la turba

En los suelos de los humedales de los deltas, ricos en nutrientes, se pueden acumular espesas capas de turba muy susceptibles a la compactación debido al elevado volumen hídrico de la materia orgánica, que se comprime a medida que se va enterrando. El ser humano lleva siglos usando la turba como recurso energético, por ser combustible. Como se ve en la fotografía inferior de unos edificios de Ámsterdam, Países Bajos, las infraestructuras modernas construidas sobre suelos deltaicos ricos en materia orgánica pueden sufrir efectos devastadores a causa del asentamiento con el paso del tiempo.

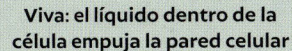

**Viva: el líquido dentro de la célula empuja la pared celular**

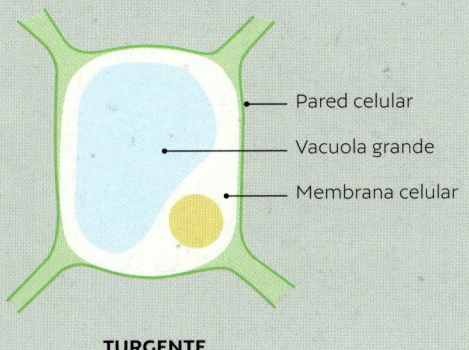

Pared celular

Vacuola grande

Membrana celular

**TURGENTE**

**Muerta: la membrana celular no tiene presión de turgencia**

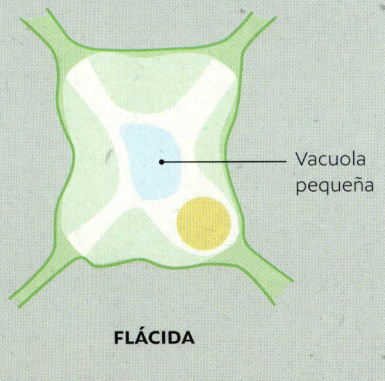

Vacuola pequeña

**FLÁCIDA**

## DIAPIROS SALINOS

Los diapiros, columnas de sedimentos que se comprimen hacia arriba y hacia los lados debido a la presión de los sedimentos suprayacentes, suelen formarse cuando un sustrato menos denso se superpone a un material de mayor densidad. En los deltas, esto puede ocurrir cuando los más gruesos se superponen a los lodos, de grano más fino y más deformables, y producen diapiros de lodo. En determinadas circunstancias, las capas de sal, de baja densidad (denominadas «depósitos de evaporitas»), se superponen a partículas más pesadas, como arena, limo y arcilla, y forman diapiros salinos. Cuanto mayor sea la presión de sobrecarga, mayor será la cantidad de sal que se extraiga en vertical hacia arriba. En el delta del Misisipi, Estados Unidos,

la apertura del golfo de México, hace unos 170 millones de años, creó un somero mar de evaporación en el que se formaron espesos depósitos de sal. Con el tiempo, el golfo se hizo más ancho y profundo hasta convertirse en una verdadera cuenca oceánica, y el paleorrío Misisipi (junto con otros, que drenaban Norteamérica) comenzó a depositar sedimentos sobre dicha sal. Hasta la fecha, los sedimentos se han acumulado a una profundidad de unos 10 km y se han documentado miles de diapiros salinos. Estos son trampas muy importantes para los recursos naturales, como el petróleo y el gas, y forman curiosos puntos elevados topográficos en la cima del delta, como Avery Island.

**Hace 160 millones de años**

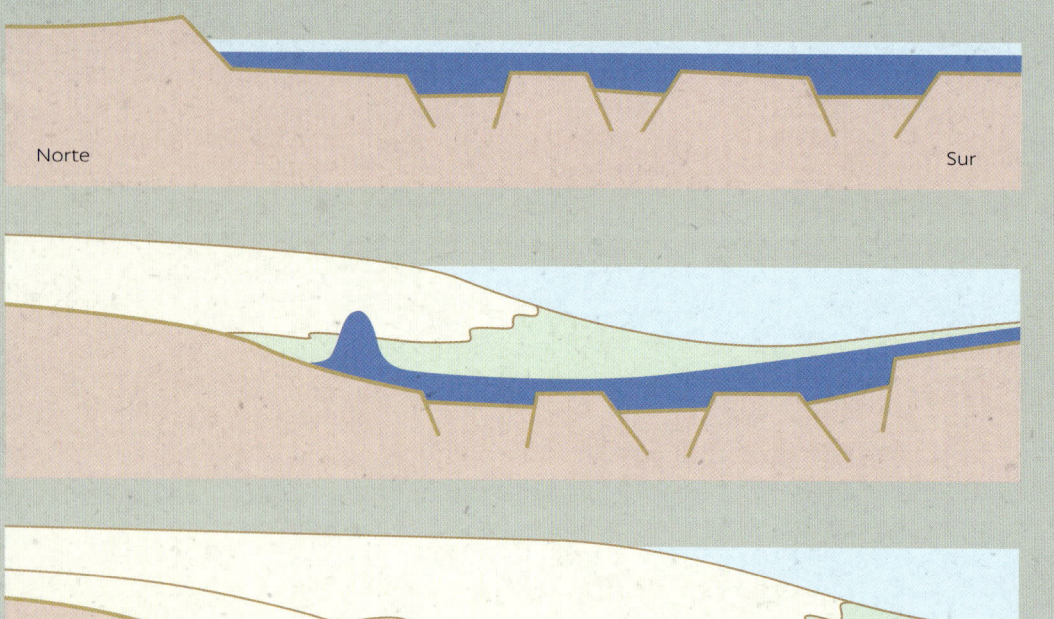

**Presente**

### Diapiros salinos del Misisipi

Los diapiros salinos de poca densidad pueden tener hasta 10 km de espesor. En varios de ellos se han realizado excavaciones a fin de crear enormes cavernas que se usan para almacenar reservas de petróleo. Y lo que es más importante, también dan lugar a importantes trampas de petróleo y gas para la perforación convencional en la zona norte del golfo de México.

- ⬤ Agua de mar
- ⬤ Sal
- ⬤ Depósitos fluviales y deltaicos
- ⬤ Depósitos marinos
- ⬤ Basamento de roca

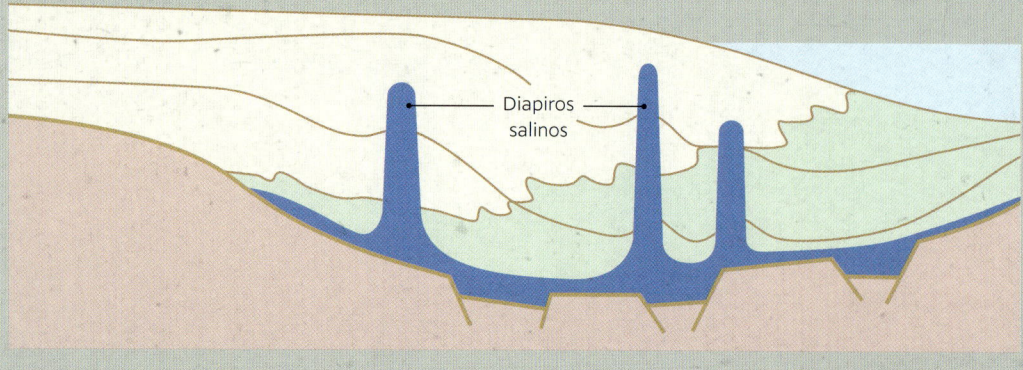

0          100 km

## Una rareza geológica

*Avery Island (rodeada por un círculo) es la cima de un diapiro salino en el delta del Misisipi (derecha). Se alza de una forma espectacular sobre los humedales bajos y llanos que la rodean hasta alcanzar una altura de 50 metros sobre el nivel medio del mar, lo que la convierte en el punto más alto de la costa septentrional del golfo de México. La salsa picante Tabasco se produce in situ con la sal local. Los indígenas que vivían en la zona fueron quienes descubrieron la fuente de sal, la cual más adelante se convertiría en una de las primeras minas de sal de Estados Unidos (inferior derecha). Los derrumbes y la preocupación por la seguridad de las condiciones laborales provocaron el cierre de la mina comercial en 2022.*

# Subsidencia deltaica

La compactación de los sedimentos deltaicos da lugar a la subsidencia, un descenso de la superficie terrestre. Aunque otros procesos, como la tectónica, provocan subsidencia, la compactación es la principal responsable de este fenómeno en muchos deltas del mundo.

La subsidencia deltaica es de vital importancia porque hace que la elevación de la superficie terrestre disminuya o se haga más baja con relación al nivel del mar. Si llegan a la región nuevos sedimentos procedentes del río, se redistribuyen por las tormentas o aumentan *in situ* por la acumulación de turba de las plantas de los humedales, pero se puede compensar sin alterar la elevación de la superficie terrestre. Sin embargo, si el espacio vacío no lo llena ningún material nuevo, la elevación de la superficie disminuye y puede darse la sumersión.

## Factores que influyen en la subsidencia

Esta varía a diferentes escalas temporales y espaciales de forma compleja. Los procesos que propician la compactación también fomentan la subsidencia. Sin embargo, la distribución de los sedimentos no es uniforme en los deltas: los de grano más grueso (arena y grava) tienden a depositarse en los canales distributarios y en las barras de desembocadura, mientras que los de grano más fino (lodo) lo hacen en aguas más profundas y en las regiones interdistributarias (entre los canales distributarios). Estos lodos y partículas orgánicas se compactan más que la arena y la grava, y la subsidencia en dichas regiones es mayor. Con el tiempo, es de esperar que los sedimentos recién depositados alberguen más agua en su espacio poral y, por lo tanto, puedan compactarse más que el material depositado con anterioridad. En este proceso, el sedimento pierde parte del agua, sobre todo si pasa mucho tiempo enterrado y compactado.

## «El canario en la mina de carbón»

A escala mundial, sube el nivel del mar a causa del cambio climático (subida eustática del nivel del mar) a un ritmo medio de unos 2-3 mm al año. Los deltas son muy susceptibles a ello porque la subsidencia agrava la situación. La subsidencia y la subida media global del nivel del mar se combinan para impulsar la subida relativa del nivel del mar, que es el cambio en la elevación de la superficie terrestre con relación al nivel del mar. Y este es el factor que le importa a la gente que vive en los deltas. De hecho, las tasas de subsidencia de muchos deltas son muy superiores a la subida media global del nivel del mar. Lo único que puede contrarrestar este proceso y evitar el anegamiento de las superficies deltaicas es la acreción vertical de nuevo material en el espacio creado por el aumento combinado del nivel del mar y la subsidencia. Si la acumulación de sedimentos es insuficiente, la inundación es inevitable.

La subsidencia es una de las razones de que los paisajes deltaicos tengan un ciclo vital. Además, suele decirse que los deltas son el «canario en la mina de carbón» en cuanto al aumento global del nivel del mar. ¿A qué se debe esta afirmación? Son accidentes costeros de poca altitud que están cerca del nivel del mar y que, debido a la subsidencia, presentan mayores tasas relativas de aumento del nivel del mar. Si los patrones de calentamiento global se mantienen en las próximas décadas, cada vez habrá más zonas costeras propensas a las inundaciones y a los problemas de erosión que ya asolan los deltas. De ahí que sean una advertencia del calentamiento global.

## SUPERFICIES DELTAICAS QUE SE HUNDEN

La subsidencia deltaica es un fenómeno natural debido a la consolidación y compactación de los sedimentos. Esta pérdida de elevación se puede compensar si se aportan nuevos sedimentos a la zona y siguen creciendo humedales sanos. De no darse esta situación, la superficie deltaica quedará abocada al anegamiento.

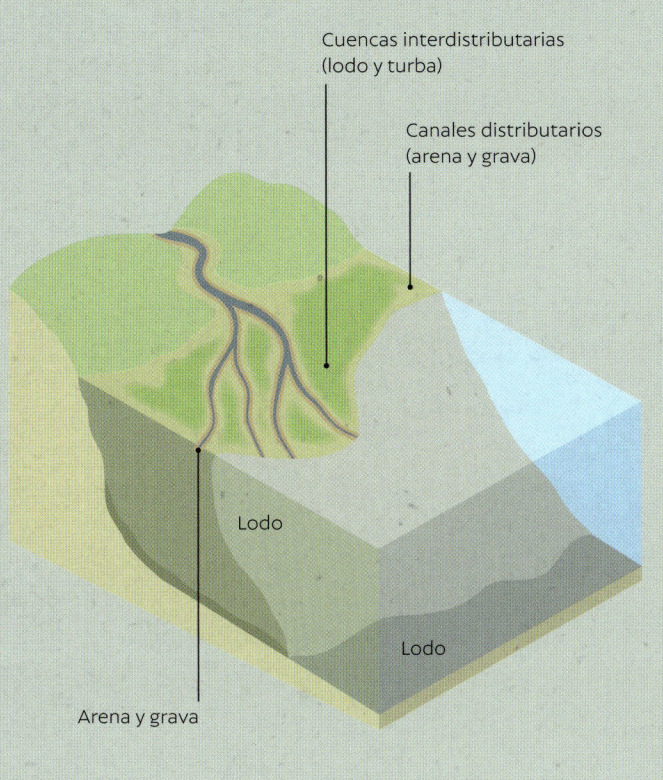

Cuencas interdistributarias (lodo y turba)

Canales distributarios (arena y grava)

Lodo

Lodo

Arena y grava

La subsidencia de las cuencas de lodo y turba supera a los canales distributarios

Antigua línea de la costa

Subsidencia

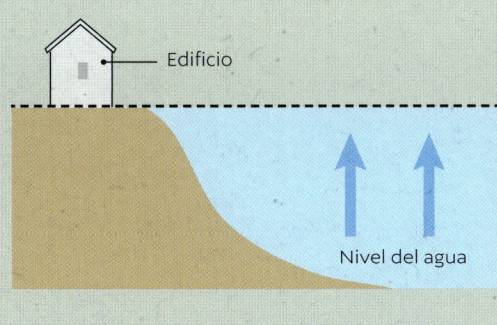

Edificio

Nivel del agua

**Subida eustática del nivel del mar**

Nuevo nivel del agua

Antiguo nivel del agua

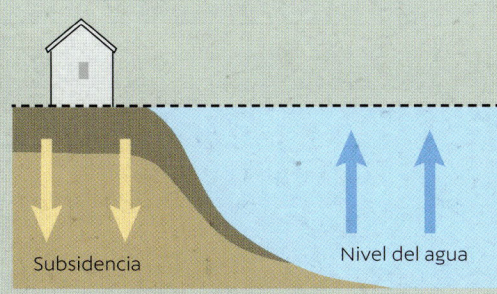

Subsidencia

Nivel del agua

**Subida relativa del nivel del mar**

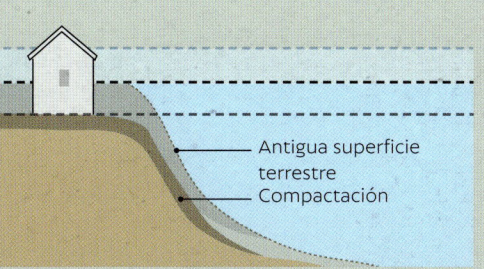

Antigua superficie terrestre
Compactación

11

# La anatomía de los deltas

# Anatomía de un delta

Si los deltas son como organismos vivos, ¿dónde tienen la cabeza, el tronco y la cola? Desde el punto de vista morfológico, se componen de diversas regiones en las que dominan distintos procesos hidrodinámicos que se clasifican en diferentes zonas geomórficas. Además, cada uno tiene un ciclo vital durante el que una nueva masa de tierra puede formarse, extenderse y madurar para luego envejecer y retraerse.

A vista de pájaro, la llanura deltaica (la parte terrestre del delta) deja ver que el río se bifurca en sus canales distributarios en el viaje hacia su desembocadura y que, además, la elevación de este disminuye a medida que se acerca al nivel del agua de su cuenca receptora. Algunos desembocan en lagos interiores, mientras que otros van a parar al mar. Sea como fuere, podemos dividirlos en diferentes regiones a lo largo de su recorrido de aguas arriba a aguas abajo.

## La llanura deltaica superior

Comprende las regiones aguas arriba del delta, donde la pendiente de la superficie terrestre es relativamente pronunciada (¡aunque sigue siendo bastante llana!). En esta zona, la pendiente del agua es idéntica a la del lecho del cauce; los geocientíficos e ingenieros llaman a esta situación «condiciones normales de flujo». Los cauces fluviales, muy móviles en esta zona, pueden barrer la llanura deltaica con el paso del tiempo. Las mareas no penetran en estos tramos superiores, donde el flujo es unidireccional. La flora y la fauna son muy diversas en esta zona, dado que las condiciones de agua dulce facilitan su productividad.

**PARTES DE LOS DELTAS**

En función de la distancia río arriba a la que se extiendan los canales distributarios, el flujo influido por el remanso y las mareas, los deltas pueden dividirse en llanura deltaica superior e inferior. Estas interacciones delimitan diferentes zonas ecológicas con una gran diversidad de flora y fauna.

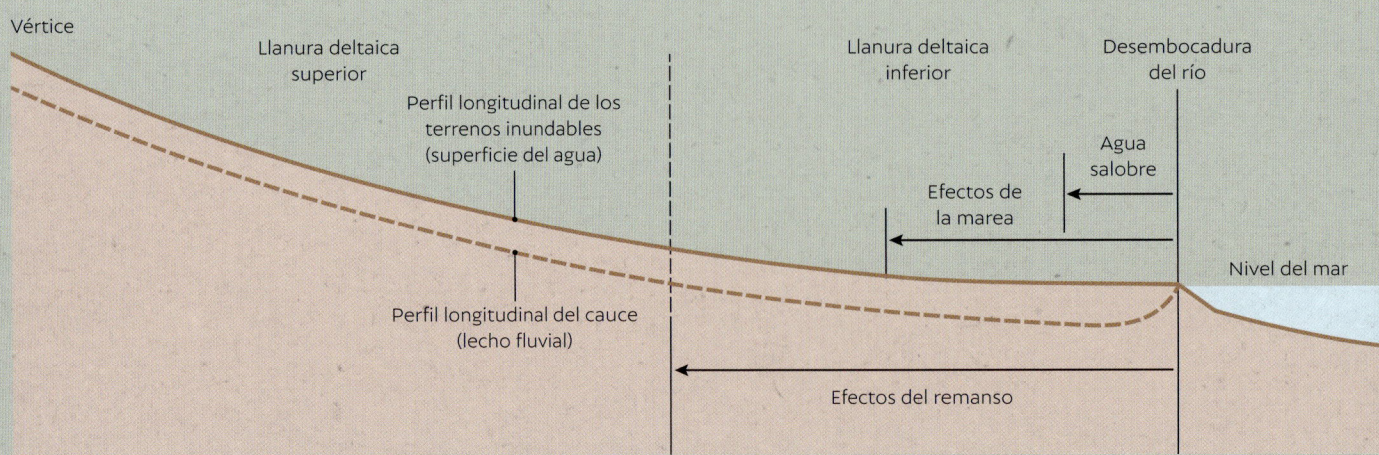

Vértice — Llanura deltaica superior — Perfil longitudinal de los terrenos inundables (superficie del agua) — Llanura deltaica inferior — Desembocadura del río — Agua salobre — Efectos de la marea — Nivel del mar — Perfil longitudinal del cauce (lecho fluvial) — Efectos del remanso

## La llanura deltaica inferior

Aguas abajo de la zona superior, la pendiente de la superficie del delta se allana mucho; esta región se denomina «llanura deltaica inferior». La hidrodinámica del río cambia porque aquí la superficie del agua empieza a retroceder y a «sentir» los efectos de la cuenca receptora. En la denominada «zona de remanso», el río experimenta una desaceleración de la velocidad de su corriente. Numerosas especies de peces, tanto continentales como marinas, interactúan en la región de remanso del delta, ya que las tranquilas corrientes dan lugar a muchos focos propicios para la alimentación y el desove. Hay quienes consideran que la cabecera de esta zona es el vértice del delta, ya que muchos desarrollan canales distributarios aguas abajo desde este punto y los nodos de avulsión (cambio del cauce) son comunes en él.

Más abajo, donde las mareas pueden influir en el río, el flujo puede pasar de ser uni a bidireccional. Cerca de la costa se establece un gradiente de salinidad, cuyos distintos grados hacen que la flora y la fauna que viven en esta zona estén muy especializadas.

▲ **Llanuras deltaicas aguas arriba**

*Los pantanos, como este, en el delta del Misisipi, Estados Unidos, son comunes en estas regiones de los deltas.*

▶ **Habitantes del delta**

*Un colorido hoacín* (Opisthocomus hoazin) *posado en el verde delta del Amazonas, Brasil.*

# El ciclo deltaico

Cada delta tiene su ciclo vital, desde el nacimiento de uno nuevo, pasando por un crecimiento que controlan la deposición de sedimentos y la producción orgánica, y, finalmente, con el paso del tiempo, la senescencia, cuando alcanza su máxima extensión, queda abandonado y muere. Los geocientíficos llaman a este proceso «ciclo deltaico».

▼ **Expansión**
*Cuando los deltas son jóvenes y reciben sedimentos de forma activa, los canales se bifurcan y el terreno se extiende, como en este delta de Costa Rica.*

## Cambios espaciales y temporales

El ciclo deltaico no consiste en el mero proceso de formación de un único delta y su posterior retracción. Existe toda una jerarquía de elementos geomórficos que conforman la llanura deltaica, cada uno con una influencia según el tamaño y duración. Cada elemento pasa por su propio ciclo vital, y la única diferencia que hay entre ellos es la escala espacial del nuevo terreno al que dan lugar y cuánto tardan en atravesar dicho ciclo. Por ejemplo, una zona de desborde (*véase* página 274) es un pequeño delta que se forma cuando un cauce rompe su dique y deposita sedimentos en la zona

interdistributaria pantanosa (la zona entre canales distributarios). En uno como el del Misisipi, las zonas de desborde pueden estar activas entre 10 y 20 años y suelen dar lugar a unos 2 km² de terreno nuevo antes de que cese la deposición. Los lóbulos deltaicos más grandes pueden dar lugar a extensiones de terreno mucho mayores (100-1000 km²) y estar activos durante 100-500 años antes de que el río distributario cese de alimentarlo cuando la sedimentación se desplace a otra parte del paisaje. Los complejos deltaicos pueden estar activos durante 1000-2000 años y dar lugar a hasta 10 000 km² de terreno antes de que se produzca un cambio drástico en la dirección del río y este cambie de curso, lo cual es conocido como «avulsión».

## Procesos variables

Los deltas en crecimiento y conformación son muy diferentes de los que están en su senescencia. Ambas etapas forman parte de su ciclo vital y reflejan los principales procesos que controlan la deposición en cada momento. Cuando los deltas crecen, le ganan terreno a una masa de agua (proceso llamado «progradación»), donde los procesos fluviales son dominantes. Los deltas senescentes reciben cada vez menos agua del río, los procesos marinos empiezan a tomar el relevo y la tierra retrocede.

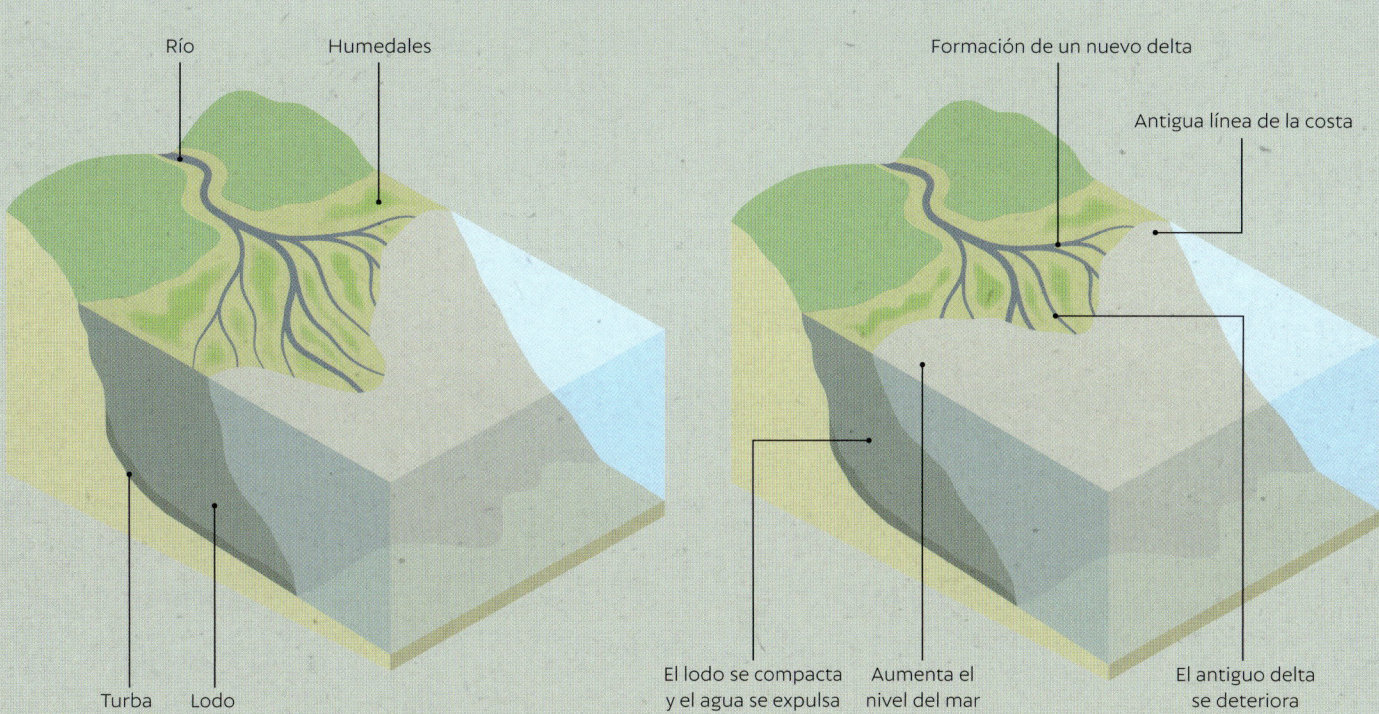

**CRECIMIENTO Y SENESCENCIA**

El ciclo deltaico da lugar tanto a paisajes que crecen como a otros que mueren. Este se inicia cuando un río empieza a ganar terreno dentro de una masa de agua, y al delta le llega la senescencia al alcanzar su máxima extensión, queda abandonado y muere.

**FORMACIÓN DEL DELTA**

Río

Humedales

Turba    Lodo

**EL DELTA CAMBIA SU CURSO**

Formación de un nuevo delta

Antigua línea de la costa

El lodo se compacta y el agua se expulsa

Aumenta el nivel del mar

El antiguo delta se deteriora

## DESARROLLO DELTAICO

Cada delta tiene su propio ciclo vital, desde la más pequeña zona de desborde que se forma en las márgenes de un canal distributario y que permanece activa solo unos cuantos años, hasta los grandes lóbulos que están activos durante cientos o miles de años. Los antiguos asentamientos griegos y romanos a lo largo del mar Negro (círculos amarillos) se vieron afectados por el ciclo deltaico del Danubio (varios de estos lugares están hoy en día bajo las aguas).

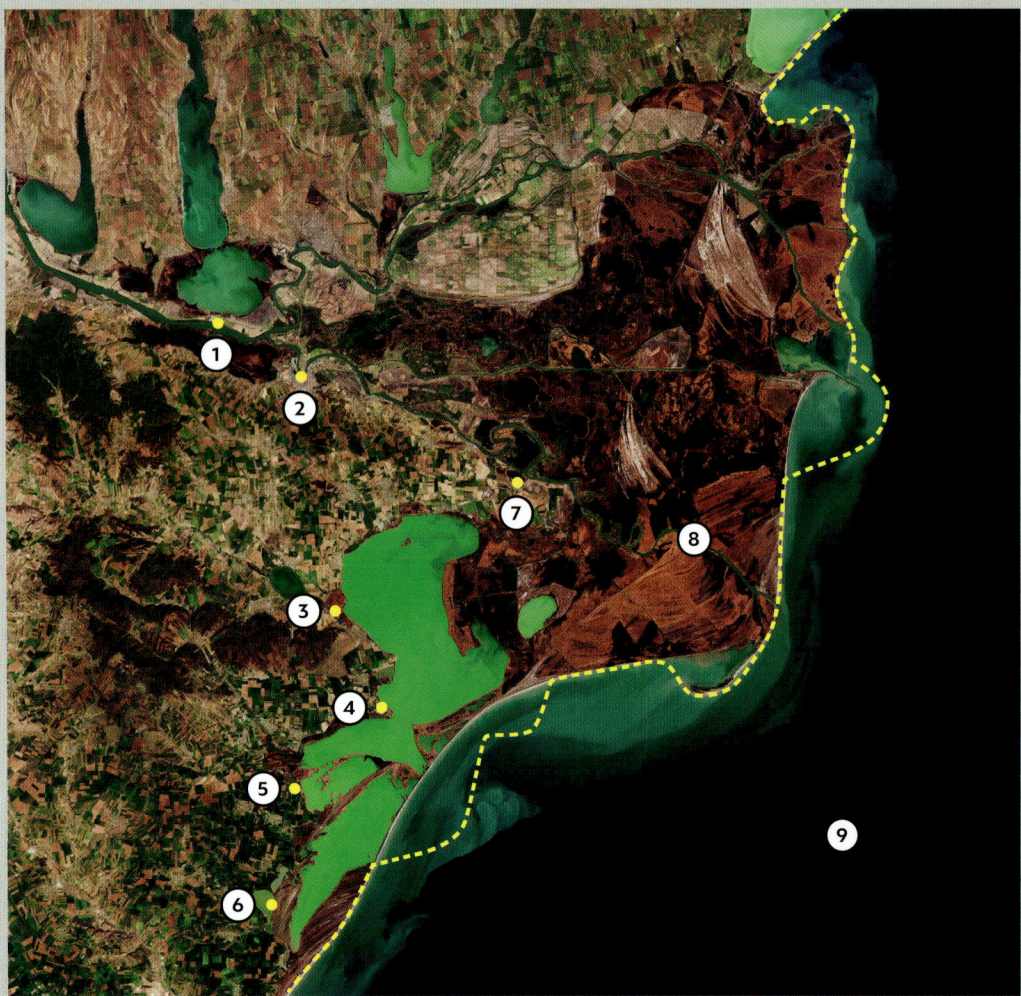

- - - - - - - - -
Antigua línea de la costa deltaica

0      10 km

1  Noviodunum
2  Aegyssus
3  Enisala
4  Orgame
5  Caraburun
6  Istros
7  Halmyris
8  Río Danubio moderno
9  Mar Negro

Río

Zona de desborde

**Delta a pequeña escala**
Las zonas de desborde son pequeños deltas que se forman en las márgenes de los ríos cuando estos superan sus cauces.

## El ciclo deltaico del río Misisipi

Uno de los ciclos deltaicos mejor documentados es el del Misisipi, Estados Unidos. Este río le ha ido ido ganando terreno a la plataforma continental del golfo de México durante los últimos 8000 años, y ha conformado una masa de tierra de más de 10 000 km². Cuando los seres humanos colonizaron la región, hace entre 10 000 y 7000 años, el delta tenía un aspecto muy diferente al actual. La datación exhaustiva de los sedimentos del moderno ha revelado que el río ha ocupado seis regiones distintas y que ha dado lugar a seis complejos deltaicos a través de la progradación. Cada uno de estos ha tenido una vida de 1000-2000 años. Cuando un río cambia de curso (a lo que llamamos «avulsión»), su complejo deltaico deja de recibir los suficientes sedimentos como para compensar la subsidencia natural y la subida relativa del nivel del mar, con lo que el lóbulo comienza a retroceder. La sumersión es la fase final del ciclo, cuando solo permanecen unos pocos bancos de arena.

El complejo más reciente en el delta del Misisipi está formado por los lóbulos deltaicos de Atchafalaya y del lago Wax, en la región sudoeste, que llevan cien años en desarrollo. Se volvieron subaéreos en la década de 1970 y, desde entonces, han crecido hasta cubrir más de 100 km². La civilización y las infraestructuras modernas requieren una gestión del agua fluvial que va hacia ellos para, así, evitar la avulsión del delta, un proceso inevitable en condiciones naturales. Al otro lado, dos complejos deltaicos en deterioro (el de San Bernardo y el de Lafourche) dieron lugar al paisaje en el que se asienta hoy en día Nueva Orleans. La desembocadura del río Misisipi (delta de Balize) suele llamarse «Bird's Foot delta» («delta de pie de pájaro»), por la característica forma de sus tres canales distributarios. Es tal su progradación que la mayor parte del sedimento que aporta el río se ve transportado mar adentro en lugar de sustentar la llanura deltaica.

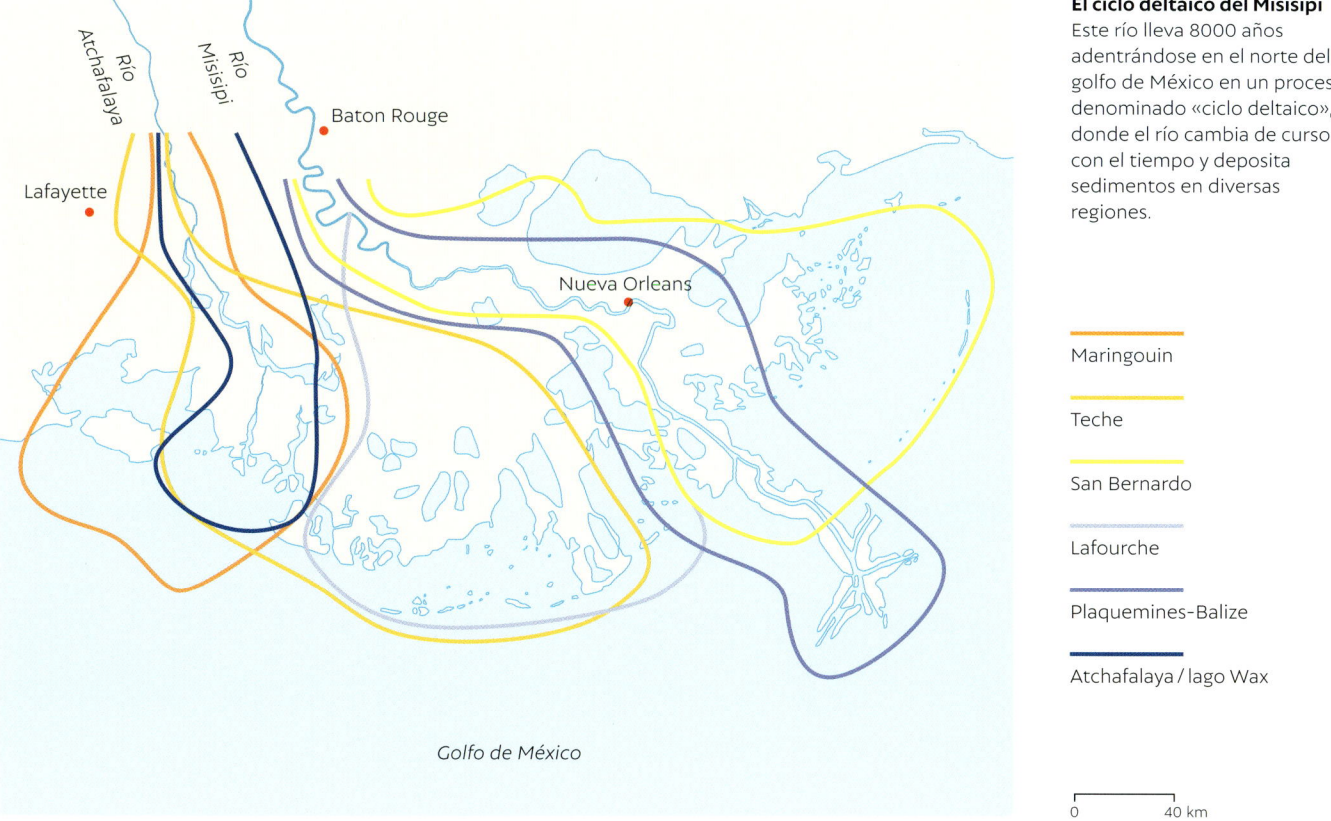

**El ciclo deltaico del Misisipi**
Este río lleva 8000 años adentrándose en el norte del golfo de México en un proceso denominado «ciclo deltaico», donde el río cambia de curso con el tiempo y deposita sedimentos en diversas regiones.

— Maringouin

— Teche

— San Bernardo

— Lafourche

— Plaquemines–Balize

— Atchafalaya / lago Wax

0    40 km

# Pruebas de la formación de deltas

El nacimiento de un delta da lugar a nuevas masas de tierra. Tanto si el río le gana
terreno a un lago poco profundo como a una gigantesca cuenca oceánica, se ralentiza
y facilita la deposición de los sedimentos que lleve.

## Deposición temprana

Cuando un río genera un delta, los sedimentos que transporta deben llenar primero
las porciones subacuáticas de la cuenca en la que desemboque. Aunque este proceso
es difícil de ver por tener lugar bajo la superficie del agua, los geomorfólogos deltaicos
pueden confirmar que está en marcha al registrar la batimetría (profundidad del agua)
de la cuenca, que revela una merma de la profundidad marina. Por lo general, los granos
de sedimento más gruesos se depositan cerca de la desembocadura, mientras que el
material más fino lo hace más hacia el mar. Cuando lo hacen en la desembocadura
del río, se forman barras. Con el tiempo, estas alcanzan altura suficiente y emergen,
momento en el que la vegetación empieza a afianzarse. Esto señala el comienzo de
una nueva etapa de crecimiento, ya que la vegetación ayuda a atrapar sedimentos en la
parte superior de las barras: los tallos de las plantas ralentizan aún más las corrientes
fluviales y facilitan la deposición.

## El papel de la vegetación

Las plantas que crecen en las barras de la desembocadura son subacuáticas: solo es
visible su parte superior. Una vez que estas barras crecen más, la vegetación herbácea
se afianza y se forman marismas. La vegetación palustre puede soportar inundaciones
durante períodos relativamente largos, por lo general dentro de las fluctuaciones
mareales diarias. En las regiones tropicales, la vegetación de los manglares no tarda en
suceder a la de las marismas. Estos pueden ser pequeños y arbustivos, o incluir árboles
de hasta 15 metros de altura, y dominar las regiones mareales de los deltas.

Cerca de la desembocadura, las barras pueden crecer aún más a causa de las crecidas
del río, ya que cada una aporta un nuevo manto de sedimentos. Con el tiempo, las barras
se acumulan en vertical hasta sobrepasar la amplitud mareal, y la vegetación da paso a
arbustos y árboles terrestres. Cuando esto ocurre, las zonas que eran acuáticas pasan
a ser de transición y, finalmente, totalmente terrestres.

## Progradación

Los deltas no solo crecen en vertical, sino también en horizontal: a este proceso se
le llama «progradación». Cuando esto sucede, los canales distributarios se bifurcan
y comienza a emerger su patrón dendrítico. Las barras de la desembocadura del cauce
se extienden y alargan y, al final, se amalgaman cuando la desembocadura del río
penetra en el mar. Hay deltas en los que este proceso puede ocurrir con bastante
rapidez y generar cientos de metros de tierra cada año. En otros es más lento, y los
cambios apenas son perceptibles en escalas de tiempo humanas. Con todo, se trata de
elementos dinámicos cuyo paisaje va siempre cambiando a lo largo de su ciclo vital
a medida que la fuerza del río lucha con las mareas y las olas.

**▲ Agradación de la superficie deltaica**

*Cuando un delta se inunda, lo primero que se anega son las tierras más bajas. Con el tiempo, la superficie del terreno crece y la vegetación más alta, como los árboles, empieza a colonizarlo.*

**▶ Progradación deltaica**

*Las islas de Dimer Char (flecha izquierda) y Dhal Char (flecha derecha), en el delta del Ganges-Brahmaputra, Bangladés, son las más recientes en aparecer en el golfo de Bengala.*

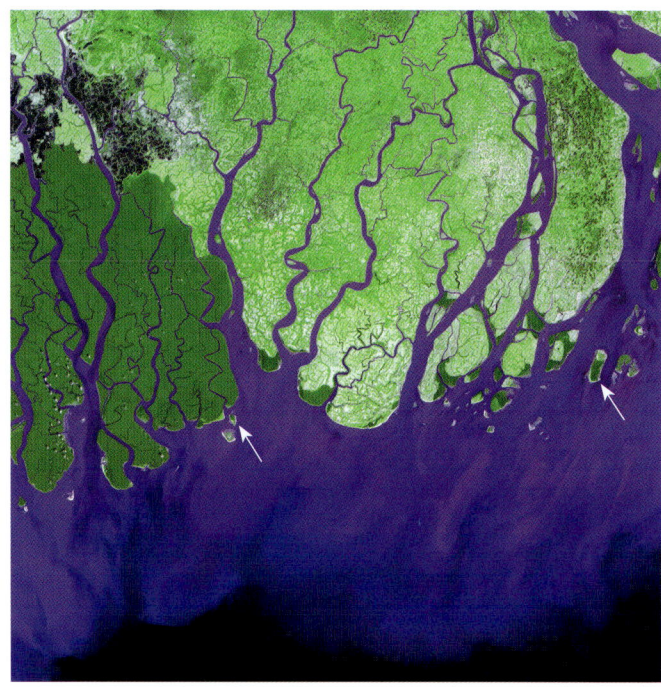

# Abandono del cauce deltaico

Los ríos siempre buscan el camino más escarpado y corto hasta el mar. Durante el ciclo deltaico, su masa terrestre se extiende hacia la cuenca receptora, pero, con el tiempo, los canales se alargan tanto que el flujo deja de ser hidrodinámicamente favorable. Llegado este punto, el río encuentra otro camino más escarpado y abandona el antiguo.

El abandono del cauce deltaico suele darse cuando el río está crecido y buena parte del delta se inunda. Mientras esto sucede, puede «buscar» una ruta de descenso más pronunciado y empezar a labrarse un camino en esa dirección. El más reciente absorbe cada vez más flujo, mientras que el antiguo pierde fuerza y empieza a envejecer y a cerrarse. Con el tiempo, este queda abandonado pues el río cambia por completo su curso para ir por la nueva ruta, más empinada.

Esta avulsión fluvial no es un proceso instantáneo, sino que puede tardar varias generaciones humanas. Muchas civilizaciones antiguas se han asentado junto a riberas de ríos dentro de deltas y han visto cómo se cerraba y moría porque se había avulsionado y empezaba a fluir por otro camino.

## Pérdida de fuerza

Dado que los ríos actúan como redes vitales en cuanto a la alimentación, el transporte y el comercio, muchas ciudades antiguas construidas a lo largo de ellos han muerto a causa de la desecación de una vía fluvial. Tras ello, en el nuevo curso fluvial se han asentado nuevas civilizaciones. En la época grecorromana, el delta del Danubio se convirtió en un centro neurálgico de la circulación de mercancías e ideas desempeñando un papel fundamental en la cultura balcánica. Con el tiempo, sin embargo, los cauces deltaicos cambiaron de curso y estos asentamientos fueron abandonados. En los del Indo y del Ganges aún se conservan varios templos hindúes centenarios donde prosperaron civilizaciones en zonas hoy deshabitadas. También el del río Amarillo, China, ha sufrido grandes avulsiones fluviales, incluso en las últimas décadas.

▶ **Abandono del cauce**

*Este proceso comienza cuando un río encuentra un nuevo camino con una mayor pendiente hacia su cuenca receptora, ya sea un lago o el mar. Los canales abandonados pueden colmatarse rápidamente con sedimentos y vegetación, como ha sucedido aquí, en el delta del Okavango, Botsuana.*

## EL IMPACTO DE LA AVULSIÓN

Se han identificado varios cursos históricos y antiguos deltas en el río Amarillo, China. Estos cambios tuvieron una gran influencia en los asentamientos del pasado en la región.

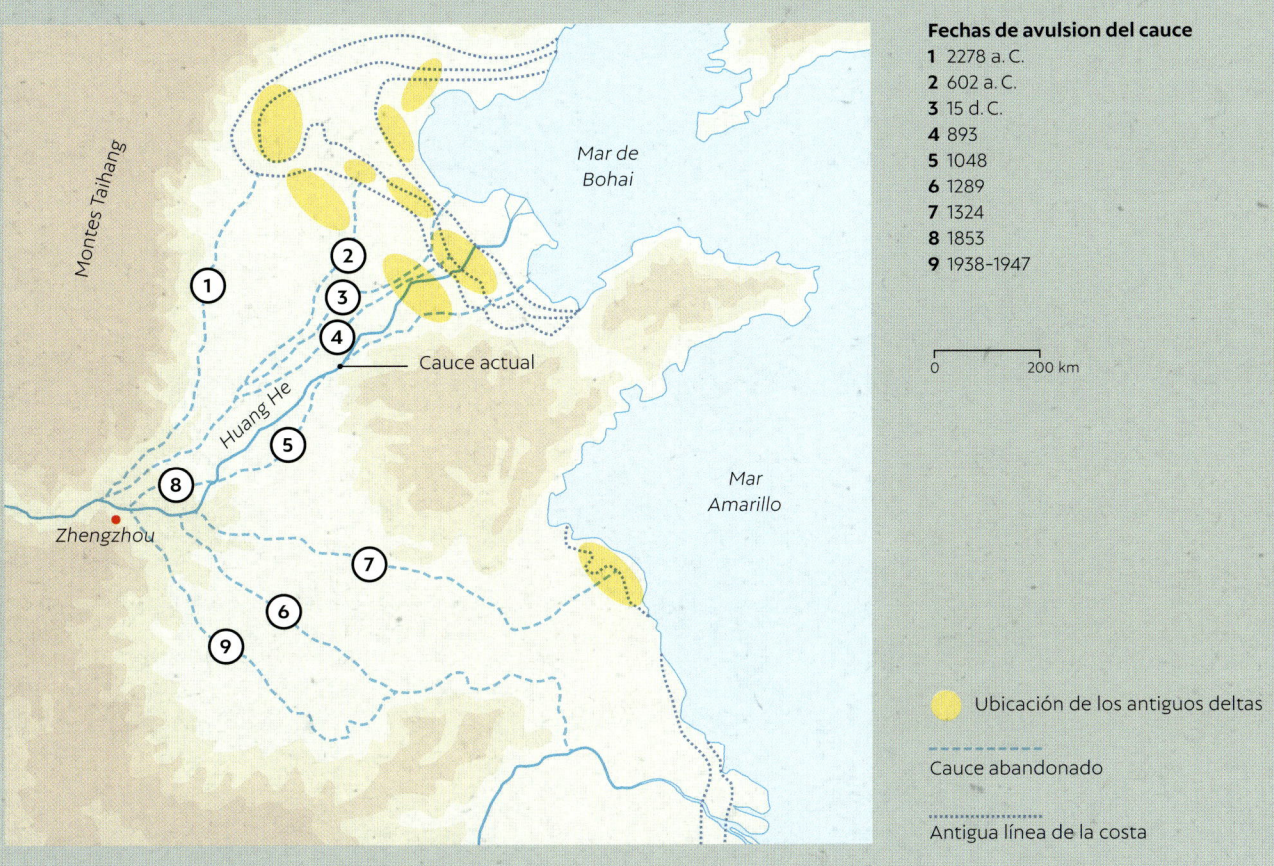

**Fechas de avulsion del cauce**
1 2278 a. C.
2 602 a. C.
3 15 d. C.
4 893
5 1048
6 1289
7 1324
8 1853
9 1938-1947

0       200 km

● Ubicación de los antiguos deltas

- - - Cauce abandonado

····· Antigua línea de la costa

Muchas comunidades deltaicas de todo el mundo pugnan hoy en día por evitar que se produzcan avulsiones. Así, por ejemplo, el delta del Misisipi se ha formado tan lejos en el golfo de México que desemboca en el borde de la plataforma continental y está a punto de una avulsión. En la década de 1960 se realizaron enormes esfuerzos de mitigación para evitar que esto sucediera, ya que el agua potable de la ciudad de Nueva Orleans proviene de aquí y, además, los puertos de la parte baja de Luisiana tienen una considerable importancia económica.

## Brazos pantanosos y remansos

Cuando los canales distributarios quedan abandonados, ya no reciben ningún flujo fluvial activo. En algunos casos, se convierten en profundos brazos pantanosos inmóviles y abiertos. Otras veces, se colmatan y se cierran por completo, con importantes consecuencias para los peces y otros organismos acuáticos que dependen del agua fluvial y de los nutrientes para contar con un hábitat sostenible. Cuando uno se abandona, el cambio resulta inminente.

# Retracción de los deltas

Cuando se produce una avulsión fluvial, ¿qué le pasa al lóbulo deltaico que se abandona? Al abandonar su cauce, el agua y los sedimentos que el río lleva se desvían hacia el nuevo, lo que provoca la senescencia del antiguo. Es un proceso similar al que experimentan las plantas suculentas al sufrir estrés hídrico: al principio se retraen y se encogen, y con el tiempo pueden desaparecer.

La retracción de los deltas se produce cuando las olas, las mareas y las tormentas comienzan a hacerse cargo de la redistribución principal de los sedimentos porque el río se está muriendo. Si se observa a vista de pájaro, empiezan a retraerse debido al oleaje, y la protuberancia que se hubiera formado comienza a erosionarse. La arena inicialmente aportada por los distributarios en la desembocadura se remodela a lo largo de la costa hasta formar islas de barrera. Estas, en origen, le brindan una protección crucial a los frágiles humedales, tales como marismas y manglares, situados entre ellas y la costa. Con el tiempo, el aumento relativo del nivel del mar continúa, y las masas de tierra que ya no reciben sedimentos fluviales comienzan a sumergirse. Esto hace que muchas zonas que anteriormente eran acuáticas y después se hubieran convertido en terrestres durante el crecimiento del delta vuelvan a ser hábitats de bahía interior y, con el tiempo, entornos de mar abierto.

La escala temporal en la que se produce la retracción de los deltas puede ser del orden de décadas a miles de años. Aunque el ritmo de la subida relativa del nivel del mar determina en cierta medida esta escala, también influye la salud de la vegetación que haya en la llanura deltaica. Hallazgos recientes demuestran que, cuando disminuye el aporte inorgánico de sedimentos, zonas de manglares y marismas mareales logran seguir el ritmo de la subida relativa del nivel del mar mediante la producción orgánica subterránea a través de la acumulación de raíces, rizomas y otros materiales conocidos en su conjunto como «turba». Con todo, estas regiones suelen darse en zonas inactivas, por lo que requieren de la protección de islas barrera o de bancos de sedimentos marinos para minimizar la fuerza del oleaje. Cuando empiezan a dominar las condiciones marinas o las tasas de aumento relativo del nivel del mar son elevadas, es solo cuestión de tiempo que un lóbulo deltaico acabe siendo víctima de la subsidencia, por lo que solo una parte de él podrá conservarse en el registro geológico.

▼ **Formación de playas**
*Las playas del Parc naturel régional de Camargue, Francia, se formaron a partir de la reelaboración de los sedimentos del delta del Ródano. Esta región es el hogar del camargue, la célebre raza de caballos grises salvajes.*

## TRAS EL ABANDONO

Cuando se produce el abandono de los deltas dominados por el río, estos pasan de ser promontorios erosionales a arcos de islas barrera transgresivas y, al final, bancos sumergidos.

- 🟢 Canal distributario abandonado
- 🔵 Canal distributario activo
- 🟤 Cinturón de canales / aluvial
- 🟡 Barra de desembocadura distributaria
- 🔵 Capa de arena
- 🟢 Marisma salina

**Delta activo**
Promontorio deltaico progradacional

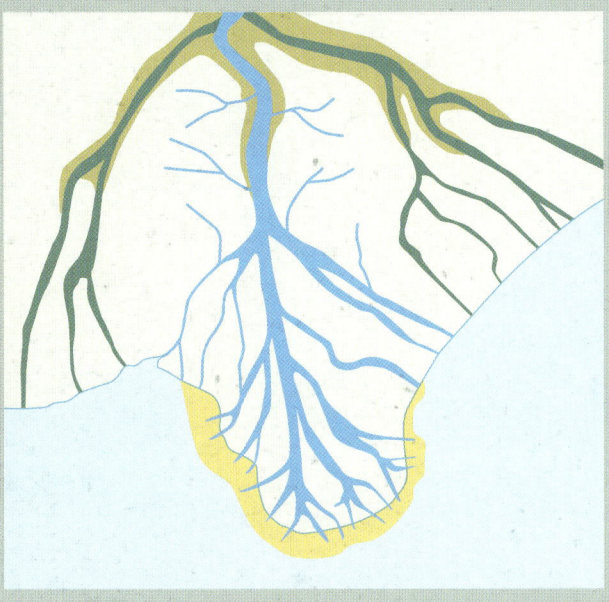

**Fase 1**
Promontorio erosional flanqueado por islas barrera

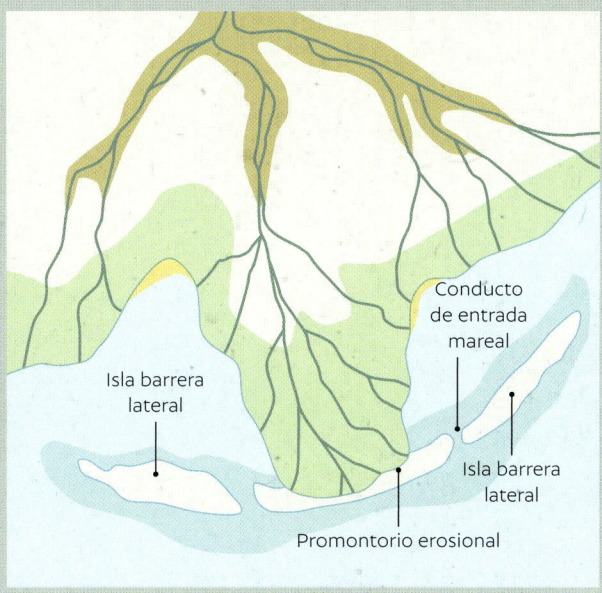

ABANDONO

REOCUPACIÓN

SUMERSIÓN

SUMERSIÓN

**Fase 3**
Retracción de la costa: banco de arena de la plataforma interior

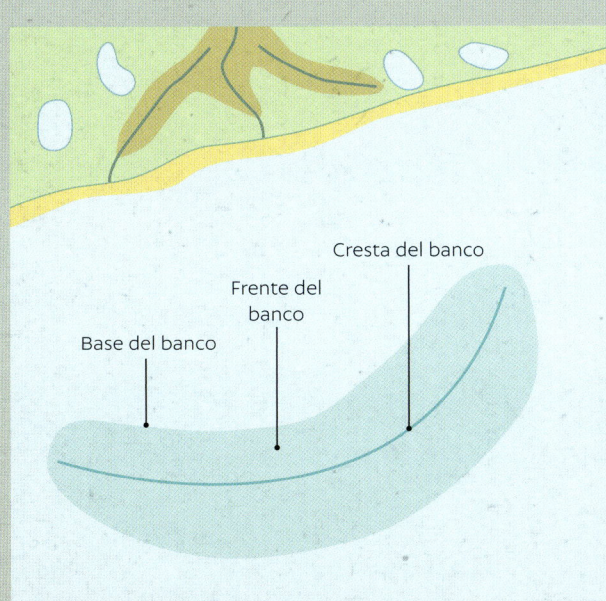

**Fase 2**
Retracción de la costa: arco de barrera en avance

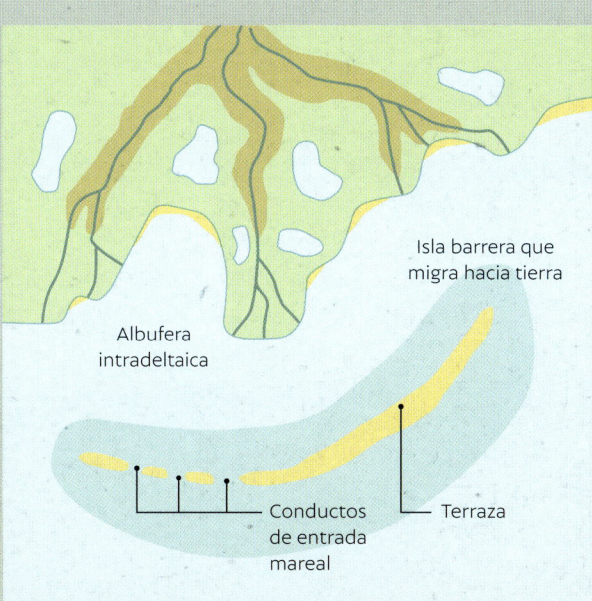

# Los deltas en el tiempo profundo

Los geólogos recurren al registro rocoso para reconstruir la historia de la Tierra a lo largo de millones de años y, entre otras cosas, intentar desentrañar qué paleoambientes existieron, dónde y durante cuánto tiempo, y qué organismos prosperaron en ellos. En la actualidad, en estos afloramientos pueden verse los espectaculares restos de paleodeltas (antiguos deltas inactivos).

▼ **Book Cliffs**
*Se alza sobre el Gran Valle en Colorado y Utah, Estados Unidos: nos brinda una de las vistas tridimensionales y transversales más espectaculares de las formaciones fluviales y deltaicas conservadas en roca.*

Los paleodeltas contienen los depósitos de los antiguos deltas fluviales que esculpían el paisaje y desembocaban en paleolagos y antiguos mares. Con el tiempo, la actividad tectónica ha ido modificando el paisaje, cambiando el curso de los ríos y generando montañas e incluso continentes enteros. Los depósitos paleodeltaicos pueden desplazarse junto con el nuevo paisaje. Algunos de estos antiguos depósitos han ascendido desde el nivel del mar hasta convertirse en cadenas montañosas, mientras que otros se han hundido bajo la superficie y ahora solo son visibles mediante equipos científicos avanzados que pueden «ver» bajo gruesas capas de sedimentos y rocas. Aunque existen innumerables paleodeltas, el de Book Cliffs, en Estados Unidos, y el del Volga, en el mar Caspio, son dos de los más estudiados.

## Book Cliffs

Hace millones de años, los continentes de la Tierra tenían un aspecto muy diferente al actual. Tras la ruptura del enorme supercontinente Pangea, hace unos 200 millones de años, Norteamérica inició una migración hacia el oeste que continúa en la actualidad. Hace 100 millones de años que, a lo largo de la parte occidental del continente, comenzó a formarse una nueva cadena montañosa (los montes Sevier) a medida que la antigua placa oceánica de Farallón se iba desplazando por debajo de Norteamérica mediante subducción. Ello deformó la corteza terrestre, originó las montañas y generó una gran cuenca de subsidencia en el lado oriental de dicho sistema montañoso. Tras esto, una extensa vía marítima interior, denominada «mar Interior Occidental», inundó el continente hasta el punto de que fue una especie de océano entre los montes Sevier y Apalaches. La erosión de los primeros generó sedimentos que se depositaron al este de la cordillera en forma de deltas en el mar Interior Occidental.

Los montes Sevier se fueron erosionando por completo a lo largo de millones de años y otras fuerzas tectónicas afectaron al margen occidental del continente norteamericano. Estas fuerzas produjeron una cadena montañosa totalmente nueva y más joven: las actuales montañas Rocosas, que tienen unos 35-50 millones de años.

## ENTORNOS ANTIGUOS

Book Cliffs brinda a geólogos e ingenieros de hidrocarburos una oportunidad increíble para el estudio de yacimientos fluviales y deltaicos. En estos depósitos hay registros de cambios paleoambientales, como la subida y bajada del nivel del mar, que sirven para comprender la estructura de posibles yacimientos subterráneos en otros entornos paleodeltaicos.

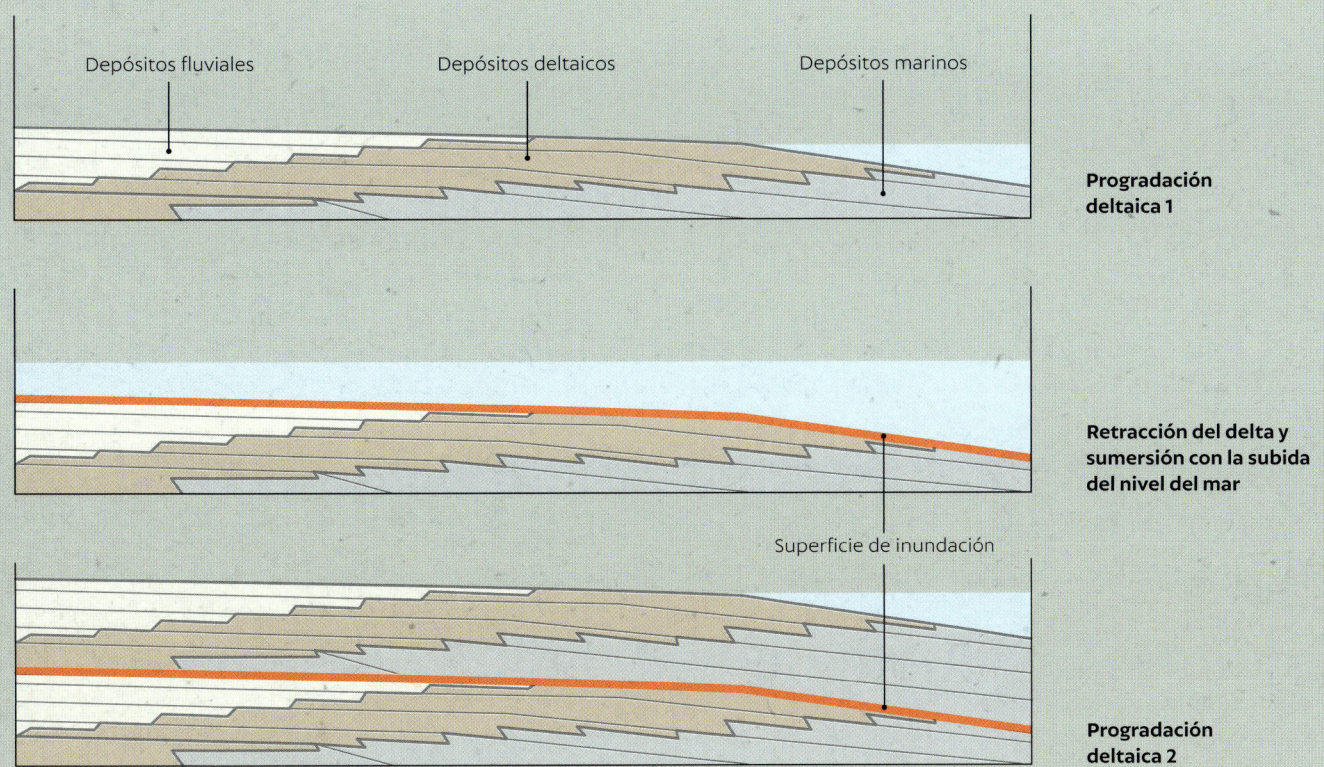

Depósitos fluviales · Depósitos deltaicos · Depósitos marinos

Progradación deltaica 1

Retracción del delta y sumersión con la subida del nivel del mar

Superficie de inundación

Progradación deltaica 2

¿Cómo sabemos que fue así? Book Cliffs, en los actuales estados de Utah y Colorado, ofrece una excepcional ventana al pasado geológico de la región, una máquina del tiempo con la que ver los entornos que hubo allí hace millones de años. Se extiende a lo largo de 350 km y presenta rocas de arenisca expuestas de una forma espectacular que datan del Cretácico, hace unos 100 millones de años. Los salientes rocosos que coronan el acantilado parecen una estantería de libros, de ahí su nombre («acantilado de los libros»). Los geólogos han descubierto que sus rocas contienen un registro completo de los depósitos fluviales y deltaicos que se formaron cuando existían los montes Sevier y los ríos fluían desde ellas hacia el mar Interior Occidental. Estos indican que los ríos fluían hacia el este y el sudeste, y los análisis ayudan a identificar dónde estuvieron en su día las paleocostas y hasta dónde se propagaban las mareas tierra adentro.

Es uno de los ejemplos mejor estudiados de geología fluvial y deltaica, ya que sus exposiciones son muy limpias y ofrecen una oportunidad excepcional para ver en tres dimensiones la estructura de los depósitos subacuáticos. Esta información, necesaria para crear reconstrucciones paleoambientales precisas y desentrañar la historia del nivel del mar, se ha utilizado para ayudar a dilucidar el potencial de yacimientos de petróleo y gas en otros entornos paleodeltaicos de todo el mundo.

## El paelodelta del Volga

Aunque en la actualidad el mar Caspio es una cuenca cerrada de la Eurasia templada, el clima de la región ha fluctuado mucho en los últimos millones de años entre períodos glaciares e interglaciares y condiciones húmedas y secas, provocando que la costa se expanda y contraiga. Cuando esto ocurre, las desembocaduras de los ríos de la región también se alteran, ya sea hacia tierra o hacia el mar. Los antiguos depósitos deltaicos en el registro rocoso pueden ayudar a reconstruir esta historia climática.

Además, en la región han intervenido grandes fuerzas tectónicas a causa del choque de la placa arábiga con la euroasiática, favoreciendo la elevación de varias cadenas montañosas y que otras zonas se hayan visto afectadas por la subsidencia. Las investigaciones sugieren que el mar Caspio pudo haber estado conectado con los mares Negro y Mediterráneo por el oeste durante determinados episodios de estos movimientos tectónicos y cuando los niveles relativos del mar eran altos.

Hoy en día, el delta del Volga se adentra en el mar Caspio a lo largo de su costa septentrional. Sin embargo, hace unos 5 millones de años, la extensión de este mar era mucho menor (el 20 por ciento de su tamaño actual) y solo abarcaba la sección meridional, denominada «cuenca del Caspio meridional». Esta era bastante profunda porque en la región se estaba produciendo una rápida subsidencia a causa de la colisión tectónica entre las placas arábiga y euroasiática. El paleorrío Volga desembocaba aquí, donde se acumularon sedimentos fluviodeltaicos de hasta 8 km de profundidad. Con el tiempo, el clima regional llevó más precipitaciones a la región, desplazando la costa del mar Caspio (y el delta del Volga más moderno) a su actual posición septentrional.

El paleodelta del Volga tiene una gran importancia en la actualidad por los enormes yacimientos de petróleo y gas que contienen sus sedimentos. Fue en él donde, a mediados del siglo XIX, se perforaron algunos de los primeros pozos petrolíferos del mundo, y las naciones actuales situadas en sus orillas, como Azerbaiyán, dependen de estos recursos convencionales para su abastecimiento energético.

# EL PALEODELTA DEL VOLGA

El paleodelta del Volga se adentró en la cuenca del Caspio meridional hace unos 5 millones de años, cuando el mar Caspio ocupaba muy poco espacio. Con el tiempo, el nivel del agua de este mar ha subido, y el moderno delta del Volga desemboca ahora a lo largo de su costa septentrional en Rusia. Los depósitos sedimentarios del paleodelta del Volga son el epicentro de los yacimientos de petróleo y gas del actual Azerbaiyán.

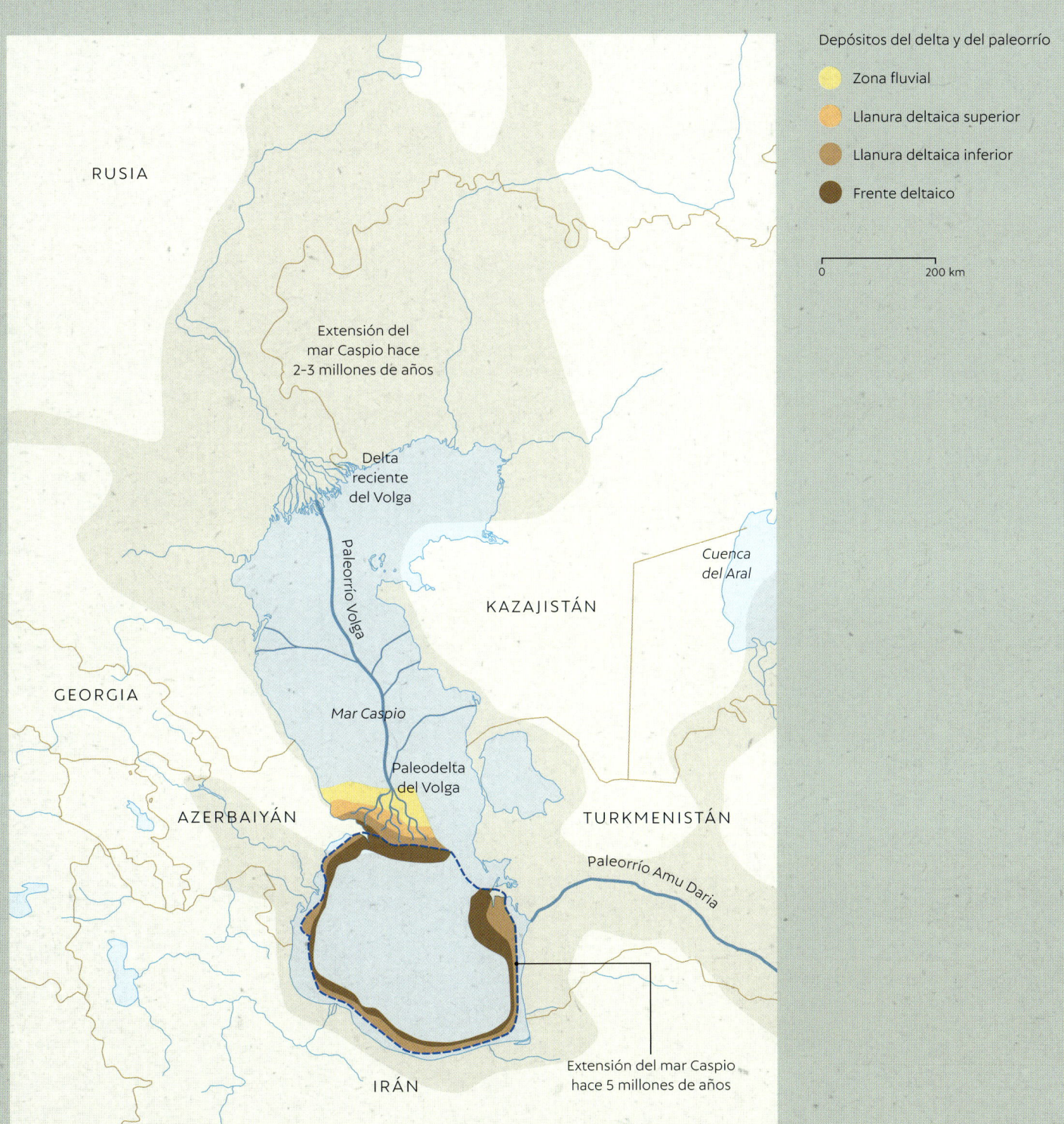

Depósitos del delta y del paleorrío

- Zona fluvial
- Llanura deltaica superior
- Llanura deltaica inferior
- Frente deltaico

0          200 km

RUSIA

Extensión del mar Caspio hace 2-3 millones de años

Delta reciente del Volga

Paleorrío Volga

Cuenca del Aral

KAZAJISTÁN

GEORGIA

Mar Caspio

Paleodelta del Volga

AZERBAIYÁN

TURKMENISTÁN

Paleorrío Amu Daria

Extensión del mar Caspio hace 5 millones de años

IRÁN

# 12

# Ecología y biodiversidad deltaicas

# Paisajes biodiversos

Al igual que los ríos y estuarios, los deltas albergan una abundante vida, desde diminutas algas microscópicas que flotan en la columna de agua hasta gigantescos mamíferos y reptiles que nadan en sus canales y deambulan por sus orillas. El clima y las capacidades de adaptación de los distintos organismos determinan qué especies hacen de estos lugares su hogar.

## Habitantes de deltas árticos

Imagínese vivir en un lugar donde la temperatura media en verano no supere los 10 °C y la temperatura media en invierno sea de -40 °C, muy por debajo del punto de congelación. Las regiones polares las alcanzan con regularidad, haciendo de los deltas situados al norte del círculo polar ártico unos lugares excepcionales: en lugar de árboles, hay arbustos y líquenes, y durante buena parte del año están cubiertos de hielo y nieve. Pese a tan extremos paisajes, los deltas árticos conforman hábitats únicos para diversas formas de vida. Por ejemplo, los cauces fluviales y los hábitats de tundra del delta del Yukón, Alaska, albergan una de las mayores concentraciones de aves acuáticas del mundo, un espacio crucial para el desove y la cría del salmón del Pacífico, y tierras altas que dan cobijo al oso pardo (*Ursus arctos*), al oso negro americano (*U. americanus*), al reno (*Rangifer tarandus*), al alce (*Alces alces*), al lobo (*Canis lupus*), al zorro ártico (*Vulpes lagopus*) y al buey almizclero (*Ovibos moschatus*). A lo largo de su costa, el mar de Bering alberga diversos mamíferos marinos. El Yukón es el hogar ancestral de los pueblos yup'ik, cup'ik y deg xit'an, cuyo estilo de vida de subsistencia se ve facilitado por el delta.

## Habitantes de deltas templados

Los deltas de las zonas de clima templado suelen estar dominados por praderas húmedas, denominadas «marismas», que rebosan vida tanto en los canales como en las plataformas intermareales. La carismática fauna que se encuentra aquí incluye, entre otros animales, leones (*Panthera leo*), guepardos (*Acinonyx jubatus*), elefantes, rinocerontes, ciervos, bueyes, simios, chimpancés (*Pan troglodytes*), comadrejas, nutrias, ratas almizcleras, caimanes, pelícanos, garcetas, caracoles, cangrejos y siluros.

El delta del río Manning, en la costa oriental de Australia, al norte de Sídney, alberga grandes poblaciones de ostras. Las especies *Saccostrea glomerata* y *Ostrea angasi* son endémicas mientras que la ostra del Pacífico (*Magallana gigas*) se introdujo desde Japón en la década de 1940. Este delta también es famoso por sus fascinantes animales marinos, como delfines, ballenas y tiburones, que frecuentan los canales que se adentran en él desde el océano Pacífico.

▶ **Reno del Yukón**
*El reno (*Rangifer tarandus*), también llamado «caribú», está bien adaptado a vivir en los duros climas árticos, ya que cuenta con un grueso pelaje para abrigarse y un sistema digestivo capaz de descomponer líquenes y musgos.*

## Habitantes de deltas tropicales

Los trópicos son regiones donde las temperaturas rara vez descienden por debajo del punto de congelación (0 °C) y en cuyos deltas predominan los manglares. Las temperaturas cálidas son más favorables para anfibios y reptiles por ser animales de sangre fría; además, las aves prosperan gracias a la abundancia de peces e insectos. No hay que buscar mucho para encontrar peces del fango (Oxudercinae) que se arrastran por los canales durante la bajamar, o ver a los cocodrilos marinos (*Crocodylus porosus*) tomando el sol en las orillas. El delta del Orinoco, Venezuela, es hogar del cocodrilo del Orinoco (*Crocodylus intermedius*), el delfín rosado del Orinoco (*Inia geoffrensis humboldtiana*), la nutria gigante (*Pteronura brasiliensis*), la anaconda verde (*Eunectes murinus*) y más de mil especies de peces. Destaca también por su fauna aviar, compuesta por, entre otros, flamencos, coloridos loros, ibis escarlata (*Eudocimus ruber*) y tucanes.

◀ **Le sienta bien el rosa**

*Los flamencos del Caribe (Phoenicopterus ruber) pueden reunirse por miles. Los científicos calculan que hay más de 200 000 de ellos en el neotrópico de Norte y Sudamérica. El característico plumaje rosa se debe a su dieta de algas y artemias, que contienen carotenoides, los pigmentos naturales que dan a las zanahorias su color naranja y hacen que se pongan rojos los tomates maduros.*

**Recolectores de miel**

*De las exuberantes tierras deltaicas se extraen productos naturales, como la miel. Estos recolectores de miel del bosque de manglares de los Sundarbans, Bangladés, usan humo para apaciguar a las abejas durante la recolección.*

**El reino de la palmera datilera**

*El río Chat el-Arab, formado por la confluencia de los ríos Tigris y Éufrates, divide en dos el desierto del sur de Irak, como se observa en esta imagen del transbordador espacial del año 2000. Su delta albergó en su día uno de los mayores bosques de palmeras datileras (Phoenix dactylifera; derecha) del mundo, tan famoso que figuraba en el escudo real del Reino de Irak entre 1924 y 1958.*

## Habitantes de deltas desérticos

A diferencia de las gélidas regiones polares, los deltas de los entornos desérticos son oasis excepcionales. El del Okavango (*véanse* páginas 300-301) aporta agua y vida a la cuenca interior del Kalahari, África, y es el hogar de miles de especies, muchas de ellas en peligro, como el elefante africano de sabana (*Loxodonta africana*), el león, el guepardo, el rinoceronte blanco del sur (*Ceratotherium simum simum*), el rinoceronte negro (*Diceros bicornis*) y el perro salvaje africano (*Lycaon pictus*).

El delta del Chat el-Arab, formado en la confluencia de los ríos Éufrates y Tigris en Irak, es otro oasis rodeado de arena del desierto en el que las temperaturas suelen superar los 40 °C en verano (de mayo a septiembre). En la década de 1970, sus aguas albergaban el mayor bosque de palmeras datileras (*Phoenix dactylifera*) del mundo, con 17-18 millones de ejemplares, es decir, en torno al 20 por ciento del total mundial de por aquel entonces. En la actualidad, la extracción excesiva de agua dulce para consumo humano y regadío ha provocado la intrusión de agua salada, la merma del bosque y que las pesquerías cruciales de la zona y del norte del golfo Arábigo estén en peligro.

# Vegetación de humedal en los deltas

La exuberante vegetación que hay en los deltas está sujeta a frecuentes inundaciones, ya sea de ríos, mareas, olas o marejadas ciclónicas. El clima y la salinidad, así como la frecuencia y duración de las inundaciones, determinan qué especies se dan y dónde.

## Marismas costeras

Las marismas están dominadas por herbáceas y prosperan donde los períodos de inundación se ven modulados por las mareas. La vegetación puede darse en tres zonas: submareal, intermareal o supramareal. El hidroperíodo (la frecuencia y duración de la inundación) y la salinidad determinan la variación. Por ejemplo, en el delta del Danubio, Rumanía, la vegetación dominante es el carrizo (*Phragmites australis*), la espadaña (*Typha latifolia* y *T. angustifolia*), *Scirpus radicans* y *S. lacustris*, el falso cípero (*Carex pseudocyperus*), *C. dioica* y *C. stricta*, las plantas del género *Equisetum*, *Sagittaria sagittifolia*, el lirio amarillo (*Iris pseudacorus*) y el sauce ceniciento (*Salix cinerea*), y cada una de estas ocupa su nicho ecológico preferido, en el que compite con otras. Dado que la inundación está muy vinculada a la elevación y la salinidad, la ubicación y la dinámica sedimentaria pueden delimitar en buena parte su extensión espacial en los deltas. En las islas más antiguas y altas del recién formado delta del Atchafalaya, Luisiana, hay sauces y espadaña, mientras que en zonas más bajas del interior se encuentra *Sagittaria sagittifolia*. A medida que las islas se desarrollen y extiendan, cabe esperar que se dé una sucesión de especies en todo el paisaje, desde la marisma baja a la alta.

## CONTROL DE LA ELEVACIÓN

La sección transversal de una de las islas deltaicas de Atchafalaya, Luisiana, permite ver cómo la vegetación de humedales está muy determinada por la duración y la frecuencia de las inundaciones a las que está sometida y, por lo tanto, por la elevación a la que crece. Las mareas inundan con regularidad las zonas más bajas, mientras que el río lo hace estacionalmente en las más altas, que albergan especies vegetales de agua dulce.

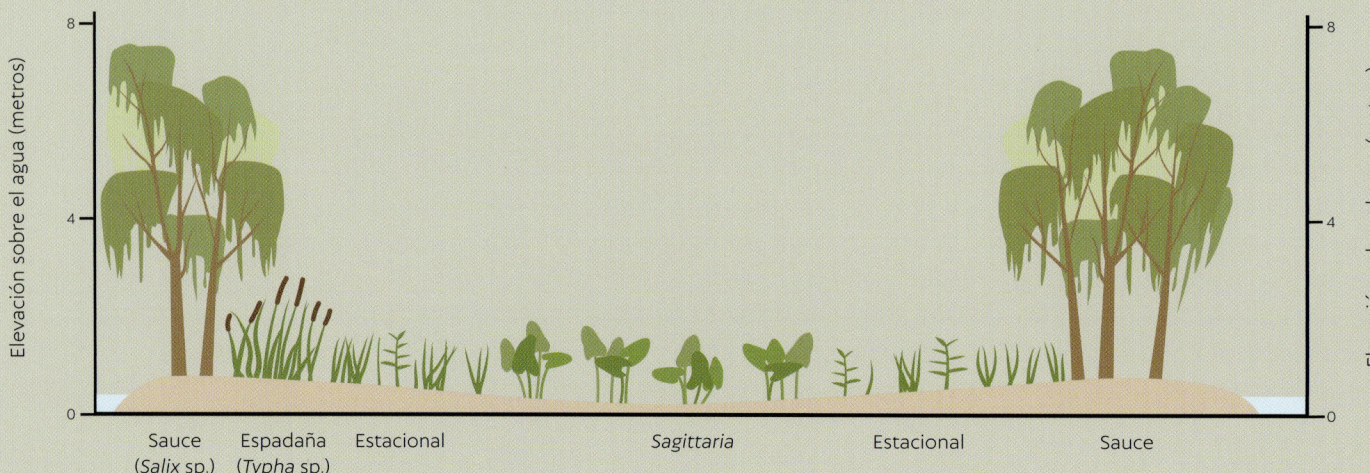

| Sauce (*Salix* sp.) | Espadaña (*Typha* sp.) | Estacional | *Sagittaria* | Estacional | Sauce |

## Manglares tropicales

Los manglares dominan los deltas tropicales. Les afectan las variaciones estacionales y las mareales, pero son muy sensibles a la temperatura y no pueden prosperar en latitudes que experimenten heladas durante mucho tiempo. En el delta del Fly, Papúa Nueva Guinea, más de 29 especies de manglares prosperan en unos bosques que abarcan más de 900 km². En las zonas de mayor influencia marina, predominan las especies *Rhizophora apiculata* y *Bruguiera parviflora*, por estar bien adaptadas a una salinidad del agua superior a 10 ppt. Allí donde esta oscila entre el agua dulce y la salada (2-10 ppt), domina la palmera *Nypa fruticans* (la única adaptada a estos espacios), mientras que en los tramos más dulces y cercanos a la desembocadura predominan *Sonneratia lanceolata* y *Avicennia marina*. Las regiones ecuatoriales costeras de África Occidental y Sudamérica concentran gran cantidad de manglares con algunos de los árboles más altos (por lo general, más de 20 metros), aunque los mangles más altos de la Tierra, con hasta 65 metros de altura, están en el estuario del Gabón, África Occidental.

▲ **Gigantes de los pantanos**

*El ciprés de los pantanos (Taxodium distichum) vive en los terrenos inundables de ríos y deltas que se inundan estacionalmente de agua dulce, como el del Bolieu, en la cuenca del Atchafalaya. En la costa de Alabama se han hallado antiguos troncos de árboles de más de 50 000 años bajo 18 metros de agua, donde prosperaron cuando el nivel del mar era inferior.*

# Mangles: captura de sedimentos y extracción de sal

En los deltas que desembocan en el mar y sufren el impacto de las mareas, el agua dulce de los ríos se mezcla con la marina, lo que genera un gradiente de salinidad. ¿Cómo lidian los manglares con estas difíciles circunstancias?

## Neumatóforos

Las plataformas de los manglares reciben agua durante la marea de crecida, pero se vacían cuando llega el reflujo. Por ello, han desarrollado unas raíces especiales llamadas «neumatóforos», adaptadas a las corrientes fluctuantes, a los períodos de inundación y a los sedimentos pobres en oxígeno. Estas partes del sistema radicular del mangle sobresalen del suelo y facilitan la aireación necesaria para que las raíces «respiren». Así, los neumatóforos funcionan como una especie de tubo de buceo que les permite respirar cuando están sumergidos o hay poco oxígeno.

En función de cada especie de mangle, los neumatóforos pueden ser un pequeño bosque de tallos que sobresalen del lodo (a veces hasta cincuenta en un área de 1 m², cada uno de 5-300 cm), o una enmarañada red de raíces que se entrecruzan en la llanura mareal. Un ejemplar de *Avicennia marina* de 2-3 metros de altura suele tener más de 10 000 neumatóforos. Estos además cumplen otra importante función: ralentizan las corrientes mareales, permitiendo atrapar los sedimentos de la superficie y, así, generar nuevos terrenos.

## DISTRIBUCIÓN DE ESPECIES DE MANGLES

Los manglares predominan en los trópicos y en latitudes bajas. El Sudeste Asiático alberga una gran cantidad de especies de mangles.

Especies de mangles

1-4    5-12    13-20    21-35    36-47

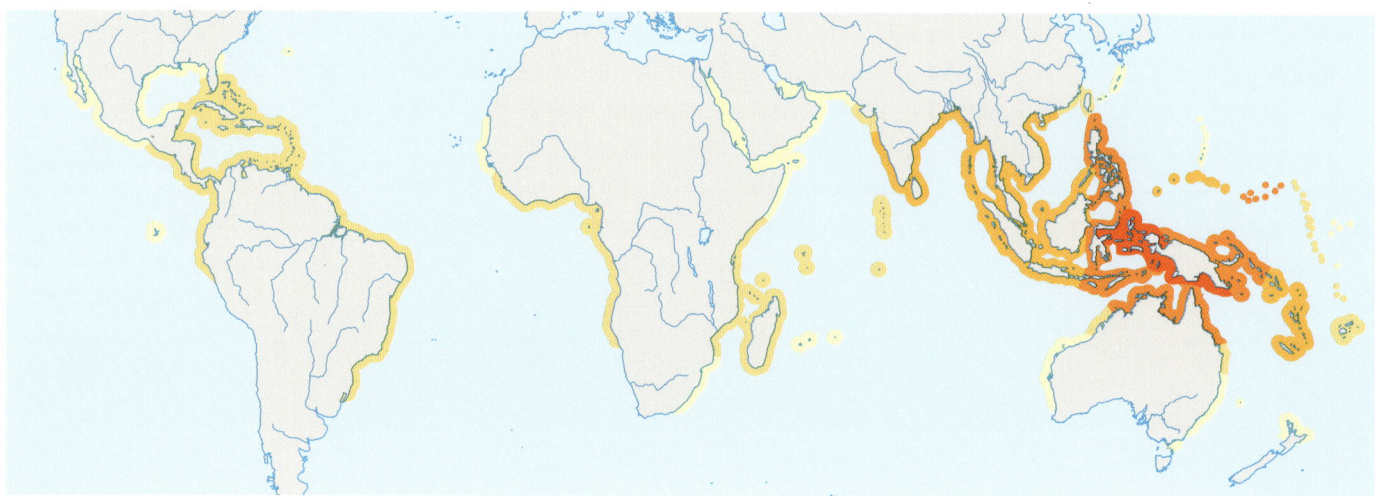

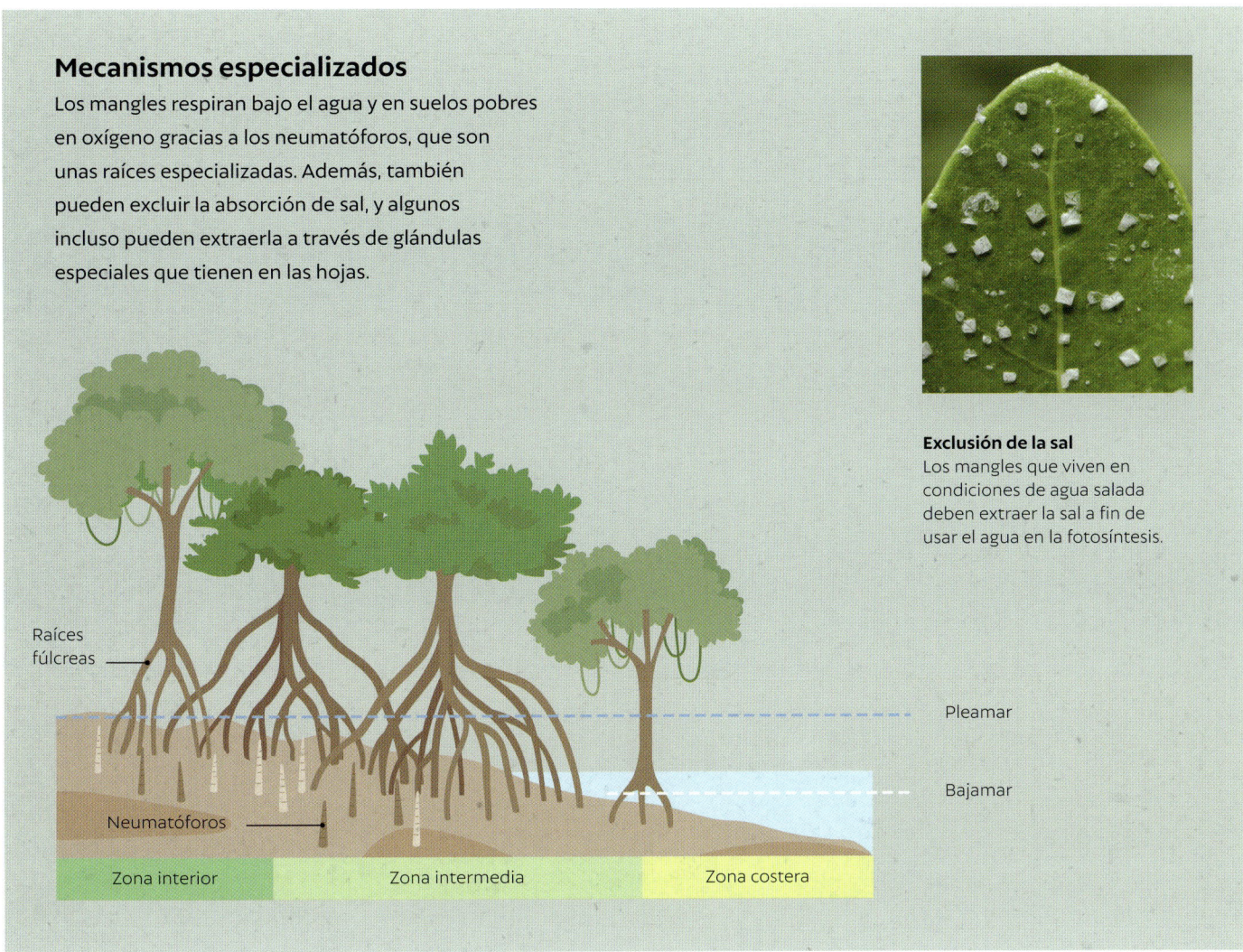

**Mecanismos especializados**

Los mangles respiran bajo el agua y en suelos pobres en oxígeno gracias a los neumatóforos, que son unas raíces especializadas. Además, también pueden excluir la absorción de sal, y algunos incluso pueden extraerla a través de glándulas especiales que tienen en las hojas.

**Exclusión de la sal**
Los mangles que viven en condiciones de agua salada deben extraer la sal a fin de usar el agua en la fotosíntesis.

Raíces fúlcreas

Neumatóforos

Pleamar

Bajamar

Zona interior

Zona intermedia

Zona costera

## Exclusión de la sal

A los organismos les cuesta gestionar las condiciones salinas, ya que, aunque la sal es un nutriente necesario, en exceso provoca desequilibrios hídricos y estrés celular, sobre todo en la absorción de otros nutrientes. Para hacer frente a esta situación, los mangles filtran la sal del agua de mar que tengan alrededor de las raíces de modo que estas solo retengan el agua más pura. Hay mangles que retiran más del 90 por ciento de sal marina con este método. Una segunda línea de defensa es el uso de unas glándulas que tienen en el envés de las hojas y con las que la excretan, transformándose en un polvillo blanco (*superior derecha*).

La tercera línea defensiva consiste en concentrar la sal en las hojas más viejas o en la corteza: dado que muchas especies de mangles son caducifolias, pueden deshacerse de este exceso al desprenderse de las hojas o de la corteza en otoño. El delta del Mahakam, Indonesia, está dominado por el taloto de Filipinas (*Heritiera littoralis*), *Sonneratia alba*, *Nypa fruticans* y los géneros *Avicennia*, *Rhizophora* y *Bruguiera*. Las plantas de los géneros *Avicennia* y *Rhizophora* son halófitas facultativas, lo que significa que pueden tolerar condiciones salinas. Para ello, inhiben la absorción de sal por las raíces y excretan sal por las hojas, de ahí que sea más habitual verlas en los límites marinos del delta. Las hojas que caen de ellos no tardan en verse descompuestas por bacterias y hongos, con lo que en la columna de agua se genera detritus que constituye una fuente de alimento para los animales marinos, incluidos gambas, cangrejos y peces de importancia económica.

# Marismas templadas

Las marismas son tierras húmedas dominadas por plantas herbáceas. Rebosan de vida y forman algunos de los hábitats naturales con mayor diversidad ecológica del mundo. Históricamente considerados poco menos que cloacas estancadas y caldo de cultivo de enfermedades, estos paisajes húmedos se consideran ahora lugares cruciales por su función de filtrado de contaminantes y de criadero de fauna silvestre.

### ¿Cloacas?

Un observador casual podría considerar un humedal marismeño como un cenagal o una mera cloaca, un terreno fangoso, viscoso e infecto habitado por monstruos. Y no es de extrañar: antes de la llegada de la medicina y la ingeniería modernas, estas ciénagas anegadas albergaban mosquitos e insectos que propagaban la malaria y otras enfermedades infecciosas. Se inundan, y caimanes, cocodrilos y serpientes venenosas se deslizan por sus orillas y sus aguas. Al describir la costa a lo largo del delta europeo del Rin-Mosa, el geógrafo griego Piteas (h. 325 a. C.) escribió lo siguiente: «Murieron más en la lucha contra las aguas que contra los hombres». Así, en el mejor de los casos, no se consideraban tierras productivas ni lugares en los que vivir. La malaria y la fiebre amarilla fueron un problema tan grave en la Francia de 1599 que el rey Enrique IV promulgó un edicto que permitió desecar todos los lagos y humedales para hacerlos más productivos y menos letales. En los siguientes sesenta años, los franceses, con financiación e ingeniería neerlandesas, recuperaron tierras a gran escala, y, además, grandes extensiones del delta del Ródano, que forma la región de la Camarga, cerca de Arlés, en el sur de Francia, fueron terraplenadas y desecadas.

El drenaje a gran escala de humedales y marismas se remonta al año 3000 a. C. de la mano del faraón Menes en el delta del Nilo, y llega a fechas tan recientes como 1950-1990 en las marismas mesopotámicas del delta del Chat el-Arab, Irak. Ya sea por razones económicas, sanitarias o políticas, el ser humano lleva milenios intentando controlar el estado natural de los humedales, especialmente de las regiones deltaicas muy pobladas. Entonces, ¿cuándo cambiaron las opiniones y percepciones sobre el valor de los humedales?

▼ **Marismas drenadas**
*Los humedales cercanos a Aigas-Mòrtas, en el lado occidental de la Camarga, en el delta del Ródano, se desecaron con fines agrícolas. Hoy se recolecta sal en sus extensos estanques salineros.*

## Una marisma alterada

Las distintas civilizaciones que ha habido desde la época romana se han servido de las extensas salinas del delta del Ródano, en la Camarga, para cosechar este mineral esencial. A partir del siglo XVI se construyeron numerosos terraplenes y canales para drenar las «cloacas» de la marisma y convertirlas en tierras agrícolas «más productivas». En esta imagen satelital del mayor delta fluvial de Europa Occidental, tomada por la Sentinel-2, del programa Copernicus, se ve que gran parte del delta es ahora tierra agrícola (solo quedan 950 km² de marisma natural).

1 Salinas
2 Pequeño Ródano
3 Estanque de Vaccarès
4 Mar Mediterráneo
5 Gran Ródano

## ¿O tesoros ecológicos?

En antiguos escritos egipcios y chinos y en relatos orales de los aborígenes australianos se ensalzaba la belleza de la naturaleza a lo largo de las vías fluviales, y en algunos incluso se divinizaban los ríos. Hapi era un dios fluvial egipcio que personificaba al Nilo y sus inundaciones, mientras que, en Nueva Zelanda, los maoríes consideraban al río Whanganui como guía espiritual.

*Viento ululante; bajo una lluvia torrencial de otoño*
*piedras que suenan y tropiezan en la orilla,*
*olas que saltan y chocan entre sí:*
*una garceta blanca se sobresalta, se recupera; desciende.*

Wang Wei (740 d. C.)

La percepción de los humedales, en particular, fue cambiando en el siglo XIX de forma gradual hacia valores más positivos, como la belleza, la fertilidad, la variedad y la utilidad. La poeta estadounidense Emily Dickinson (1830-1886) describió así algunos de los sentimientos encontrados a los que se enfrentaba la gente por aquel entonces:

> *Dulces son los secretos del pantano*
> *hasta que asoma una serpiente;*
> *al verla nos damos media vuelta:*
> *el camino a casa nos impele.*

En sus primeros escritos, el naturalista escocés-estadounidense John Muir (1838-1914) los consideraba paisajes hermosos, incluso tras haber contraido la malaria en 1867, y, en 1923, la autora estadounidense Willa Cather (1873-1947) escribió sobre la «ociosidad y belleza plateada» de una marisma situada cerca de la granja de un personaje en la novela *A Lost Lady* (*Una dama extraviada*). Aldo Leopold (1887-1948), considerado por muchos el padre de la ecología estadounidense, expuso en 1949 la idea de la «ética de la tierra», un llamamiento a la sociedad no solo para que fuera tratada con respeto, sino también para que se extendiera ese sentimiento al mundo natural de los suelos, las aguas, las plantas y los animales.

Desde 2009, los relatos orales de los aborígenes australianos, que revelan el profundo significado cultural de los humedales, han contribuido a dar forma a los esfuerzos de conservación de la cuenca del Murray-Darling, en Australia. En la actualidad, muchas personas de todo el mundo consideran que los humedales son «tesoros ecológicos» por los recursos naturales y servicios ecosistémicos que brindan.

► **El valor de los humedales**

*Existen textos y pinturas egipcias que datan del año 3000 a. C. y que describen las marismas como lugares hermosos y fértiles. En esta obra, encontrada en la tumba de Nebamón, lo vemos cazando aves en las marismas con su esposa e hija.*

## Servicios ecosistémicos de los humedales

El concepto de «servicios ecosistémicos» (*véase* capítulo 4) alude a los beneficios que las personas obtienen de los ecosistemas, incluidos los humedales. Puede tratarse de recursos naturales (refugios ecológicos para plantas, peces, aves y otros animales silvestres de importancia recreativa y comercial), de modulación del paisaje (control de inundaciones, reposición de aguas subterráneas, protección contra tormentas, estabilización del litoral y purificación del agua) o de ventajas económicas y sociales (turismo y valor cultural).

Según un estudio de 2019, se estiman su valor a nivel mundial en más de 47 billones de dólares al año. Las marismas y los humedales costeros, en particular, estabilizan el litoral y tienen un valor estimado de 164-761 dólares por metro lineal por la protección que le brindan a las comunidades del interior. Y en cuanto a la filtración de contaminantes, la mejora de la calidad del agua del delta del Misisipi se ha calculado en 245-13 710 dólares por hectárea.

Las marismas conforman extensas zonas de cría para aves y peces (*véanse* capítulos 4 y 8). Además, secuestran grandes cantidades de carbono cuando la materia orgánica vegetal se acumula y se entierra (*véanse* capítulos 2 y 10). Por desgracia, cuando se transforman en centros agrícolas o urbanos, sus servicios ecosistémicos se ven mermados.

▲ **Hasta donde alcanza la vista**

*Sus hierbas bajas, muy valoradas por los servicios ecosistémicos que prestan, dan lugar a paisajes espectaculares y repletos de vida en los que el horizonte se extiende kilómetros y kilómetros.*

## DELTA INTERIOR:
## EL ESPECTACULAR OKAVANGO

Declarado Patrimonio de la Humanidad por la UNESCO en 2014, el del Okavango es uno de los mayores deltas interiores sin salida al mar del mundo. Se encuentra en el noroeste de Botsuana y sus aguas drenan en las desérticas arenas de la cuenca del Kalahari, en el centro-sur de África. Yuxtapuesto a un paisaje marrón y polvoriento, este vibrante delta recibe las aguas de las crecidas durante el punto álgido de la estación seca invernal de Botsuana (junio / julio), y sustenta un increíble oasis ecológico. Los 20 000 km² del delta albergan una abundante vida salvaje en sus ríos y lagunas permanentes y estacionales, así como en pantanos, praderas, bosques ribereños, bosques caducifolios e islas.

Las inundaciones anuales provocan espectaculares exhibiciones de vida salvaje que incluyen grandes manadas de elefantes africanos de sabana (*Loxodonta africana*), búfalos cafres (*Syncerus caffer*), antílopes Lechwè (*Kobus lechwe*) y cebras de Burchell (*Equus quagga burchellii*). Los animales chapotean y beben en las cristalinas aguas de este río para celebrar su supervivencia durante la estación seca o las semanas de migración a través del desierto del Kalahari. Botsuana es el país africano que tiene en la actualidad más elefantes (295 000, en torno al 70 por ciento de la población mundial de esta especie en peligro), para cuya supervivencia es crucial el delta del Okavango. Las hembras de este animal, el mamífero terrestre de mayor tamaño, permanecen juntas en unidades familiares regidas por la matriarca de mayor edad, y todas ellas colaboran en la crianza y protección de las crías.

Las manadas de leones, de hasta treinta individuos, que son ágiles nadadores y trepadores, se alimentan en el delta de búfalos cafres, antílopes, hienas manchadas (*Crocuta crocuta*) y perros salvajes africanos. Uno de sus animales más emblemáticos es el hipopótamo (*Hippopotamus amphibius*): los profundos resoplidos de este rotundo paquidermo suelen oírse por los lagos, canales y lagunas del delta. Es frecuente ver al cocodrilo del Nilo (*Crocodylus niloticus*) nadando en los canales o tomando el sol en las orillas; este reptil incluso juega al escondite en intrincados túneles submarinos bajo islas flotantes de papiro. Las bandadas de aves se cuentan por miles y dan lugar a espectaculares exhibiciones de queleas comunes (*Quelea quelea*), flamencos, garcetas de garganta roja (*Egretta vinaceigula*), martines pescadores y grullas carunculadas (*Bugeranus carunculata*).

El ecoturismo es un gran beneficio para el delta del Okavango y Botsuana, ya que en 2019 fue el responsable de la entrada de unos 2200 millones de dólares al país (el 13 por ciento del PIB). Este promueve los viajes a zonas de patrimonio natural y cultural con los objetivos de maximizar la participación y la distribución equitativa de los beneficios económicos a las comunidades anfitrionas, maximizar los ingresos para la conservación, educar a los visitantes y a la población local y minimizar el impacto social, cultural y ambiental negativo.

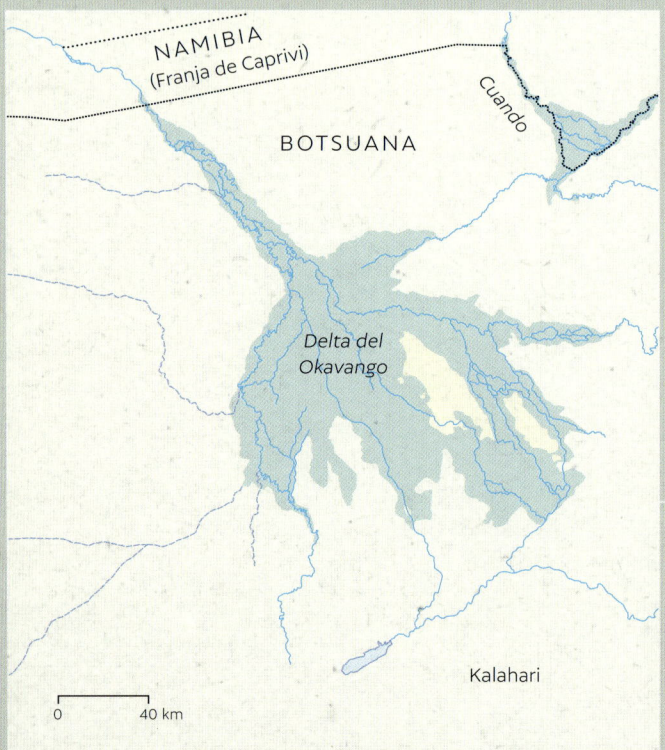

**Delta interior**
El Okavango, que desemboca en el desierto del Kalahari, es el sustento de la carismática fauna salvaje de la región.

**Agua que da vida**
Unos antílopes Lechwe (*Kobus lechwe*) corren por el delta inundado del Okavango, Botsuana.

**Santuario de elefantes**
Gracias a los recursos hídricos y alimentarios que proporciona el delta en este paisaje desértico, el Okavango es un refugio para el vulnerable elefante africano de sabana (*Loxodonta africana*).

# Deltas y turberas del Ártico

Los deltas del Ártico son peculiares debido a las temperaturas extremas, a los pulsos puntuales de agua de deshielo y a que el paisaje se encuentra helado durante buena parte del año. Además, su fauna y su flora son únicas.

## DIVISORIAS DE AGUAS DE LOS RÍOS ÁRTICOS

Los ríos árticos y sus deltas se enfrentan a retos extremos a medida que fluyen hacia el norte en su camino al océano Ártico. El calentamiento del planeta por el cambio climático hace que se derritan los extensos paisajes de permafrost de muchos deltas de Canadá, Alaska y Rusia.

- Ártico alto
- Ártico bajo
- Subártico
- ▲ Deltas principales
- Isoterma de 10 °C en julio

## Permafrost

En las regiones polares, la temperatura media en verano no supera los 10 °C, mientras que la temperatura invernal es de -40 °C. Si bien la superficie de la tierra puede descongelarse en verano, hay una zona de roca y suelo siempre congelada, llamada «permafrost», que permanece enterrada. El permafrost tiene una gran influencia en los deltas polares, pues limita la migración de los cauces y la profundidad a la que pueden vivir los organismos y obtener alimentos. Como resultado, en la mayoría de las regiones árticas predominan los líquenes y los arbustos con raíces poco profundas y que pueden sobrevivir en estado latente durante los 7-9 meses de temperaturas bajo cero.

Además, el permafrost es un importantísimo almacén de carbono. Según estimaciones recientes, las regiones árticas de este contienen unos 1035 petagramos (1 petagramo $= 1 \times 10^{12}$ kg) de carbono congelado procedente de la acumulación de materia orgánica en sus 3 metros superiores, lo que equivale a más de treinta veces la cantidad de carbono presente en la atmósfera antes de la Revolución Industrial de 1850. Sin embargo, el calentamiento del planeta hace que estas turberas de permafrost se derritan, por lo que su materia orgánica almacenada está cada vez más expuesta a la oxidación y a su liberación a la atmósfera.

▲ **Delta ártico**

*Los deltas de las regiones polares permanecen congelados durante buena parte del tiempo y están sujetos a pulsos puntuales de agua de deshielo.*

## DERRETIMIENTO DEL PERMAFROST

Con el aumento de las temperaturas, el permafrost se derrite formando masas de agua llamadas «lagos termokársticos», los cuales son importantes para las aves acuáticas y los peces que residen en la región. El calentamiento global hace que el paisaje termokárstico se expanda y libere grandes reservas de carbono.

- ● Cuña de hielo
- Permafrost (almacenamiento de $CO_2$)
- ○ Formación de lago termokárstico
- ● Talik (terreno sin descongelar)

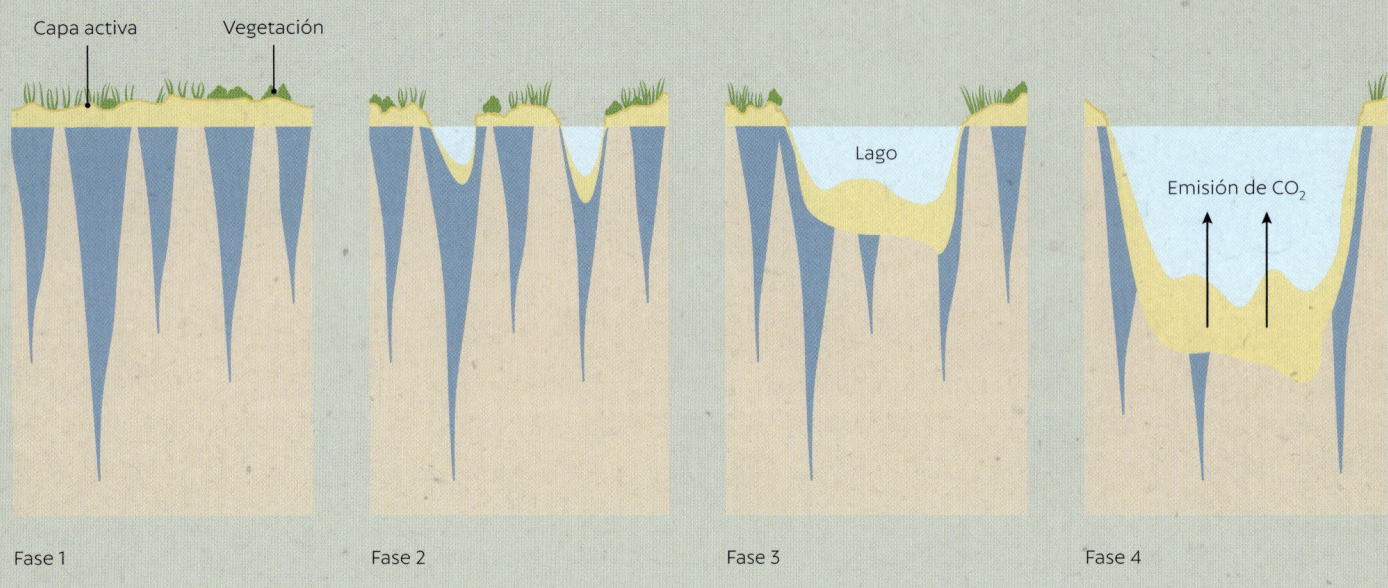

Capa activa    Vegetación

Lago

Emisión de $CO_2$

Fase 1          Fase 2          Fase 3          Fase 4

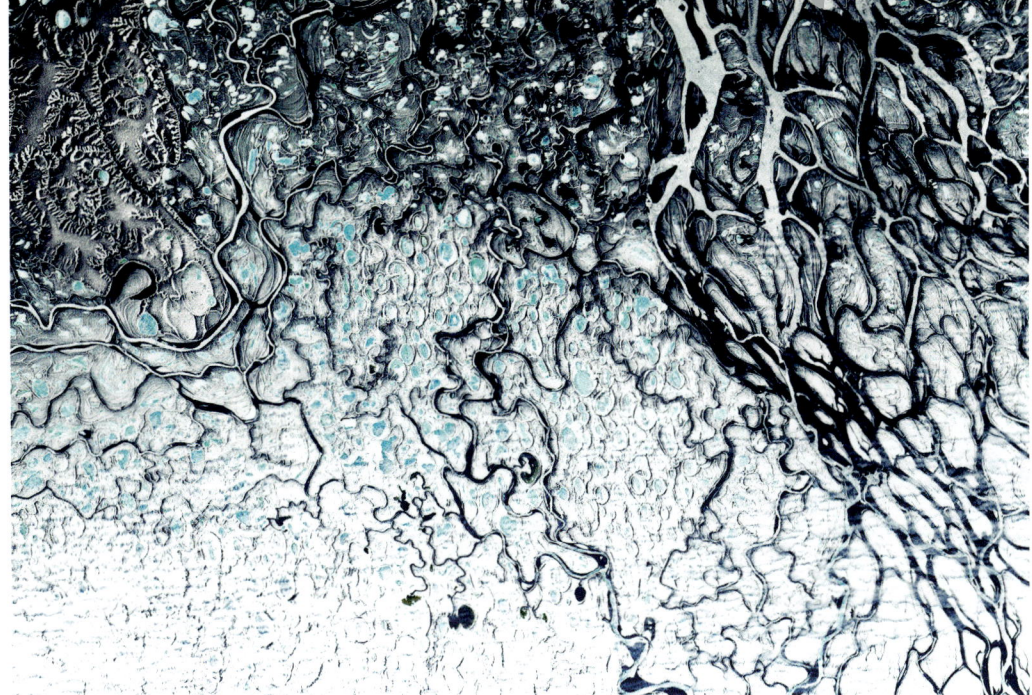

**Delta congelado**

*Como muchos ríos árticos, el Lena, en Siberia, fluye hacia el norte, lo que hace que se derrita tierra adentro en primavera antes de hacerlo en la costa, ya más al norte. Esto provoca la formación de diques de hielo y aumenta la inundación de los terrenos inundables y de los humedales del río.*

## Congelaciones e inundaciones

Más de trece grandes ríos del Ártico drenan 14 millones de km² de terreno de permafrost septentrional. Los deltas que se forman en las desembocaduras de estos son sistemas dominados por el hielo e influidos por el hielo terrestre, el permafrost y el hielo marino durante buena parte del año. Cuando las temperaturas estacionales comienzan a subir en el Ártico, lo hacen primero en el sur, por lo que el agua de deshielo fluye hacia el norte bajo el hielo provocando pulsos puntuales de agua e inundaciones de presas. Cuando sucede, se produce un importante intercambio biológico y químico entre los cauces fluviales y los lagos termokársticos, ya que el agua dulce, los nutrientes y los sedimentos llegan a estos últimos.

Existen deltas polares de muy diversos tamaños, desde los gigantescos deltas del Lena, en Rusia, y del Mackenzie, en Canadá (*véase* página 306), hasta pequeños accidentes que se forman en los lagos glaciares y que tienen pulsos de agua de deshielo y condiciones dominadas por el hielo similares durante buena parte del año. El río Lena, en Siberia, desemboca en el océano Ártico, formando un delta de 400 km de ancho que es una tundra helada durante siete meses al año. Cuando llega mayo, la región se transforma temporalmente en un exuberante humedal que alberga vida abundante.

## Habitantes de los deltas árticos

Los deltas del Ártico son importantes zonas de refugio y reproducción para muchas especies de animales salvajes. La Reserva Natural del Delta del Lena es un espacio natural protegido y hogar de varias especies siberianas, como el oso polar (*Ursus maritimus*), el reno, el borrego cimarrón (*Ovis canadensis*), la marmota de Kamchatka (*Marmota camtschatica camtschatica*), el zorro ártico, el lemming, la beluga (*Delphinapterus leucas*), el narval (*Monodon monoceros*), las focas, la morsa (*Odobenus rosmarus*), los cisnes, los gansos, los patos, los colimbos, las gaviotas y diversas aves costeras y rapaces. Además, es un importante lugar de desove de peces como el esturión siberiano (*Arcipenser baeri*) y de doce especies de salmón. También ha albergado especies hoy extintas pero que se han conservado en el suelo helado: en 1799 se descubrió en él el cadáver de un mamut congelado de unos 36 000 años de antigüedad. Si bien muchas de las especies que hoy se encuentran en los deltas árticos son migrantes estivales temporales que no soportan las gélidas temperaturas invernales, otras se han adaptado a ellas y pueden permanecer todo el año.

# El delta del Mackenzie

Con sus 4241 km de longitud, incluidos afluentes, el río Mackenzie, que desemboca en el océano Ártico por los Territorios del Noroeste, es el sistema fluvial más largo de Canadá. Existe una teoría, muy debatida, según la cual el valle del Mackenzie fue el camino que siguieron los pueblos que emigraron de Asia a Norteamérica hace más de 10 000 años. En la actualidad, el delta es una tundra helada durante unos ocho meses al año y tiene un permafrost que se extiende hasta la asombrosa profundidad de 700 m.

Las zonas interiores están cubiertas de bosques boreales subárticos de pícea blanca y negra (*Picea glauca* y *P. mariana*), mientras que las zonas costeras son una tundra de arbustos bajos de sauce, abedul y aliso y de humedales de juncia. Tal diversidad medioambiental hace del lugar un oasis ecológico que sustenta a belugas (*Delphinapterus leucas*), ballenas de Groenlandia (*Balaena mysticetus*), focas oceladas (*Pusa hispida*), focas barbudas (*Erignathus barbatus*), osos polares, zorros árticos, renos (*Rangifer tarandus*), castores norteamericanos (*Castor canadensis*), ratas almizcleras (*Ondatra zibethicus*), aves

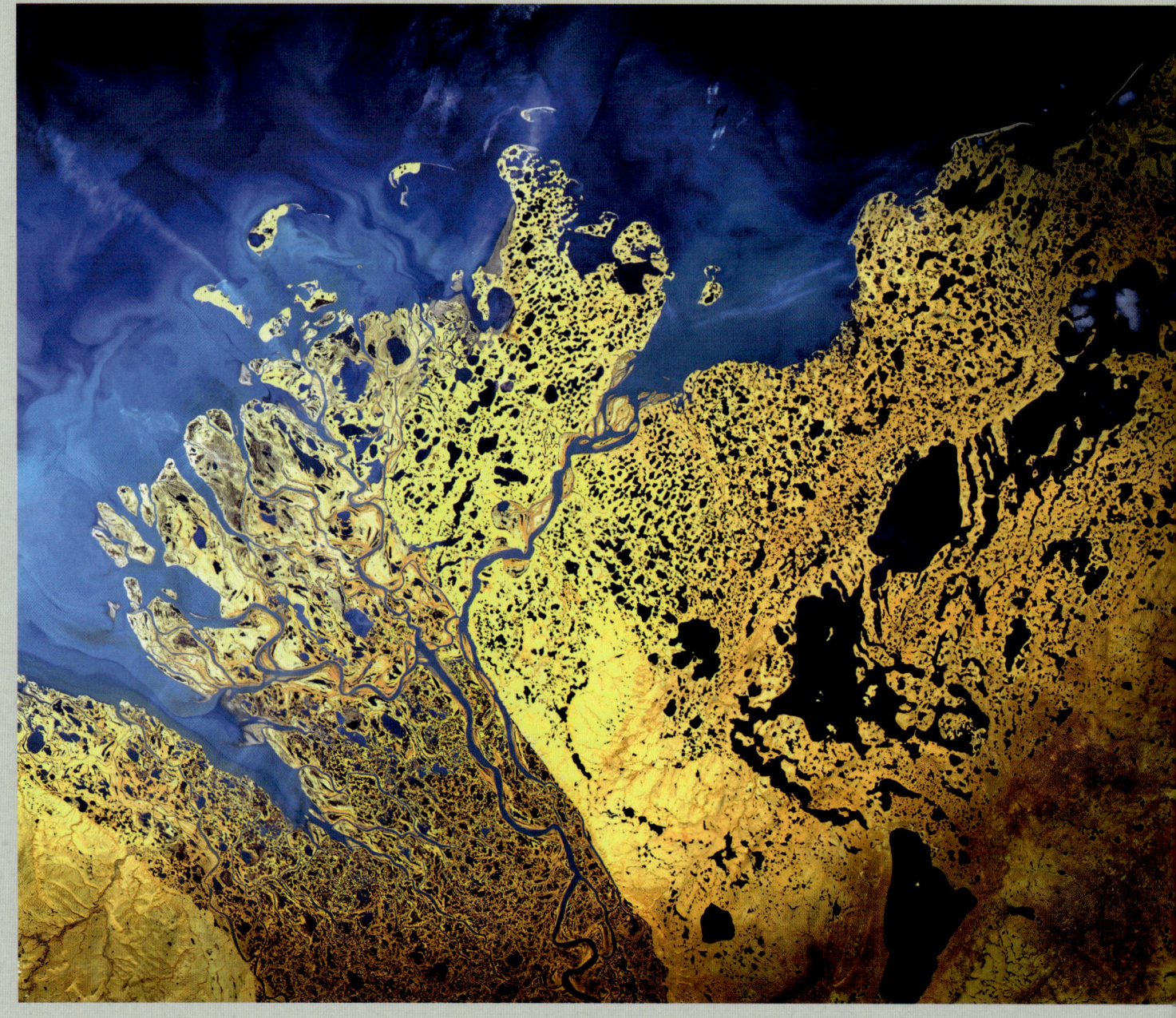

acuáticas, lucios de la especie *Esox eliac*, ciscos del Ártico (*Coregonus autumnalis*) y *C. sardinella*, corégonos de lago (*Coregonus clupeaformis* y *C. nasus*), *Thymallus arcticus* y salvelinos (*Salvelinus alpinus*).

Dado que la costa está cubierta de hielo durante buena parte del año, las ballenas de Groenlandia solo visitan el delta en verano. El número de ejemplares depende de la congelación y del afloramiento del mar de Beaufort: el hielo pesado las acerca al delta, pero prefieren alimentarse mar adentro, espacio donde se hallan el kril y los copépodos. Estas ballenas, antaño muy apreciadas

por sus barbas y su aceite, quedaron casi extintas por la caza excesiva que llevaron a cabo los pescadores estadounidenses entre los siglos XVII y XIX. La caza comercial de Groenlandia cerca del delta finalizó en 1914, y desde entonces esta especie en peligro de extinción se ha recuperado hasta alcanzar los 4400 ejemplares en el Ártico occidental.

En la actualidad, el delta del Mackenzie es el hogar de los inuvialuit y los iñupiat, pueblos del oeste de Canadá que llevan siglos cazando belugas y renos (así como pastoreando a estos últimos).

**Cazada hasta casi extinguirse**
La ballena de Groenlandia (*Balaena mysticetus*), como este ejemplar que nada frente al delta del Mackenzie, era apreciada por su aceite y sus barbas (las láminas de queratina que tiene en la boca para filtrar el agua) y fue cazada hasta su casi extinción.

**El final del camino**
Las gélidas condiciones que hay durante buena parte del año hacen que los inuvialuit y los iñupiat, del oeste de Canadá, se busquen medios de transporte alternativos para cazar, pescar y divertirse.

# Los deltas y la red trófica

Al igual que los ríos y los estuarios, los deltas albergan complejas redes tróficas que dependen de un delicado equilibrio. Se encuentran en la zona de transición entre la tierra y el mar, y los nutrientes y sedimentos que aportan dan lugar a unas de las aguas más productivas del mundo.

### ¿Qué es una red trófica?

Los organismos obtienen su energía del sol (autótrofos), de la descomposición de sustancias químicas sin que medie la luz solar (quimiótrofos) o de comerse a otros organismos (heterótrofos). Al igual que las redes tróficas de ríos y estuarios, las de los deltas son sistemas complejos. La base la conforman organismos fotosintetizadores que viven en la columna de agua o en las llanuras intermareales, como el fitoplancton y las algas. El zooplancton son animales microscópicos que se alimentan de estas pequeñas formas de vida, nicho que también ocupan los juveniles de peces, los moluscos y los crustáceos. A su vez, animales más complejos y grandes se alimentan de estos organismos. Los humanos formamos parte de este nivel trófico superior, ya que nos alimentamos de peces, moluscos, crustáceos, reptiles, aves acuáticas y pequeños mamíferos que viven en los deltas.

Las redes tróficas son sistemas con un equilibrio precario, de ahí que los impactos sobre una especie puedan tener ramificaciones que se manifiesten hacia arriba o abajo en los niveles tróficos. Así, por ejemplo, la sobrepesca y la contaminación de los estuarios y deltas de la Costa Este estadounidense llevan décadas diezmando las poblaciones de cangrejo azul (*Callinectes sapidus*). Como resultado, el cangrejo *Sesarma reticulatum*, más pequeño que el azul y su alimento habitual, se ha vuelto más numeroso. Se trata de una especie herbívora que hace madrigueras, y que es responsable de la destrucción de plantas palustres como el espartillo de cangrejal (*Spartina alterniflora*), bien documentado desde Georgia hasta el delta del Santee, Carolina del Sur (el mayor delta de la Costa Este), y hacia el norte, hasta cabo Cod, Massachusetts.

▶ **Redes tróficas deltaicas**

*Los organismos más pequeños suelen ser presa de los grandes, como es el caso de este pez, en las garras de un águila calva (Haliaeetus leucocephalus). Estas aves pueden volar a velocidades de hasta 50 km/h y zambullirse en las aguas a hasta 160 km/h.*

## MARCHITAMIENTO DE LAS MARISMAS SALINAS

Las poblaciones de cangrejo azul (*Callinectes sapidus*) de la región estadounidense de la bahía de Chesapeake llevan décadas en declive. Como consecuencia, una de sus presas, el cangrejo *Sesarma reticulatum*, de menor tamaño, ha causado estragos en las marismas salinas del Atlántico Occidental, y es el responsable de la mortandad en las marismas de la Costa Este estadounidense.

Cangrejo azul (*Callinectes sapidus*)

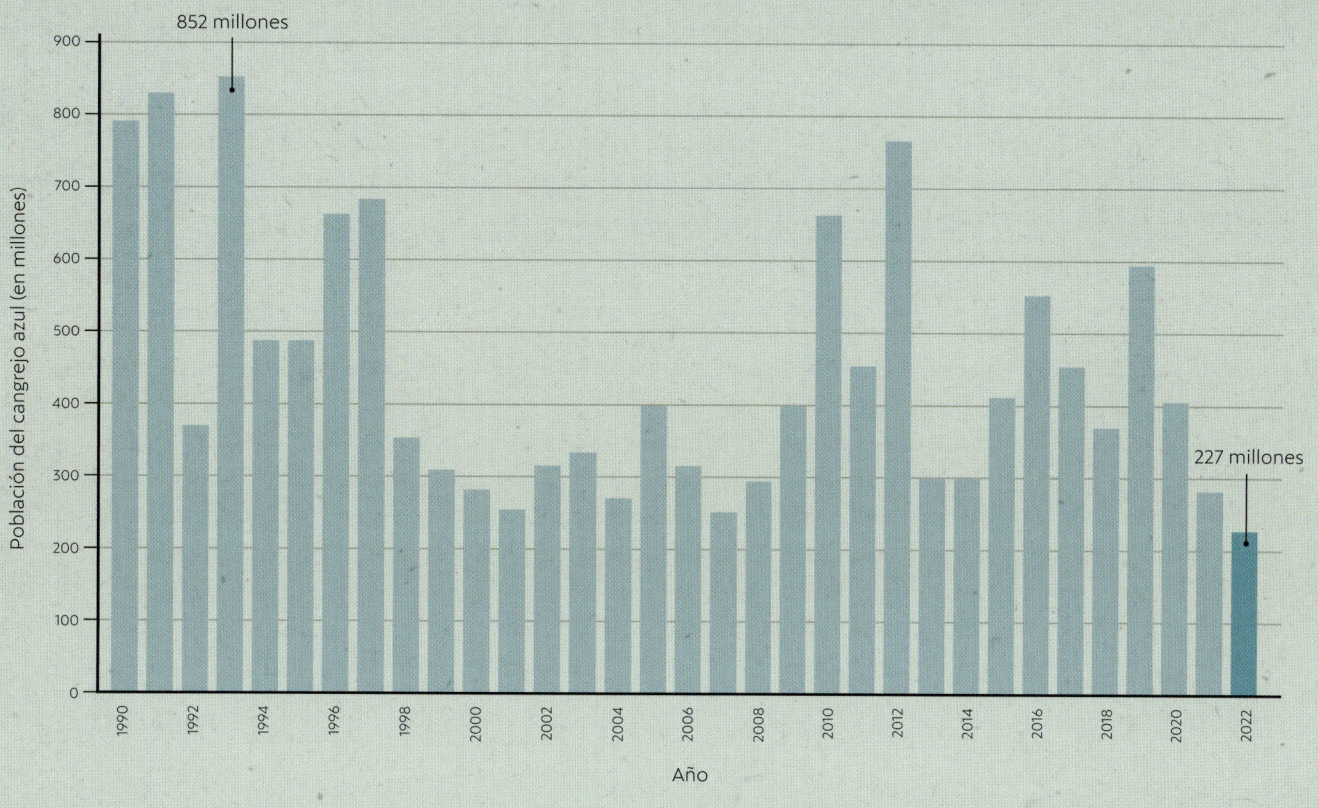

Año

## Abundancia marina

Cada país costero tiene una zona económica exclusiva (ZEE) que se extiende 320 km desde su litoral, zona de la que procede el 99 por ciento de las capturas anuales mundiales de la pesca comercial. En el delta del Orinoco, Venezuela, se capturan cada año entre 40 000 y 45 000 toneladas de pescado que aportan alimento y prosperidad económica a los habitantes del país. En el delta del Po, Italia, unos 1800 pescadores recogen cada año unas 15 000 toneladas de almejas japonesas (*Ruditapes philippinarum*), más de la mitad de su captura total. Y en Estados Unidos, el 23 por ciento de los desembarques de pesca (335 000 toneladas) procede del delta del Misisipi, lo que supone 263 millones de dólares solo en 2020. El impacto económico anual total en la región del delta del Misisipi (teniendo en cuenta el empleo, la pesca comercial y el turismo recreativo) es de casi 2000 millones de dólares.

Con todo, el cambio climático y los efectos antropogénicos complican la pesca en todo el mundo. En la cuenca del Mekong, la explotación de las presas hidroeléctricas aguas arriba ha hecho que las masas de agua de An Giang, un humedal deltaico de Vietnam, hayan quedado abandonadas, acabando con las poblaciones de peces y amenazando el sustento de las comunidades locales que han dependido de su pesca durante generaciones.

## ¿Pescado salvaje o de piscifactoría?

A medida que crece la población mundial, también lo hace la necesidad de proteínas fiables, asequibles y sostenibles (*véanse* páginas 125 y 216-219). Los deltas son importantes viveros de juveniles de peces, gambas, cangrejos y moluscos, de ahí la importancia histórica que han tenido como cotos de caza claves. Pero a medida que la degradación ambiental y las prácticas de uso de la tierra han ido destruyendo muchos de estos paisajes naturales, la pesca de marisco y peces salvajes se ve cada vez más amenazada, lo que exige costosas normativas ambientales y límites en el tamaño de las capturas para evitar un colapso total.

Hay zonas de muchos deltas, como los de los ríos Zhu Jiang (o de las Perlas), Amarillo, Yangtsé, Mekong, Irawadi, Ganges, Indo, Nilo, Po, Danubio y Misisipi, en los que ahora se practican la pesca continental y la acuicultura. En estas zonas, peces, gambas, mejillones y almejas se aíslan en estanques de contención o se confinan en redes en los canales naturales. Estas explotaciones ayudan a alimentar a poblaciones crecientes y proporcionan valiosos productos de exportación; así, por ejemplo, buena parte de los terrenos inundables del delta del Mekong, Vietnam, se ha convertido a la acuicultura. Se calcula que la producción anual de estos extensos estanques asciende a la asombrosa cifra de 2,23 millones de toneladas, suficiente para mantener el consumo nacional en 12-60 kg de proteínas por persona y año y permitir que se pueda exportar a todo el mundo. Asimismo, del delta del Yangtsé, China, sale más del 60 por ciento de la producción nacional de camarón gigante de Malasia (*Macrobrachium rosenbergii*).

Sin embargo, a medida que se generaliza la acuicultura, las sociedades se ven abocadas a incorporar complejas estrategias de gestión (a menudo costosas) para mitigar la transferencia de enfermedades entre las poblaciones cultivadas y las naturales, la contaminación ambiental por intercambio de efluentes o la degradación de los entornos naturales de manglares y marismas debido a la conversión del uso del suelo.

▶ **Mercado de pescado amazónico**

*La doncella o zungarotigre (Pseudoplatystoma tigrinum) es un popular pez que frecuenta los ríos del delta del Amazonas. Puede llegar a medir 1,3 metros de largo y a pesar más de 100 kg.*

# IMPORTANCIA DE LA PESCA EN LOS DELTAS

Los peces, moluscos y crustáceos son una importante fuente de
proteínas para la creciente población mundial, y muchos deltas
poseen los nutrientes y las zonas de cría necesarios para
la pesca costera. A medida que aumenta la población humana
en las regiones deltaicas, se incrementa la dependencia de la
pesca marina y continental y de la acuicultura, como se desprende
de los datos históricos de capturas de los deltas del Ganges-
Brahmaputra-Meghna, Bangladés, del Mahanadi, India, y del
Volta, Ghana.

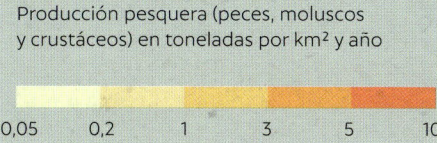

Producción pesquera (peces, moluscos
y crustáceos) en toneladas por km² y año

0,05   0,2   1   3   5   10

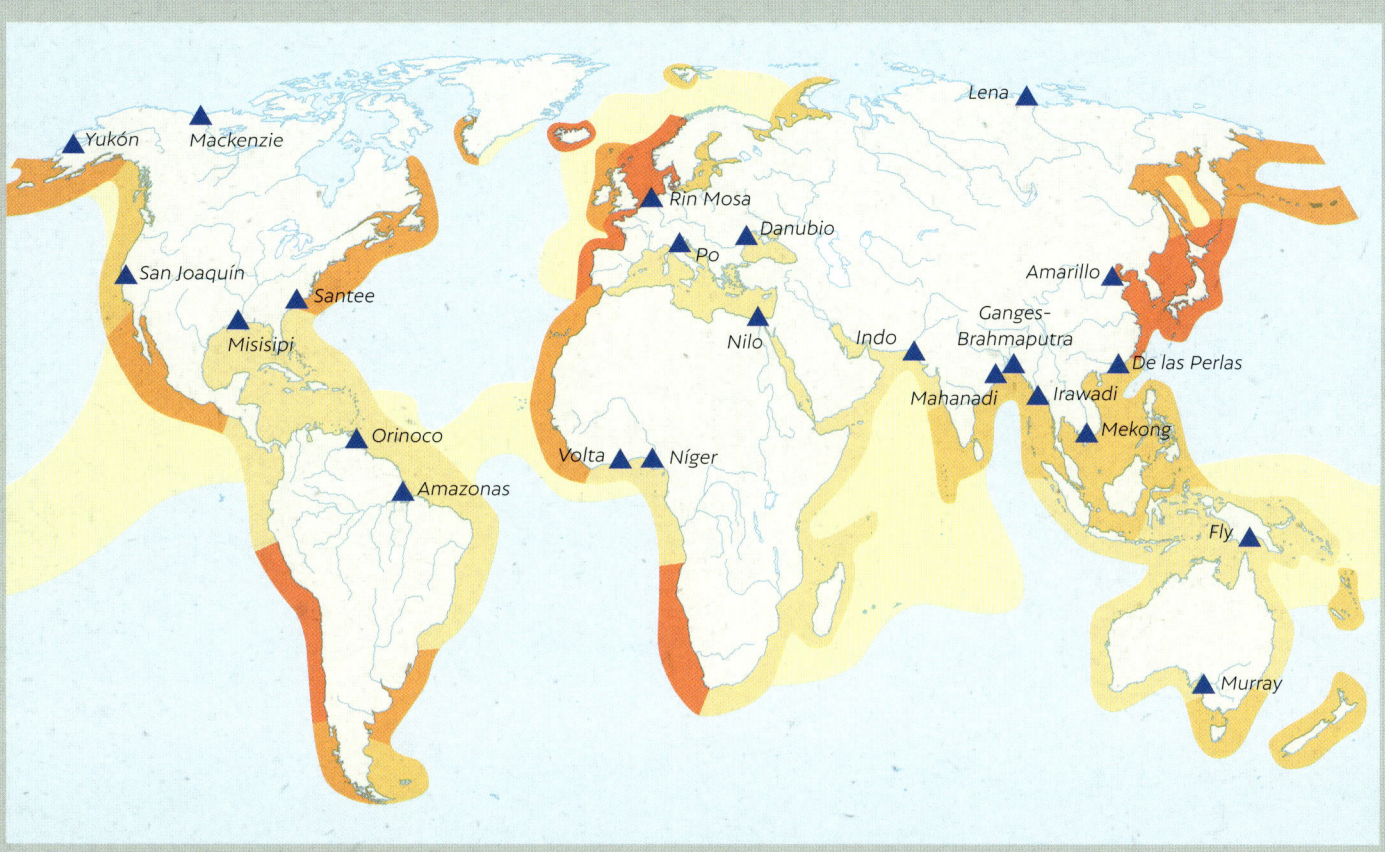

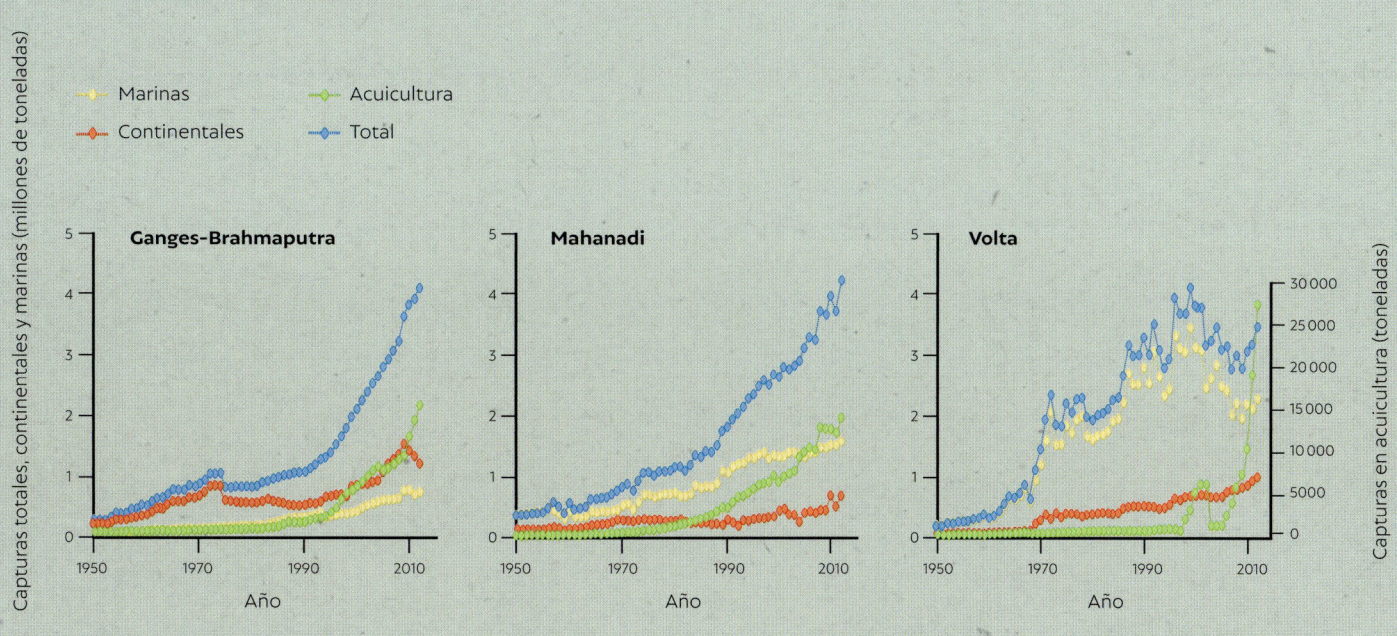

# Santuarios de aves

Las aves, con sus plumajes a menudo fantásticos y comportamientos que van de lo espectacular a lo esquivo, son de los habitantes más impresionantes de los deltas. Pueden verse anidando en las orillas, zambulléndose en el agua para picotear o simplemente volando juntas en grandes formaciones en V. De los 50 000 millones que hay en el mundo, una buena parte reside a lo largo de ríos y en deltas y estuarios. Por desgracia, el declive de sus hábitats debido a la deforestación, la sobrepesca y la contaminación supone una amenaza para su supervivencia.

## ¿Qué son los santuarios de aves?

Las aves no solo constituyen una fuente de alimento y un placer recreativo para el ser humano, sino que también desempeñan muchas funciones como ingenieros de ecosistemas, al ser, por ejemplo, depredadores, polinizadores, carroñeros, moduladores de la vegetación y dispersores de semillas. Sus santuarios son terrenos en los que se los protege y se fomenta su reproducción.

El delta del Kızılırmak (antes de los ríos Halys y Alis), en el mar Negro, es un santuario de aves declarado Patrimonio de la Humanidad por la UNESCO. Cada año, millones de aves pasan por el delta como parte de la famosa ruta migratoria mar Negro-Mediterráneo. Se han documentado en esta zona unas 352 especies de aves, entre ellas algunas raras, como el archibebe patigualdo chico (*Tringa flavipes*), el mosquitero boreal (*Phylloscopus borealis*), el mosquitero sombrío (*Phylloscopus fuscatus*) y el acentor gorginegro (*Prunella atrogularis*). También lo visitan varias especies en peligro, como la malvasía cabeciblanca (*Oxyura leucocephala*), el calamón común (*Porphyrio porphyrio*), la barnacla cuellirroja (*Branta ruficollis*), el águila imperial oriental (*Aquila heliaca*) y el alimoche común (*Neophron percnopterus*). El águila imperial oriental es una de las aves de presa más raras del mundo: solo quedan 1600 individuos.

▼ **Colonia de pelícanos**
*Los santuarios ofrecen protección a especies de aves como el pelícano común (*Pelecanus onocrotalus*), como el que figura en esta imagen en el delta del Danubio, Rumanía. Este cuenta con la mayor colonia de estos pelícanos fuera de África.*

▶ **Aviador solitario**
*El águila imperial oriental (*Aquila heliaca*), de Europa Oriental y Asia, es una de las aves de presa más raras del mundo. Los deltas son zonas cruciales de nidificación y alimentación tanto para esta especie en peligro como para muchas otras.*

▶ **Lugares de nidificación**
*Los santuarios de aves son terrenos protegidos donde se fomenta la nidificación y la cría. La gaviota reidora (*Chroicocephalus ridibundus*) se reproduce en buena parte de Eurasia y la cuenca mediterránea, así como en la costa oriental de Canadá.*

▼ **Poblaciones que repuntan**

*La población de cigüeña oriental* (Ciconia boyciana) *se está recuperando gracias a los esfuerzos de conservación en el delta del río Amarillo, China.*

## Rutas migratorias de aves

Existen varias rutas migratorias destacadas que recorren los continentes y mares del mundo. Son áreas geográficas que cubren las aves migratorias a lo largo de su ciclo anual y que abarcan las zonas de reproducción e invernada y la ruta de conexión. Estas «superautopistas aviares» suelen estar orientadas de norte a sur, ya que las aves se desplazan a zonas más templadas (es decir, a latitudes bajas) durante su época no reproductiva (invierno). Hay aves que recorren hasta 25 000 km durante su migración y vuelan a una velocidad de 50 km/h. Pueden tardar varios meses en completar todo el trayecto. Debido a los costes energéticos que implica la migración, las aves toman el camino más corto posible, pero también modifican sus rutas en función de la meteorología y los recursos alimentares: las rutas suelen seguir cadenas montañosas, cursos de agua y costas, evitan grandes masas de agua abierta y aprovechan los vientos predominantes y las corrientes ascendentes. Así pues, los ríos, estuarios y deltas suponen excelentes escalas a lo largo de estos grandes viajes anuales.

# RUTAS MIGRATORIAS AVIARES MUNDIALES

Las aves migratorias realizan desplazamientos bianuales periódicos entre zonas de cría y las que no lo son, por lo general en dirección de norte a sur. Algunas especies recorren decenas de miles de kilómetros a lo largo de varios meses. Figuran a continuación las ocho rutas migratorias que se conocen.

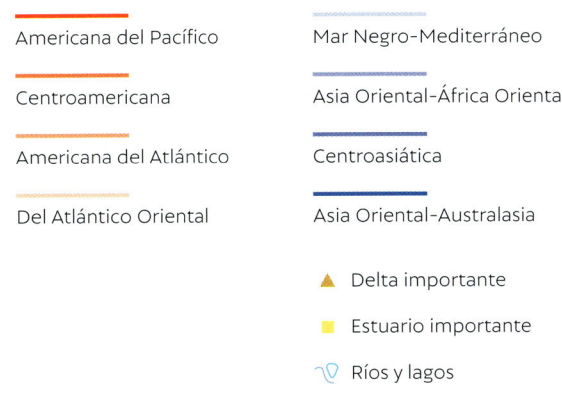

— Americana del Pacífico

— Centroamericana

— Americana del Atlántico

— Del Atlántico Oriental

— Mar Negro-Mediterráneo

— Asia Oriental-África Oriental

— Centroasiática

— Asia Oriental-Australasia

▲ Delta importante

■ Estuario importante

Ríos y lagos

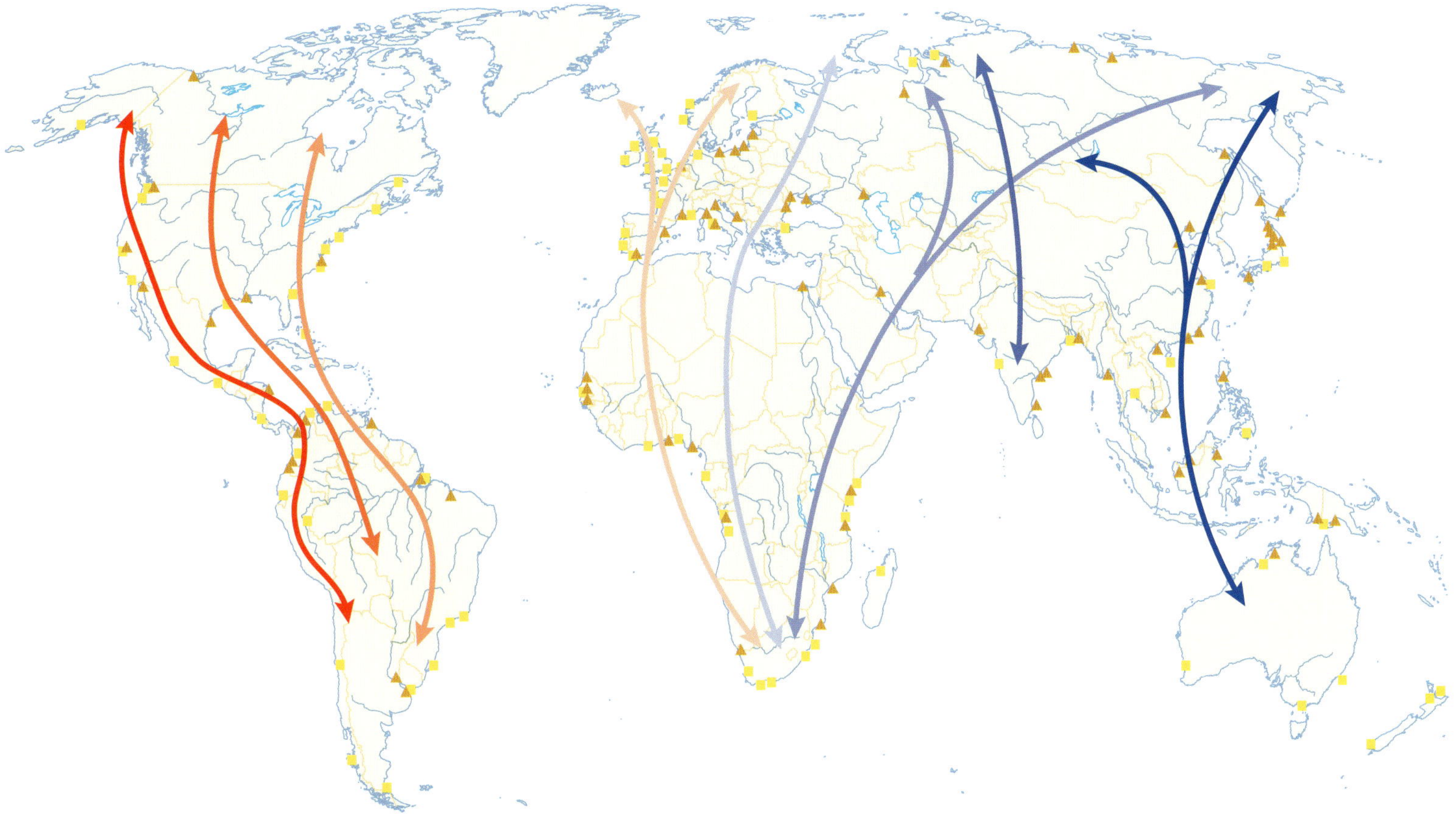

La conservación eficaz de las especies migratorias requiere esfuerzos coordinados a lo largo de toda la ruta migratoria. Salvaguardar la zona de reproducción de estas aves no basta si se pierden sus lugares de invernada o si a lo largo de ella se produce una caza intensa o la pérdida de recursos alimenticios por la sobrepesca. Por suerte, la conservación internacional cobra impulso. La Ley del Tratado de Aves Migratorias promulgada por Estados Unidos en 1918 pone en marcha iniciativas internacionales de conservación con Canadá, México y Rusia, y tiene por objeto garantizar la sostenibilidad de las especies de aves migratorias protegidas a lo largo de estas fronteras políticas. Históricamente, la cigüeña oriental migraba entre el sudeste de China, Corea del Norte y del Sur, Japón y el este de Rusia, pero, debido a la pérdida de hábitats y a la caza a lo largo de su ruta, hoy en día figura como especie en peligro en la Lista Roja de Especies Amenazadas de la UICN. Los esfuerzos de conservación de la Shandong Yellow River Delta National Nature Reserve, China, creada en 1992, han facilitado el nacimiento de 2200 cigüeñas orientales desde 2003, cifra sustancial dada la actual población mundial, estimada en 3000 individuos.

13

# Los deltas y nosotros

# Deltas sometidos a estrés

El crecimiento de la población humana está haciendo que las zonas costeras se llenen de nuevos habitantes. Los deltas absorben buena parte de esta explosión demográfica gracias a sus oportunidades de empleo, sus abundantes recursos alimentarios y sus bellos paisajes naturales. Sin embargo, este hecho ejerce un «estrés» sobre estos lugares.

## Núcleos de población

La población humana mundial se mantuvo por debajo de los 500 millones hasta alrededor de 1500, tras lo cual los avances médicos, las mejoras sanitarias, la industrialización y la mecanización de la agricultura la hicieron aumentar hasta los 1000 millones hacia 1830, duplicarse en cien años y volver a duplicarse en solo cincuenta, hacia 1970. Hoy, 500 millones de personas de los 8000 millones que hay viven en o a menos de 25 km de los deltas más grandes del mundo, varios de los cuales albergan megaciudades (enormes núcleos urbanos con más de diez millones de habitantes).

Algunos de los deltas del mundo, entre ellos los de los ríos Tigris y Éufrates (también llamado «delta del Chat el Arab»), Nilo, Indo, Amarillo y Yangtsé, se consideran cunas de la civilización, ya que cuentan con núcleos de población que datan de hace 5000 años. La moderna ciudad de Cantón, situada en los flancos del delta de las Perlas, en el sur de China, es un destacado puerto comercial desde el siglo III d. C. Mucho antes, durante las dinastías Qin (221-206 a. C.) y Han (206 a. C.-220 d. C.), la ciudad estaba situada un tanto al norte del núcleo urbano moderno, pero a medida que el río de las Perlas fue avanzando hacia el mar y el cauce se estrechaba por la deposición de arena y limo, fue creciendo hacia el sur. Se calcula que en la actualidad viven 18 millones de personas en la megaciudad de Cantón, y que en toda la región del delta del río de las Perlas viven 57 millones.

▼ **Núcleos urbanos en deltas**
*Hoy queda poco del delta natural del río de las Perlas, en Cantón, al sur de China.*

## Cambios en las tierras deltaicas

El crecimiento de la población humana hace que aumente la presión para convertir paisajes naturales, como humedales y bosques, en tierras agrícolas. De ahí que varios deltas de todo el mundo hayan sufrido una rápida deforestación, el paso de ricos bosques a campos agrícolas y la conversión de tierras rurales en núcleos urbanos. Las antiguas

## DEFORESTAR PARA DEJAR ESPACIO A LA AGRICULTURA

Como ha sucedido con muchos otros deltas del mundo, el del Irawadi, Birmania, ha perdido buena parte de su cubierta vegetal original para dar paso a campos agrícolas. Solo mediante la creación de reservas (como la isla verde que constituye el Meinmahla Kyun Wildlife Sanctuary) se puede impedir el asentamiento humano y el cambio extensivo del uso del suelo en estas zonas tan sensibles.

Los colores morado, rojo y amarillo indican extensiones forestales perdidas en la actualidad.

- 1978
- 1989
- 2000
- 2011

0       20 km

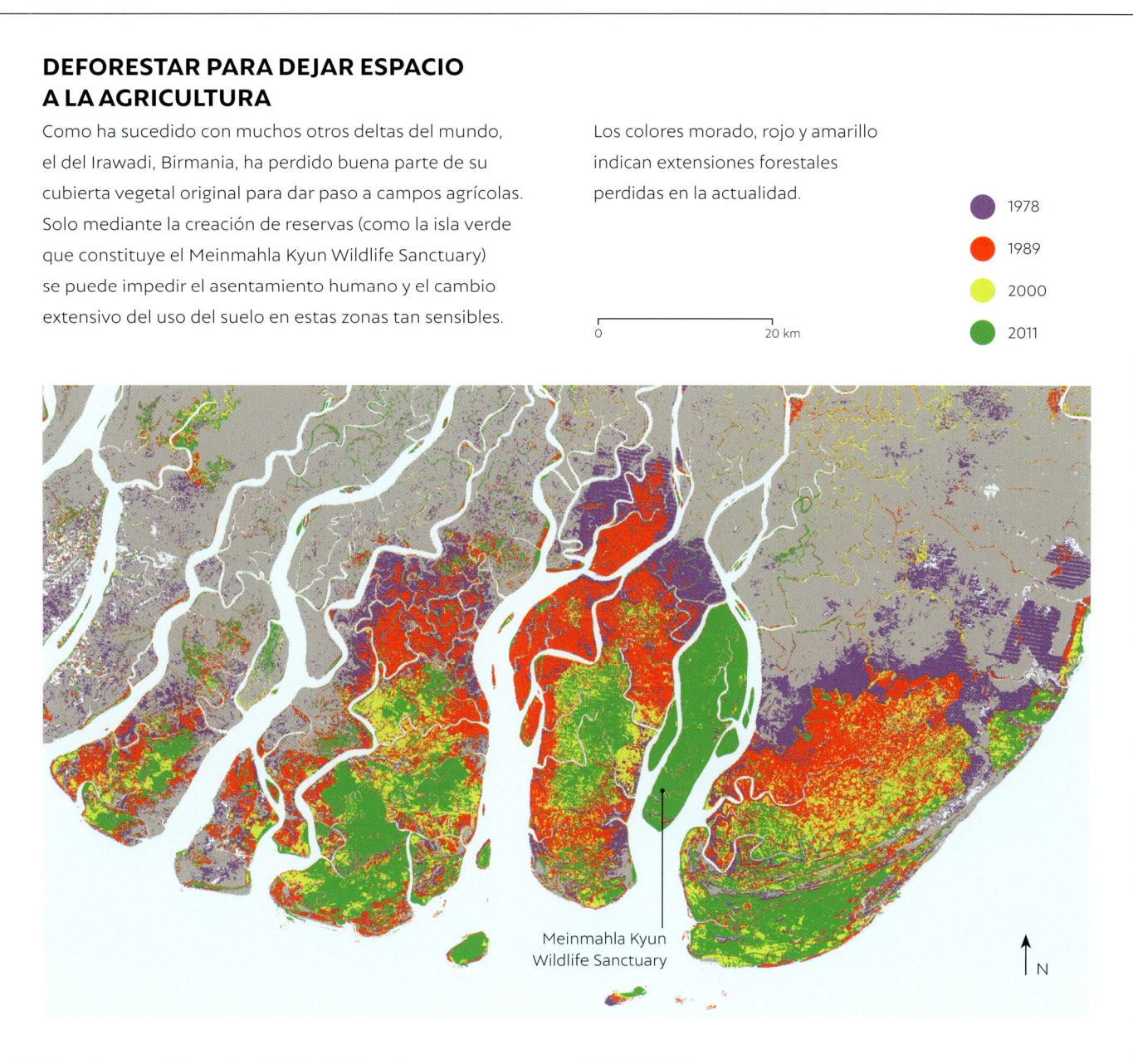

Meinmahla Kyun Wildlife Sanctuary

N

civilizaciones que vivieron en el delta del Tigris y Éufrates, actual Irak, convirtieron el paisaje natural en tierras de cultivo hace 5000 años, e incluso instalaron estructuras de juncos para proteger sus campos agrícolas frente a las inundaciones. Los molinos de viento del delta del Rin-Mosa, Países Bajos, llevan funcionando varios cientos de años, drenando la tierra y facilitando su conversión para fines agrícolas. La deforestación reviste una especial gravedad en los deltas, como demuestra la pérdida de manglares esenciales en favor de los arrozales y los terrenos para el cultivo de gambas en el delta del Mekong: hay quienes sostienen que se han convertido hasta 100 000 km² de bosque, de los cuales 500 km² lo eran antes de 1965.

La urbanización implica la sustitución de otras formas de uso del suelo, como los campos agrícolas, por ciudades. Alejandría, fundada en 331 a. C., en la desembocadura del delta del Nilo, Egipto, es uno de los ejemplos más antiguos de urbanización. En la actualidad, viven en la ciudad más de 5 millones de personas, mientras que, a solo 200 km, otros 21 millones residen en el área metropolitana de El Cairo, en el vértice del delta.

# Calcular los riesgos de los deltas mundiales

Dado el creciente número de personas que viven en terrenos deltaicos, hay que asumir el reto de proteger vidas e infraestructuras contra el riesgo natural de inundaciones. Aquellos de latitudes más bajas están sometidos además a tormentas estacionales tropicales que se forman en las cuencas oceánicas cálidas y provocan marejadas

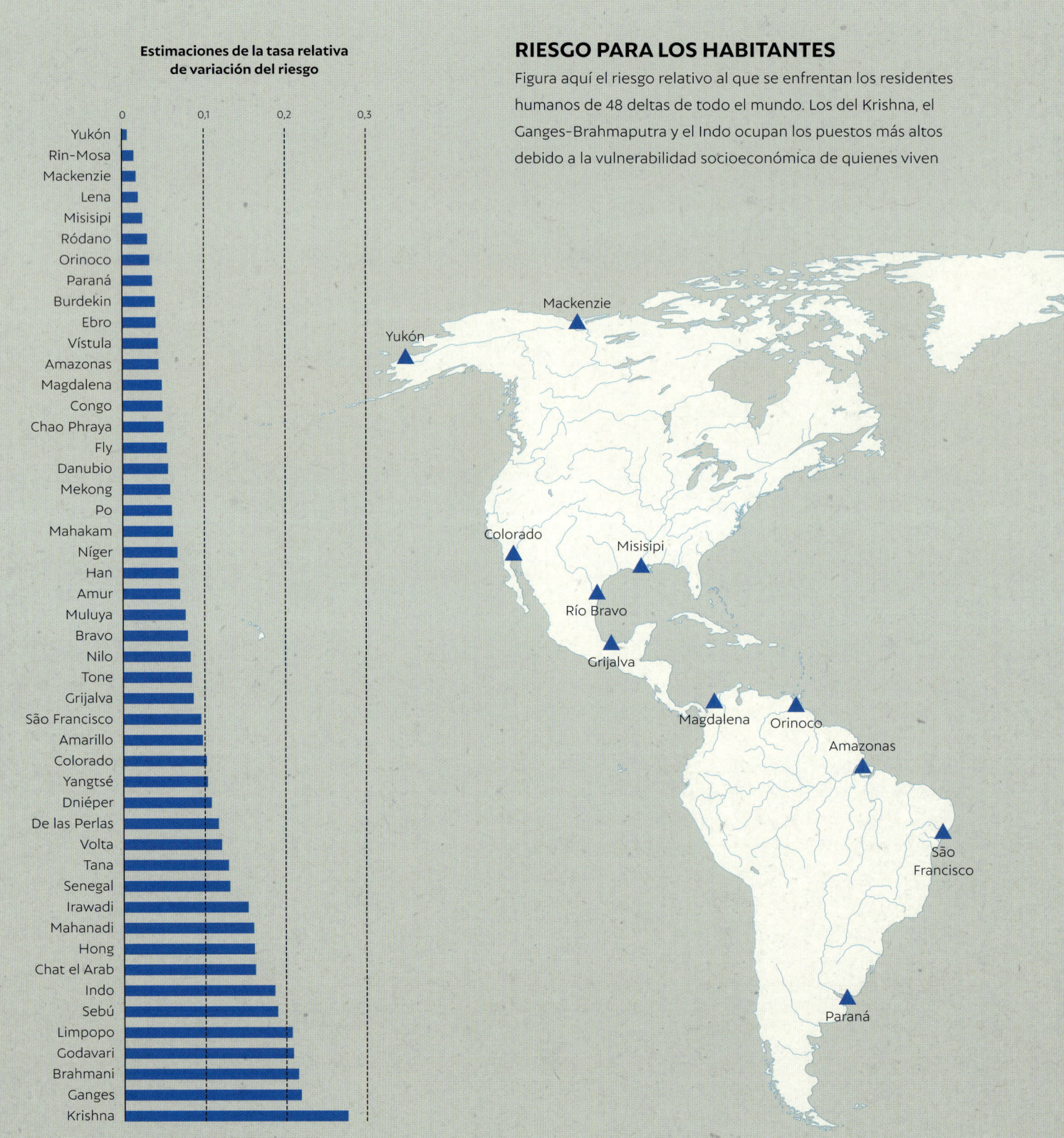

### Estimaciones de la tasa relativa de variación del riesgo

## RIESGO PARA LOS HABITANTES

Figura aquí el riesgo relativo al que se enfrentan los residentes humanos de 48 deltas de todo el mundo. Los del Krishna, el Ganges-Brahmaputra y el Indo ocupan los puestos más altos debido a la vulnerabilidad socioeconómica de quienes viven

ciclónicas costeras en las regiones bajas. Según una reciente evaluación de más de cincuenta deltas, si bien algunos solo presentan una susceptibilidad moderada de sufrir fenómenos peligrosos a corto plazo (inundaciones fluviales o por tormentas), muchos corren un riesgo cada vez mayor debido a la subida relativa del nivel del mar.

en estas regiones. Aquellos sometidos a una profunda ingeniería de control de inundaciones, como el Misisipi y el Rin-Mosa, ocupan los puestos más bajos.

▲ Delta importante

# Defensas frente a inundaciones

El ser humano lleva milenios esforzándose por domar los ríos. De hecho, ya en el año 3000 a. C., los habitantes de las riberas del río Éufrates, en Mesopotamia, actual Irak, tomaron medidas contra las inundaciones para evitar que sus cultivos y hogares quedaran anegados. Muchas de las defensas modernas contra ellas no son mucho más avanzadas que las presas de caña y tierra construidas durante la Antigüedad en las riberas fluviales y los deltas.

## Polderización y diques

Los deltas plantean problemas singulares para el ser humano, como las crecidas de los ríos (que arrasan viviendas), la intrusión de la salinidad (poniendo en peligro los campos de cultivo) y los ciclones costeros (que llevan tierra adentro las marejadas ciclónicas). Muchas de las primeras defensas contra las inundaciones se basaban en diques de tierra colocados a lo largo de las márgenes de los cauces fluviales o de la costa. Si estos encierran por completo una zona junto a un río o en un delta, en ocasiones la región terraplenada se denomina «pólder», término acuñado por los neerlandeses en el delta del Rin-Mosa. El objetivo de los diques de tierra es canalizar los ríos y crear auténticos muros de defensa contra las inundaciones.

Cuando, en 1718, los franceses fundaron Nueva Orleans en el río Misisipi, levantaron diques de 2 metros de altura a lo largo de las orillas utilizando mano de obra (a menudo esclavos) y mulas. En la actualidad, un extenso sistema de diques rodea la ciudad, y, en un esfuerzo por evitar inundaciones en las comunidades costeras y en valiosas tierras agrícolas, buena parte del delta inferior del Misisipi está protegido por más de 5000 km de diques de tierra de más de 10 metros de alto.

La mayoría de los deltas del mundo cuentan con considerables medidas de protección contra las inundaciones, sobre todo en zonas de riesgo para tierras agrícolas y grandes poblaciones. Entre estos destacan los deltas del Rin-Mosa, Países Bajos; del Indo, India; del Ganges-Brahmaputra, India y Bangladés; del Irawadi, Birmania; y del Mekong, Vietnam. Gracias a la mecanización que ha tenido lugar durante el último siglo, las medidas de protección contra las inundaciones son hoy más grandes, y, en algunos lugares, los muros de hormigón han sustituido a los anteriores terraplenes de tierra.

## Cuando fallan los diques

Sin embargo, ni los diques ni los terraplenes son infalibles. Son muchos los fallos que se han producido cuando las crecidas y las marejadas ciclónicas han desbordado los muros de contención por saturación interna y por reventones (cuando los suelos sobrepresurizados estallan por el lateral), así como por el socavamiento causado por el flujo subsuperficial del agua (la llamada «sufusión»). Aunque menos frecuente, también se han producido accidentes navales que han destruido estas construcciones. Muchos de estos sucesos están asociados a pérdidas catastróficas de vidas y bienes. Las inundaciones del delta del Níger en octubre de 2022 se debieron al desbordamiento y rotura de diques, lo que, combinado con un crecimiento urbano incontrolado en tierras deltaicas, propensas a las inundaciones, provocó una tragedia. Murieron más de 600 personas y 1,4 millones se vieron desplazadas.

▲ **Antiguas medidas de protección**

*Las presas de cañas trenzadas y tierra, como este ejemplar construido en 1944 en uno de los canales del río Éufrates a su paso por Irak, se utilizan desde el año 3000 a. C. para proteger las tierras de cultivo y las viviendas.*

◀ **Riesgo inherente**

*Los diques de tierra suelen romperse por desbordamiento en caso de inundación (crecida de ríos o marejada ciclónica), socavación, saturación interna o colisión naval. En esta ilustración de 1884 de* Harper's Weekly *se observa la catastrófica rotura de un dique en el río Misisipi.*

Uno de los acontecimientos problemáticos más célebres se produjo en la ciudad terraplenada de Nueva Orleans a causa del paso del huracán Katrina, en 2005. Este creó una enorme marejada ciclónica que desbordó los diques de las comunidades periféricas, y varios colapsaron tras la sufusión subterránea del agua y la colisión de barcos. Más de tres mil personas fallecieron o resultaron heridas, y más de un millón fueron desplazadas por las inundaciones. Así, muchas de las que salieron de la ciudad jamás volvieron a ella.

## Efectos negativos de los diques

Pese a la importancia que tienen para proteger vidas y bienes, los diques pueden acarrear numerosos efectos negativos. Para empezar, fomentan la urbanización en zonas propensas a las inundaciones, poniendo en peligro a más personas en caso de que haya problemas. Una vez construidos, necesitan un mantenimiento continuo, que suele ser caro. Estos, además, impiden las inundaciones naturales, que aportan sedimentos a las superficies de los deltas y son el principal mecanismo que compensa los efectos de la subsidencia y la subida del nivel del mar en estas zonas, provocando déficits de elevación. A esto hay que sumarle que los diques restringen el suministro de agua a los ecosistemas de humedales naturales que prosperan en los deltas y que protegen las regiones costeras. Juntos, estos efectos agravan el riesgo de inundación de las tierras deltaicas con el paso del tiempo, con lo que se anulan los beneficios que pretendían proporcionar en un principio.

## PÉRDIDA DE TERRENOS

Con el tiempo, los diques construidos en los deltas son contraproducentes y provocan la pérdida de elevación de las zonas terraplenadas, como se ve en el gráfico inferior. Además, impiden las inundaciones naturales y el aporte de sedimentos a los humedales de los deltas, haciendo que se deterioren, como se observa en el gráfico superior.

Antigua línea de la costa

Diques

Humedales perdidos

Sedimentos canalizados hacia el mar

Turba y lodo de agua salobre / salada

Turba de agua dulce

El lodo se compacta y el agua se expulsa

Aumenta el nivel del mar

Bomba de desagüe

Agua superficial

Terreno de la marisma

Nivel freático

Dique

Compactación

Oxidación de la materia orgánica

$CO_2$

$CO_2$

Materia orgánica del suelo

Descomposición

## VIVIR BAJO EL NIVEL DEL MAR

Debido a la intensa erosión, hay varias zonas del delta del Rin-Mosa que están ahora por debajo del nivel del mar (resaltadas en azul). Solo las de color verde claro, amarillo y naranja están muy por encima del nivel medio del mar.

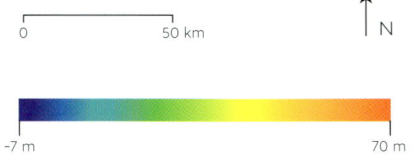

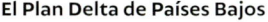

0    50 km    N

-7 m                    70 m

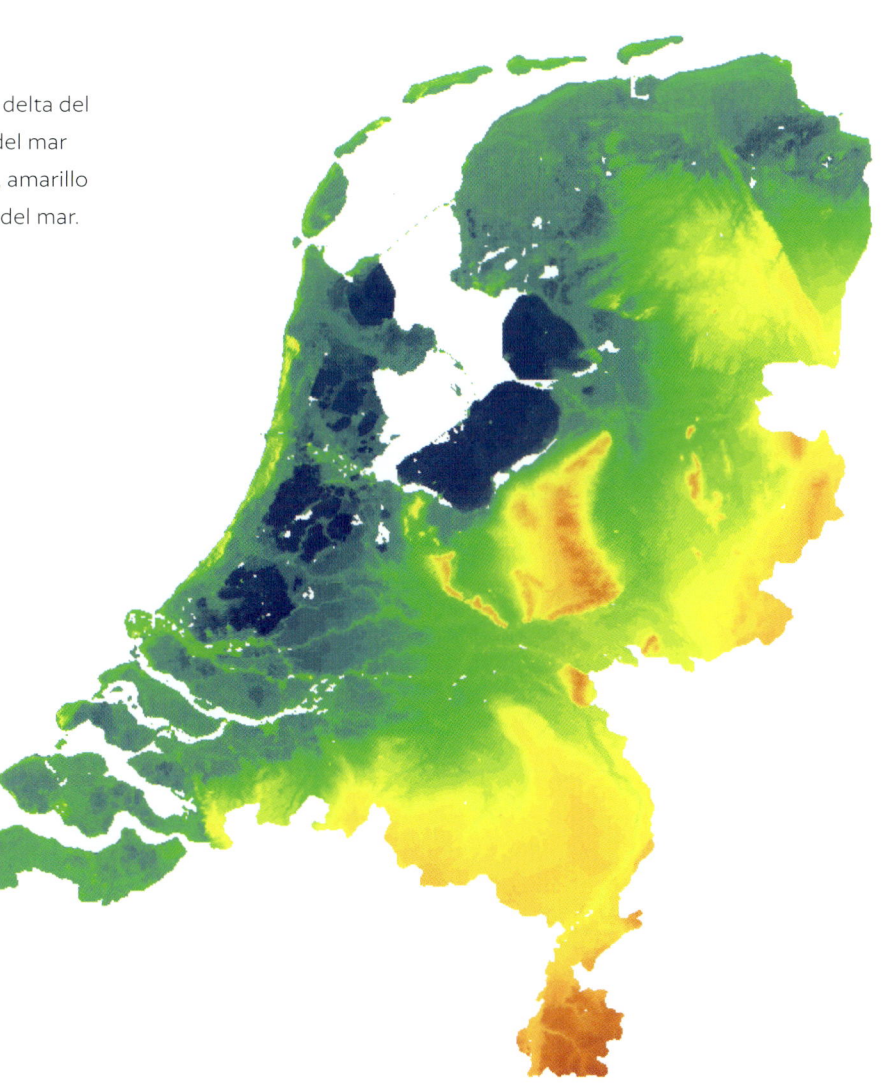

**El Plan Delta de Países Bajos**
A fin de proteger una amplia zona de terrenos urbanos y agrícolas en torno al delta del Rin-Mosa frente a las inundaciones causadas por el río y las marejadas ciclónicas costeras, se ha usado una combinación de terraplenes, presas, compuertas, canales (*inferior*), esclusas y barreras contra marejadas ciclónicas (*inferior derecha*).

# Puertos y navegación

Aunque nuestra naturaleza bípeda nos lleva a caminar por tierra firme, el ser humano lleva milenios surcando los mares. Pese a los sustanciales cambios que han experimentado la navegación y el comercio a lo largo del tiempo, los principios y los beneficios que brindan los deltas siguen siendo los mismos.

### El pasado del comercio marítimo en los deltas

Los deltas son importantes centros de actividad marítima porque ofrecen protección contra las olas y las tormentas, así como proximidad al mar. Algunas de las primeras rutas comerciales, activas entre el 1000 y 600 a. C., unían el Mediterráneo, el mar Rojo, el mar Arábigo y el sur de Asia. Más adelante conformaron los tramos marítimos de la Ruta de la Seda, de ahí que pasaran a conocerse como Ruta Marítima de la Seda. Mercancías como cereales, vino, marfil, oro y otros metales preciosos, piedras preciosas, telas, seda, flores y especias fueron objeto de comercio entre deltas como los de los ríos Nilo, Tigris y Éufrates, Indo, Amarillo y Yangtsé. La colonización mundial y las conquistas entre los siglos XV y XIX por parte de portugueses, neerlandeses, franceses y británicos ampliaron aún más el comercio marítimo en todo el mundo, y así prosperaron puertos como el de Calcuta (India, en el delta del Ganges-Brahmaputra) y Amberes (Bélgica, en el del Escalda).

## Puertos de la actualidad

La navegación y el comercio han experimentado drásticos cambios desde sus primeros tiempos. Aunque las exportaciones de alimentos como el trigo, el arroz y el maíz siguen siendo importantes, las mercancías han pasado del vino y el encaje a las prendas de ropa, los materiales de construcción, los componentes electrónicos y los productos petrolíferos. El tamaño de los portacontenedores se ha vuelto colosal, lo que exige puertos que admitan grandes calados para acogerlos. De los veinte con contenedores más activos del mundo, siete están situados en deltas: Shanghái (río Yangtsé), Ningbo-Zhoushan (río Yangtsé), Shenzhen (río de las Perlas), Cantón (río de las Perlas), Hong Kong (río de las Perlas), Róterdam (río Rin) y Amberes (río Escalda). El tráfico portuario fomenta la economía, la industria y el comercio de la región deltaica y más allá.

Vancouver, sede del mayor puerto de Canadá, está situada en el delta del Fraser, que desemboca en el estrecho de Georgia. Exporta mercancías del interior de Canadá e importa productos de todo el mundo. El de Bangkok, en el delta del Chao Phraya, Tailandia, no se abrió por completo hasta 1947, pero hoy es uno de los puertos de contenedores más activos del mundo. Amberes, en el delta del Escalda, Bélgica, se construyó por orden del emperador Napoleón Bonaparte a principios de la década de 1800. Hoy en día es el segundo mayor puerto de Europa, y cuenta con terminales de contenedores automatizadas de última generación y con planes para convertirse en la «puerta a la energía verde» en la Europa del siglo XXI.

**Hora punta en el río**
*Los barcos del delta del Mekong, en Vietnam, transportan personas y mercancías a diversos destinos.*

**Luces brillantes en Bangkok**
*Los barcos iluminan los ya de por sí coloridos canales del delta del Chao Phraya en Bangkok, Tailandia.*

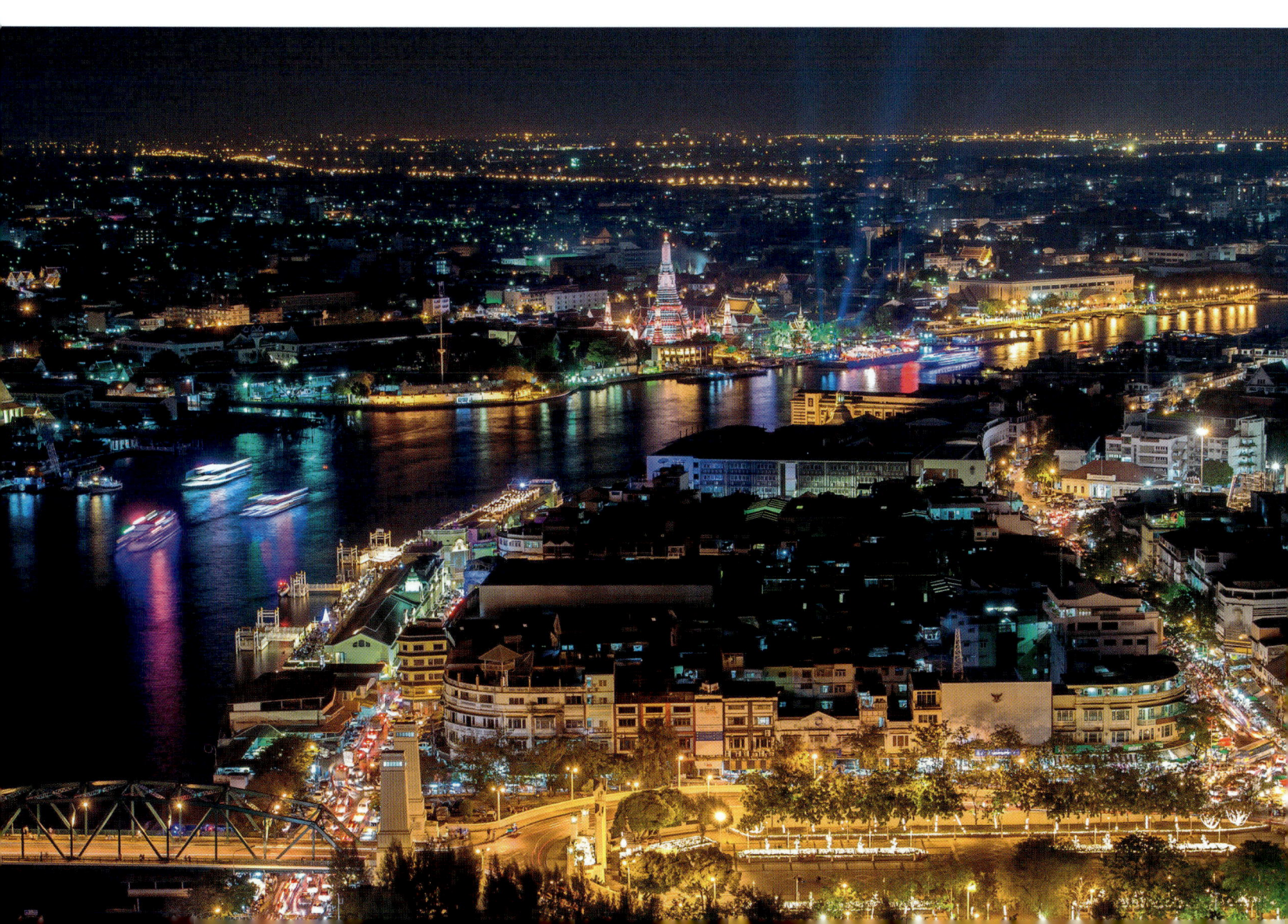

## Canales deltaicos como forma de navegación

Con el aumento de los núcleos urbanos en muchos deltas de todo el mundo, las correspondientes infraestructuras de carreteras y puentes tienen que hacer frente a las peligrosas condiciones de inundación, a la gran movilidad de los cauces y a las enormes extensiones de humedales. En las tierras deltaicas de los países en desarrollo, las redes de carreteras y puentes suelen estar poco desarrolladas y conectadas, por lo que llegan a un número limitado de comunidades. En esos lugares, la red de canales distributarios (fluviales y mareales) sigue siendo el principal medio de navegación, por lo que las personas y las mercancías se transportan en barcos en lugar de por carretera. Por los canales del delta cruzan embarcaciones que van desde cayucos para dos personas a grandes ferris con cientos de pasajeros que llevan personas y mercancías a sus diversos destinos. Algunos deltas, como el del Mekong, Vietnam, albergan mercados flotantes en los que la gente se congrega en barcas dentro de los canales para hacer negocios.

◄ **Puerto de Nueva Orleans**

*La ciudad comenzó siendo un asentamiento francés a orillas (diques naturales) del río Misisipi. La zona urbana no tardó en expandirse hacia el pantano, rico en materia orgánica, y creció hasta convertirse en una de las mayores ciudades y puertos de Norteamérica. Como se aprecia en esta cromolitografía de 1884* (izquierda), *el algodón, el grano y los textiles fueron antaño las principales mercancías que pasaban por el puerto. En la actualidad* (inferior izquierda), *las exportaciones anuales del Puerto del Sur de Luisiana ascienden a más de 63 000 millones de dólares.*

# EL FINAL DE LA RUTA DE LA SEDA

Cantón, a orillas del delta del río de las Perlas, en el sur de China, tiene una fértil historia de 2000 años y fue en su día un importante punto final de la Ruta de la Seda. La ciudad se fundó en el siglo III d. C., y durante sus inicios fue un importante puerto comercial del sur de China, donde, según el sitio web History's Histories, «cientos de barcos anclaban [...] mientras otras tantas embarcaciones más pequeñas transportaban productos comerciales a muelles ya repletos. Gracias a su condición de puerto abierto al comercio, Cantón fue una de las ciudades más cosmopolitas de la Ruta de la Seda». Se producían encuentros interculturales entre marineros y hombres de negocios persas, árabes, chinos e indios, y la ciudad contaba con una floreciente comunidad de colonos budistas, hinduistas y musulmanes. Durante la Dinastía Ming (1368-1644 d. C.), se experimentó una considerable reconstrucción y expansión, y varios distritos se unieron en una sola ciudad amurallada.

A lo largo de los siglos, cambiaron las nacionalidades de los principales comerciantes y pasó a haber compañías portuguesas, neerlandesas, francesas, británicas, estadounidenses y, por último, chinas. En la actualidad, el puerto, antaño de un tamaño modesto, se ha visto propulsado hasta convertirse en uno de los mayores centros de comercio marítimo internacional del mundo. En 2020, fue el quinto más importante del mundo al gestionar el transporte de 23 millones de unidades equivalentes a veinte pies (TEU, por sus siglas en inglés), muy cerca de su vecino Shenzhen, situado en la desembocadura del delta del río de las Perlas (26 millones de TEU) y de Shanghái, situado en la desembocadura del delta del Yangtsé (43 millones de TEU).

**Mapa de la Ruta de la Seda**
Deltas como los del Nilo, el Tigris y Éufrates, el Indo, el Ganges-Brahmaputra, el Mekong, el río de las Perlas y el Yangtsé albergaron ciudades portuarias y centros de distribución cruciales a lo largo de la importante Ruta de la Seda.

Ruta de la Seda

Otra ruta comercial (terrestre)

Otra ruta comercial (marítima)

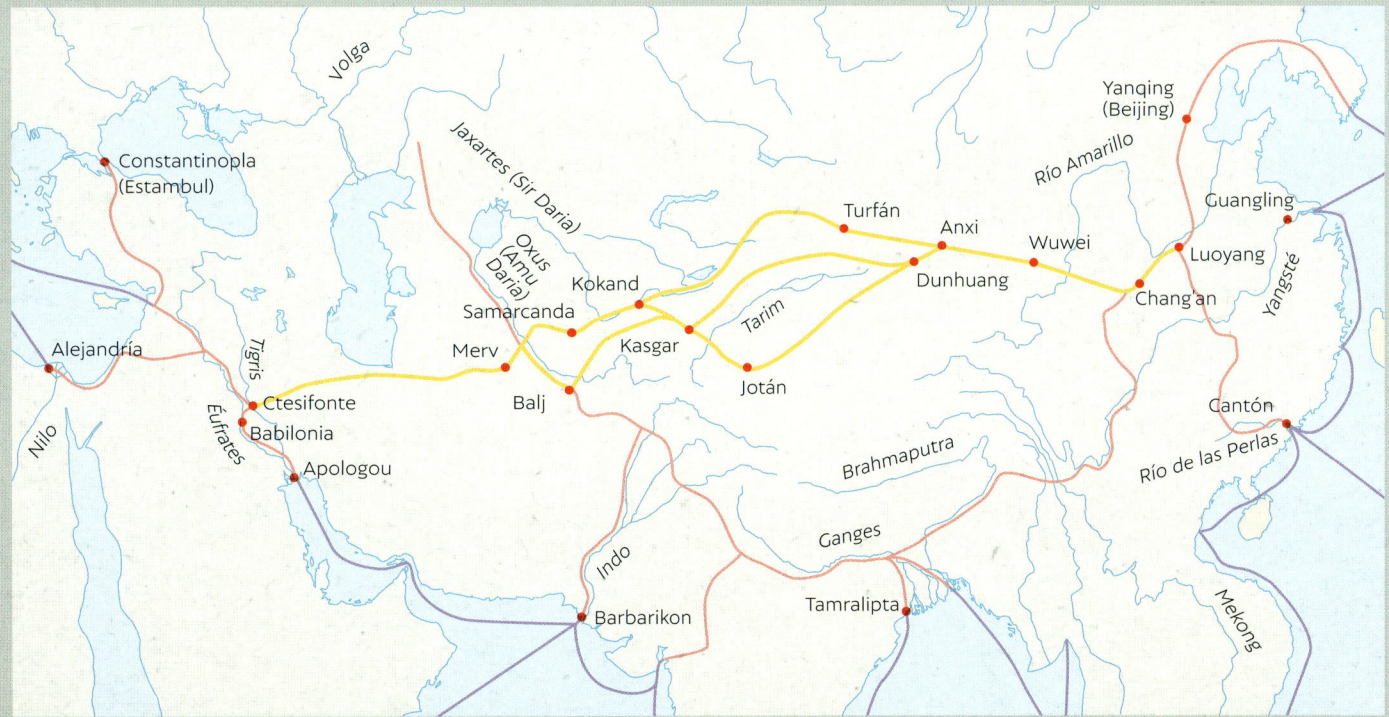

# Canales dragados

Los ríos depositan y esparcen sedimentos de forma natural en sus desembocaduras. ¿Qué podría tener esto de malo? Por desgracia, la sedimentación que se produce en los canales deltaicos provoca muchos problemas que el ser humano debe gestionar para mantener las rutas de navegación y abrir vías para que el agua fluya con eficacia. ¿Y cómo se consigue? La respuesta es el dragado.

## ¿Por qué hay que dragar?

A medida que el flujo fluvial se adentra en los tramos bajos de un delta y se extiende por los canales distributarios, la velocidad de la corriente disminuye de forma natural y los sedimentos transportados dejan de poder ser arrastrados. Llegado este punto, las partículas se depositan en el lecho de los canales. En teoría, las partículas pueden verse recogidas y transportadas río abajo más adelante, tal vez durante la siguiente crecida. Pero durante el ciclo vital de los deltas, una vez que un canal se ha extendido demasiado, el río busca un camino más nuevo y más corto hacia la cuenca receptora y el más antiguo se llena y «muere». Por ello, la sedimentación es un proceso muy habitual.

**▼ Llenado de barcazas de arena**

*La retirada manual de arena es habitual cuando el nivel de los ríos es bajo, como es el caso de esta fotografía del río Beki, India, que desemboca en el delta del Ganges-Brahmaputra.*

Por desgracia, la sedimentación aumenta a raíz de las modificaciones que el ser humano realiza a lo largo de los ríos. La construcción de presas en el curso superior de estos tiende a debilitar los pulsos de crecida, reduciendo su capacidad para transportar sedimentos aguas abajo. Además, los diques artificiales que se levantan para evitar que las crecidas dañen cultivos e infraestructuras impiden la inundación natural de los terrenos inundables. Esto hace que los sedimentos ya no tengan «rampas de salida» de la superautopista acuática en la que se ven transportados; es decir, que se mueven más río abajo y pueden depositarse en los lechos de los canales. Para hacer que estos tengan una profundidad que permita el tráfico de embarcaciones, se hace imprescindible dragar.

## Operaciones de dragado

Existen dos métodos principales de dragado para mantener la navegabilidad. Los proyectos a pequeña escala en canales someros pueden realizarse a mano, sobre todo en aquellos dominados por las mareas, donde la amplitud de estas es grande y, por lo tanto, se hace fácil excavar durante la bajamar, cuando el lecho del canal queda al descubierto. El dragado a gran escala requiere maquinaria más sofisticada, como excavadoras situadas a lo largo del canal o en barcazas dentro de este, así como sifones que aspiren lechadas de agua y sedimentos del lecho del canal y las coloquen en barcazas para su retirada. Dado que los enormes portacontenedores modernos necesitan profundidades de 10-15 metros, los canales de navegación requieren extensas y costosas operaciones de dragado.

## ¿Qué se hace con el material dragado?

El material dragado del fondo de los canales, por lo general denominado «escombros», puede tener diversos tamaños de grano (grava, arena, limo, arcilla) y reutilizarse de muchas maneras. En el delta del Ganges-Brahmaputra, Bangladés, por ejemplo, estos sedimentos suelen usarse para elaborar materiales de construcción (ladrillos, hormigón). También para construir nuevos terrenos: se calcula que entre 80 y 100 km² de la megaciudad de Daca se asientan en una zona que fue un humedal y que se ha ido rellenando en las últimas décadas. Por desgracia, algunas de las tasas de subsidencia más elevadas, en las que la superficie terrestre se hunde hasta 2 cm al año, se dan en regiones como esta, donde los sustratos ricos en materia orgánica de grano fino se tapan con nuevos sedimentos para, después, levantar edificios encima.

Aunque buena parte de los residuos del dragado pueden reutilizarse de forma beneficiosa en muchos deltas, algunos están contaminados con metales pesados tóxicos, restos industriales, aguas residuales y microbios nocivos. Los escombros contaminados deben considerarse materiales de desecho y eliminarse de forma regulada desde el punto de vista medioambiental; sin embargo, por desgracia, las normativas varían mucho de un país a otro, así como entre deltas.

▲ **Aspiración de sedimentos**

*La grava, la arena y el lodo succionados del lecho del río en este canal del delta del Rin-Mosa llegan a la costa en forma de una mezcla espesa que puede emplearse para crear nuevas tierras.*

# Deltas y recursos naturales

Además de que los deltas son zonas de suma importancia para la fauna y la pesca y santuarios de aves, el ser humano se ha beneficiado de muchos de sus recursos naturales. Habrá quienes sostengan que se trata de explotación, sobre todo en el último siglo, con el crecimiento demográfico y el aumento de la demanda energética.

## Madera

La madera procede de los humedales (pantanos, marismas y manglares), de los bosque húmedos y de los de maderas duras situados en tierras bajas que se extienden por las tierras deltaicas, y se usa como material de construcción y combustible. Aunque la silvicultura garantiza unas condiciones de abastecimiento sostenibles, están más extendidas la deforestación y la conversión en terrenos agrícolas o urbanos: por ejemplo, entre 1987 y 2013 se perdieron 5000 km² de bosque en el delta del Níger. Muchas comunidades costeras valoran los factores que aportan las grandes extensiones continuas de bosques y humedales con vegetación. Entre estos están los hábitats de especies cruciales y en peligro de extinción, las zonas de cría de peces y aves acuáticas, la protección contra las marejadas ciclónicas y la compensación de las emisiones de carbono. Por ello, se llevan a cabo numerosos esfuerzos de revegetación y reforestación en las llanuras deltaicas.

## Sal

El cloruro de sodio, nutriente necesario para las funciones corporales y la alimentación, suele añadirse a los alimentos durante la cocción. En el delta del Ebro, en España, se usan grandes estanques para evaporar la sal del agua de mar. Esta tradición se remonta a la Edad Media, cuando la ciudad deltaica de Tortosa era un importante proveedor para muchos puntos del Mediterráneo. Del mismo modo, la extraída del lago salobre Manzala, en el delta del Nilo, sigue siendo en la actualidad un importante recurso y producto de exportación.

▲ **Recursos madereros**
*La madera y los materiales locales procedentes de los deltas se usan para construir casas y otros habitáculos, como se observa aquí en los deltas del Mekong (extremo superior) y del Danubio (superior).*

▶ **Salinas del delta del Ebro**
*La sal que se extrae de las lagunas, como las del delta del Ebro, en España, es una importante mercancía comercial.*

## Agua

El agua potable fresca y limpia quizá sea el más importante de todos los recursos naturales del mundo, y la dulce que proporcionan los ríos es fundamental para los asentamientos humanos en las tierras de los deltas. El del Nilo es un oasis en un desierto seco y caluroso, como también sucede con el delta del Chat el Arab, Irak, que recibe agua de los ríos Tigris y Éufrates. Sin el agua dulce de los ríos, los millones de habitantes de los deltas no podrían sobrevivir ni ganarse la vida en ellos.

Sin embargo, el suministro de agua dulce de los deltas no está garantizado; de hecho, puede decirse que peligra. La extracción excesiva del río Colorado para abastecer a numerosas grandes ciudades del sudoeste estadounidense (como Las Vegas, Fénix y Los Ángeles) y tierras agrícolas (como el valle Imperial de California), sumada a la reciente sequía, ha ido alterando de forma considerable el delta del Colorado, México, durante el último siglo. La descarga de agua disminuyó de forma exponencial al pasar de un suministro anual de unos 20 000 millones de m$^3$ en 1910 a menos de una décima parte en 2000. Como consecuencia, el delta y sus otrora exuberantes humedales y lagunas se han secado. El suministro a las comunidades y entornos aguas arriba del delta sigue suscitando controversia en la actualidad.

Con la disminución del suministro de agua dulce llega la intrusión de la sanilidad, un problema que asola a muchas comunidades de todo el mundo. Aunque se pueden adoptar medidas para limitar dicha intrusión en las tierras de los deltas, se requieren muchas y costosas investigaciones científicas, así como diplomacia multinacional si los ríos y deltas afectados atraviesan fronteras geopolíticas. En el del Mekong, Vietnam, se aplican con cierto éxito medidas de control del caudal aguas arriba y cambios en la elección de los cultivos agrícolas para, así, limitar la salinización y sus efectos. En Australia, el Burdekin es el segundo río más importante del país en términos económicos. Las comunidades que viven a sus orillas han implantado una recarga artificial de las aguas subterráneas con fines de almacenamiento y suministro para el riego durante la estación seca y, así, mantener la presión en el acuífero del delta y resistir la intrusión de agua salada. Mientras los climas sigan cambiando por el calentamiento global, la salinización de las aguas de los deltas seguirá siendo uno de los principales problemas a abordar.

▼ **Centinelas
gigantescos**

*Plataforma petrolífera
situada en la continental
del norte del golfo de
México, frente al delta
del Misisipi, en el sur de
Estados Unidos.*

## Petróleo

El petróleo es una sustancia orgánica rica en carbono que se da en acumulaciones líquidas y gaseosas en rocas sedimentarias. Muchas regiones paleodeltaicas contienen grandes cantidades de arenisca y de lutitas ricas en materia orgánica, la fuente original de los productos derivados del petróleo. Estas se forman cuando la materia vegetal y animal se acumula en ambientes lodosos de baja energía y luego se entierra y compacta a partir de sedimentos sueltos hasta convertirse en roca. Así, los restos orgánicos se degradan en un producto llamado «querógeno», que, con el aumento de la temperatura y la presión (más de 100 °C y profundidades de 1 km), se convierte en petróleo líquido y gas natural. Estos elementos, tras desprenderse de las lutitas a través de grietas y fallas, migran a otras rocas con mayor espacio poral que los almacenan, como las areniscas y las rocas carbonatadas.

Aunque las civilizaciones llevan varios miles de años usando productos derivados del petróleo, su uso para motores de combustión fue un factor decisivo en el crecimiento exponencial de la industria petrolera a principios del siglo XX. En la actualidad, su producción mundial asciende a unos noventa millones de barriles diarios. Se han descubierto importantes reservas de petróleo en al menos 18 provincias deltaicas de todo el mundo, y, según un cálculo reciente, podrían contener más de 50 000 millones de barriles de petróleo y 10 billones de m³ de reservas de gas natural. Pese a tan elevadas cifras, ambos son recursos finitos. La extracción de fluidos tales como petróleo y gas natural en los deltas también puede tener efectos negativos en estos entornos, como exacerbar la subsidencia, y, en el caso de los vertidos de petróleo, causar estragos en la fauna y la pesca locales.

## TITANES ENERGÉTICOS

Se han descubierto importantes reservas de petróleo en al menos 18 provincias deltaicas de todo el mundo, entre ellas la del delta del Níger. Obsérvese que la mayoría de los yacimientos actuales de petróleo y gas se centran en el subaéreo, pero existen ingentes reservas del sistema petrolífero mar adentro, en aguas mucho más profundas.

- - - - - - - Contorno batimétrico

🟠 Centro del yacimiento de petróleo o gas

🔵 Extensión máxima del sistema petrolero

0      200 km

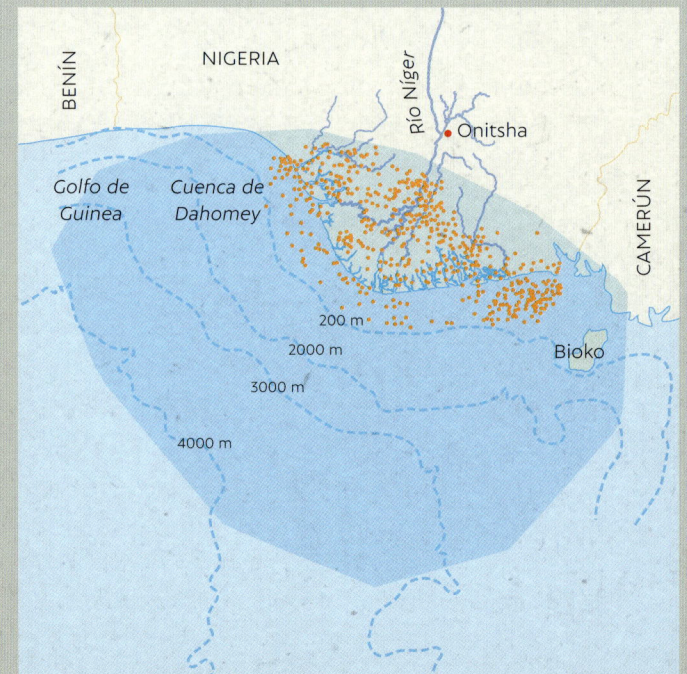

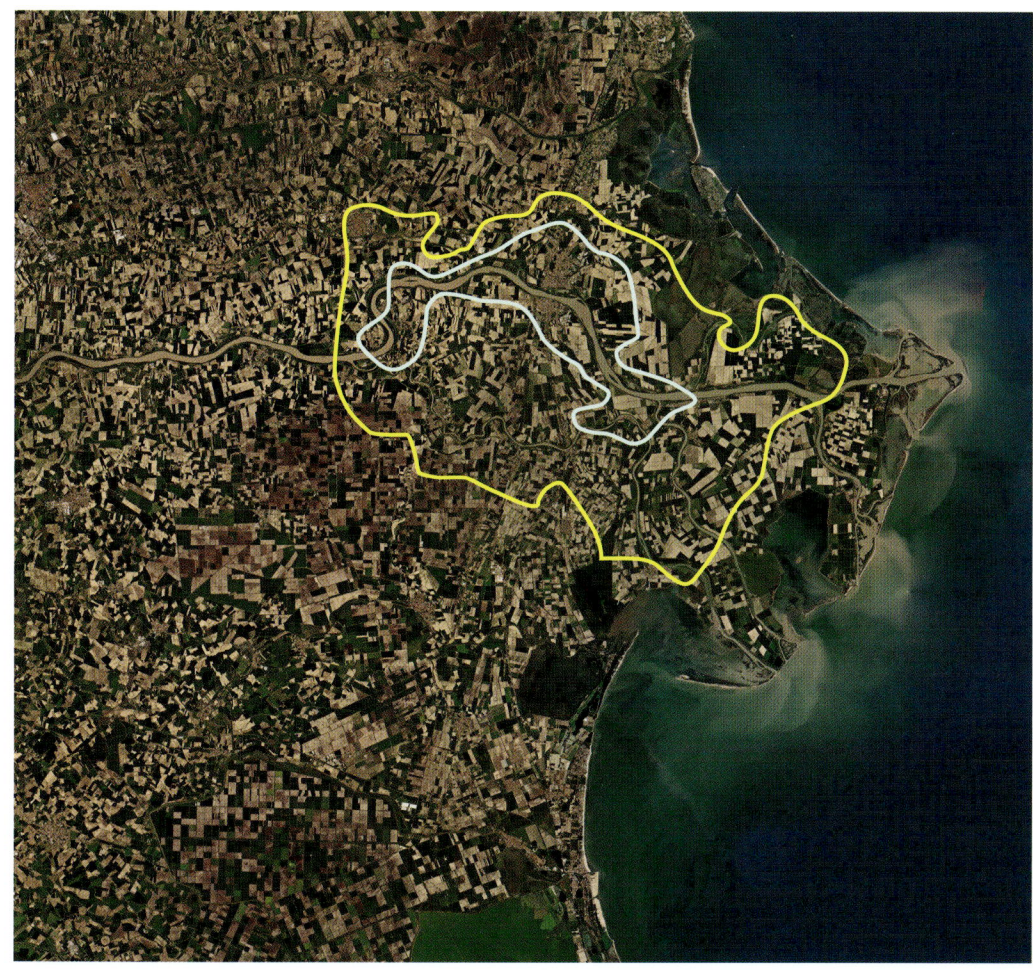

**Consecuencias de la extracción**
La subsidencia, o descenso de la superficie terrestre, se ha producido en varios deltas de todo el mundo a causa de la extracción excesiva de fluidos como el petróleo, el gas natural y el agua del subsuelo. *Izquierda*: delta del Po, Italia. *Inferior*: delta del Chao Phraya, Tailandia.

1958–1962

Subsidencia provocada por la extracción de gas

 40 mm / año

60 mm / año

0           10 km

Subsidencia provocada por la extracción de agua

50 mm / año

100 mm / año

0           10 km

# Cambios en la biodiversidad

Debido a la desenfrenada deforestación antropogénica, el cambio de uso del suelo, la salinización y la contaminación, la superficie y la calidad de los hábitats del delta han disminuido de forma drástica. Como resultado, un sinfín de mamíferos, aves, reptiles, anfibios, insectos y microbios se han visto expulsados de sus paisajes deltaicos nativos. Algunas de estas especies permanecen en terrenos forestales protegidos, pero otras están en peligro o incluso se han extinguido.

▼ **El Orinoco en el punto de mira**

*Los waraos (literalmente, «gente del agua») del delta del Orinoco, Venezuela, han aprendido a vivir de la tierra, pero se enfrentan a la intrusión de agua salada debida a la subida del nivel del mar y a los cambios antropogénicos en el río provocados por las presas en el curso superior. Allí también viven varias especies amenazadas, como el cocodrilo del Orinoco (Crocodylus intermedius), el delfín rosado (Inia geoffrensis) y la harpía mayor (Harpia harpyja).*

## Cambios en el Orinoco

El delta del Orinoco es un gran bosque pantanoso (45 000 km²) en la región tropical de Venezuela, donde tres canales distributaríos (el río Bravo, el Caroní y el caño Manamo) desembocan en el océano Atlántico. Vastos cinturones de manglares bordean la costa, mientras que el interior es un bosque húmedo inundado de forma estacional o permanente que cuenta con más de trescientos asentamientos de waraos. Estos bosques pantanosos albergan especies como el cocodrilo del Orinoco (*Crocodylus intermedius*), el delfín rosado (*Inia geoffrensis*), el jaguar (*Panthera onca*), el perro venadero (*Speothos venaticus*), la nutria gigante (*Pteronura brasiliensis*), el ganso del Orinoco (*Neochen jubata*) y la arpía mayor (*Harpia harpyja*).

En la década de 1960 se puso en marcha un programa de control de inundaciones en el que se represó el caño Manamo, reduciendo los niveles de agua en su región noroccidental. Esto alteró la hidrodinámica local e hizo que la región se viera cada vez más afectada por las mareas y la intrusión de la salinidad, lo cual tuvo un efecto drástico en la flora y la fauna de los bosques pantanosos del delta del Orinoco: los manglares de agua dulce se estresaron o murieron y se vieron sustituidos por especies más tolerantes a la sal, y los peces de agua dulce (alimento básico del pueblo warao) desaparecieron, provocando altos niveles de desnutrición. Además, está muy contaminado debido a la extracción de petróleo y minerales en su curso superior, y el cocodrilo del Orinoco, la nutria gigante, el delfín rosado, el perro venadero y la arpía mayor se consideran animales amenazados, como también lo están los medios de subsistencia del pueblo warao.

Hoy, unos 3500 km² se hallan protegidos por el Parque Nacional Delta del Orinoco, que se encarga de preservar el bosque pantanoso y el ecosistema deltaico, así como el modo de vida de los waraos que viven allí. El auge que ha experimentado el ecoturismo de la región en los últimos años aporta unos valiosos ingresos.

## Cambios en el Mekong

La salinización es uno de los principales problemas del delta del Mekong (*véase* página 339). Las presas en el curso superior (once en China, dos en Laos y nada menos que trescientas en ríos afluentes) controlan las crecidas durante la estación de los monzones (de junio a noviembre), pero también disminuyen la cantidad de agua liberada durante la estación seca (de diciembre a mayo). Según algunos investigadores, durante esta última hay un déficit de hasta 10 000 millones de m³ de agua en comparación con las cifras históricas de descarga de agua. Como resultado, el agua salada del mar está penetrando unos 60 km por los canales del delta y afectando tanto a los manglares como a las tierras agrícolas (y, por lo tanto, a los medios de subsistencia humanos).

El delta del Mekong alberga dos carismáticos mamíferos que requieren protección: la nutria de Sumatra (*Lutra sumatrana*) y el dugongo (*Dugong dugon*). También viven allí al menos 37 especies de aves y 470 de peces clasificadas como vulnerables o en peligro.

A fin de reducir el impacto en los medios de subsistencia humanos, se están llevando a cabo esfuerzos para mejorar el riego de los cultivos, cambiando los cultivos por especies tolerantes a la salinidad y pasando de tres cosechas al año a dos. Para proteger la fauna local, la UNESCO ha designado la Cần Giờ Biosphere Reserve y la Mui Ca Mau Biosphere Reserve, que, juntas, abarcan unos 4000 km² del delta. Estas reservas se gestionan con la idea de buscar el equilibrio entre sociedad y naturaleza y de preservar el paisaje natural y el ecosistema. Pese a estos grandes esfuerzos, los científicos locales sostienen que, por mucho que se haga para adaptarse a la intrusión salina en el delta, hay que abordar las causas profundas o esta seguirá perjudicando a la región, sus gentes y su flora y fauna.

## El manglar más grande del mundo

Los Sundarbands son un bosque de manglares situado en el delta del Ganges-Brahmaputra y el hogar de un sinfín de carismáticas especies en peligro. Aquí, los tigres de Bengala (*Panthera tigris tigris*) se deslizan entre los mangles *Heritiera fomes* —los llamados *sundri* («bello»), que dan nombre al bosque—, mientras los cocodrilos marinos (*Crocodylus porosus*) toman el sol en las lodosas orillas. Los martines pescadores llaman desde los árboles, los macacos *Rhesus* (*Macaca mulatta*) se lanzan en picado, los ciervos moteados (*Axis axis*) se alimentan de las hojas de los árboles ante la mirada de las víboras *Trimeresurus erythrurus*; los saltarines del fango rayados (*Periophthalmus argentilineatus*) y los cangrejos violinistas corretean por las llanuras mareales y los delfines del Ganges (*Platanista gangetica*) y los peces *Tenualosa ilisha* nadan por los cauces de marea.

Los Sundarbans abarcan unos 10 000 km² de manglares y están protegidos desde 1875. Hoy son Patrimonio de la Humanidad de la UNESCO por su biodiversidad natural y su importancia cultural: en el delta lleva habiendo asentamientos humanos desde el año 400 a. C. y hay varios templos arqueológicos hindúes y budistas diseminados por este espacio.

**Un paisaje complejo**
Los cauces de marea atraviesan el bosque de manglares de los Sundarbans, hogar de más de mil especies de flora y fauna, entre ellas el escurridizo tigre de Bengala (*Panthera tigris tigris*).

1 Río Matla
2 Río Bidyadhari
3 Parque Nacional de Sundarbans

Sin embargo, pese al importante valor ecológico del manglar y a su condición de emblema nacional, su superficie se ha visto reducida a la mitad debido a la deforestación para crear pólderes que alberguen a la creciente población humana. El tigre de Bengala, símbolo nacional de orgullo tanto para India como para Bangladés, se ha visto diezmado a causa de la caza furtiva, dirigida a obtener la piel del animal y las partes del cuerpo que se usan en la medicina tradicional asiática. Así, la especie está al borde de la extinción: se calcula que solo quedan quinientos ejemplares. Bangladés e India trabajan con diligencia para protegerlo, al igual que a otras especies importantes de los Sundarbans. En 1973, el Gobierno indio puso en marcha el Project Tiger para evitar su desaparición; además, en mayo de 2021, tras dos décadas de búsqueda, detuvieron a un hombre sospechoso de haber matado a 70 tigres en peligro de extinción.

Aunque los gobiernos locales y los funcionarios forestales son conscientes de que la conservación es clave, estos esfuerzos suelen chocar con las presiones demográficas: unos quince millones de personas viven en un radio de 20 km de la linde de los bosques. Y aunque la nueva central eléctrica de carbón que se está construyendo a 10 km del bosque mejorará la calidad de vida de los habitantes de esta región, económicamente deprimida, ejercerá graves presiones contaminantes (lluvia ácida, metales pesados, fugas de petróleo por el tráfico naval) sobre un ecosistema ya de por sí frágil.

## INTRUSIÓN DE LA SALINIDAD

En el delta del Mekong, en Vietnam, este fenómeno afecta a las actividades agrícolas y pesqueras, así como a la salud de los manglares naturales de la costa. En la imagen (*inferior*) pueden verse cristales de sal secos en la superficie de los arrozales.

Salinidad del agua en el delta

Fuerte — Moderada

0 — 50 km

# 14

# El futuro de ríos, estuarios y deltas

# Desafíos globales que depara el futuro

Conocemos muchos de los cambios a gran escala que influirán tanto en los ríos, estuarios y deltas en el futuro como en los ecosistemas naturales y las comunidades humanas que sustentan. Pero, ¿cómo variarán estos sistemas en cuanto al espacio y el tiempo, y cómo interactuarán?

▼ **Poblaciones del futuro**

*El aumento de la población humana seguirá ejerciendo presión sobre los ríos, estuarios y deltas del mundo hasta el punto máximo estimado para la década de 2080. Aquí, unos turistas practican rafting en el gran Cañón de Yuxi, en la provincia china de Henan.*

## Futuros estresores

Sabemos que la población humana mundial alcanzará un máximo de unos 10 500 millones de personas en la década de 2080, lo que aumentará la presión sobre muchos entornos naturales. También se prevé que lo haga la temperatura global, provocando complejos patrones de cambio en las precipitaciones y las sequías. Esto generará transformaciones en los flujos de agua, sedimentos, nutrientes y contaminantes a través de los ríos, estuarios y deltas del mundo, y repercutirá en los ecosistemas y en el capital natural que estos proporcionan. El nivel global del mar seguirá subiendo a medida que se derritan las capas de hielo, lo que pondrá en peligro las regiones costeras bajas y, en especial, los estuarios y deltas. La distribución geográfica de muchas especies cambiará a medida que se vayan adaptando al cambio global de las temperaturas del aire y del agua y se desplacen hacia el norte y/o hacia zonas más elevadas.

# EL CALOR Y LAS PRECIPITACIONES DEL FUTURO

Mapas mundiales del cambio de la temperatura y del cambio
porcentual de las precipitaciones para 2081-2100 en relación con
la referencia 1961-1990. El calentamiento se da en todo el planeta,
aunque las latitudes altas presentarán el mayor cambio con respecto
a la línea de base de 1961-1990. Algunas regiones (como África
Oriental, Oriente Próximo, India y ciertas partes de Asia)
experimentarán un aumento de las precipitaciones, mientras que
otras (el sur de Estados Unidos y de Centroamérica, el sur de Europa,
algunas regiones del norte y el sur de África y partes de Australia)
sufrirán más períodos de sequía.

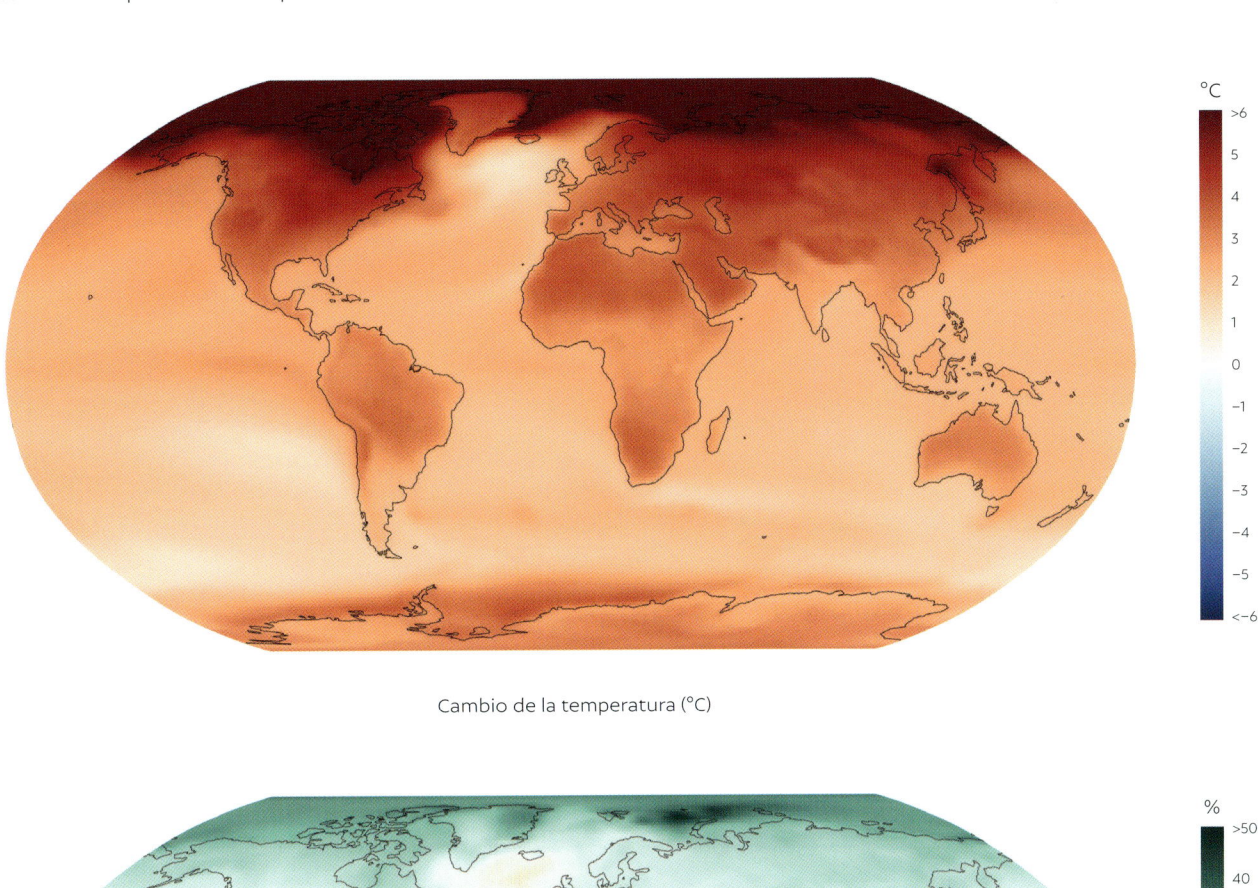

Cambio de la temperatura (°C)

Cambio de las precipitaciones (porcentaje)

## SUBIDA DEL NIVEL DEL MAR

Promedio global proyectado de las tasas de aumento del nivel del mar en relación con la referencia 1995-2014 y bajo diferentes escenarios de cambios socioeconómicos globales proyectados (trayectorias socioeconómicas compartidas [SSP, por sus siglas en inglés]; *véanse* definiciones en el diagrama inferior) hasta 2150. Para cada SSP, las cifras en cursiva muestran diferentes trayectorias de concentración representativas (RCP, por sus siglas en inglés) desde muy bajas (1,9) a muy altas (8,5) en cuanto a las concentraciones futuras de gases de efecto invernadero. En el gráfico se muestran la media (líneas continuas) y el máximo (discontinuas) de cada escenario. En todos los escenarios, el nivel medio global del mar subirá al menos 0,6 m, aunque algunas proyecciones muestran aumentos mucho más graves.

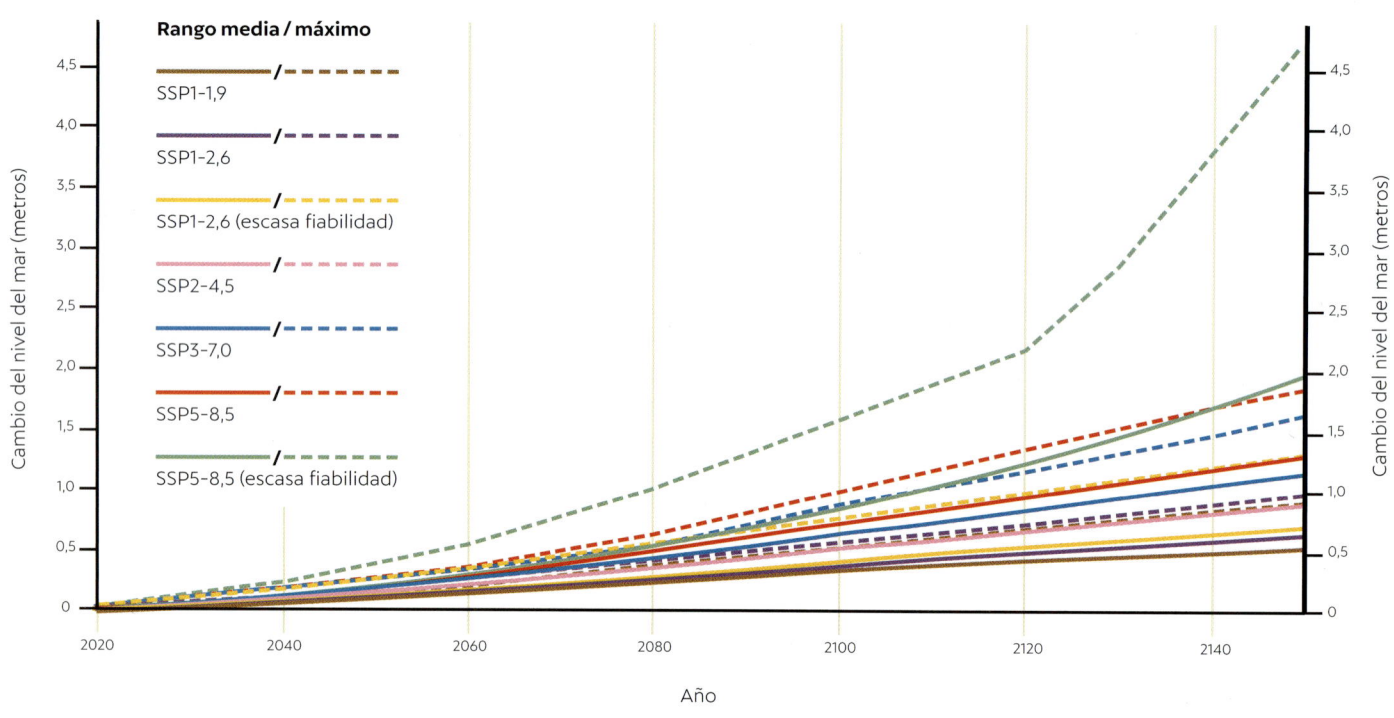

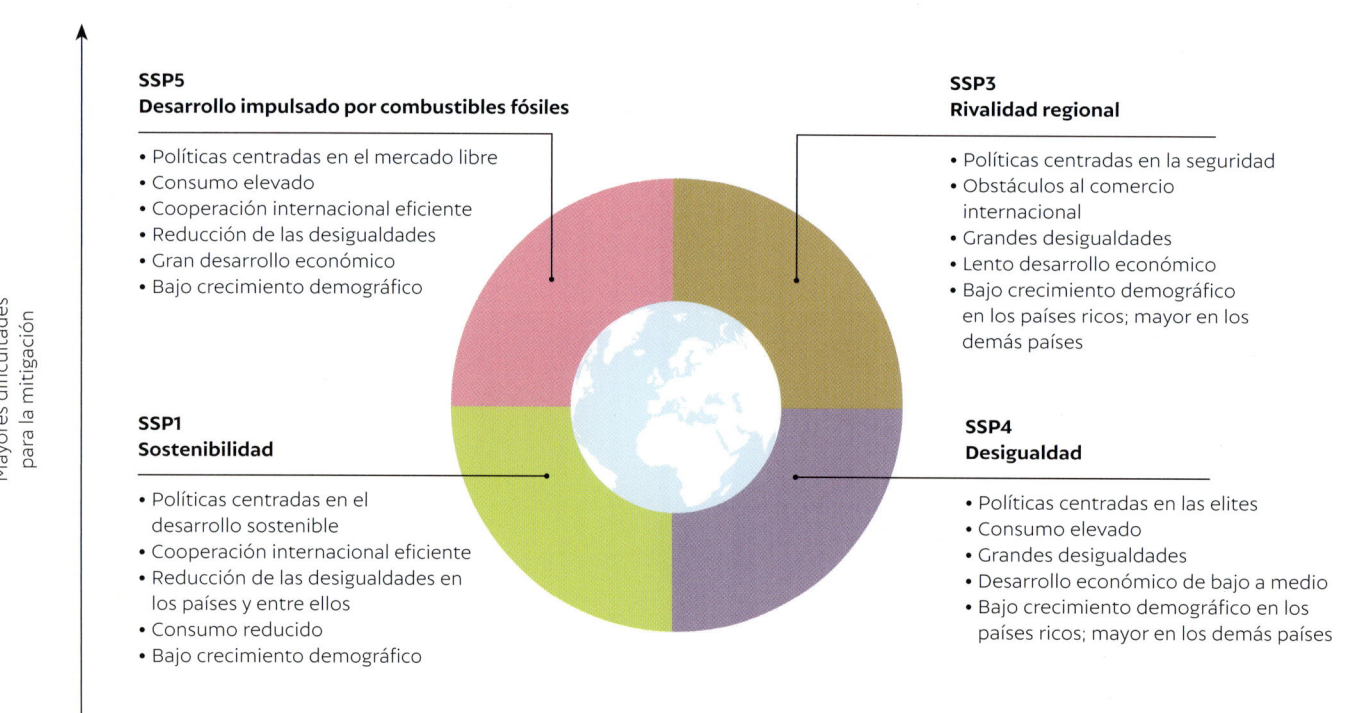

## PLANIFICACIÓN DE FUTURO PARA RÍOS, ESTUARIOS Y DELTAS

A la hora de planificar un futuro sostenible para los ríos, estuarios y deltas y de mejorar o restaurar el funcionamiento de los ecosistemas, es imperativo reconocer y dar cabida a los vínculos entre el paisaje natural, los espacios que sostienen estas vías fluviales y los paisajes rurales y urbanos que se superponen a ellas. Dirigir el desarrollo hacia un nuevo equilibrio entre el uso de la tierra y el funcionamiento de los ecosistemas es fundamental

y exigirá políticas y una gestión coherentes, así como la vinculación del paisaje físico con la estrategia aplicada. La geomorfología de ríos, estuarios y deltas constituye una plantilla sobre la que se han establecido tanto ecosistemas como seres humanos. Así, las condiciones determinadas por la morfología del paisaje, el suministro de agua y los atributos biofísicos deben guiar la forma en que gestionemos estos entornos en el futuro.

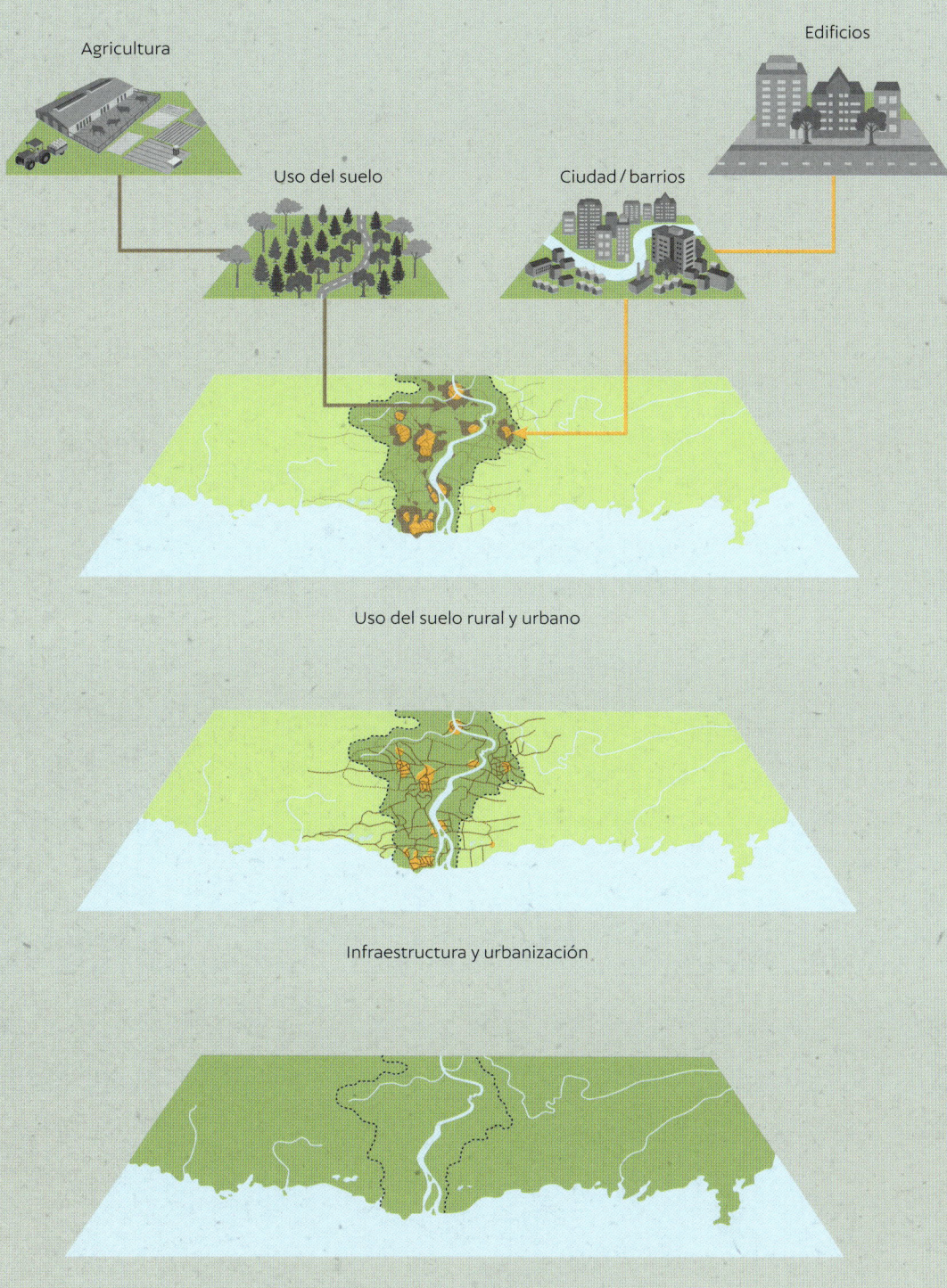

Agricultura

Uso del suelo

Ciudad / barrios

Edificios

Uso del suelo rural y urbano

Infraestructura y urbanización

Geomorfología, agua y sistemas edáficos

- Áreas urbanizadas
- Agricultura
- Bosque y monte bajo
- Pradera

### CUENCAS FLUVIALES SOSTENIBLES: ACCIONES NECESARIAS

**Usos locales del suelo y el agua, edificación y gestión**
- Reducción del uso del agua
- Menos emisiones
- Mejora de la gestión del agua y del suelo
- Implementación de restricciones zonales
- Edificios e infraestructuras impermeables
- Aplicación de soluciones basadas en la naturaleza

**Mantenimiento y mejora de infraestructuras esenciales (presas, zonas urbanas, redes eléctricas y de comunicaciones y transporte)**
- Planificación urbanística y desarrollo de infraestructuras impermeables
- Aplicación de soluciones y diseños basados en la naturaleza

**Estrategia y plan transfronterizos integrados para las cuencas fluviales**
- Equilibrio entre desarrollo y conservación / restauración de patrones, procesos, amortiguadores y cualidades naturales
- Acuerdo en la dinámica del agua y los sedimentos
- Regulación del uso del agua y las emisiones contaminantes
- Implementación de zonificación espacial
- Elaboración de acuerdos sobre las cuencas fluviales transfronterizas

# Ríos futuros

¿Qué significan los cambios previstos en las variables que determinan el comportamiento de ríos, estuarios y deltas para la forma en la que se alterarán en el futuro los flujos de agua, sedimentos y nutrientes a través de los paisajes de la Tierra? La presencia de una amplia gama de herramientas de transformación nos permite predecir esos cambios con bastante confianza.

## FLUJOS SEDIMENTARIOS A LOS DELTAS

Variación porcentual de la carga sedimentaria media anual aportada por los principales ríos a sus deltas entre 1990-2019 y 2070-2099 según la simulación de un modelo global. Los contornos sombreados indican la ubicación de la cuenca fluvial que alimenta cada delta.

Aumento

Disminución

0%    50%    100%

| | | | |
|---|---|---|---|
| 1 Amazonas | 12 Han | 24 Muluya | 36 São Francisco |
| 2 Amur | 13 Indo | 25 Murray | 37 Sebú |
| 3 Burdekin | 14 Irawadi | 26 Níger | 38 Senegal |
| 4 Chao Phraya | 15 Krishna | 27 Nilo | 39 Tana |
| 5 Colorado | 16 Lena | 28 Orinoco | 40 Tigris Éufrates |
| 6 Congo | 17 Limpopo | 29 Paraná | 41 Tone |
| 7 Ebro | 18 Mackenzie | 30 De las Perlas | 42 Vístula |
| 8 Fly | 19 Magdalena | 31 Po | 43 Volta |
| 9 Ganges-Brahmaputra | 20 Mahakam | 32 Rojo | 44 Yangtsé |
| 10 Godavari | 21 Mahanadi | 33 Rin | 45 Amarillo |
| 11 Grijalva | 22 Mekong | 34 Ródano | 46 Yukón |
| | 23 Misisipi | 35 Bravo | 47 Zambeze |

## Carga sedimentaria

Se calcula que se darán cambios sustanciales en el suministro de los sedimentos fluviales que llega a los principales deltas del mundo. Así, por ejemplo, mientras que el aumento de los caudales fluviales a causa del cambio climático tiende a incrementar el transporte de estos en algunos deltas, se prevé que muchos ríos (en especial los de Asia, África y partes de Sudamérica) experimenten un descenso neto de sus cargas sedimentarias debido a que los grandes proyectos de construcción de presas impedirán su transferencia a la costa.

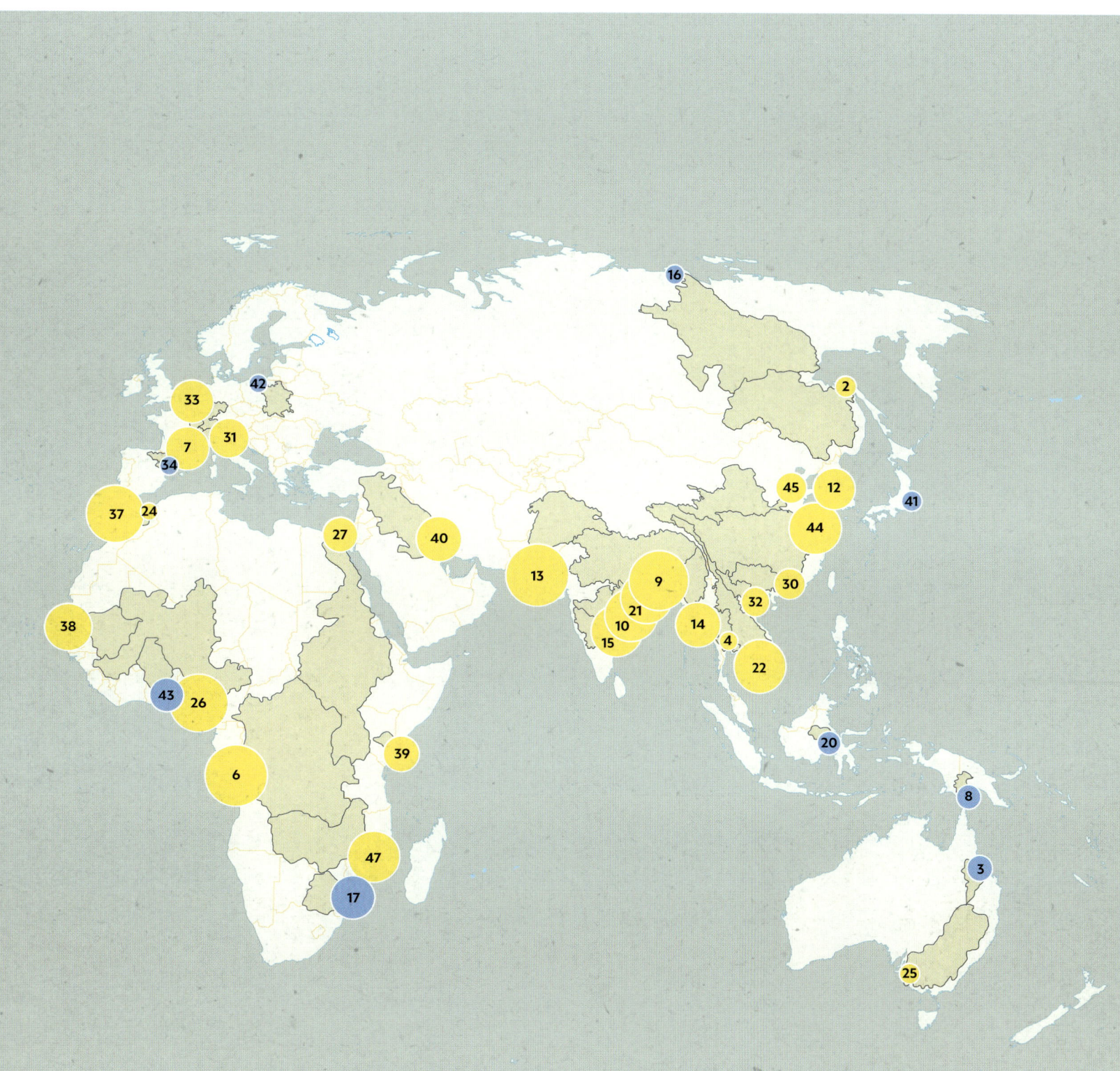

**► Aguas problemáticas**

*El lago Dianchi, en la provincia china de Yunnan, se pone verde todos los años a causa de la proliferación de algas estimulada por el flujo excesivo de nutrientes, procedentes sobre todo de desechos animales.*

## Inundaciones

Las proyecciones de modelos sobre los riesgos de inundaciones en el futuro indican que el cambio climático antropogénico provocará un aumento sustancial tanto de la frecuencia como de la gravedad de las inundaciones fluviales y costeras. Por ejemplo, según las predicciones del nivel del mar para el año 2050, las tierras que ahora albergan a trescientos millones de personas quedarán por debajo de la elevación de la inundación anual media. Asimismo, también se espera que las zonas inundadas por crecidas fluviales de una probabilidad determinada aumenten de forma sustancial por el cambio climático.

## Proliferaciones de algas

Mientras tanto, la intensificación de la agricultura, unida al aumento demográfico, provocará un incremento sustancial de las emisiones de nitratos y fosfatos en el futuro, pasando de unos 200 millones de toneladas al año en 2020 a 250 millones en 2050. Es probable que estas emisiones aumenten la frecuencia de las proliferaciones de algas nocivas. Irónicamente, esta tendencia literal de los cursos de agua a volverse «más verdes» supone una gran amenaza de eutrofización (*véase* página 235) para los ecosistemas fluviales y costeros.

**INUNDACIONES FUTURAS**

Mapa en el que figura el número de personas afectadas por el aumento de las futuras inundaciones fluviales en un escenario en el que la Tierra se caliente 1,5 °C respecto a la media preindustrial como consecuencia del cambio climático antropogénico.

Población afectada (porcentaje de cambio) por un aumento global de la temperatura de 1,5 °C

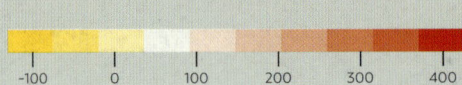

-100    0    100    200    300    400

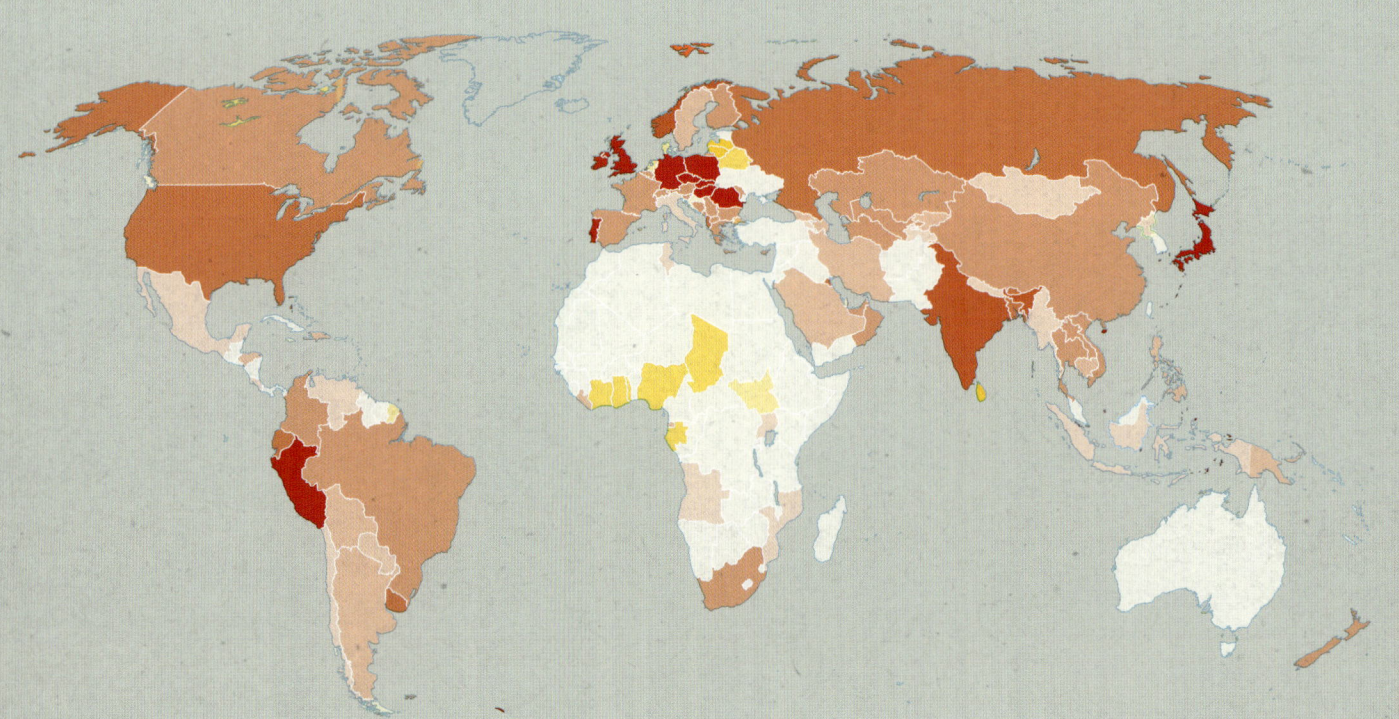

# Estuarios futuros

Los estuarios, en la interfaz entre la tierra y el mar, presentan una especial susceptibilidad al aumento del nivel del mar, la temperatura del agua y la contaminación. La forma en que responden a estas presiones depende de su morfología y equilibrio hídrico, y muchos de ellos sufren cambios que son fundamentales para la salud de los ecosistemas, las economías y las comunidades costeras.

El cambio climático influye tanto en los estuarios naturales como en los alterados por el aumento de las temperaturas, los volúmenes de agua y sedimentación, la mayor frecuencia de las inundaciones, la pérdida de hábitats, los cambios en la distribución de especies y los cambios en la salinidad. Sin embargo, estos impactos no pueden generalizarse, ya que responden de forma diferente en función de su morfología y profundidad, de la tasa de aumento relativo del nivel del mar y de los cambios en el flujo de agua. Los estuarios suelen calentarse más deprisa que los mares que los rodean, sobre todo si son someros y tienen poco volumen de agua y una circulación deficiente. Además, aquellos ya sometidos a estrés por los cambios antropogénicos en sus cuencas y a lo largo de sus costas son menos resistentes al cambio climático.

## Intrusión de agua salada

A medida que sube el nivel del mar, el agua salada penetra más tierra adentro, desplazando los límites entre estuarios y ríos y provocando la salinización de suelos y acuíferos. Suele decirse que la intrusión de agua salada es un «asesino silencioso», ya que penetra de forma progresiva desde las aguas subterráneas, y, al hacerlo, amenaza la vegetación menos tolerante a las sales. El aumento de la frecuencia de las inundaciones durante la pleamar y la extracción de aguas subterráneas para consumo humano y riego aceleran el problema. Las zonas bajas en torno a los estuarios y los terrenos inundables costeros, antaño fértiles campos de cultivo, se enfrentan ahora a rendimientos reducidos y suelos inviables. Es un problema creciente en todo el mundo, sobre todo en la Costa Este estadounidense, el Sudeste Asiático y Australia. La intrusión de agua salada es peor en las regiones con climas secos, aunque menos pronunciada en los estuarios, donde las precipitaciones recargan los acuíferos y aumentan la descarga fluvial, con lo que el agua salada se queda más cerca del mar.

## Ecosistemas de agua dulce en peligro

Las mareas más altas y frecuentes amplían el alcance de las especies tolerantes a la sal a los hábitats de agua dulce. A medida que aumenta la salinidad, las especies salobres y luego las marinas van dominando poco a poco las zonas bajas, y, si las condiciones son favorables, las de agua dulce se ven desplazadas hacia el interior o hacia terrenos más elevados. En los estuarios urbanizados, el estrangulamiento de la costa (*véanse páginas 240-241*) puede provocar la pérdida de hábitats de agua dulce e intermareales debido a la inundación y salinización, ya que este desplazamiento se ve impedido por la presencia de edificaciones y estructuras contra inundaciones.

◤ **Inundaciones molestas**
*El desbordamiento de los terraplenes en los estuarios durante las mareas altas vivas es cada más frecuente a medida que sube el nivel del mar. Es algo tan frecuente en Venecia, Italia, que se han instalado aceras elevadas en puntos turísticos, como la plaza de San Marcos.*

▶ **Manglares en movimiento**
*Manglares a lo largo de los arroyos mareales del río Albert, en el golfo de Carpentaria, Queensland, Australia. Debido a la subida del nivel del mar, en muchas cuencas de todo el mundo estos se expanden tierra adentro hacia hábitats de agua dulce.*

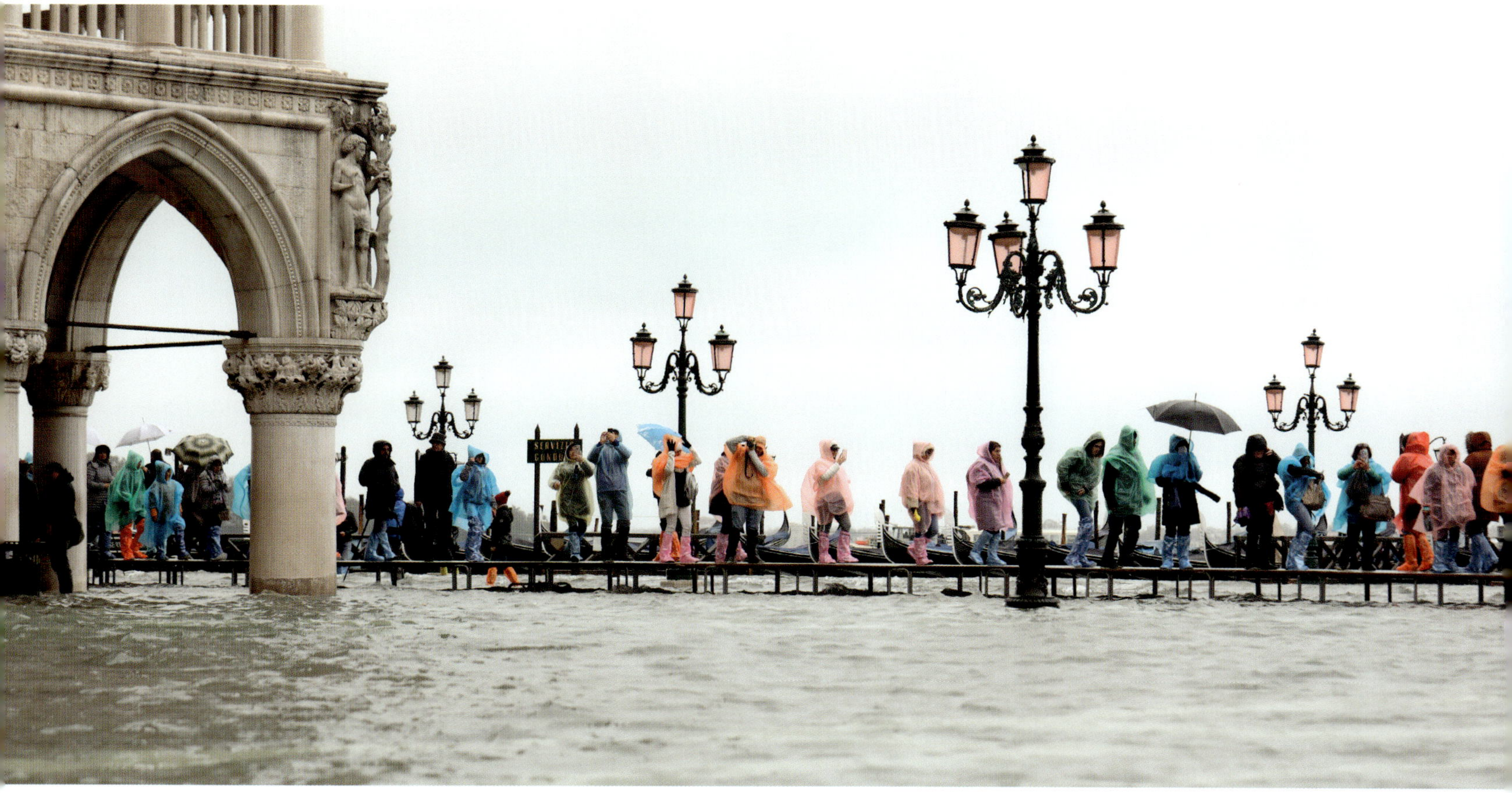

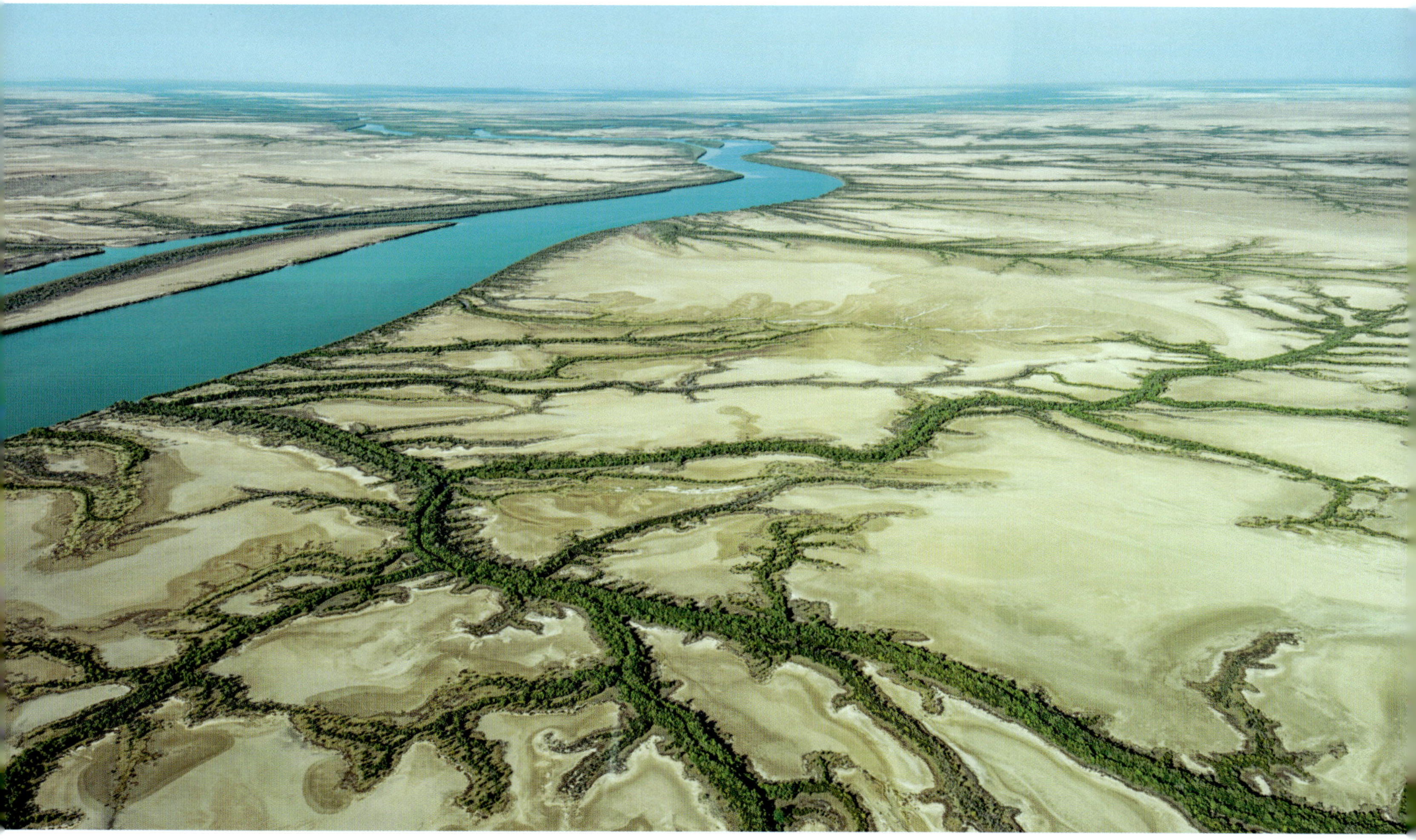

# Deltas futuros

A medida que aumenta la población humana, se agotan los recursos alimentarios e hídricos de los deltas. Las comunidades deltaicas deben adaptarse para vivir en paisajes cambiantes (y en proceso de hundimiento) sometidos en todo momento a inundaciones, tormentas e intrusión de la salinidad.

## Exacerbación de la subsidencia deltaica

Se prevé que el aporte sedimentario que le llega a muchos deltas disminuya debido a la construcción de presas y a la extracción de sedimentos. Si no les llegan nuevos, tendrán que lidiar con la subida del nivel del mar para mantener las zonas subaéreas (*véanse* páginas 262-267). Además, el aumento de la extracción de aguas subterráneas para la obtención de agua potable y con fines agrícolas agravará las tasas de subsidencia. En el futuro, aumentará el riesgo de inundaciones en muchas comunidades deltaicas, incluidas las de megaciudades como El Cairo, Lagos, Calcuta, Daca, Ciudad Ho Chi Minh, Shanghái, Hong Kong, Bangkok y Yakarta. Si bien ciertas comunidades recurren a costosas prácticas de ingeniería para proteger los terrenos habitados, su mantenimiento puede resultar prohibitivo en el futuro.

### REDUCCIÓN DE RIESGOS

Para reducir el riesgo de futuras inundaciones en los deltas pueden aplicarse varios enfoques, desde estructuras de ingeniería dura, como terraplenes y rellenos de sedimentos, hasta soluciones basadas en la naturaleza, como la plantación de vegetación de humedales para reducir el impacto de las marejadas ciclónicas y atrapar sedimentos.

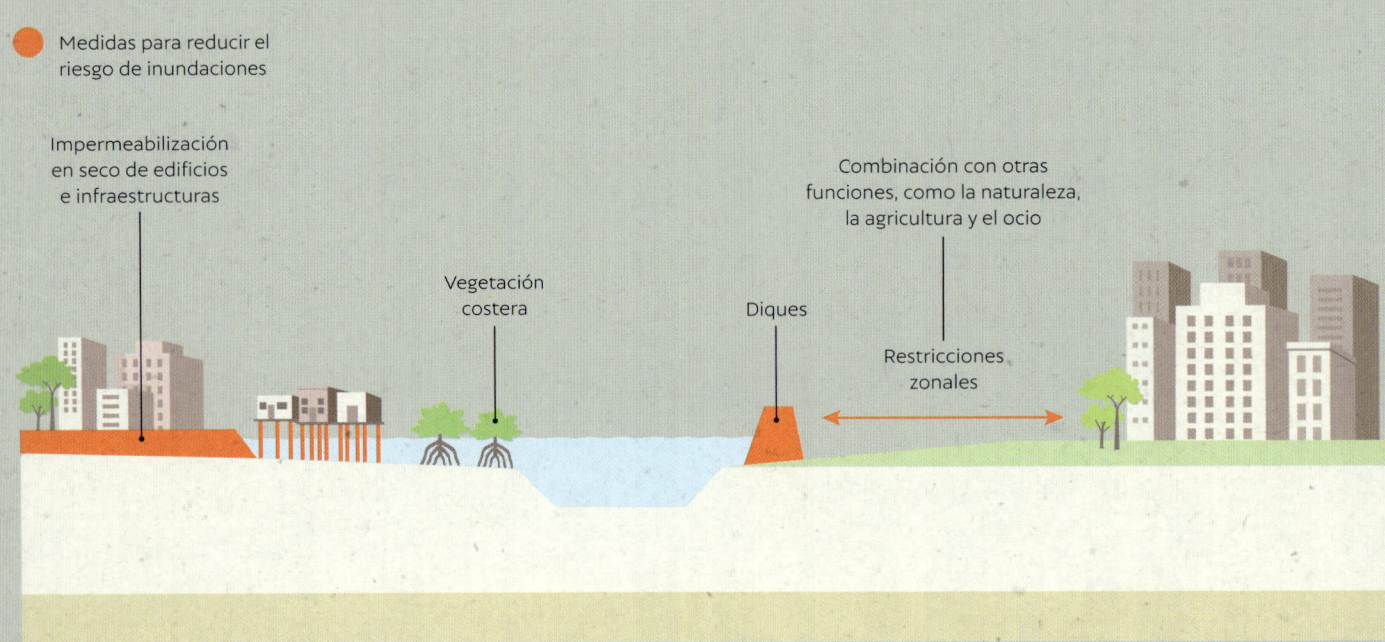

- Medidas para reducir el riesgo de inundaciones

Impermeabilización en seco de edificios e infraestructuras

Vegetación costera

Diques

Combinación con otras funciones, como la naturaleza, la agricultura y el ocio

Restricciones zonales

## Aumento de las tormentas y de la salinidad

Las mediciones a bordo de barcos y las boyas meteorológicas muestran que la temperatura global de la superficie del mar aumentó más de 0,5 °C en muchos océanos y mares entre 1982 y 2010. El calentamiento de nuestros mares provocará huracanes, ciclones y tifones más intensos, y algunos estudios predicen que la intensidad de las tormentas podría aumentar entre un 12 y un 20 por ciento. Esto provocará mayores precipitaciones e inundaciones, vientos más fuertes y marejadas ciclónicas más grandes, y muchos de estos impactos se sentirán a cientos de kilómetros de donde se desplace la tormenta tierra adentro. En última instancia, todos estos efectos aumentarán el riesgo de daños económicos y de pérdida de vidas humanas. Muchas zonas costeras ya mejoran las normativas de construcción y elevan la altura de las viviendas para protegerlas de las tormentas más intensas, pero se trata de ajustes costosos.

Al igual que los estuarios, los deltas son vulnerables a la intrusión de la salinidad de la que se acompaña la subida del nivel del mar, provocando cambios en las especies a medida que las plantas y animales tolerantes al agua dulce dan paso a formas de vida más tolerantes a la salinidad. En algunos lugares, los «bosques fantasma» conservan vestigios de condiciones ambientales pretéritas. El estrés por salinidad se hará aún más evidente en la producción agrícola. En los deltas del Mekong y del Ganges-Brahmaputra-Meghna, regiones que antes producían tres cosechas de arroz al año, ahora solo dan una o dos debido a las condiciones de alta salinidad generadas durante la reducida descarga de los ríos. Se prevé que esta menor producción agrícola se agrave en el futuro.

## ¿Deltas en una «bañera antropocénica»?

Como hemos visto, la respuesta de los deltas a la subida relativa del nivel del mar tiene el potencial de implicar pérdida de tierras, cambios en los hábitats y migración de especies, incluida la humana. Para evaluar la forma futura de las costas deltaicas, debemos tener en cuenta el sinfín de factores que determinan la morfología de los deltas (los que rigen su crecimiento y que provocan su anegamiento).

**Tormenta letal**

*El ciclón Nargis azotó el delta del Irawadi, Birmania, en 2008. Causó más de 140 000 víctimas y provocó daños estimados en 12 000 millones de dólares. Según las previsiones, el aumento de la intensidad de las tormentas conllevará que también lo hagan los daños y la pérdida de vidas humanas.*

Muchos mapas adoptan un enfoque simple de «bañera» para predecir la forma futura de las costas: los mapas de elevación de la morfología deltaica trazan cómo aparecerá la línea costera bajo diferentes cantidades de subida relativa del nivel del mar, un simple aumento como el de la superficie del agua al llenar una bañera. Sin embargo, la situación real es mucho más compleja.

En capítulos anteriores se ha puesto de relieve la forma en la que la cantidad de sedimentos que le llega a los deltas es clave para su crecimiento. Los cambios en las precipitaciones, la construcción de presas en el tramo superior y la extracción de sedimentos influyen en este flujo y alteran el transporte de estos; el crecimiento de marismas y la acumulación de materia orgánica en los deltas también pueden crear una retroalimentación positiva y que se produzca una mayor acreción con la que combatir la subida del nivel del mar. Esto les confiere cierta resiliencia natural a los deltas sometidos a una subida relativa del nivel del mar, pero limitada.

Los enfoques simples de bañera no predicen patrones realistas de la forma futura del delta ni proporcionan escenarios a partir de los cuales planificar estrategias de gestión adaptables. Para ello, se deben unir los factores de cambio de las cuencas fluviales con los de las costas y considerarlos dentro del espectro de cambios probables debidos a la modificación del uso del suelo, la construcción y explotación de presas, las alteraciones del flujo sedimentario, el crecimiento de las marismas y los procesos costeros.

## ÁREAS DELTAICAS GLOBALES FUTURAS

Cambios observados y previstos en la zona deltaica según una trayectoria socioeconómica compartida (*véase* página 344) para las emisiones de gases de efecto invernadero.

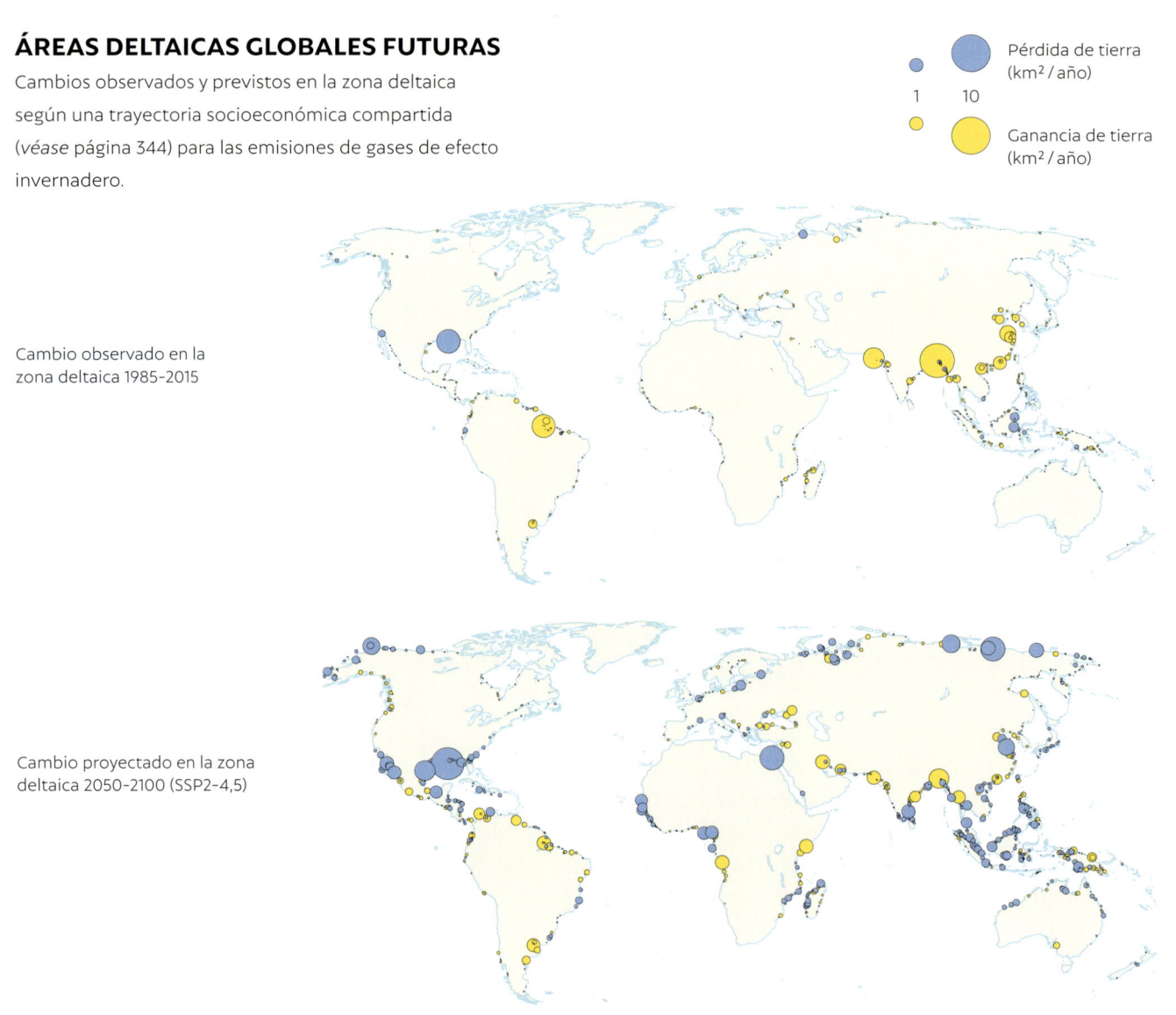

Pérdida de tierra (km² / año)

1     10

Ganancia de tierra (km² / año)

Cambio observado en la zona deltaica 1985-2015

Cambio proyectado en la zona deltaica 2050-2100 (SSP2-4,5)

## ¿UN FUTURO DELTA DEL MEKONG?

El delta del Mekong, Vietnam, visto aquí en una imagen satelital de 2007, tiene una extensión de 40 000 km², alberga a unos veintiún millones de personas y es uno de los deltas más vulnerables del mundo. Esta vulnerabilidad se debe a la combinación de la subida del nivel del mar, la subsidencia debida a la extracción de aguas subterráneas y la falta de sedimentos provocada por la construcción de presas hidroeléctricas, terraplenes y minas de sedimentos en el curso superior.

La subsidencia generada por la extracción de aguas subterráneas es de suma importancia para determinar los futuros patrones de inundación, como también lo es el flujo de sedimentos aportados al delta, que depende en buena parte de la ubicación y el diseño de presas y terraplenes. La consideración de la subida relativa del nivel del mar (*véanse* páginas 266-267) y de diferentes escenarios de funcionamiento de las presas hidroeléctricas y de extracción de sedimentos en el curso superior permite realizar estimaciones más realistas de la forma futura del delta que los simples modelos de bañera. El mapa de elevación (*inferior*) muestra la zona del delta que podría quedar inundada en 2100 si se produjeran diferentes aumentos relativos del nivel del mar. Según los distintos escenarios de aumento relativo del nivel del mar y de aporte de sedimentos, entre el 7 y el 90 por ciento del delta podría quedar por debajo del nivel del mar a finales de siglo. La planificación integrada de los entornos fluviales y deltaicos (*véase* diagrama, página 375) resulta, por lo tanto, esencial, en particular la gestión de los sedimentos para reabastecer los entornos deltaicos y aumentar la resiliencia frente a la subida relativa del nivel del mar.

**El Mekong futuro**
Imagen satelital del delta del Mekong en 2007 junto con un mapa en el que se indican qué tierras se espera que queden por debajo del nivel del mar en función del aporte de sedimentos y de la subida relativa del nivel del mar (SrNM) hasta 2100.

Por debajo del nivel del mar para SrNM en metros

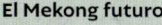
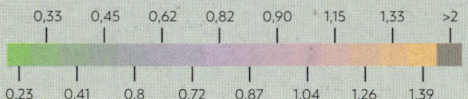

| 0,33 | 0,45 | 0,62 | 0,82 | 0,90 | 1,15 | 1,33 | >2 |
|------|------|------|------|------|------|------|-----|
| 0,23 | 0,41 | 0,8 | 0,72 | 0,87 | 1,04 | 1,26 | 1,39 |

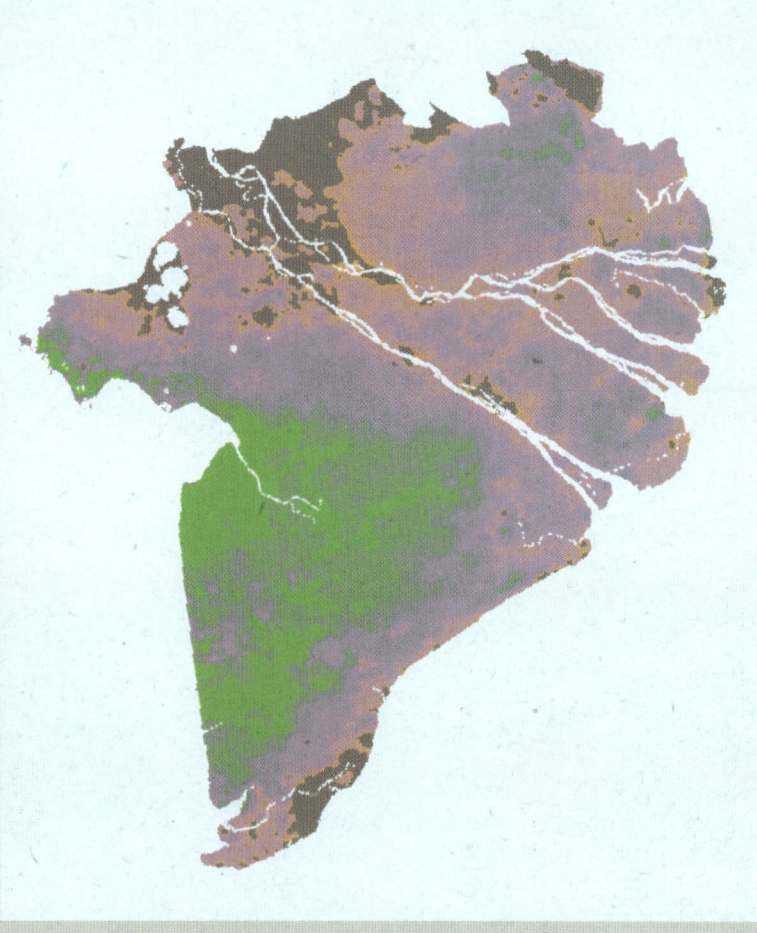

# Nuevos métodos para predecir futuros cambios

Para gestionar un futuro sostenible para los ríos, estuarios y deltas del mundo, es imperativo que supervisemos estos entornos y sus cambios como respuesta a los estresores antropogénicos y evaluemos el progreso de las estrategias de mitigación y los planes de rehabilitación. Existe una serie de tecnologías y enfoques innovadores que pueden ser de ayuda en este gran reto y que nos permiten comprender mejor estos importantes entornos.

## Nuevos datos para un nuevo futuro

Tras dieciséis años de planificación, la misión internacional del satélite SWOT (Surface Water and Ocean Topography) se lanzó el 16 de diciembre de 2022. La misión inicial, de tres años de duración, está dirigida por la NASA y el Centre national d'études spatiales (CNES), con aportaciones de las agencias espaciales canadiense y británica. El satélite SWOT, con sobrevuelos cada veintiún días y una cobertura del 90 por ciento del globo, proporcionará una visión cuantitativa sin parangón de mares y grandes masas de agua del mundo, incluidos lagos y ríos de más de 100 metros de anchura. El satélite SWOT usa un radar interferómetro de banda Ka (frecuencias de microondas en el rango 26,5-40 GHz; aquí 35,75 GHz) —KaRIn, por sus siglas en inglés— para medir la altura de la superficie

**INTERFEROMETRÍA SWOT**

El satélite cuenta con dos antenas montadas en un *boom* de 10 metros que recopilan datos terrestres en una franja de 120 km de anchura y miden la elevación de la superficie del agua en los mares, estuarios, ríos y lagos de la Tierra.

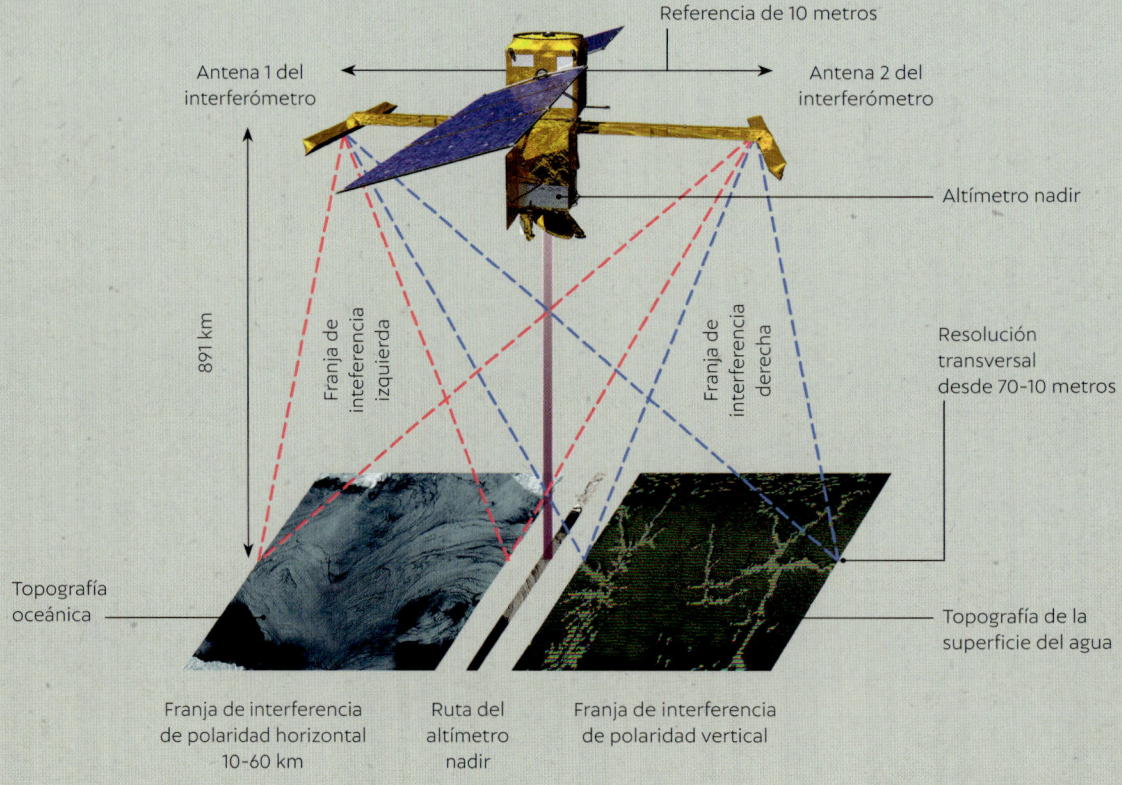

Referencia de 10 metros

Antena 1 del interferómetro

Antena 2 del interferómetro

Altímetro nadir

891 km

Franja de interferencia izquierda

Franja de interferencia derecha

Resolución transversal desde 70-10 metros

Topografía oceánica

Topografía de la superficie del agua

Franja de interferencia de polaridad horizontal 10-60 km

Ruta del altímetro nadir

Franja de interferencia de polaridad vertical

del agua en una franja de 120 km de anchura y tiene una resolución vertical de aproximadamente 1 cm. El KaRIn usa un radar de microondas y la posición precisa del satélite para medir la distancia entre las antenas y la superficie objetivo. Esta elevada precisión, amplia cobertura y baja frecuencia de repetición prometen revolucionar el control de la superficie acuática del planeta azul.

## Medición del flujo desde el aire y el espacio

Las mediciones satelitales de la altura de la superficie, a partir de SWOT y otros sistemas de teledetección, pueden usarse junto con la estimación de la pendiente de la superficie del agua, la anchura del cauce y la profundidad del flujo para medir el volumen de agua de los ríos del mundo. Esta técnica puede aplicarse para ampliar nuestros conocimientos sobre el flujo del agua de muchas cuencas fluviales inaccesibles que solo pueden estudiarse a distancia.

Las imagen de partículas y la velocimetría de su seguimiento son técnicas que se basan en la detección del movimiento de «trazadores» en la superficie del agua (como espuma, vegetación flotante o hielo) para calcular la velocidad superficial. Si conocemos la posición exacta de dichos trazadores en dos intervalos de tiempo (mediante, por ejemplo, un análisis minucioso de fotografías tomadas desde varias plataformas), podemos utilizar la distancia recorrida y el intervalo de tiempo entre las imágenes para calcular la velocidad. Estas imágenes pueden tomarse con cámaras montadas en puentes u otras infraestructuras, acopladas a drones o desplegadas en satélites. Suponen una forma sencilla de cuantificar la velocidad de los flujos de agua, y ayudan a calcular los volúmenes de agua y el riesgo de inundaciones.

## Sacarle hasta la última gota al agua

A medida que se desarrollen más las técnicas de teledetección y el análisis de datos, los satélites de observación de la Tierra podrán controlar cada vez más otros factores del agua de los ríos, estuarios y deltas del mundo, como la temperatura, los sedimentos, los contaminantes y la materia orgánica. A modo de ejemplo, la Iniciativa Internacional sobre la Calidad del Agua, lanzada por la UNESCO en 2012, se centra en la detección de cinco indicadores clave de la calidad del agua: turbidez y concentración de sedimentos, clorofila-*a*, proliferación de algas nocivas, absorción orgánica y temperatura superficial. Pueden cuantificarse a distancia mediante firmas espectrales en las longitudes de onda visible, infrarroja cercana e infrarroja térmica de la reflectancia de la superficie del agua que producen los sólidos en suspensión, los pigmentos fotosintéticos y la materia orgánica. Estos datos son fundamentales para obtener información sobre su calidad en las zonas urbanas, el uso de fertilizantes agrícolas, el cambio climático y la gestión de presas y embalses. De hecho, la consecución de algunos de los Objetivos de Desarrollo Sostenible (como el suministro de agua limpia y saneamiento para todos, la mejora de su calidad, la reducción de su contaminación y la protección y restauración de los ecosistemas) depende de este control holístico de la calidad.

**Utilizar agua congelada para estudiar agua líquida**
El seguimiento de bloques de hielo mediante imágenes del CubeSat de Planet de la superficie del río Amur, Siberia, permite cuantificar la velocidad de la superficie del agua en metros por segundo (m / s) y, así, revelar regiones con mayor y menor velocidad del agua.

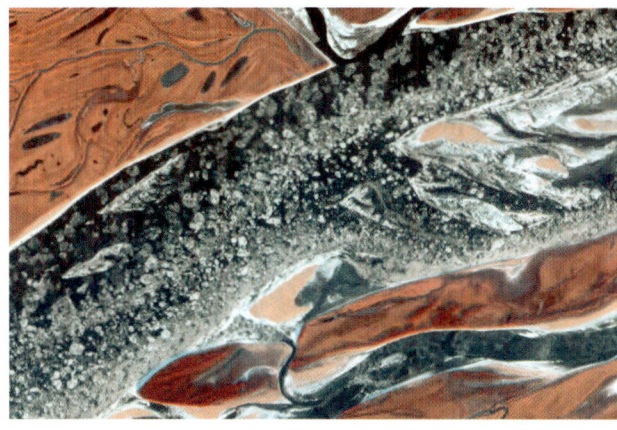

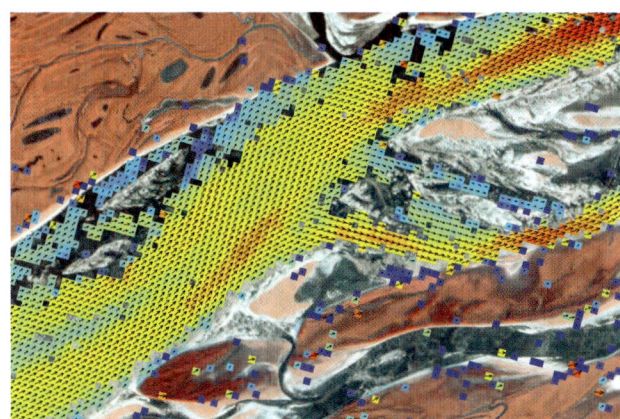

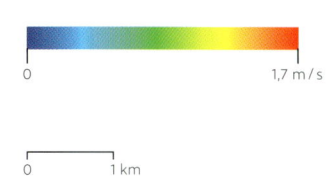

0          1,7 m/s

0       1 km

## EL COLOR DE LOS RÍOS DEL MUNDO

El uso de los datos de reflectancia de 2,28 millones de imágenes Landsat de los ríos del mundo durante el período 1984-2022 nos permite evaluar el color de los ríos. Este se cuantifica mediante la longitud de onda dominante de la reflectancia de la superficie del agua en el espacio cromático, que determina cómo percibe el color el ojo humano. La cromaticidad transforma los valores rojo-verde-azul (RGB, por sus siglas en inglés) en colores percibidos por el ser humano en el espectro visible.

**Un río rojo**
El color rojo intenso del río Tinto, en España, se debe a la alta concentración de sales de hierro y sulfatos en el agua.

| 22 de diciembre de 2020 | 28 de marzo de 2021 | 29 de abril de 2021 |
|---|---|---|

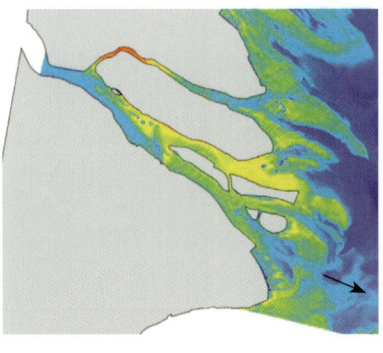 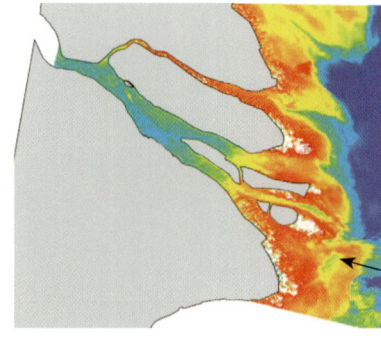 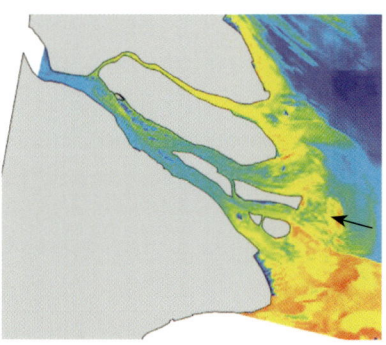

Concentración de clorofila (µg / l)

0   1   2   3   4   5   6

**Clorofila del espacio**
Cambios en los patrones de concentración de clorofila-a durante un período de 18 semanas en la desembocadura del estuario del Yangtsé revelados a partir de la firma espectral de la reflectancia de la superficie del agua en imágenes del Landsat 8. Las flechas indican la dirección de la corriente.

0   100 km

## Enjambres de drones, barcos teledirigidos y robots

A medida que las tecnologías de los drones y los vehículos teledirigidos se sofistican y abaratan, y, por lo tanto, se hacen más accesibles, se vuelve factible el despliegue de embarcaciones, individualmente o en flotas, y de enjambres de drones. Los barcos de prospección y los vehículos submarinos autónomos (AUV, por sus siglas en inglés), equipados con ecosondas multihaz, GPS y diversos sensores para medir el flujo y la calidad del agua, pueden desplegarse a distancia y manejarse desde la otra punta del mundo. Estos dispositivos permiten cuantificar las condiciones de base por las que se caracterizan los medios acuáticos y, así, evaluar los cambios. Para ello, usan diversos sensores en entornos cuyo acceso, de otro modo, podría resultar demasiado remoto, difícil o peligroso.

Además, los automóviles, las embarcaciones y los drones teledirigidos pueden desempeñar un papel cada vez más importante en actuaciones medioambientales directas, como la investigación de lugares donde se han producido catástrofes naturales o antropogénicas y la ayuda a la limpieza del medio ambiente. Las tecnologías aplicadas en los mares, como la identificación y limpieza de plásticos y otros residuos en el fondo y la superficie oceánicos, también se emplean en aguas menos profundas. Su futuro desarrollo mejorará la capacidad de controlar las condiciones cambiantes de ríos, estuarios y deltas y de interactuar con estos entornos.

# Modelado numérico

El uso de modelos informáticos para predecir cómo cambiará el flujo de agua, sedimentos y nutrientes, así como propiedades tan cruciales como la temperatura del agua de ríos, estuarios y deltas, está muy extendido. Pero ¿cómo funcionan y cuán fiables son sus predicciones?

Los modelos representan masas de agua mediante una serie de celdas discretas. La cantidad de interés «almacenada» en cada una (como el volumen de agua y sedimentos, o la temperatura) se actualiza en función de la velocidad a la que esta entre o salga de cada celda. Las ecuaciones matemáticas, basadas en las leyes fundamentales de la física, en la química y la biología, se usan para predecir estas tasas locales de transporte en cada una.

**CALENTAMIENTO**

Cambios en la temperatura media anual de los ríos del mundo entre 1960 y 2014, simulados mediante un modelo hidrológico.

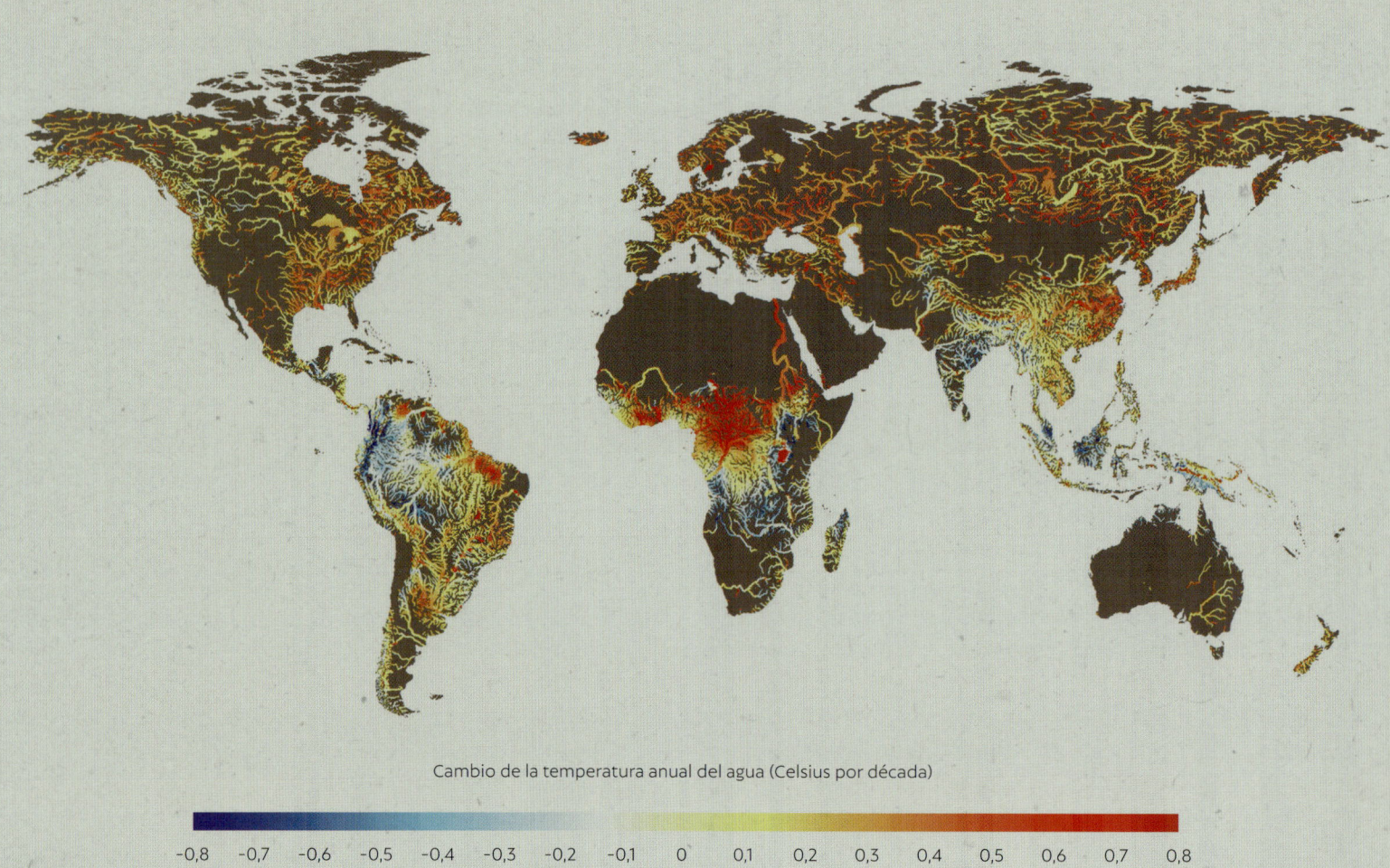

Cambio de la temperatura anual del agua (Celsius por década)

-0,8  -0,7  -0,6  -0,5  -0,4  -0,3  -0,2  -0,1  0  0,1  0,2  0,3  0,4  0,5  0,6  0,7  0,8

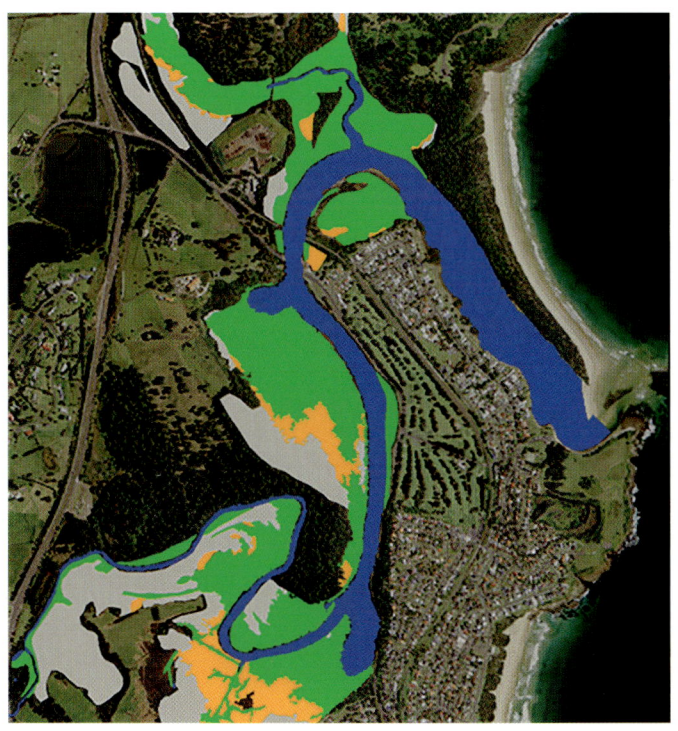
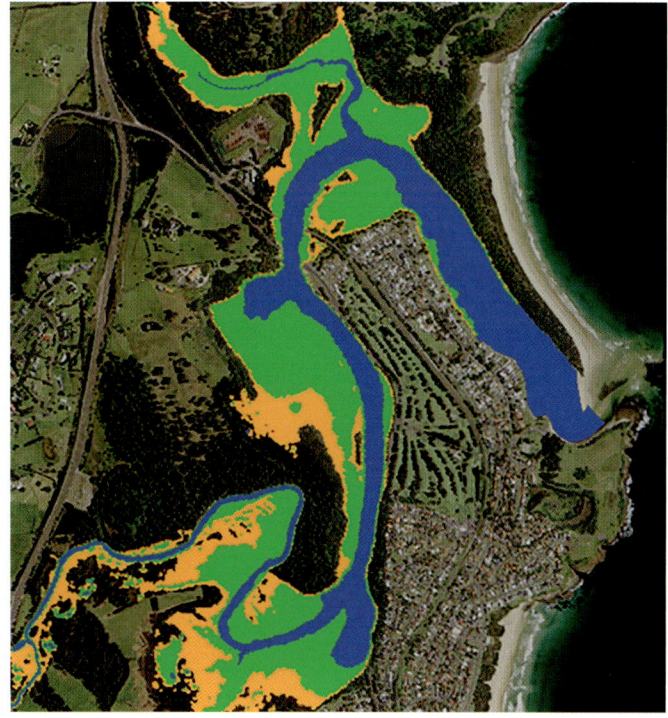

**Validación de los modelos**
Para comprobar los modelos, se comparan sus predicciones con las observaciones. En este caso, las predicciones (*derecha*) de la distribución de manglares y marismas salinas en el estuario del río Minnamurra, Australia, se comparan con datos reales (*izquierda*) para comprobar la exactitud.

- 🔵 Río
- 🟢 Manglar
- 🟠 Marisma salina
- ⚪ *Casuarina*

0       0,5 km

Cuanto menor sea el tamaño de las celdas de la cuadrícula usada, con más fidelidad representan estos procesos naturales, aunque hay que hacer concesiones. Subir la resolución de las celdas de la cuadrícula (hacerlas más pequeñas) incrementa el número total de un área de interés (por ejemplo, a 10 metros de resolución se necesitan $100 \times 100 = 10\,000$ celdas de cuadrícula para representar un área de 1 km², pero a 1 metro de resolución se necesitan $1000 \times 1000 = 1$ millón de ellas), lo que aumenta la potencia de cálculo necesaria. Hay que señalar que este proceso también implica que las propiedades de la superficie terrestre (los datos de entrada para el modelo), como el terreno subyacente, también deben especificarse con mayor precisión.

## Divergencia respecto de la realidad

Lo cierto es que la principal fuente de incertidumbre de los modelos no suele deberse a errores en las leyes de transporte por las que se rigen, sino a la variabilidad del planeta. Esta está presente en el terreno y la vegetación, que controlan el movimiento del agua y de los sedimentos, y es difícil de representar a escalas espaciales pequeñas.

Todos los modelos son idealizaciones de la realidad, por lo que sus predicciones divergirán de ella, al menos hasta cierto punto. El margen de error aceptable de un modelo de este tipo depende de la aplicación de interés: por ejemplo, el de evaluar el riesgo de inundación de una central nuclear es mucho menor que el de un terreno agrícola. Las pruebas de validación, donde los modelos se ejecutan para que sus predicciones puedan compararse de forma directa con las observaciones reales, cuantifican la confianza con la que pueden usarse para predecir cambios.

# Evaluación de la biodiversidad

Como requisito previo, necesitamos un conocimiento detallado de la presencia, abundancia y diversidad de la vida en todos los entornos de la superficie terrestre para, así, establecer cómo funcionan los ecosistemas y cómo pueden cambiar debido a los estresores naturales y los antropogénicos. Aunque esos datos constituyen una referencia esencial, es habitual que su obtención resulte muy complicada, lo que da lugar a imágenes incompletas de la composición biológica de muchos ríos, estuarios y deltas. Aun así, las nuevas tecnologías cambian muy deprisa esta situación y auguran una forma novedosa de estudiar y gestionar el cambio biomedioambiental.

## ADN ambiental

La medición del ADN ambiental (ADNa) en el agua, los sedimentos y los suelos ha supuesto una revolución en la evaluación de los ecosistemas. El ácido desoxirribonucleico (ADN), del cual cada especie e individuo tiene un perfil único e identificable, es la base de la vida, ya que es la molécula que transporta la información genética para el desarrollo y funcionamiento de los organismos. Cuando estos interactúan con su entorno, desprenden ADN de forma continua (por ejemplo, de la piel, las escamas, el pelo, la piel, la carne, la orina y las heces, y cuando sus células se descomponen al morir). Al descomponerse las membranas celulares, el ADN se libera al medio ambiente, donde, en función de las condiciones, puede conservarse durante semanas en aguas templadas y hasta cientos de miles de años en el permafrost.

Los métodos desarrollados para muestrear y secuenciar el ADNa son de una eficacia y rentabilidad extraordinarias a la hora de documentar la presencia de especies en una amplia gama de medios acuáticos. No es necesario capturar individuos para la biomonitorización del ADNa, y a menudo se pueden identificar miles de organismos a partir de una pequeña muestra de agua o sedimento. La investigación ha demostrado que las redes fluviales son como cintas transportadoras de información sobre biodiversidad de ADNa, tanto de biomas acuáticos como terrestres. Hay en marcha varios proyectos en los que se usan estos perfiles con la intención de describir el panorama completo de la vida en todos los ríos del mundo.

**Imágenes ícticas mediante sonido**
Los sónares y las cámaras acústicas son métodos no intrusivos que se usan para detectar y cuantificar tipos y cantidades de peces. En la imagen, un grupo de *Acipenser brevirostrum* nada cerca del lecho del río San Juan, Nuevo Brunswick, Canadá. A finales de otoño e invierno, forman densos grupos invernales en los que permanecen casi inmóviles cuando la temperatura del agua desciende por debajo de 3 °C.

0          10 metros

## ESTUDIAR LA VIDA

Las nuevas tecnologías, como el análisis del ADNa, la biotelemetría y las observaciones directas, transforman la forma de estudiar los organismos que viven en el agua, sobre ella y en torno a ella. Las aplicaciones específicas de muestreo de ADNa se indica en cursiva.

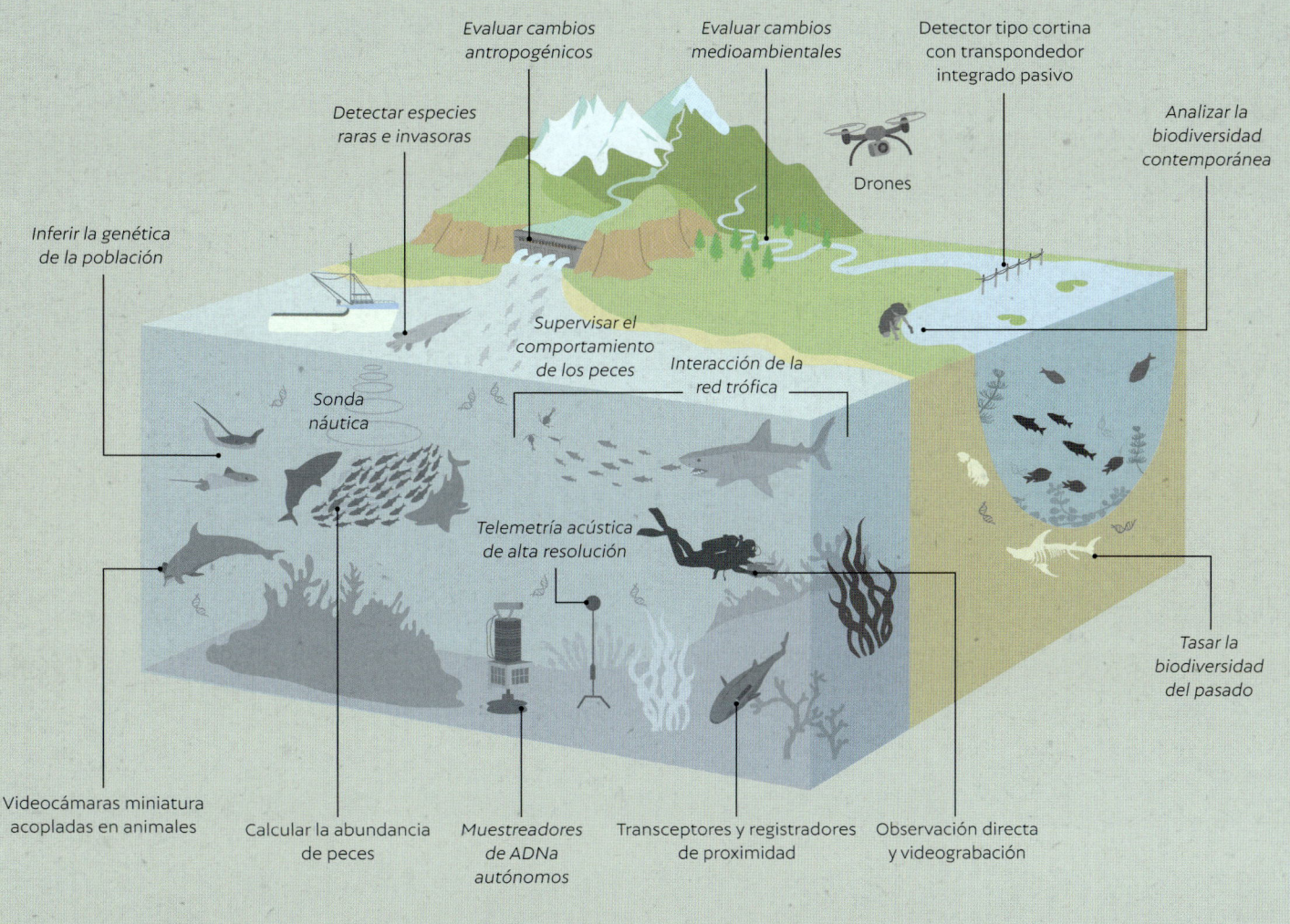

Evaluar cambios antropogénicos

Evaluar cambios medioambientales

Detector tipo cortina con transpondedor integrado pasivo

Detectar especies raras e invasoras

Analizar la biodiversidad contemporánea

Drones

Inferir la genética de la población

Supervisar el comportamiento de los peces

Interacción de la red trófica

Sonda náutica

Telemetría acústica de alta resolución

Tasar la biodiversidad del pasado

Videocámaras miniatura acopladas en animales

Calcular la abundancia de peces

Muestreadores de ADNa autónomos

Transceptores y registradores de proximidad

Observación directa y videografía

## Cuestión de números

Aunque el ADNa es un potente método para determinar qué organismos viven en un entorno, no puede indicarnos su abundancia relativa. Para ello, debemos recurrir a otras herramientas. Aunque lo tradicional ha sido tomar muestras y usar trampas, las nuevas técnicas consiguen que esta tarea sea más fácil, eficaz y completa. El uso de drones y AUV es cada vez más común, al igual que el uso de tecnologías acústicas para examinar los ecos sonoros reflejados por los organismos, como los peces en la columna de agua. Estas últimas se perfeccionan tanto que pueden diferenciar entre especies de peces y permiten cuantificar su tamaño y número. El seguimiento de organismos mediante biotelemetría es hoy en día más factible gracias a la miniaturización y el abaratamiento de los transmisores; además, la tecnología GPS e internet permiten el seguimiento y la transferencia de datos desde lugares muy remotos.

# Ciencia ciudadana

El polímata renacentista italiano Leonardo da Vinci dijo en cierta ocasión: «La ciencia es la observación de las cosas posibles, tanto del presente como del pasado». En la ciencia ciudadana, el público participa de forma voluntaria en dicho proceso para abordar problemas del mundo real y ayudar a que el conocimiento avance.

La ciencia suele necesitar más ojos, oídos y perspectivas de los que puede aportar un solo grupo de científicos. La ciencia ciudadana es una oportunidad de colaboración entre científicos y voluntarios curiosos, motivados, informados e interesados en lograr cambios positivos. Lo habitual es que los participantes recopilen datos, los notifiquen o los analicen. Puede consistir en fotografiar las condiciones meteorológicas (Weather Watchers, en Reino Unido), documentar los niveles de agua de los cursos de agua (NASA-Terra), identificar la fauna y seguirle la pista (Backyard Birdwatchers o iNaturalist) o incluso en usar los sensores de los *smartphones* para controlar la calidad del agua y del aire (aplicaciones de microclima).

Los proyectos de ciencia ciudadana pueden implicar a una persona o a millones de ellas en pos de un objetivo común. Cualquiera puede participar: no hace falta tener habilidades o conocimientos especiales para contribuir. Los participantes usan un protocolo estándar para garantizar la calidad de los datos, que se ponen a disposición del público y de los científicos para que los analicen y puedan extraer conclusiones. Existen muchas formas de colaborar y muchos ámbitos de interés, desde la protección de especies en peligro hasta la salvaguarda de los recursos hídricos y la documentación del cambio medioambiental.

▶ **Especies en peligro**
*La mariposa monarca* (Danaus plexippus), *de América y Australasia, ha pasado a considerarse no hace mucho como especie en peligro debido al descenso de su población desde la década de 1980, sobre todo por la pérdida de hábitats y el cambio climático, que ha alterado etapas cruciales del ciclo vital de la especie. Los ciudadanos y científicos ayudan a marcar y hacer su seguimiento.*

**Seguimiento del declive de la población**

*Los anfibios, como esta rana de vidrio esmeralda (Espadarana prosoblepon), en Panamá, sufren un enorme descenso de su población a causa de la pérdida de hábitats por la deforestación y las enfermedades infecciosas. Los ciudadanos científicos ayudan a rastrear la presencia y abundancia de especies en todo el mundo.*

## El Great Nature Project

El Great Nature Project, patrocinado por la National Geographic Society de 2013 a 2015, fue un inventario de especies efectuado por miles de científicos y ciudadanos en más de cien países, con gran éxito. Los voluntarios ayudaron a celebrar la biodiversidad al recopilar más de medio millón de imágenes de plantas, animales y hongos. Esta iniciativa continúa gracias al programa iNaturalist, en el que más de seis millones de usuarios han identificado y rastreado más de 400 000 especies hasta la fecha.

La biodiversidad puede observarse tanto a simple vista como con herramientas como prismáticos, una red y una lupa, puesto que la vida se da en todo tipo de entornos: bajo las rocas, en el agua, el suelo, los árboles y el aire. Estos programas de ciencia ciudadana ayudan a los científicos a rastrear la presencia, la abundancia, los movimientos y los cambios de organismos individuales y poblaciones a lo largo del tiempo y proporcionan una información fundamental para identificar especies vulnerables o en peligro.

# Gestión de ríos, estuarios y deltas

El abordaje de los cambios futuros en los hábitats a causa de variables climáticas y medioambientales dinámicas solo puede lograrse en el marco de una gestión medioambiental integrada. Pero ¿cómo llevarla a cabo?

▶ **Deltas que se hunden**

*La subsidencia es el factor dominante de la subida del nivel del mar en muchos deltas, como demuestran los muelles abandonados del delta del Ebro, Cataluña, España. La subida relativa del nivel del mar puede acelerarse cuando los sedimentos fluviales, que habrían de llegar al delta, quedan atrapados en presas aguas arriba o se retiran en operaciones de extracción de arena.*

▶ **El último río salvaje de Europa**

*El río Viosa, en la fotografía a su paso por Qesarat, Albania, se salvó gracias a una eficaz campaña que impidió la construcción de una gran presa y dio renovadas esperanzas en un futuro de gestión fluvial más sostenible.*

▶ **Revitalización de un río urbano**

*El río Cheonggyecheon, Seúl, Corea del Sur, se ha beneficiado del mayor proyecto de restauración de un río urbano del mundo hasta hoy.*

## Restablecer la conexión entre la cuenca y la costa

Un tema que ha recorrido, como un río, este atlas es la necesidad de garantizar que el agua, los sedimentos y la biota puedan fluir sin obstáculos a través de los ríos hasta sus estuarios y deltas. Esta necesidad vital de «conectividad» entre la cuenca y la costa apunta a la urgencia de planes integrados en su gestión. Con estos planes se intentan retener los contaminantes y las aguas de crecida «en origen»; para ello, por ejemplo, se les devuelve a los ríos enderezados su curso sinuoso natural o se permite que se inunden los terrenos inundables de las regiones situadas aguas arriba para, así, frenar el flujo de agua hacia lugares más vulnerables aguas abajo. La necesidad de que la conectividad sedimentaria se dé en todo el sistema también queda más que demostrada por los problemas de subsidencia de los deltas.

## Proyectos exitosos

Entre los ejemplos de planes de gestión eficaces están el restablecimiento de los flujos sedimentarios del delta del Misisipi (*véase* página 368), la eliminación de presas (*véase* página 52) y la creciente conciencia de que debemos proteger los ríos de la fragmentación provocada por esas presas. Otro ejemplo es el río Viosa, Albania, amenazado por la construcción de una presa. La cooperación entre la sociedad civil, las empresas y el Gobierno llevó a que, en marzo de 2023, se cree el Parku Kombëtar i Lumit të Egër Vjosa, el primer parque de este tipo en Europa, así como un modelo internacional eficaz de conservación del agua.

Dada la rápida urbanización y que las ciudades con gran densidad de población suelen crear focos de inseguridad y contaminación del agua, la restauración de los cursos que fluyen por núcleos urbanos es vital. El río Cheonggyecheon atraviesa Seúl, Corea del Sur, una ciudad de veintitrés millones de habitantes. Este fue poco más que un canal de desagüe contaminado sobre el que se construyó una autopista de seis carriles en la década de 1970, pero se restauró en 2003-2005 para crear un corredor verde de 8 km de longitud. Son múltiples los beneficios medioambientales de esta recuperación: además de una mayor resiliencia a las inundaciones y de mejoras en la calidad del aire, el número de especies de aves en el corredor fluvial aumentó de 6 a 36, el de peces pasó de 4 a 25 y el de insectos creció de 15 a 192. Otras ciudades de Asia Oriental y de Norteamérica estudian este proyecto para replicar sus beneficios para la ecología, la calidad medioambiental y la sostenibilidad urbana.

## Restauración de deltas

Aunque la restauración de los deltas es un enorme reto, científicos, gestores costeros y comunidades se reúnen para idear e implementar soluciones viables que mitiguen el deterioro de millones de hectáreas de tierras deltaicas perdidas en el último siglo. Estas suelen centrarse en el restablecimiento de los flujos naturales de agua y sedimentos hacia los deltas que se hayan visto perturbados por cambios medioambientales aguas arriba.

Desde la década de 1990, Rumanía ha vuelto a conectar el flujo de los ríos con los lagos interiores y ha reintroducido animales que pastan en el delta del Danubio. Aunque la recuperación es lenta, mejoran la producción de alimentos, el turismo y el ocio, así como la provisión de hábitats y la biodiversidad, sobre todo para los millones de aves acuáticas que usan este espacio en su migración anual.

En el delta del Chat el-Arab, Irak, las reconexiones fluviales llevadas a cabo desde 2003 han restaurado alrededor del 50 por ciento de la zona de marismas, con lo que se han restablecido recursos de importancia cultural para los ma'dan, como los juncos, los búfalos de agua y los peces. Pese a todo, los años de sequía siguen siendo un reto y son necesarios más acuerdos nacionales e internacionales con respecto al suministro de agua y sedimentos.

En la Shandong Yellow River Delta National Nature Reserve, China, la restauración de agua dulce a los humedales degradados de carrizo (*Phragmites australis*) ha reducido de forma considerable la salinización y ha mejorado las poblaciones de animales salvajes. Sin embargo, ha de pasar tiempo para que los humedales restaurados se parezcan a los naturales, por lo que el seguimiento y la implementación a largo plazo son vitales.

En el delta del Ganges-Brahmaputra-Meghna, Bangladés, la restauración de los flujos fluviales y mareales en las regiones terraplenadas ha tenido resultados dispares: ha hecho falta casi una década para que se produzcan ganancias en la elevación del terreno y muchos hogares se han reubicado durante el proceso. Resulta evidente que no existe una panacea para la restauración de los deltas, aunque las iniciativas que parten de los esfuerzos locales de base parecen ser las más fructíferas.

## Restauración del delta del Misisipi

En 1897, el ingeniero estadounidense Elmer Corthell (1840-1916) escribió que la construcción de diques en el siglo XIX a lo largo del río Misisipi supondría una protección a corto plazo contra las inundaciones, pero a costa de una pérdida de tierras que daría problemas a las generaciones futuras. Las actuales condiciones del delta del Misisipi confirman esta predicción: desde 1932 se han perdido más de 4800 km² del delta debido a la construcción de diques y presas y a la extracción de aguas subterráneas y otros fluidos subterráneos, la cual ha exacerbado la subsidencia natural (*véanse* páginas 262-267). La subida del nivel del mar en todo el mundo hace que le depare un sombrío futuro si no se toman medidas.

Tras los huracanes Katrina y Rita, en 2005, que provocaron la migración de más de un millón de personas, la inundación de más de 200 000 propiedades y 3000 muertes, se creó la Autoridad de Recuperación y Protección Costera de Luisiana (CPRA, por sus siglas en inglés), concebida para restaurar el delta del Misisipi y proteger a sus habitantes. Para ello, la CPRA busca aplicar el Plan Maestro Costero de Luisiana, que se actualiza cada quinquenio. En la edición de 2023 del plan se ilustra cómo cambiará este espacio en términos de paisaje, recursos naturales y riesgo futuro de huracanes en los próximos cincuenta años; además, se identifican planes prioritarios de restauración y reducción de riesgos.

Hasta la fecha, se han mejorado más de 594 km de diques, se han restaurado 116 km de islas barrera y cabos y se han creado 228 km² de marismas. A lo largo de los próximos cincuenta años, este proyecto, de 50 000 millones de dólares, mejorará la conexión entre la costa y quienes dependen de ella, lo que ayudará a crear un futuro más sostenible para el delta.

## FIJAR EL FLUJO

Aprovechar los flujos naturales de agua y sedimentos en los deltas es clave para restaurar la pérdida de tierras debida a la subida del nivel del mar, la merma de la carga sedimentaria, el aumento de las marejadas ciclónicas y la subsidencia. Aquí se describen varias soluciones posibles y se indica dónde se implementan.

**Canalización**
(delta del Danubio)

**Derivaciones fluviales a pequeña escala**
(delta de Balize, Misisipi)

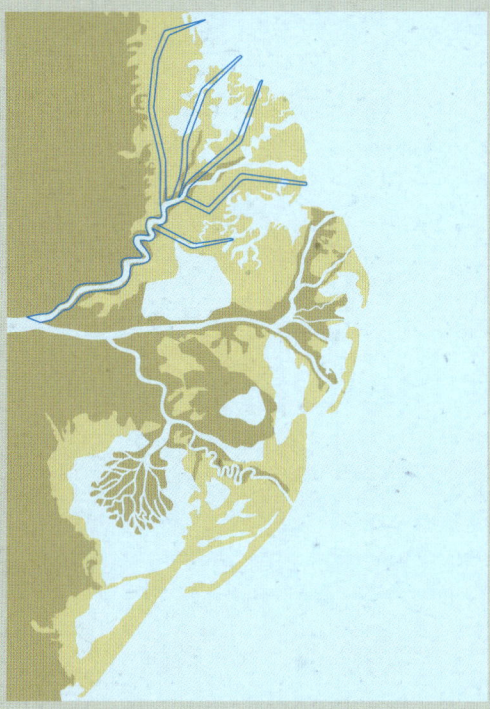

🪶 Canales nuevos / impactados

🟡 Humedales costeros

🟢 Diques naturales / en tierras altas

⚪ Masas de agua

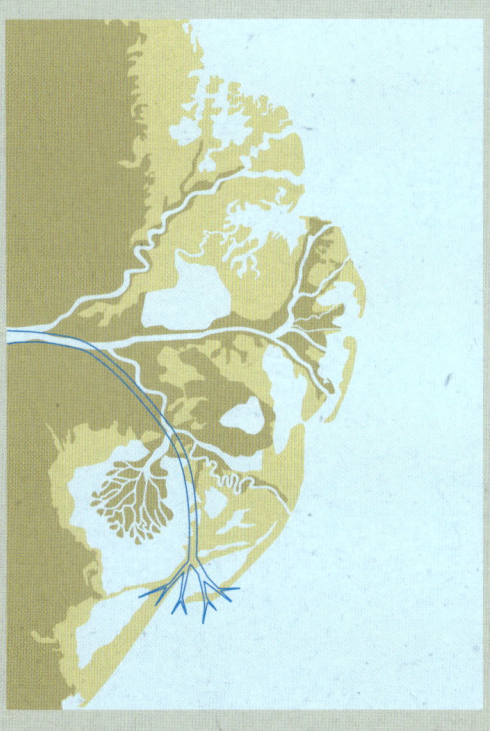

**Derivaciones fluviales a gran escala**
(derivaciones de sedimentos del Misisipi)

**Construcción de lóbulo deltaico**
(delta del río Amarillo)

# Energías renovables

El flujo de agua en ríos, estuarios y deltas tiene un importante potencial para la creación de energía renovable. Como se ha explicado (*véase* capítulo 5), los ríos ya generan una enorme cantidad de energía hidroeléctrica en todo el mundo y tienen potencial para más, pero las credenciales ecológicas y los impactos de las presas, y sobre todo de megapresas en las regiones tropicales, plantean muchas e importantes preocupaciones medioambientales. Las nuevas tecnologías permiten mitigar algunos de estos efectos perjudiciales.

▶ **Paso de peces**
*Escala para peces en el río Elba, Alemania, diseñada para permitir el paso de peces por una presa. Estas creaciones (también llamadas «escaleras») tienen un éxito variable a la hora de permitir que los peces eviten las presas y mitigar la fragmentación de los ríos.*

▶ **Turbinas inofensivas**
*Los nuevos diseños de palas permiten el paso seguro de peces a través de las turbinas de ciertas presas hidroeléctricas de hasta 30 m de altura.*

▶ **Centrales eléctricas subacuáticas**
*Los campos subacuáticos de turbinas hidrocinéticas pueden generar electricidad cerca de los lugares de consumo y sin muchos de los efectos perjudiciales para el medio ambiente de las presas de almacenamiento hidroeléctrico convencionales.*

La fragmentación de las redes fluviales por las presas ha sido un importante problema para la migración de los peces, y muchas escalas y pasos para las especies (diseñados para que eviten las presas) han resultado relativamente ineficaces. Sin embargo, los nuevos diseños de turbinas, con palas gruesas inclinadas hacia delante y con bordes de ataque romos, permiten el paso de peces y anguilas sin causarles lesiones, mitigando en parte la fragmentación, aunque sigan existiendo problemas importantes para animales grandes, como los delfines.

## Turbinas hidrocinéticas

Estas turbinas, más pequeñas, pueden colocarse dentro de una corriente (en un gran río, un estuario o el mar) y usar la energía cinética del fluido para generar electricidad. Lo hacen sin necesidad de embalses, y, para ser rentables, solo necesitan un flujo de agua por encima de cierta profundidad y a un ritmo y período suficientes. Aunque el rendimiento energético total de estas turbinas es inferior al de los embalses hidroeléctricos, son mucho menos perjudiciales para el medio ambiente, ya que no interrumpen el paso de sedimentos ni organismos. Además, tienen una mayor vida útil, ya que, a diferencia de los embalses hidroeléctricos, no se llenan de sedimentos. A esto hay que sumarle que pueden situarse cerca de las comunidades locales que usen la electricidad que generen, en lugar de exportarla y usarla lejos. Se están desarrollando muchos modelos de turbinas, y los campos sumergidos pueden constituir una forma mucho menos perjudicial para el medio ambiente de aprovechar la energía del agua en el futuro.

El potencial impacto positivo de estos planes se pone de manifiesto en la cuenca del Amazonas, donde está prevista la construcción de muchas presas hidroeléctricas en los próximos veinte años. Se ha calculado que el uso de turbinas en el cauce podría generar alrededor del 63 por ciento de la electricidad prevista mediante energía hidroeléctrica convencional, y con un coste del 50 por ciento. Estas estimaciones apuntan a una ruta global hacia la generación de electricidad con la que satisfacer las necesidades energéticas junto con otras fuentes renovables, como la solar, la eólica y la térmica, al tiempo que se minimizan los impactos socioambientales negativos.

# Gestión fluvial

Si bien la gestión eficaz y sostenible de ríos, estuarios y deltas resulta esencial, es complicado llevarla a cabo. Este reto se agrava cuando estos entornos atraviesan fronteras geopolíticas (alrededor del 40 por ciento de la población mundial vive en la actualidad en cuencas fluviales transfronterizas).

Como segundo río más largo de Europa, el Danubio es un río transfronterizo que goza de una gestión eficaz gracias a la Comisión Internacional para la Protección del Danubio (ICPDR, por sus siglas en inglés). Creada en 1998 y con quince países miembros, la ICPDR pretende garantizar una gestión sostenible del agua, controlar la contaminación y gestionar los riesgos de inundaciones y heladas. Uno de sus logros más recientes guarda relación con los esfuerzos para proteger a los esturiones autóctonos, elemento clave del patrimonio natural del río. A través de su Grupo de Trabajo sobre el Esturión del Danubio, la ICPDR se ha centrado en proteger hábitats frágiles, desarrollar ayudas a la migración y vigilar la pesca ilegal y el comercio de caviar, contribuyendo a frenar el drástico descenso de esta especie observado en las últimas décadas. La recuperación de las poblaciones de esturión en el estuario del Danubio da fe también de la importancia y el impacto de la cooperación transfronteriza.

## RIESGO DE CONFLICTO

Muchos de los países de las cuencas fluviales transfronterizas dependen en buena parte del agua procedente de aguas arriba, lo que introduce riesgos de conflicto. La dependencia de dichas cuencas tiene especial relevancia en ciertas partes de África, Sudamérica, Asia Central y el Sudeste Asiático.

Dependencia de la cuenca aguas arriba

- Muy alta
- Alta
- Baja
- Muy baja

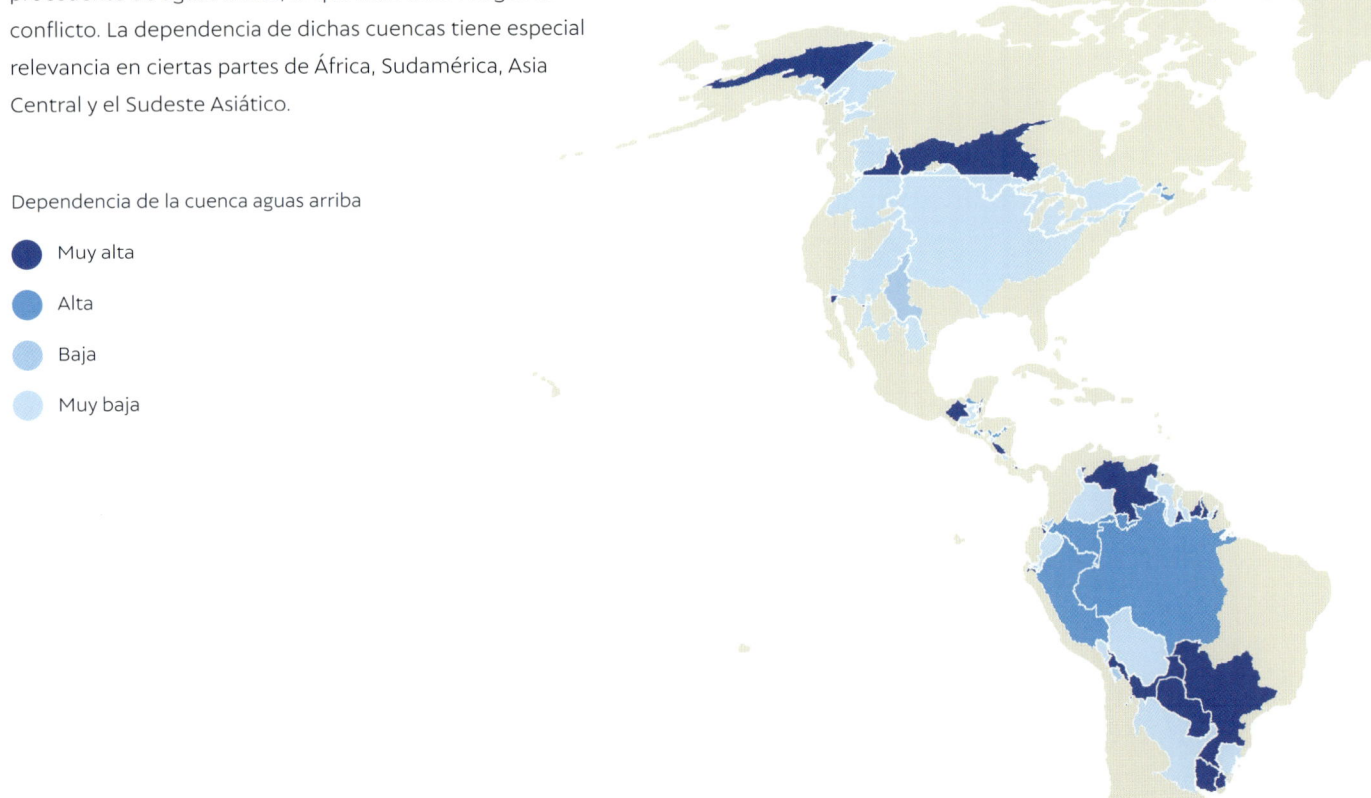

▲ **Habitante
del Danubio**

*Esturión estrellado
(Acipenser stellatus),
especie nativa del río
Danubio y su delta.*

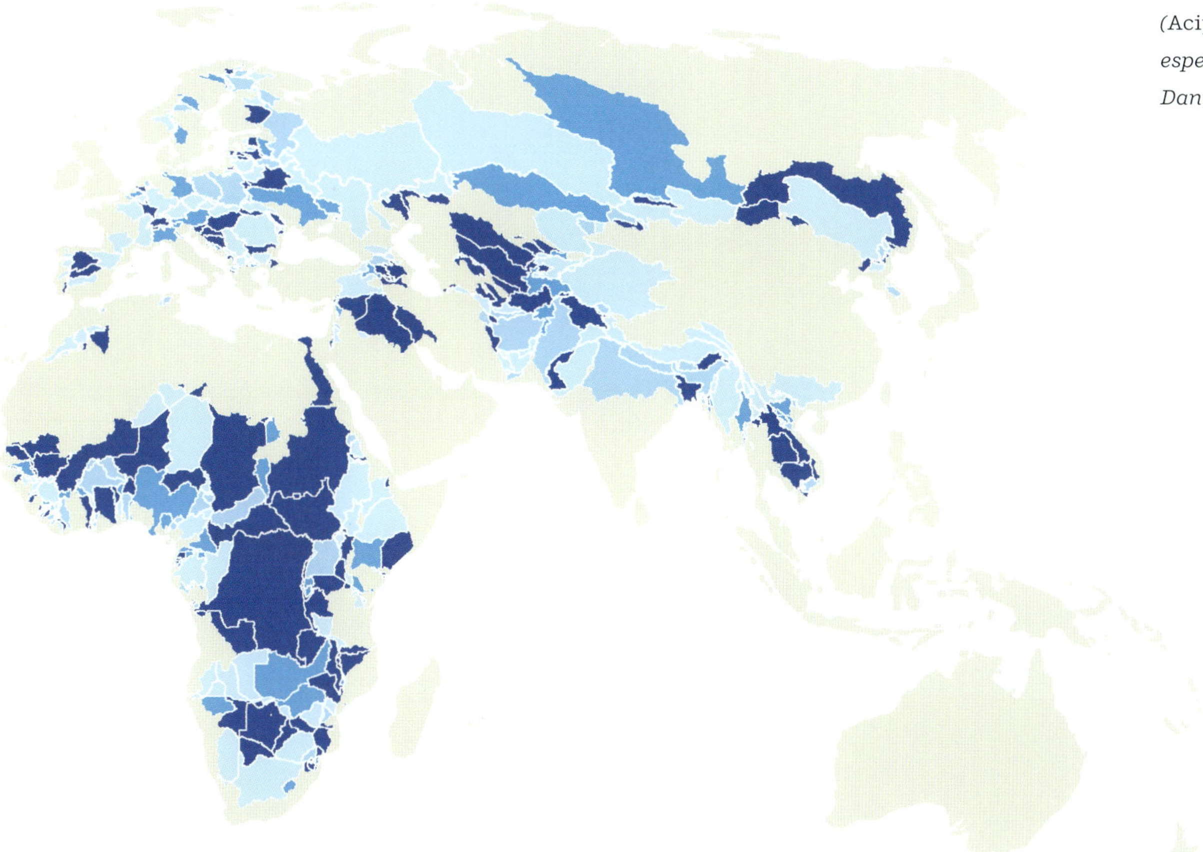

## Medidas de gestión

De las numerosas medidas de gestión fluvial que se han elaborado, las más importantes son las que se centran en tres prioridades clave. En primer lugar, se debería reconsiderar la necesidad de construir más presas de gran envergadura, o buscar vías para que los sedimentos y los peces las sorteen con una mayor eficacia. En segundo lugar, hay que evitar la pérdida de humedales para, así, mejorar la capacidad de almacenamiento de crecidas a los deltas y estuarios situados aguas abajo. Y, en tercer lugar, reducir la extracción de aguas subterráneas para, así, frenar la subsidencia deltaica. El segundo nivel de medidas prioritarias debería centrarse en restaurar los humedales perdidos y reducir las emisiones de contaminantes principales, como fertilizantes, antibióticos y desechos humanos y animales.

En el contexto de la gestión de inundaciones, es necesario un enfoque combinado que proteja contra el peligro (mediante, por ejemplo, la construcción de diques y un mayor uso de técnicas naturales) y, a su vez, promueva la reducción de la exposición (al, por ejemplo, limitar la intrusión urbana en terrenos inundables y llanuras deltaicas). Por último, adaptarse a los retos que plantean los ríos, estuarios y deltas es tan importante como los esfuerzos por mitigar los problemas. De hecho, medidas como la impermeabilización de edificios e infraestructuras esenciales se encuentran entre los enfoques más rentables a la hora de reducir la vulnerabilidad a las amenazas que plantean estos entornos.

▼ **Casas flotantes**

*Una forma de hacer que nuestras casas sean más resilientes a las inundaciones es que puedan flotar. Ijburg, Ámsterdam, Países Bajos, es un barrio en el que las casas suben y bajan con los cambios en el nivel del agua.*

# PENSAMIENTO SISTÉMICO

Para mejorar la sostenibilidad de los ríos, estuarios y deltas ante las futuras presiones medioambientales, hace falta un conjunto diverso de posibles medidas de gestión.

**CAMBIO CLIMÁTICO**
- Aumento de la temperatura
- Cambios en los patrones de precipitaciones
- Mayor riesgo de sequías e inundaciones
- Incremento de la temperatura del agua

**Reducir el riesgo de conflictos transfronterizos mediante:**
- Mejora de la resiliencia institucional y la colaboración
- Reducción del uso del agua / dependencia

**Reducir los riesgos de inundaciones mediante:**
- Mejora de la protección (diques)
- Edificios impermeables
- Zonificación espacial
- Integración de adaptaciones climáticas
- Soluciones basadas en la naturaleza

**Reducir el uso del agua mediante:**
- Mejora de su eficiencia en la agricultura, los hogares y la industria
- Integración de adaptaciones climáticas

**Reducir el impacto de las presas mediante:**
- Construcción de hidroléctricas ecológicas
- Fuentes alternativas de energía renovable

**Forestación / deforestación**
- Compartir el planeta: mejorar la protección de zonas naturales

Agua fluvial

Flujo alterado de agua y sedimentos

Subida del nivel del mar

Salinización

Delta

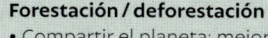

Agua subterránea dulce

Agua subterránea salobre

**Restaurar la calidad ecológica mediante:**
- Construcción de presas ecológicas
- Reducción de la contaminación hídrica
- Menor uso del agua / sobreexplotación
- Soluciones basadas en la naturaleza para la protección contra inundaciones
- Restauración de humedales

**Reducir la contaminación hídrica y la emisión de nutrientes:**
- Intensificación sostenible (en agricultura)
- Incorporación de zonas de amortiguación de nutrientes
- Mejorar del saneamiento y el tratamiento de aguas residuales (en las ciudades)

# Soluciones basadas en la naturaleza

Las profundas alteraciones de la acción humana en la superficie de la Tierra han provocado importantes pérdidas en los hábitats naturales y la biodiversidad. Tenemos que reconocer la resiliencia de los sistemas naturales y su crucial aportación a nuestra salud, bienestar y economía, y dar a la naturaleza el espacio y las condiciones que necesita para tener un futuro sostenible.

Las soluciones basadas en la naturaleza son iniciativas dirigidas a mejorarla o restaurarla, del mismo modo que los procesos naturales, a fin de que las personas y el medio ambiente se beneficien de los numerosos servicios ecosistémicos (*véanse* páginas 125-127) que proporcionan. Los manglares, por ejemplo, mitigan el cambio climático mediante el secuestro de carbono, reducen el riesgo de inundaciones al disipar la energía de las olas, mejoran la calidad del agua al retener los sedimentos, son criaderos de peces y proporcionan madera y otros bienes y servicios que dan sustento a millones de personas en todo el mundo.

## ESPACIO PARA LA NATURALEZA

Las soluciones basadas en la naturaleza van desde la conservación de ecosistemas naturales hasta la creación de espacios urbanos para infraestructuras azules (agua) y verdes (vegetación).

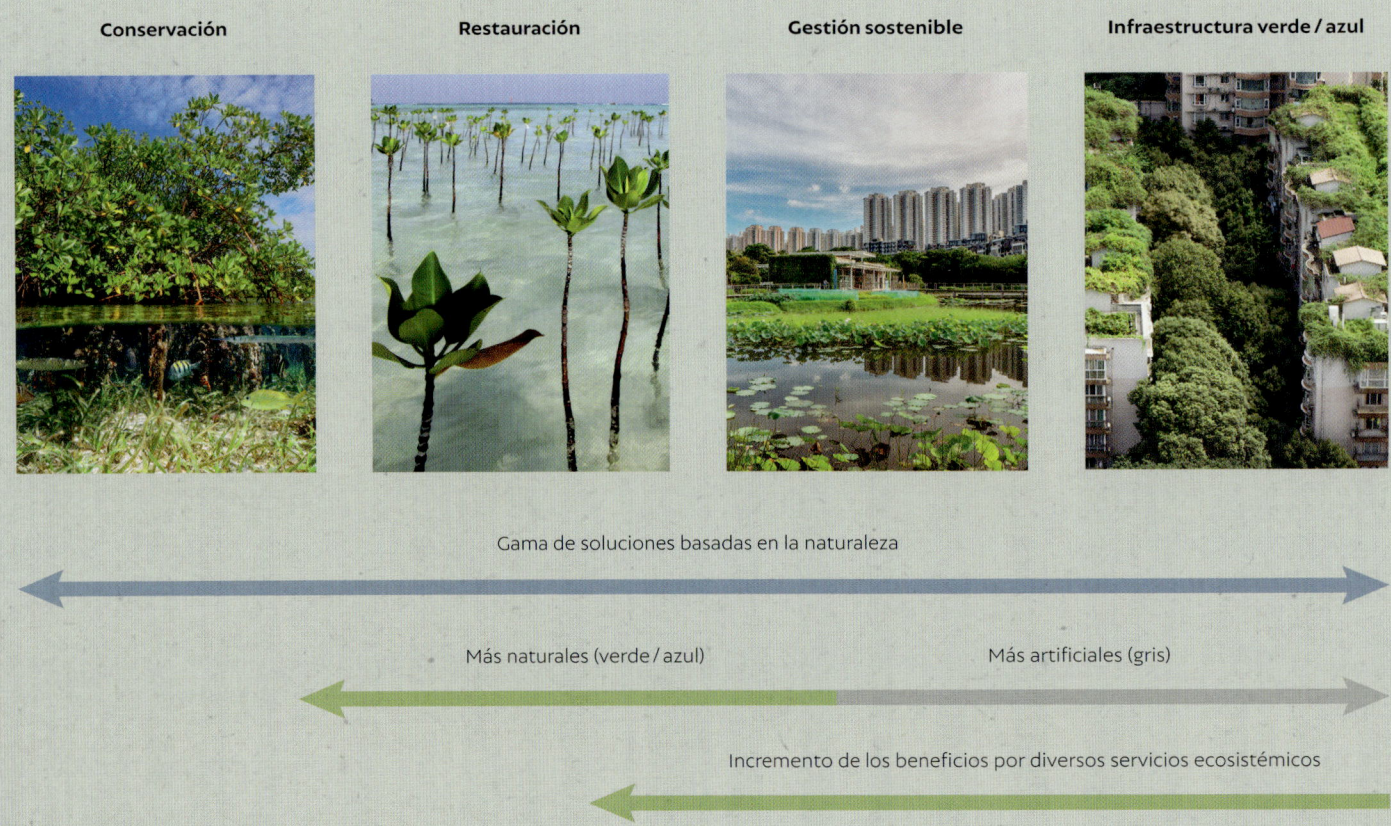

| Conservación | Restauración | Gestión sostenible | Infraestructura verde / azul |

Gama de soluciones basadas en la naturaleza

Más naturales (verde / azul)      Más artificiales (gris)

Incremento de los beneficios por diversos servicios ecosistémicos

## Reforestación

Los bosques son focos de biodiversidad que desempeñan un papel crucial en la regulación del clima, la purificación de aire y agua y la formación y retención de suelos. La deforestación, que despeja zonas para la producción de alimentos y forraje, es alarmante: entre 1990 y 2020 se perdieron 4,2 millones de km² de bosque, equivalente a la mitad de Brasil. Para detener y revertir esto, se llevan a cabo esfuerzos de reforestación por todo el mundo: se calcula que la regeneración forestal fue de 590 000 km² entre 2000 y 2021. Un área de este tamaño puede almacenar el suficiente carbono como para compensar las actuales emisiones anuales de gases de efecto invernadero de Estados Unidos. Las mayores expansiones forestales están en el bosque atlántico de Brasil y en los boreales de Mongolia y Canadá.

La restauración forestal se limita a detener las presiones humanas para permitir la regeneración natural. Hay zonas donde, para crear condiciones que permitan el crecimiento de la vegetación natural, es necesaria la intervención humana, como la eliminación de especies invasoras o la instalación de vallas para reducir la presión del forrajeo. La replantación de especies autóctonas y la gestión agroforestal son necesarias en zonas donde la siembra y el crecimiento naturales son limitados.

▼ **Protección natural**
*Reforestación de mangles en los Sundarbans, India. Tras las devastadoras inundaciones causadas por el ciclón Yaas en mayo de 2021, el Gobierno de Bengala Occidental decidió plantar 150 millones de ejemplares jóvenes para ayudar a reducir el impacto de las inundaciones de futuros ciclones.*

# Carbono azul

La reducción de las emisiones y la eliminación de los gases de efecto invernadero de la atmósfera son cruciales para mitigar el calentamiento global. Los ecosistemas de carbono azul, como los manglares y las marismas salinas de estuarios y deltas, son muy eficaces en la captación y almacenamiento de carbono.

A lo largo de su vida, las plantas retiran más carbono de la atmósfera mediante la fotosíntesis del que liberan, por lo que captan carbono. Este se almacena en la biomasa de las plantas (hojas, tallos, troncos y sistemas radiculares) y en los suelos, lo que puede constituir un almacenamiento significativo en algunos tipos de vegetación, como la de las marismas y los manglares. Aunque las zonas con vegetación presente actúan como sumideros de carbono si absorben más del que liberan, el almacenado vuelve a la atmósfera cuando las plantas se descomponen o se dan unas condiciones específicas, con lo que pasa de ser un sumidero a una fuente.

Los ecosistemas costeros y marinos captan y almacenan con eficacia el carbono, de ahí que, en alusión al mar, se le llame «carbono azul». De hecho, los manglares, las marismas salinas y las praderas marinas lo hacen más que los ecosistemas terrestres. Por ello, reducir la pérdida de hábitats y aumentar su extensión mediante la reforestación son acciones prioritarias para mitigar el cambio climático. Cuanto más espacio tengan, más carbono podrán extraer de la atmósfera y almacenarlo.

El carbono azul es un importante componente de la compensación en los países con extensas zonas de manglares, marismas salinas y praderas marinas. Sin embargo, dada la limitada extensión geográfica de estos espacios, se ha cuestionado su posible aportación a la mitigación del cambio climático a escala mundial. También preocupa que las estrategias de compensación de carbono se basen en estimaciones de la capacidad de su almacenamiento, que resultan poco fiables por no haber tenido debidamente en cuenta las grandes variaciones de las tasas de enterramiento de carbono a lo largo del tiempo y en distintos lugares. En cualquier caso, los beneficios ampliamente reconocidos que aportan los ecosistemas costeros a la protección del litoral, a la conservación de la biodiversidad y a la pesca justifican la inversión en su protección y restauración.

▶ **Medición de carbono**
*Recogida de testigo sedimentario para cuantificar las tasas de captación y almacenamiento de carbono en el lecho de una pradera marina de la bahía de Hobsons, Australia.*

## LOS MANGLARES GANAN

A escala local, los manglares almacenan más carbono por unidad de superficie que todos los demás biomas de Brasil con vegetación. En este gráfico, su cantidad se ha calculado basándose en la parte superior de 1 metro de suelo orgánico, junto con la biomasa por encima y por debajo del suelo.

**Biomas brasileños con vegetación**

- Biomasa (sobre y bajo el suelo)
- Suelo (parte superior de 1 metro)

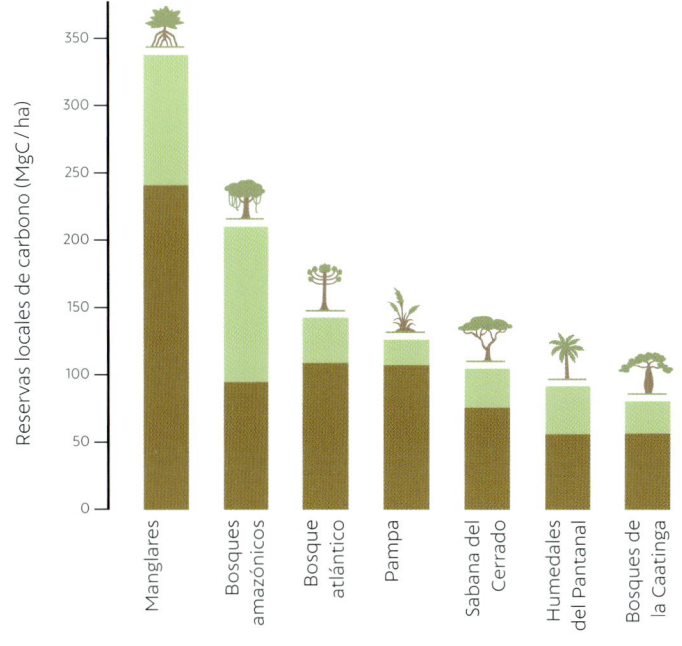

## ALMACENAMIENTO Y FLUJOS DEL CARBONO

Después del de las rocas, el carbono azul es el mayor almacén de carbono de la Tierra, y solo una pequeña parte se almacena en los ecosistemas costeros. El azul y los sumideros terrestres eliminan más de la mitad de las emisiones mundiales anuales de carbono procedentes de los combustibles fósiles y del cambio del uso del suelo.

**Almacenamiento mundial de carbono y flujos medios en la década 2012-2021**

↑↓ Ciclo del carbono (GtC al año)

◯ Reservas (GtC)

✛ Aumento atmósférico

1 Gt = 1000 millones de toneladas

Desequilibrio presupuestario = -0,3

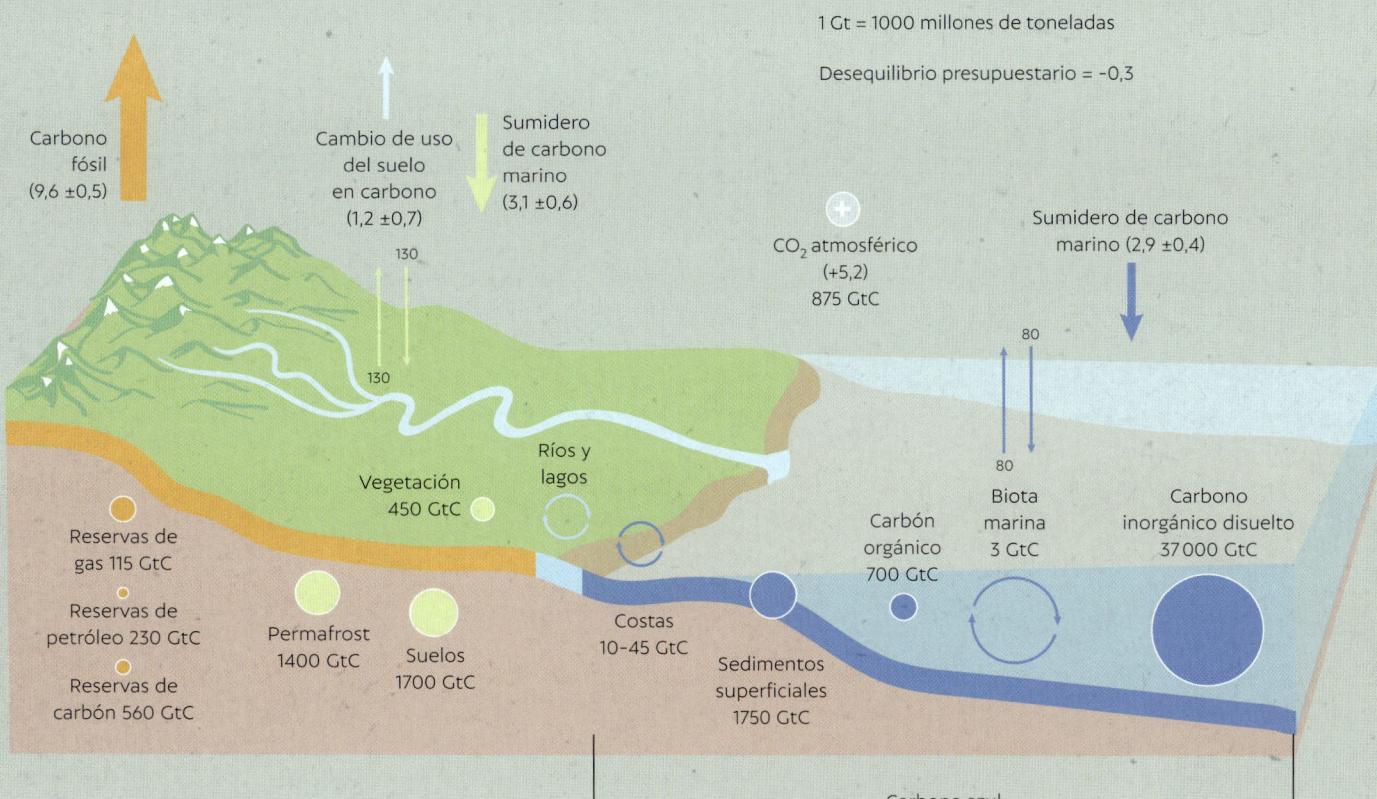

# Darle espacio al agua

A lo largo de la historia se han enderezado y canalizado muchos ríos para facilitar la agricultura o el desarrollo urbano. Sin meandros, los ríos pierden hábitats acuáticos y disminuye su almacenamiento, aumentando el riesgo de inundaciones aguas abajo. Son muchos los países que devuelven los ríos a un estado más natural para, así, gestionar el riesgo de inundaciones y mejorar la biodiversidad.

▼ **Ciudades esponja**
*Estanque y corredor verde en Qian'an, provincia china de Hebei, parte de un plan de infraestructura verde y restauración fluvial diseñado para aliviar las inundaciones urbanas según el concepto de «ciudades esponja», un plan piloto nacional iniciado en 2015.*

Darles espacio a los ríos para que recuperen una forma más natural puede reportar diversos beneficios medioambientales y socioeconómicos. La presencia de meandros aumenta la diversidad de hábitats y la biodiversidad, regula los flujos de agua, mejora su calidad al reducir la dispersión de contaminantes y reduce el riesgo de inundaciones río abajo. Las soluciones basadas en la naturaleza, destinadas a restaurar las funciones naturales de los ríos, varían en cuanto a la escala, y pueden aplicarse tanto en zonas rurales como urbanas. Por ejemplo, ciertas partes de los 83 km que tiene el río Emscher, Alemania, se canalizaron a finales de la década de 1800 y se usaron como canal abierto para aguas residuales. Los esfuerzos de recuperación realizados desde la década de 1990 incluyeron el desmantelamiento de la canalización artificial para mejorar su flujo. En otros ejemplos de todo el mundo, las infraestructuras verdes, como los canales de evacuación de crecidas y los estanques de retención de inundaciones, dan testimonio de las impresionantes transformaciones ecológicas y socioeconómicas posibles.

## Un regreso a la naturaleza: espacio para el río

El nombre de Países Bajos alude al paisaje formado por los ríos Rin y Mosa, cuyo delta lleva activo más de 7500 años. El drenaje sistemático de la turba y la polderización de la llanura deltaica desde el año 1000 han creado un paisaje que, en muchas regiones, se encuentra a más de 5 metros por debajo del nivel del mar (*véanse* páginas 324-325). En 1953, una gran tormenta costera provocó una marejada de hasta 5,6 metros por encima del nivel medio del mar del Norte, que quebró terraplenes, produjo grandes inundaciones y causó más de 1800 muertos. Esta catástrofe instigó un blindaje fortificado de la zona costera (los Deltawerken, o Plan Delta) para evitar futuras inundaciones del litoral.

En la actualidad, corren más riesgo de sufrir inundaciones fluviales debido al aumento de las precipitaciones. En la década de 1990 se produjeron grandes inundaciones, y desde 2007 se llevan a cabo enormes esfuerzos en el programa Ruimte voor de Rivier (o «Espacio para el río»), dedicado en esencia a desmantelar estructuras de ingeniería dura a lo largo de los ríos Rin, Mosa, Waal e Ijssel para mitigar el riesgo de inundaciones. Aunque pueda parecer contradictorio, se está logrando a base de restaurar la función natural de los terrenos inundables de los ríos y, por lo tanto, la capacidad de almacenar el exceso de agua de crecida allí donde causa menos daño. Entre las medidas adoptadas están la creación de amortiguadores de agua, la reubicación de diques, el aumento de la profundidad de los canales laterales y la construcción de desvíos de crecidas. Con más de treinta proyectos ejecutados hasta la fecha, el programa Ruimte voor de Rivier consigue reducir el riesgo para las personas y las infraestructuras, y, además, mejora la calidad medioambiental general de los ríos y los corredores de los humedales adyacentes: se trata de dar espacio a los ríos para que puedan volver a respirar.

**Dar espacio a los ríos en un delta antropogénico**
El hecho de que en la actualidad vivan más de diecisiete millones de personas en el delta del Rin-Mosa, buena parte del cual está por debajo del nivel del mar, hace de la lucha contra las inundaciones una prioridad fundamental. El programa Ruimte voor de Rivier permite que los ríos ocupen más de sus terrenos inundables naturales, lo que implica un sacrificio de tierras agrícolas para proteger pueblos y ciudades. La ampliación y reconexión de los terrenos inundables del río Ijssel permite que haya más espacio de almacenamiento para las aguas de crecida, lo que reduce las inundaciones en otros lugares.

▲ **Rebosante de vida**

*El Swindale Beck, Reino Unido, recuperado y de nuevo meandriforme.*

## La exitosa historia del Swindale

El Swindale Beck, un arroyo del Lake District National Park, Reino Unido, ilustra las ventajas de integrar los esfuerzos de recuperación a lo largo de una cuenca fluvial. El arroyo se enderezó a mediados del siglo XIX para que desaguase en tierras de labranza. Sin embargo, los cambios en el flujo del agua influyeron de forma negativa en las zonas de desove del salmón y la trucha, lo que degradó la calidad del suelo y aumentó la turbidez del agua y las inundaciones río abajo. El terreno es ahora una zona de conservación propiedad de una compañía de aguas y está gestionado por la Royal Society for the Protection of Birds. Para reducir el riesgo de inundaciones y mejorar la calidad del agua y la biodiversidad, se han plantado 40 000 árboles para recuperar el bosque ribereño y se ha recuperado 1 km del curso de agua.

En 2016, se retiraron los terraplenes artificiales para volver a conectar el Swindale Beck con sus terrenos inundables y se restauró el cauce meandriforme, lo que llevó a ampliar la longitud del curso de agua en un 18 por ciento para, así, ralentizar el flujo de agua. Tras ello, el cauce se desarrolló de forma natural y, a los pocos meses de haber concluido las obras, se generaron barras de grava en las que desovaron salmones y truchas. La calidad del agua y del suelo mejoró, se recuperaron 1000 ha de turberas y 15 de praderas. El antiguo cauce se cubrió de tierra y se plantaron en él semillas endémicas de los prados. El proyecto recibió en 2022 el European River Prize a la excelencia en la gestión y conservación fluviales.

▲ **Las mariposas reviven**

*La recuperación ha dado lugar a praderas de flores silvestres que han ayudado al regreso de la doncella de ondas rojas (Euphydryas aurinia), especie extinta en la región.*

# Rewilding

El objetivo del *rewilding*, o renaturalización, es identificar la degradación medioambiental y dejar que la naturaleza siga su curso invirtiendo la situación con poca o ninguna intervención humana.

▼ **Un atractivo local**
*En mayo de 2019 se soltaron siete búfalos de agua (Bubalus bubalis) en la isla de Ermakov, situada en la parte ucraniana del delta del Danubio, a los que siguieron otros diez en 2021. Son ingenieros de ecosistemas, ya que dispersan semillas y dan forma a los hábitats al abrir matorrales y crear charcos y estanques.*

El *rewilding* le devuelve a la naturaleza los elementos básicos necesarios para que los procesos naturales prosperen. Se centra en reconectar los espacios naturales, eliminar las estructuras artificiales que limiten los procesos naturales y reintroducir especies que tengan un impacto positivo en la biodiversidad y la salud de los ecosistemas. Los depredadores ápice pueden reducir el crecimiento de la población en los eslabones inferiores de la red trófica, las especies clave son esenciales para el buen funcionamiento de su ecosistema y los ingenieros de ecosistemas mejoran las condiciones y crean hábitats para otras. Cuando los procesos naturales restablecen la diversidad de los hábitats, florece la biodiversidad y tiene más posibilidades de adaptarse al cambio climático.

En Europa se llevan a cabo muchos proyectos de *rewilding*, como los de Rewilding Europe, una fundación independiente sin ánimo de lucro. El plan de *rewilding* del delta del Danubio cruza las fronteras de Ucrania, Rumanía y Moldavia para restaurar 40 000 ha de hábitats en el que es el mayor humedal de Europa. En este caso, el trabajo con Rewilding Ukraine ha permitido liberar búfalos y caballos salvajes en las islas de Ermakov y Tataru, eliminar presas, restablecer el flujo mareal en los pólderes y desarrollar un ecoturismo comunitario.

## La vuelta de los castores

El mayor roedor de Europa, el castor europeo (*Castor fiber*), estuvo muy extendido en el continente hasta el siglo XII. En el siglo XX, la pérdida de hábitats en los bosques ribereños y la caza excesiva por su carne, piel y glándulas odoríferas hizo que solo quedaran 1200 en ocho poblaciones aisladas. A partir de la década de 1920 en Escandinavia y ya más entrado el siglo XX en el resto de Europa, se reintrodujeron castores en las cuencas fluviales de más de veintiséis países europeos, incluidos aquellos en los que se habían extinguido. Gracias a la restauración de su hábitat y a que este ha pasado a estar protegido, la población ha aumentado de los 150 000 ejemplares que había a principios de la década de 1990 a ser de 1,5 millones en 2020. La mitad vive en Rusia y el 40 por ciento en Noruega, Suecia, Polonia, Lituania y Letonia. Cuando se extiendan por el área de distribución que ocupaba antes la especie y maduren, será cada vez más necesario vigilar y gestionar la densidad de población y sus efectos en las cuencas fluviales.

Aunque la presencia de los castores atrae a visitantes y ahorra dinero que, de otro modo, se emplearía en la gestión del riesgo de inundaciones, pueden surgir algunos conflictos con los humanos. Con todo, se pueden resolver con facilidad. Envolver los troncos con malla metálica o aplicarles pintura con arena puede evitar la tala de árboles por parte de los castores, y las inundaciones no deseadas cerca de las presas se pueden mitigar con la instalación de un desagüe que permita cierto flujo cuando el nivel del agua sea alto.

En la fotografía aparece un castor que construye una presa en el lago Kuikka, Finlandia. Se trata de una especie clave, ya que desempeña un importante papel en el control de las inundaciones. Cava madrigueras que mejoran la conexión del río con sus terrenos inundables, y las presas que hacen, que dejan pasar agua, ralentizan el flujo del agua y aumentan la diversidad del hábitat, lo que beneficia a, entre otros organismos, nutrias, peces y hongos.

# Glosario

**barra de meandro** Depósito sedimentario arqueado que se forma en el interior de la curva de un meandro.

**base de la ola** Profundidad de la columna de agua en la que ya no se produce el movimiento orbital de las olas.

**brazo muerto** Lago que se forma al quedar abandonado el meandro de un río.

**capital natural** Conjunto de los recursos naturales de una zona determinada con un valor económico por los servicios que le prestan a los seres humanos.

**carga en suspensión** Cantidad de sedimento que se ve arrastrado dentro del cuerpo de un flujo y lejos del lecho a causa de la turbulencia del fluido.

**cianobacteria** Bacteria fotosintética que se da en la mayoría de los entornos acuáticos. Es uno de los organismos más antiguos de la Tierra. Aunque también se las conoce como «algas verdeazuladas», no son plantas.

**ciclo deltaico** Conjunto de fases que determinan el paso de los deltas a lo largo del tiempo. Comienza con un nuevo delta que se adentra en una masa de agua, alcanza un punto de máximo crecimiento y, a continuación, envejece y se retrae.

**contaminación heredada** Aquella que provocan la industria o la manufactura, que queda almacenada en el medio ambiente y que tiene efectos perniciosos a largo plazo.

**corriente de densidad** Aquella que se mueve por la gravedad y en función de la densidad entre dos fluidos.

**deriva litoral** Corriente que fluye en paralelo a la costa en la zona de oleaje cuando las olas se acercan en ángulo.

**diapiro** Columna de sedimentos que se forma cuando el material más denso yace sobre el menos denso, haciendo que el subyacente fluya hacia arriba.

**diatomea** Tipo de microalga unicelular con caparazón de sílice que se encuentra en el agua y en el fondo de la mayoría de los entornos acuáticos.

**dique** Cresta de sedimentos depositados a lo largo de un río a causa del agua al desbordarse.

**divisoria de aguas** Cresta de tierra que separa diferentes cuencas hidrográficas (es decir, el límite de una cuenca).

**equinoccio** Momento del año en el que el día y la noche duran lo mismo. Hay uno en primavera y otro en otoño.

**erosión de cabecera** Proceso erosivo por el que un escalón vertical del perfil longitudinal de un río migra aguas arriba.

**espacio poral** Espacio vacío entre las partículas de un sedimento, suelo o roca y que puede rellenarse de gases, fluidos o precipitaciones minerales.

**especies alóctonas** Aquellas que no son autóctonas pero que no producen daños ecológicos.

**especies invasoras** Alóctonas que provocan daños ecológicos.

**estoa de marea** Períodos de calma de la marea, cuando el agua alcanza su mayor o menor altura y las corrientes mareales disminuyen hasta no moverse.

**estratificación del agua** Presencia de capas que en los estuarios se debe a variaciones verticales de la densidad del agua, por lo general con agua dulce (menos densa) en la superficie y agua de mar (más densa) en el fondo.

**eutrofización** Proceso mediante el cual una masa de agua se llena de nutrientes, en especial nitrógeno y fósforo.

**fitoplancton** Plantas planctónicas, por lo general microscópicas, vitales para las redes tróficas acuáticas.

**floculación** Acumulación de pequeñas partículas, normalmente de arcilla, para formar un grano más grande.

**flujo homopícnico** Aquel que se da cuando una corriente (un río) tiene la misma densidad que el fluido en el que penetra (el mar). Los términos *hiperpícnico* e *hipopícnico* se refieren, respectivamente, a cuando el flujo es de mayor o menor densidad que el del fluido en el que penetra.

**haloclina** Posición en la columna de agua en la que la salinidad cambia de forma brusca con la profundidad, reflejando un límite entre capas de agua.

**halófita** Dícese de plantas que toleran la sal, como los mangles y las especies de marismas salinas.

**hidrólisis** Reacción química en la que una sustancia se divide en otras al reaccionar con el agua. Es un proceso de importancia en la meteorización.

**hidroperíodo** Cantidad de tiempo que una zona intermareal o un terreno inundable están anegados.

**hipersalina** Se dice del agua cuyas concentraciones de sales (salinidad) superan las 50 partes por mil (ppt), o 50 g de sal por cada 1000 g de agua.

**hipóxico** Entorno que posee bajas concentraciones de oxígeno disuelto, en el caso del agua, menos de 2-3 partes por millón (ppm).

**huella hídrica** Cantidad de agua necesaria para producir y suministrar los bienes y servicios utilizados por una persona o grupo determinado.

**lago termokárstico** Aquel que se produce por el agua al rellenar una depresión de la superficie terrestre creada por el deshielo del permafrost.

**léntica** Una masa de agua inmóvil y sin flujo alguno.

**llanura mareal** Hábitat relativamente llano, lodoso y sin vegetación que se da en la zonas costeras resguardadas entre la línea de la bajamar y la de la pleamar.

**lótica** Dícese de una masa de agua en la que hay movimiento.

**macareo** Incursión en forma de ola de las mareas ascendentes más altas que recorren largas distancias río arriba en estuarios macrotidales someros y con forma de embudo.

**manglar** Vegetación arbustiva o arbórea que predomina en las regiones costeras tropicales y que se ha adaptado a unas condiciones variables en cuanto a marea y salinidad.

**marea de crecida** Rama ascendente de un hidrograma en el que las aguas pasan de niveles bajos (bajamar) a otros más altos (pleamar).

**marea diurna** Tipo de marea lunar que se da en ciertas cuencas oceánicas en las que solo se produce una pleamar y una bajamar al día.

**marea muerta** Fenómeno mareal que corresponde a amplitudes de marea inferiores a la media y que se produce cuando la Luna está en sus fases de primer y tercer cuarto.

**marea semidiurna** Tipo de marea lunar que se da en casi todas las cuencas oceánicas y en la que se producen dos pleamares y dos bajamares cada día.

**marea viva** Fenómeno mareal que se produce dos veces al mes y que corresponde a amplitudes de marea superiores a la media. Se da durante la luna nueva y la llena.

**mareas** Fluctuaciones diarias del nivel del agua de los mares debidas a las fuerzas gravitatorias de la Luna y el Sol.

**marejada ciclónica** Aumento del nivel del agua en zonas costeras asociado al paso de una tormenta debido a una disminución de la presión atmosférica y/o al aumento de la velocidad del viento.

**máximo de turbidez estuarina** Ubicación de la mayor concentración de sedimentos en suspensión en un estuario, por lo general en la cuña de agua de mar salina cerca del fondo de dicho estuario.

**megapresa** Presa hidroeléctrica de gran tamaño. El término suele reservarse a aquellas de más de 15 metros de altura y que generan más de 400 MW de potencia.

**meteorización por insolación** Resultante de la expansión y contracción térmica repetidas de una superficie rocosa.

**nivel trófico** Posición en una red trófica ocupada por organismos con necesidades energéticas similares. Los productores primarios (plantas) y los depredadores superiores se encuentran, respectivamente, en los niveles inferiores y superiores.

**Objetivos de Desarrollo Sostenible de la ONU** Diecisiete metas integradas adoptadas por las Naciones Unidas en 2015 para acabar con la pobreza y proteger la Tierra.

**ola** Movimiento orbital del agua que suele producirse por las fuerzas perturbadoras del viento.

**permafrost** Suelo siempre helado que permanece por debajo de los 0 °C durante más de dos años.

**plancton** Conjunto de organismos acuáticos que viven en agua salina o dulce y que van a la deriva con la corriente, ya que no pueden nadar.

**pólder** Región que suele encontrarse junto a los cauces fluviales y los deltas que se ha terraplenado, o convertido en isla, para proteger las tierras agrícolas o las infraestructuras frente a las inundaciones.

**proliferación de algas nocivas (PAN)** Crecimiento excesivo de algas o cianobacterias perjudiciales para el medio ambiente, diversas especies o la salud humana.

**pulso de crecida** Inundación estacional que domina el funcionamiento ecológico de los ríos mediante el intercambio lateral de agua, nutrientes y organismos entre el cauce y los terrenos inundables.

**red trófica, cadena alimentaria** Relación entre organismos en la que cada uno depende del siguiente como fuente de alimento.

**reflujo** Rama descendente de un hidrograma donde las aguas pasan de niveles altos (pleamar) a bajos (bajamar).

**ría** Valle fluvial anegado, por lo general a causa de la subida del nivel del mar.

**salinización** Aumento de la concentración de sales en los suelos o en el agua dulce debido a una evaporación excesiva o a la concentración de agua salada como consecuencia de la subida del nivel del mar.

**saltación** Proceso de transporte de sedimentos que implica el rebote de partículas sedimentarias a lo largo del lecho.

**servicio ecosistémico** Contribución directa o indirecta de los ecosistemas al bienestar y a la calidad de vida de las personas.

**subida relativa del nivel del mar** Resultado combinado del aumento eustático (mundial) del nivel del mar debido al deshielo de los glaciares y al calentamiento del mar más la subsidencia del suelo.

**subsidencia** Descenso de la superficie terrestre; es un fenómeno común en los deltas debido a la compactación natural de los sedimentos.

**tectónica de placas** Movimiento de las placas de la corteza terrestre que da lugar a nuevas cuencas oceánicas, sistemas montañosos, arcos volcánicos y profundas fosas marinas.

**teledetección** Proceso de exploración de la superficie terrestre a distancia para obtener información sobre ella.

**terraplén** Muro o banco de tierra o piedra que se levanta para evitar inundaciones.

**transpiración** Liberación de vapor de agua que llevan a cabo las plantas, sobre todo cuando, durante la fotosíntesis, los estomas de las hojas se abren para captar monóxido de carbono.

**turbidez** Característica óptica que sirve para ponderar la claridad relativa de un líquido.

**último máximo glacial** Período de tiempo, hace aproximadamente 20 000 años, en el que el clima de la Tierra era mucho más frío y los glaciares alcanzaron su máxima expansión.

**zona de desborde** Depósito de sedimentos de un terreno inundable que se forma cuando un río desborda sus orillas.

**zona intermareal** Región que queda cubierta y descubierta de forma periódica por la subida y bajada de las mareas y que suele verse colonizada por especies tolerantes a la humedad, la desecación y los cambios de salinidad.

**zooplancton** Conjunto de animales planctónicos, por lo general microscópicos, tales como medusas, algunos crustáceos y larvas de peces.

# Recursos

## LECTURAS RECOMENDADAS

## Capítulo 1

Beer, A.-J. *The Flow: Rivers, Water and Wildness*. Londres: Bloomsbury Publishing, 2022.

Cagle, A. J., R. J. Wenke y R. Redding, eds. *Kom El-Hisn (Ca. 2500-1900 bc): An Ancient Settlement in the Nile Delta*. Columbus, Georgia: Lockwood Press, 2016.

Da Cunha, D. *The Invention of Rivers: Alexander's Eye and Ganga's Descent*. Pittsburg, Pensilvania: University of Pennsylvania Press, 2023.

Hourly History. *Indus Valley Civilization: A History from Beginning to End*. Hourly History, 2019.

Kenawi, M. *Alexandria's Hinterland: Archaeology of the Western Nile Delta, Egypt*. Oxford: Archaeopress Archaeology.

Smith, L. C. *Rivers of Power: How a Natural Force Raised Kingdoms, Destroyed Civilizations, and Shapes Our World*. Nueva York: Little, Brown, Spark/Hachette Book Group y Londres: Penguin Random House, 2020.

Wantzen, K. M., ed. *River Culture: Life as a Dance to the Rhythm of the Waters*. París: UNESCO Publishing, 2023, https://unesdoc.unesco.org/ark:/48223/pf0000382775

## Capítulo 2

Ouellet Dallaire, C., B. Lehner, R. Sayre y M. Thieme. «A multidisciplinary framework to derive global river reach classifications at high spatial resolution». *Environmental Research Letters* 14 (2019): 024003, https://doi.org/10.1088/1748-9326/aad8e9

Park, E., y E. M. Latrubesse. «A geomorphological assessment of washload sediment fluxes and floodplain sediment sinks along the lower Amazon river». *Geology* 47 (2019): 403-406, https://doi.org/10.1130/G45769.1

Potter, P. E., y W. K. Hamblin. «Big rivers worldwide». *Brigham Young University, Geology Studies* 46 (2006), https://geology.byu.edu/0000017d-0ff3-d1e7-a77d-aff386cf0001/pdf-icon-volume-48-2006-pdf

Wohl, E. *A World of Rivers*. Chicago, Illinois: University of Chicago Press, 2012.

## Capítulo 3

Ashworth, P. J., y J. Lewin. «How do big rivers come to be different?». *Earth-Science Reviews* 114 (2012): 84-107.

Gupta, A., ed. *Large Rivers: Geomorphology and Management*. Segunda edición, Oxford: Wiley Blackwell, 2022.

## Capítulo 4

Hoorn, C., F. P. Wesselingh, H. Ter Steege *et al.* «Amazonia through time: Andean uplift, climate change, landscape evolution, and biodiversity». *Science* 330 (2010): 927-931.

Opperman, J. J., P. B. Moyle, E. W. Larsen, J. L. Florsheim y A. D. Manfree. *Floodplains: Processes and Management for Ecosystem Services*. Oakland, California: University of California Press, 2017.

Thorp, J. H., M. C. Thoms y M. D. Delong. *The Riverine Ecosystem Synthesis: Toward Conceptual Cohesiveness in River Science*. Boston, Massachusetts: Academic Press, 2008.

## Capítulo 5

Best, J. «Anthropogenic stresses on the world's big rivers». *Nature Geoscience* 12 (2019): 7-21, https://doi.org/10.1038/s41561-018-0262-x

Best, J. y S. E. Darby. «The pace of human-induced change in large rivers: stresses, resilience and vulnerability to extreme events». *One Earth* 2 (2020): 510-514, https://doi.org/10.1016/j.oneear.2020.05.021

Grill, G., B. Lehner, M. Thieme *et al.* «Mapping the world's free-flowing rivers». *Nature* 569 (2019): 215-221, https://doi.org/10.1038/s41586-019-1111-9

PBL Netherlands Environmental Assessment Agency. «Geography of future water challenges: bending the trend», 14 de marzo de 2023, https://www.pbl.nl/en/publications/geography-of-future-water-challenges

Sabater, S., A. Elosegi y R. Ludwig. *Multiple Stressors in River Ecosystems: Status, Impacts and Prospects for the Future*. Ámsterdam: Elsevier.

UNEP-DHI y UNEP. *Transboundary River Basins: Status and Trends*. Nairobi: United Nations Environment Programme (UNEP), 2016, http://geftwap.org/publications/river-basins-technical-report

Zhang, A. T. y V. X. Gu. «Global dam tracker: a database of more than 35,000 dams with location, catchment, and attribute information». *Scientific Data* 10 (2023): 111, https://doi.org/10.1038/s41597-023-02008-2

## Capítulo 6

Dyer, K. R. *Estuaries: A Physical Introduction*. Londres: John Wiley, 1997.

Elliott, M., J. W. Day, R. Ramachandran y E. Wolanski. «A synthesis: what is the future for coasts, estuaries, deltas and other transitional habitats in 2050 and beyond?». En *Coasts and Estuaries: The Future*, editado por Eric Wolanski, John W. Day, Michael Elliott, Ramesh Ramachandran, 1-28. Ámsterdam: Elsevier, 2019, https://doi.org/10.1016/B978-0-12-814003-1.00001-0

Kraft, J. C., G. Rapp, H. Brukner *et al.* «Results of the struggle at ancient Ephesus: natural processes 1, human intervention 0». *Geological Society, London, Special Publications* 352, n.º 1 (2011): 27-36, https://doi.org/10.1144/SP352.3

Pinto P. J. y G. M. Kondolf. «Evolution of two urbanized estuaries: environmental change, legal framework, and implications for sea-level rise vulnerability». *Water* 8, n.º 11 (2016): 535, https://doi.org/10.3390/w8110535

## Capítulo 7

Biguino, B., I. D. Haigh, J. M. Dias y A. C. Brito. «Climate change in estuarine systems: patterns and gaps using a meta-analysis approach». *Science of the Total Environment* 858, n.º 1 (2023): 159742, https://doi.org/10.1016/j.scitotenv.2022.159742

Bonneton, P., A. G. Filippini, L. Arpaia, N. Bonneton y M. Ricchiuto. «Conditions for tidal bore formation in convergent alluvial estuaries». *Estuarine, Coastal and Shelf Science* 172 (2016): 121-127, https://doi.org/10.1016/j.ecss.2016.01.019

Fichot, C. G., M. Tzortziou y A. Mannino. «Remote sensing of dissolved organic carbon (DOC) stocks, fluxes and transformations along the land-ocean aquatic continuum: advances, challenges, and opportunities». *Earth-Science Reviews* 242 (2023): 104446, https://doi.org/10.1016/j.earscirev.2023.104446

Mucci, A., G. Chaillo y M. Jutras. «Why the St. Lawrence Estuary is running out of breath». *The Conversation*, 15 de junio de 2022, https://theconversation.com/why-the-st-lawrence-estuary-is-running-outof-breath-184626

Postacchini, M., A. J. Manning, J. Calantoni *et al.* «A storm-driven turbidity maximum in a microtidal estuary». *Estuarine, Coastal and Shelf Science* 288 (2023): 108350, https://doi.org/10.1016/j.ecss.2023.108350

Wolanski, E., y M. Elliott. *Estuarine Ecohydrology: An Introduction*. Segunda edición, Londres: Elsevier, 2015.

## Capítulo 8

Day, J. W. Jr, B. C. Crump, W. M. Kemp y A. Yáñez-Arancibia, eds. *Estuarine Ecology*. Segunda edición, Hoboken, Nueva Jersey: John Wiley & Sons, 2012.

Kwon, B. O., H. Kim, J. Noh *et al.* «Spatiotemporal variability in microphytobenthic primary production across bare intertidal flat, saltmarsh, and mangrove forest of Asia and Australia». *Marine Pollution Bulletin* 151 (2020): 110707, https://doi.org/10.1016/j.marpolbul.2019.110707

Li N., N. Tang, Z. Wang y L. Zhang. «Response of different waterbird guilds to landscape changes along the Yellow Sea coast: A Case Study». *Ecological Indicators* 142 (2022): 109298, https://doi.org/10.1016/j.ecolind.2022.109298

Narayan, S., M. W. Beck, P. Wilson *et al.* «The value of coastal wetlands for flood damage reduction in the Northeastern USA». *Scientific Reports* 7 (2017): 9463, https://doi.org/10.1038/s41598-017-09269-z

Niella, Y., V. Raoult, T. Gaston, K. Goodman *et al.* «Reliance of young sharks on threatened estuarine habitats for nutrition implies susceptibility to climate change». *Estuarine, Coastal and Shelf Science* 268 (2022): 107790, https://doi.org/10.1016/j.ecss.2022.107790

Whitfield, A. K., M. Elliott y A. Basset. «Paradigms in estuarine ecology: a review of the Remane diagram with a suggested revised model for estuaries». *Estuarine, Coastal and Shelf Science* 97 (2012): 78-90, https://doi.org/10.1016/j.ecss.2011.11.026

## Capítulo 9

Bailey, S. A. «An overview of thirty years of research on ballast water as a vector for aquatic invasive species to freshwater and marine environments». *Aquatic Ecosystem Health & Management* 18, n.º 3 (2015): 1-8, https://doi.org/10.1080/14634988.2015.1027129

Cloern J. E., N. Knowles, L. R. Brown *et al.* «Projected Evolution of California's San Francisco Bay-Delta-River System in a Century of Climate Change». *PLoS ONE* 6, n.º 9 (2011): e24465, https://doi.org/10.1371/journal.pone.0024465

Esteves, L. S. *Managed Realignment: Is It a Viable Long-Term Coastal Management Strategy?* Nueva York: Springer, 2014.

Howie, A. H., y M. J. Bishop. «Contemporary oyster reef restoration: responding to a changing world». *Frontiers in Ecology and Evolution* (2021): 9:689915, https://doi.org/10.3389/fevo.2021.689915

Little, S., J. P. Lewis y H. Pietkiewicz. «Defining estuarine squeeze: the loss of upper estuarine transitional zones against in-channel barriers through saline intrusion». *Estuarine, Coastal and Shelf Science* 278 (2022): 108107, https://doi.org/10.1016/j.ecss.2022.108107

Warwick, R. M., J. R. Tweedley e I. C. Potter. «Microtidal estuaries warrant special management measures that recognise their critical vulnerability to pollution and climate change». *Marine Pollution Bulletin* 135 (2018): 41-46, https://doi.org/10.1016/j. marpolbul.2018. 06.062

## Capítulo 10

Galloway, W. E. «Process framework for describing the morphologic and stratigraphic evolution of deltaic depositional systems». En *Delta: Models for Exploration*, 87-98. Tulsa, Oklahoma: American Association of Petroleum Geologists, 1975.

Nienhuis, J. H., A. D. Ashton, D. A. Edmonds, A. J. F Hoitink, A. J. Kettner, J. C. Rowland y T. E. Tornqvist. «Global-scale human impact on delta morphology has led to net land area gain». *Nature* 577, n.º 7791 (2020): 514-518.

Paszkowski, A., S. Goodbred Jr, E. Borgomeo, M. S. A. Khan y J. W. Hall. «Geomorphic change in the Ganges-Brahmaputra-Meghna Delta». *Nature Reviews Earth & Environment* 2, n.º 11 (2021): 763-780.

Zhang, Y., H. Huang, Y. Liu e Y. Liu. «Self-weight consolidation and compaction of sediment in the Yellow River Delta, China». *Physical Geography* 39, n.º 1 (2018): 84-98.

## Capítulo 11

Blum, M., J. Martin, K. Milliken y M. Garvin. «Paleovalley systems: insights from Quaternary analogs and experiments». *Earth-Science Reviews* 116 (2013): 128-169.

Forte, A. M., y E. Cowgill. «Late Cenozoic base-level variations of the Caspian Sea: a review of its history and proposed driving mechanisms». *Palaeogeography, Palaeoclimatology, Palaeoecology* 386 (2013): 392-407.

Roberts, H. H. «Dynamic changes of the Holocene Mississippi River Delta Plain: the delta cycle». *Journal of Coastal Research* 13, n.º 3 (1997): 605-627.

Zavala, C., y S. X. Pan. «Hyperpycnal flows and hyperpycnites: origin and distinctive characteristics». *Lithologic Reservoirs* 30, n.º 1 (2018): 1-27.

Zhuang, Y., y T. R. Kidder. «Archaeology of the Anthropocene in the Yellow River region, China, 8000-2000 cal. bp.». *The Holocene* 24, n.º 11 (2014): 1602-1623.

## Capítulo 12

Bailey, A. *Okavango: Africa's Wetland Wilderness*. Ciudad del Cabo: Struik Publishers, 1998.

Lauria, V., I. Das, S. Hazra *et al*. «Importance of fisheries for food security across three climate change vulnerable deltas». *Science of the Total Environment* 640 (2018): 1566-1577.

Liebner, S., y C. U. Welte. «Roles of thermokarst lakes in a warming world». *Trends in Microbiology* 28, n.º 9 (2020): 769-779.

Overeem, I., J. H. Nienhuis y A. Piliouras. «Ice-dominated Arctic deltas». *Nature Reviews Earth & Environment* 3, n.º 4 (2022): 225-240.

Paola, C., R. R. Twilley, D. A. Edmonds, W. Kim, D. Mohrig, G. Parker, E. Viparelli y V. R. Voller. «Natural processes in delta restoration: application to the Mississippi Delta». *Annual Review of Marine Science* 3 (2011): 67-91.

Spalding, M., M. Kainuma y C. Collins. *World Atlas of Mangroves*. Abingdon: Routledge, 2010.

## Capítulo 13

Blum, M. D., y H. H. Roberts. «The Mississippi Delta region: past, present, and future». *Annual Review of Earth and Planetary Sciences* 40 (2012): 655-683.

Muehlmann, S. *Where the River Ends: Contested Indigeneity in the Mexican Colorado Delta*. Durham, Carolina del Norte: Duke University Press, 2013.

Syvitski, J. P. «Deltas at Risk». *Sustainability Science* 3 (2008): 23-32.

Tessler, Z. D., C. J. Vorosmarty, M. Grossberg, I. Gladkova, H. Aizenman, J. P. Syvitski y E. Foufoula-Georgiou. «Profiling risk and sustainability in coastal deltas of the world». *Science* 349, n.º 6248 (2015): 638-643.

Webb, E. L., N. R. Jachowski, J. Phelps, D. A. Friess, M. M. Than y A. D. Ziegler. «Deforestation in the Ayeyarwady Delta and the conservation implications of an internationally-engaged Myanmar». *Global Environmental Change* 24 (2014): 321-333.

## Capítulo 14

Beiser, V. *The World in a Grain: The Story of Sand and How It Transformed Civilization*. Nueva York: Riverhead Books, 2018.

Best, J., P. Ashmore y S. E. Darby. «Beyond just floodwater». *Nature Sustainability* 5 (2022): 811-813, https://doi.org/10.1038/s41893-022-00929-1

Brierley, G. J. *Finding the Voice of the River: Beyond Restoration and Management*. Londres: Palgrave Macmillan, 2019.

Coldren, G. A., J. A Langley, I. C. Feller y S. K. Chapman. «Warming accelerates mangrove expansion and surface elevation gain in a subtropical wetland». *Journal of Ecology* 107, n.º 1 (2018): 79-90, https://doi.org/10.1111/1365-2745.13049

Eyler, B. *Last Days of the Mighty Mekong*. Londres: Zed Books Ltd, 2019.

Giosan, L., J. Syvitski, S. Constantinescu y J. Day. «Climate change: protect the world's deltas». *Nature* 516, n.º 7529 (2014): 31-33.

Hilmi, N., R. Chalmi, M. D. Sutherland *et al*. «The role of blue carbon in climate change mitigation and carbon stock conservation». *Frontiers in Climate* 3 (2021): 710546, https://doi.org/10.3389/fclim.2021.710546

Hirabayashi, Y., R. Mahendran, S. Koirala *et al*. «Global flood risk under climate change». *Nature Climate Change* 3 (2013): 816-821, https://doi.org/10.1038/nclimate1911

Nienhuis, P. H. *Environmental History of the Rhine-Meuse Delta: An Ecological Story on Evolving Human-Environmental Relations Coping with Climate Change and Sea-Level Rise*. Nueva York: Springer, 2008.

Sijmons, D., Y. Feddes y E. Luiten. *Room for the River: Safe and Attractive Landscapes*. Wageningen: Blauwdruk, 2017.

Wolanski, E., J. W. Day, M. Elliott y R. Ramesh, eds. *Coasts and Estuaries: The Future*. Ámsterdam: Elsevier, 2019.

## SITIOS WEB

**La mirada de Europa sobre la Tierra**
https://www.copernicus.eu/es

**Agencia Espacial Europea: Sentinel On Line**
https://sentinels.copernicus.eu/web/sentinel/home

**Global Surface Water Explorer**
https://global-surface-water.appspot.com/map

**Google Earth Engine**
https://earthengine.google.com

**Google Earth Engine Timelapse**
https://earthengine.google.com/timelapse

**Grupo Intergubernamental de Expertos sobre el Cambio Climático**
https://www.ipcc.ch/languages-2/spanish/

**International Rivers**
https://www.internationalrivers.org

**IUCN (International Union for Conservation of Nature) Nature-based Solutions**
https://www.iucn.org/our-work/nature-based-solutions

**NASA Earth Observatory**
https://earthobservatory.nasa.gov

**NOAA (National Oceanic and Atmospheric Administration) Ocean Service**
https://oceanservice.noaa.gov

**PBL Netherlands Environmental Assessment Agency Rivers and Deltas**
https://themasites.pbl.nl/futurewater-challenges/river-basin-delta-tool

**Planet Labs Gallery**
https://www.planet.com/gallery/?utm_campaign=evr&utm_source=google&utm_medium=paid-search&utm_content=pros-leadsbrdresponsivesearch-0923

**Restore America's Estuaries**
https://estuaries.org

**Rewilding Europe**
https://rewildingeurope.com

**River Runner**
https://river-runner-global.samlearner.com

**Surface Water and Ocean Topography Mission**
https://swot.jpl.nasa.gov

**Transboundary Waters Assessment Programme (TWAP)**
http://geftwap.org

**Programa de las Naciones Unidas para el Medio Ambiente**
https://www.unep.org/es

**USGS Earth Explorer**
https://earthexplorer.usgs.gov

**World Wildlife Fund**
https://www.worldwildlife.org

# Autores

## Jim Best

Jim Best ocupa la Cátedra Jack C. y Richard L. Threet de Geología Sedimentaria en el Departamento de Ciencias de la Tierra y Cambio Medioambiental de la Universidad de Illinois en Urbana-Champaign, Estados Unidos, donde también es profesor de Geografía Física y está afiliado al Departamento de Ciencias Mecánicas e Ingeniería, al Laboratorio de Hidrosistemas Ven Te Chow y al Centro de Estudios Latinoamericanos y del Caribe. Tras licenciarse en la Universidad de Leeds, Reino Unido, Jim realizó su doctorado en el Birkbeck College de la Universidad de Londres antes de ocupar una cátedra en la Universidad de Hull y, posteriormente, una cátedra, un lectorado y una cátedra personal en la Universidad de Leeds, tras lo que se trasladó a Illinois en 2006.

Jim es científico de la Tierra y sus intereses de investigación abarcan las investigaciones experimentales, de campo y numéricas de los procesos de la superficie terrestre y de los entornos sedimentarios, tanto contemporáneos como antiguos. Sus investigaciones abarcan desde la dinámica a escala de grano hasta la investigación de los mayores ríos del mundo, pasando por el examen de escalas temporales que van desde los vórtices turbulentos hasta los entornos sedimentarios con cientos de millones de años de antigüedad. Jim es autor y coautor de más de 250 artículos en revistas y libros, ha coeditado seis libros y ha realizado investigaciones de campo en muchos grandes ríos, como el Amazonas, el Brahmaputra, el Amarillo, el Meghna, el Mekong, el Misisipi, el Paraná y el Paraguay. Jim ingresó en la Unión Americana de Geofísica en 2015 por «ser pionero en la investigación del flujo de fluidos y las formas de fondo y la cuantificación sobre el terreno de grandes ríos, su morfología y la estructura del flujo»; además, la Unión Europea de Geociencias le concedió la Medalla Jean-Baptiste Lamarck de 2018 en reconocimiento a sus «importantes aportaciones a nuestra comprensión de los procesos sedimentarios físicos y sus productos en el registro geológico».

## Stephen E. Darby

Steve Darby es profesor de Geografía Física en la Facultad de Geografía y Ciencias Medioambientales de la Universidad de Southampton, Reino Unido. Tiene más de treinta años de experiencia como científico fluvial en la investigación de los diversos sistemas fluviales del mundo. Sus principales intereses abarcan el modo en que los cambios en los patrones de erosión y sedimentación fluvial se ven propiciados por procesos naturales y antrópicos, y las implicaciones de dichos cambios en la gestión del riesgo de inundaciones y de erosión. Steve ha trabajado en diversos entornos fluviales de Australia, Asia, Europa y Norteamérica. Su carrera académica comenzó en el Departamento de Ingeniería Civil de la Universidad de Florencia, Italia, tras lo que pasó a trabajar para el Departamento de Agricultura de Estados Unidos en el Laboratorio Nacional de Sedimentación de Oxford, Misisipi. Ocupó su puesto actual en la Universidad de Southampton en 1997. Se doctoró en Geomorfología Fluvial por la Universidad de Nottingham. Steve es coautor de más de cien publicaciones en revistas y libros.

## Luciana S. Esteves

Lu Esteves es profesora asociada de Geografía Física en el Departamento de Ciencias de la Vida y Medioambientales de la Universidad de Bournemouth, Reino Unido. Cuenta con más de treinta años de experiencia como científica costera en investigación y docencia centrada en los sistemas litorales. Sus principales intereses se centran en cuantificar y comunicar los cambios costeros provocados por procesos naturales y antrópicos, y las implicaciones de dichos cambios en la gestión del riesgo de inundaciones y de erosión. Su interés por la investigación aplicada la ha llevado a trabajar con gestores costeros de Europa, Latinoamérica y África. Su carrera académica comenzó en el sur de Brasil, en la Universidad Federal de Río Grande, donde estudió Oceanografía y trabajó durante catorce años antes de trasladarse a Reino Unido en 2006. Obtuvo un máster en Geología Marina por la Universidad Atlántica de Florida de Estados Unidos y un doctorado en Geociencias (costeras y marinas) por la Universidad Federal de Río Grande del Sur de Brasil. Lu es coautora de más de sesenta publicaciones en libros y revistas especializadas en sistemas costeros y marinos, como *Estuaries and Coasts*, *Estuarine, Coastal and Shelf Science*, *Ocean and Coastal Management* y el *Journal of Geophysical Research Oceans*.

## Carol A. Wilson

Carol Wilson es profesora asociada de Sedimentología y Ecogeomorfología en el Departamento de Geología y Geofísica de la Universidad Estatal de Luisiana, Estados Unidos. Es experta en estudios de humedales deltaicos y costeros, en los que compagina los procesos de la biología, la geología y la hidrodinámica. Tras crecer en la costa del golfo de Estados Unidos y asistir a la Universidad de Nueva Orleans y de Tulane, donde estudió la pérdida de humedales en el entorno de Luisiana tras los devastadores acontecimientos del huracán Katrina en 2005, Carol se doctoró en la Universidad de Boston y realizó estudios posdoctorales en la de Vanderbilt. En los últimos veinte años años, ella y sus colegas han llevado a cabo una amplia investigación sobre deltas costeros y sistemas de humedales de todo el mundo, incluidas la Costa Este y la costa del golfo de Estados Unidos, Canadá y Bangladés, donde sus investigaciones cuantifican cómo responden estos sistemas a la subida del nivel del mar, los nutrientes, el aporte de sedimentos, el estrés por salinidad, los huracanes y las tormentas, la bioturbación animal y la intervención humana. Carol es miembro del Instituto de Estudios Costeros de la LSU, presidenta del Club de Ciencias de la LSU y constante voluntaria de la Cajun Navy Relief, una organización de ayuda en emergencias. Recibió el Certificado de Reconocimiento a la Docencia Sigma Phi Epsilon en 2016. Carol y sus estudiantes son autores de capítulos de libros y han publicado artículos en revistas científicas como en *Geology*, *Nature Communications*, *Nature Climate Change*, *Proceedings of the National Academy of Sciences*, *Annual Review of Marine Science*, *Geomorphology*, *Earth Surface Processes and Landforms*, *Estuarine Coastal Shelf Science* y *Estuaries and Coasts*.

## Agradecimientos de los autores

Jim Best está en deuda con colegas de muchos países, entre ellos Argentina, Bangladés, Brasil, Canadá, Camboya, China, Países Bajos, Reino Unido y Estados Unidos, por su amistad y colaboración, elementos centrales de buena parte de su investigación conjunta sobre los grandes ríos y deltas del mundo. Además, expresa su gratitud a la gran cantidad de estudiantes de posgrado y becarios posdoctorales de gran talento con los que ha tenido la suerte de trabajar y que le han proporcionado inspiración y conocimientos sobre muchos aspectos de los procesos de la superficie terrestre y los entornos sedimentarios. Está en deuda con la financiación que le han proporcionado organismos como la Fundación Nacional de Ciencias y la Cátedra Jack C. y Richard L. Threet de Geología Sedimentaria, en Estados Unidos, y el Consejo de Investigación del Medio Natural, la Real Sociedad de Londres y la Fundación Leverhulme, en Reino Unido, los cuales han hecho posible buena parte de sus investigaciones en las que ha podido trabajar en algunos de los ríos más bellos e inspiradores del mundo.

Stephen Darby le da las gracias a los colegas que han compartido sus conocimientos y tiempo, durante el trabajo de campo en los ríos Ganges, Mekong, Yangtsé, Indo y Misisipi. También agradece el apoyo del Consejo de Investigación del Medio Natural, el Fondo de Investigación de los Desafíos Mundiales del Reino Unido y la Real Sociedad.

Luciana Esteves desea agradecer las valiosas aportaciones de los investigadores y profesionales de todo el mundo que han compartido sus conocimientos sobre estuarios y costas a lo largo de los años, así como el apoyo del Departamento de Ciencias de la Vida y el Medio Ambiente de la Universidad de Bournemouth. También agradece el interés de estudiantes y entidades financiadoras, en particular la Universidad de Bournemouth, el Fondo de Investigación de los Desafíos Mundiales del Reino Unido, los Fondos Newton, el Consejo de Investigación del Medio Natural, el Consejo de Investigación de Artes y Humanidades y la Unión Europea, así como CAPES y CNPq, que alimentaron su entusiasmo por la investigación y la enseñanza costeras.

Carol Wilson agradece al Departamento de Geología y Geofísica y al Instituto de Estudios Costeros de la Universidad Estatal de Luisiana; a la Fundación Nacional de Ciencias, la Oficina de Investigación Naval, el Centro de Excelencia de Luisiana, la Oficina de Gestión de la Energía Oceánica y el Banco Mundial por la financiación de la investigación, así como a estudiantes y colegas.

Los cuatro autores desean expresarle su agradecimiento a Kate Shanahan por la invitación inicial a escribir este libro; a David Price-Goodfellow por la sabiduría con la que les ha orientado, sus consejos y su inagotable aliento a lo largo de la redacción del texto; a Lindsey Johns, por sus dotes de diseño y por convertir las ideas en un hermoso libro, y a Susi Bailey por su meticulosa, constructiva e inspiradora edición, de gran ayuda para el texto final. Muchas gracias a todos.

# Índice

**Nota:**
Todos los ríos y lagos figuran con su nombre específico; por ejemplo, el río Nilo está indexado como «Nilo, río», y el lago Victoria como «Victoria, lago».

# Créditos de las imágenes

© Morgan Adler (https://www.morganadler.com) 149i

Adobe Stock/robertharding 14-15

Alamy Stock Photo/Abaca Press 233s/aerial-photos.com 160-161/AfriPics.com 87i/Alberto Rigamonti 6-7/Album 13/All Canada Photos 87s/Andrew Vaughan/The Canadian Press 164/Art-Studio 384/Arterra Picture Library 244-245/Associated Press 135s/Avalon.red 153i/Bengal Picture Library 128-129/Blue Planet Archive/Wolfgang Poelzer 210/Cavan Images 2 y 374/Cernan Elias 219/Cynthia Lee 214/David Wall 91i/Denis-Huot/Nature Picture Library 104-105/Design Pics Inc 53i y 78i/dpa picture alliance 142, 158 y 237iz/Frans Lemmens 381 y 385/GC Stock 286-287/Genevieve Vallee 351i/Glyn Genin 200/Herbert Frei/mauritius images GmbH 373s/history_docu_photo 22/ImageBROKER.com GmbH & Co. KG 132 y 371siz/Imaginechina Limited 143/Jeremy Moeran 236/Joe Klementovich/Cavan Images 239/KAR Photography 289/Kevin Schafer 118/Li Linhai/Xinhua 261/lophius 367s/Łukasz Szczepanski 90/Malcolm Schuyl 108s/Mark Pearson 353/Martin Bertrand 135i/Matjaz Corel 367c/Michael Dietrich/imageBROKER.com GmbH & Co. KG 206/Mu Yu/Xinhua 380/Muhammad Mostafigur Rahman 290c/Nature Picture Library 60, 109, 197, 208 y 307s/NSF Photo 232/Oleksandr Malovichko 66s/Pacific Imagica 27i/Rob Crandall 272/Robert Wyatt 349/Rodrigo Abd/Associated Press 150/Rudi Sebastian/ imageBROKER.com GmbH & Co. KG 226/Sandro Santioli/RealyEasyStar 63/Simon Dack 198/Sipa US 146/Süddeutsche Zeitung Photo 133/Thomas Hanahoe 213s/tonymills 199/Universal Images Group North America LLC 20 y 250/Victor Paul Borg 218iz/Vijit Ghosh/SOPA Images/Sipa USA 377/Yang Bin/Xinhua 314/ZUMA Press, Inc. 342

American Geographical Society Library-Maps 23

Cortesía del Dr. Sam Andrews (Acadia University, Canadá) y del Dr. Antóin O'Sullivan (University of New Brunswick, Canadá) 362

Ashworth, P. J., Sambrook Smith, G. H., Best, J. L., Bridge, J.S., Lane, S. N., Lunt, I. A., Reesink, A.J.H., Simpson, C. J y Thomas, R. E. «Evolution and sedimentology of a channel fill in the sandy braided South Saskatchewan River and its comparison to the deposits of an adjacent compound bar». *Sedimentology* 58 (2011): 1860-1883. https://doi.org/10.1111/j.1365-3091.2011.01242.x 72-73

© Andy Ball/University of Southampton 37i y 38

Cleveland Public Library Photograph Collection 149s

Andy Coburn/Program for the Study of Developed Shorelines at Western Carolina University 52

Daniel E. Coe 44

Reimpreso del *Journal of Hydrology*, 563, Cohen, S., Wan, T., Islam, M. T. y Syvitski, J.P.M., «Global river slope: a new geospatial data set and global-scale analysis». 1057-1067. © 2018, https://doi.org/10.1016/j.jhydrol.2018.06.066. Con permiso de Elsevier 82-83

David Rumsey Map Collection, David Rumsey Map Center, Stanford Libraries 98

© De Santana, C. D., Crampton, W. G. R., Dillman, C. B., *et al.* «Unexpected species diversity in electric eels with a description of the strongest living bioelectricity generator». *Nature Communications* 10 (2019): 4000. Fig. 4. https://doi 10.1088/1748-9326/ac9197120

Dreamstime/Alexey Kornylyev 225/Florian Blümm 11/Brayden Stanford 80-81

Agencia Espacial Europea/contiene datos modificados de Copernicus Sentinel de 2019 procesados por ESA 4-5 y 191/contiene datos modificados de Copernicus Sentinel de 2020 procesados por ESA 99 y 274s/imágenes de Copernicus Sentinel-2 185, 297, 306 y 338id/ENVISAT 355s

Fotografía cortesía del profesor Chris Fielding, University of Connecticut 103i

Flickr/Andy Morffew 308/Antonio Santa-Pau Ramírez 333/Ashley Coates 230d; Bernard Dupont 337d/Björn S. 383/Dennis 127i/Jose A 358siz/Sergei Gussev 318/Valdiney Pimenta 290s; Rebecca Wynn/ USFWS/GPA Photo Archive/US Dept of State 293

Getty Images/Daniel Bosma 340-341/Patricia Hamilton/larigan 84/Streeter Lecka 166-167/Lam Yik Fei/AsiaPac 235

Google Earth 77, 101i y 192 (las 4)

Grasshopper Geography/Artwork by Robert Szucs 51

John Hammond/Rivers from Above (www.johnchammond.com) 96

© 2021 Haskins, J, Endris, C., Thomsen, A. S., Gerbl, F., Fountain, M. C. y Wasson, K. «UAV to inform restoration: a case study from a California tidal marsh». *Frontiers in Environmental Science* 9 (2021):642906. https://doi.org/10.3389/fenvs.2021.642906 46

istockphoto/Aerial Essex 202-203/BanarTABS376ccl/imaginima 371i/plej92 376cr/ASMR 184

Library of Congress/Geography and Map Division 21i/Prints and Photographs Division 21s, 238, 265i, 323i y 328c

© Mulligan, M., Van Soesbergen, A., y Sáenz, L. «GOODD, a global dataset of more than 38,000 georeferenced dams». *Scientific Data* 7 (31) (2020). Fig 1. https://doi.org/10.1038/s41597-020-0362-5 141 s e i

© Nardi, F., Annis, A., Di Baldassarre, G., *et al.* «GFPLAIN250m, a global high-resolution dataset of Earth's floodplains». *Scientific Data* 6 (180309) (2019). https://doi.org/10.1038/sdata.2018.309 75siz, sd, iiz e id

NASA Earth Observatory/Experimento de observación de la Tierra de la tripulación de la Estación Espacial Internacional e Image Science & Analysis Laboratory, Johnson Space Center 249c/Jesse Allen y Robert Simmon, con datos de Landsat proporcionados por el United States Geological Survey 248/Johnson Space Center 33/Joshua Stevens con datos de Landsat proporcionados por el United States Geological Survey 16-17, 173, 234, 265s, 140iz y 140d/Landsat 8-OLI 180-181/Lauren Dauphin, con datos de Landsat proporcionados por el United States Geological Survey 243/Lauren Dauphin, con datos de Landsat proporcionados por el United States Geological Survey. Fotografía de Weiguang Teng 224/Mike Taylor 91s/United States Geological Survey 54/USGS EROS Data Center 277b

NASA/Goddard Space Flight Center 34, 168-169i y 174/MITI/ERSDAC/JAROS y el US-Japan ASTER Science Team 92

NASA/Experimento de observación de la Tierra de la tripulación de la Estación Espacial Internacional e Image Science & Analysis Laboratory, Johnson Space Center 249i

NASA/Jet Propulsion Laboratory 291s/NGA 43

NASA/Johnson Space Center 246

Cortesía de Natel Energy 371sd

Nature in Stock/D P Wilson/FLPA 205

Naval Intelligence Division, Geographical Handbook, *Iraq and the Persian Gulf*, septiembre de 1944, fig. 162 323s

Jeffrey Neal, Laurence Hawker (2023): FABDEM V1-2. https://doi.org/10.5523/bris.s5hqmjcdj8yo2ibzi9b4ew3sn 50. Utilizado con permiso.

De Bruce Norman Bjornstad, *Ice Age Floodscapes of the Pacific Northwest*. Cham: Springer, 2021. 100s

Planet.com Planet Labs PBC (Planet.com) 9, 41i, 47s, 47i, 94, 114-115, 130, 137i, 156, 268-269, 335s y 335i

PXhere/Jong Myung Lim 367i

Rijkswaterstaat Archieven 126

RSPB/Lee Schofield, RSPB Site Manager, Haweswater 382

Science Photo Library/GEOEYE 170

Shutterstock/Adi Dharmawan 227s/adwar 260d/Agami Photo Agency 215 y 313iiz/Air Camargue 253s/Alberto Loyo 193b/Alex Couto 211/Altrendo Images 78s/amperespy44 260iz/Ana Dracaena 365/Anetlanda 190/Aniruit Krisanakul 337iz/Anton_Ivanov 48-49/Bigc Studio 125/Bob Hilscher 364/C. Ray Shea 271s/Calin Stan 313s/Chalalai Atcha 327/ChiccoDodiFC 351s/corlaffra 61iz/Damsea 204 y 376ciz/Danny Ye 121/djavitch 113/Doug McLean 229i/EcoPrint 217/Ed Metz 328i/Elena Larina 187s/Erni 230iz/Foto Para Ti 325id/FrentaN 257i/FTiare 220-221/Gaston Piccinetti 301i/gnomeandi 227i/Grodza 301s/guentermanaus 310/Guillem Lopez Borras 172/Halit Sadik 19s/I. Noyan Yilmaz 378/iliuta goean 332i/Infinity T29 201/ivSky 237d/Jez Bennett 116/jimcatlinphotography.com 189/Johan Larson 257s/John Brueske 112/Joop Hoek 263s/Lam Van Linh 339iz/lavizzara 255s/Lee Yiu Tung 376cd/maphke 271i/marekuliasz 117s/Max Lindenthaler 307i/Max R Miller 108i/Michael G McKinne 299/Michal Balada 277s/Mihai_Andritoiu 188/Mike Mareen 334s/Misterivlad 10/Monica Viora 313id/mwesselsphotography 282/MyVideoimage.com 263i/ohrim 233i/Ondrej Prosicky 278/Pascale Gueret 296/Peter Stuckings 326/Photographer Lili 291c/Photojulia 260c/PradeepGaurs 148/Quang nguyen vinh 124/RLS Photo 193s/Roberto Rizzi 110/Rosamar 231/rospoint 309s/Rudmer Zwerver 114iz y 242/Ruud Morijn Photographer 331/Sergey Bezgodov 216/Sergey Uryadnikov 122/Sergey Yeromenko 155/slowmotiongli 336iz y 336d/Soumyajit Nandy 338iiz/Srinivas Piratla 61d/StevenK 325iiz/T8 stock 218d/Talukdar David 330/Thomas Retterath 249d/tony mills 196/Troutnut 303/ventdusud 280/Viacheslav Lopatin 305/Vietnam Stock Images 332s/Viktor Malyshchyts 76/Visual Collective 26/Vladimir Melnik 127s/Vladimir Wrangel 106bl/xamnesiacx84 24/zaferkizilkaya 316-317/zuzabah Textura sobre fondos de color en todo el libro

© Susanne Sokolow 39

M. L. J.Stiassny, AMNH 86

Varun Swamy (Field Projects) San Diego Zoo Institute for Conservation Research 89s

United States Geological Survey/Benjamin Jones 304s/Emily Roeder 64/NASA 179 y 194/NUSO 213i/Satélite espía estadounidense Corona 41s

Washington Geological Survey/Department of Natural Resources/fotografía de Dan Coe 100i

Wessex Environment Agency Paul Gainey, Environment Agency and Wildfowl & Wetlands Trust (WWT) 240

Wiki Commons/Marcus Cyron 298/Ulf Mehlig 295sd

## Créditos de las ilustraciones

Muchas de las ilustraciones del libro se han redibujado, adaptado o modificado a partir de las siguientes fuentes:

18: adaptado de https://commons.princeton.edu/mg/wp-content/uploads/2017/04/Ancient_Civilizations_of_the_Old_World_3500_to_after_600_BCE.jpg • 25: adaptado de USGS: https://labs.waterdata.usgs.gov/visualizations/water-cycle/index.html#/ • 30/31, 345, 352, 372-373 y 375: adaptado de Ligtvoet, W., *et al. The Geography of Future Water Challenges; Bending the Trend*, La Haya: PBL Netherlands Environmental Assessment Agency, 2023 • 35m: adaptado de Garzanti, E. *et al.* «Congo River sand and the equatorial quartz factory». *Earth Science Reviews* 197 (2019): 102918 • 35i: adaptado de Babonneau, N. *et al.* «Sedimentary architecture in meanders of a submarine channel: detailed study of the present Congo turbidite channel (Zaiango Project)». *Journal of Sedimentary Research* 80 (10) (2010): 852-866 • 37s: redibujado de FAO. *The State of World Fisheries and Aquaculture 2020. Sustainability in Action*. Roma: Organización de las Naciones Unidas para la Alimentación y la Agricultura, 2020 • 40: redibujado de Nagel, G. W., Darby, S. E., y Leyland, J. «The use of satellite remote sensing for exploring river meander migration». *Earth-Science Reviews* 247 (2023): 104607 • 42: modificado de Langhorst, T., and Pavelsky, T. «Global observations of riverbank erosion and accretion from Landsat imagery», *JGR Earth Surface* 128 (2023): e2022JF006774 • 45: redibujado de Johnson, K., *et al.* «Rapid mapping of ultrafine fault zone topography with structure from motion».

*Geosphere* 10 (5) (2014): 969-986 • 53: adaptado de https://www. economist.com/the-americas/2014/06/ 06/salmon-enroute • 55: redibujado de Hoorn, C. *et al.* «Amazonia through time: Andean uplift, climate change, landscape evolution, and biodiversity». *Science.* 2010 Nov. 12; 330(6006): 927-931 • 56-57: redibujado de Camille Ouellet Dallaire y de Dallaire, C. O. *et al. Environmental Research Letters* 14 024003 (2019) • 58iz: redibujado de Irwanto, D. *Sundaland: Tracing the Cradle of Civilizations.* Provincia de Java Oriental: Indonesia Hydro Media. 2019 • 58d: redibujado de Hanebuth, T. J. J., Voris, H. K., Yokoyama, Y., Saito, Y., y Okuno, J. «Formation and fate of sedimentary depocentres on Southeast Asia's Sunda Shelf over the past sea-level cycle and biogeographic implications». *Earth-Science Reviews* 104, números 1-3 (2011): 92-110 • 59: adaptado de Pazzaglia, F. J. «Fluvial terraces». En *Treatise on Geomorphology*, ed. J. Shroder y E. Wohl vol. 9, *Fluvial Geomorphology*, 379-412. San Diego, California, 2013 • 62: adaptado de Marshak, S. *Earth: Portrait of a Planet.* Nueva York: W.W. Norton & Co., 2005 • 65: adaptado de https://ww2.mathworks.cn/company/ newsletters/ articles/analyzing-and-visualizing-flows-in-riversand-lakes-with-matlab.html; y de Jackson, P. R., *et al.* «Velocity mapping in the Lower Congo River: a first look at the unique bathymetry and hydrodynamics of Bulu Reach». 2009. https://pubs. usgs.gov/ publication/70158956#:~:text=Results%20 show%20 that%20the%20flow,channel%20flow% 20 structures%20are%20absent • 66-67: modificado de Cohen, S., Kettner, A. J., y Syvitski, J. P. M. «Global suspended sediment and water discharge dynamics between 1960 and 2010: continental trends and intra-basin sensitivity». *Global and Planetary Change* 115 (2014), 44-58 • 68-69: Cortesía de Edward Park y modificado de Park, E., y Latrubesse, E. M. «A geomorphological assessment of wash-load sediment fluxes and floodplain sediment sinks along the lower Amazon River». *Geology* 47 (5) (2019): 403-406 • 71: adaptado de McClain, M. E., y Naiman, R. J. «Andean influences on the biogeochemistry and ecology of the Amazon River». *BioScience* 58, (4) (2008): 325-338 • 79: adaptado de Junk, W. J., Bayley, P. B., y Sparks, R. E. «The flood pulse concept in riverfloodplain systems». *Canadian Journal of Fisheries and Aquatic Science* 106 (1989): 110-127 • 85: redibujado de Chen, S-A., *et al.* «Aridity is expressed in river topography globally». *Nature* 573 (2019): 573-577 • 88: modificado de Strick, R. J. P., *et al.* «Quantification of bedform dynamics and bedload sediment flux in sandy braided rivers from airborne and satellite imagery». *Earth Surface Processes and Landforms* 44 (2019): 953-972 • 93: redibujado, basado en Nicholas, A. P. «Morphodynamic diversity of the world's largest rivers». *Geology* 41 (4) (2013): 475-478 • 95 y 97: redibujado de Sylvester, Z., Durkin, P. R., Hubbard, S. M., y Mohrig D. «Autogenic translation and counter point bar deposition in meandering rivers». *Geological Society of America Bulletin* 133 (2021): 2439-2456 • 101s: redibujado de Bjornstad, B. N. *Ice Age Floodscapes of the Pacific Northwest.* Cham: Springer International Publishing, 2021 • 103siz: redibujado de Ghinassi, M., *et al.* «Plan-form evolution of ancient meandering rivers reconstructed from longitudinal outcrop sections». *Sedimentology* 61 (2014): 952-977 • 103sd: modificado de Strick, R.J.P., Ashworth, P. J., Awcock, G, y Lewin, J. «Morphology and spacing of river meander scrolls». *Geomorphology* 310 (2018): 57-68 • 106-107: Cortesía de Pedro Val y modificado de Val, P., Lyons, N. J., Gasparini, N., Willenbring, J. K., y Albert, J. S. «Landscape evolution as a diversification driver in freshwater fishes». *Frontiers in Ecology and Evolution* 9 (2022): 788328 • 111: adaptado de Vannote, R. L., *et al.* «The river continuum concept». *Canadian Journal of Fisheries and Aquatic Sciences* 37 (1) (1980): 130-137 • 117i: redibujado de Lytle, D. A., *et al.* «Linking river flow regimes to riparian plant guilds: a community-wide modeling approach». *Ecological Applications* 27 (4) (2017): 1027-1377 • 119: Cortesía de Tacio Bicudo y modificado de Bicudo, T. C., *et al.* «Andean tectonics and mantle dynamics as a pervasive influence on Amazonian ecosystem». *Scientific Reports* 9 (2019): 16879 • 123: redibujado de Takemoto, H., Kawamoto, Y., y Furuichi, T. «How did bonobos come to range south of the Congo river? Reconsideration of the divergence of *Pan paniscus* from other *Pan* populations». *Evolutionary Anthropology* 24 (5) (2015): 170-184 • 131s: modificado de Andreadis, K. M., *et al.* «Urbanizing the floodplain: global changes of imperviousness in flood-prone areas». *Environmental Research Letters* 17 (2022): 104024 • 131i: modificado de Varis, O., Taka, M., y Tortajada, C. «Global human exposure to urban riverine floods and storms». *River* 1 (2022): 80-90 • 136: Cortesía de Gustavo Naumann y modificado de https://doi. org/10.1002/2017GL076521 • 137s: modificado de Hirabayashi, Y., *et al.* «Global exposure to flooding from the new CMIP6 climate model projections». *Scientific Reports* 11 (2021): 3740 • 138: modificado de Moragoda, N., y Cohen, S. «Climate-induced trends in global riverine water discharge and suspended sediment dynamics in the 21st century». *Global and Planetary Change* 191 (2020): 103199 • 139: redibujado de Dongfeng Li, *et al.* «Exceptional increases in fluvial sediment fluxes in a warmer and wetter High Mountain Asia». *Science* 374 (2021): 599-603 • 144: redibujado de Best, J. «Anthropogenic stresses on the world's big rivers». *Nature Geoscience* 12 (2019): 7-21 • 145: redibujado de Serrano, A., *et al.* «Virtual water flows in the EU27: a consumption-based approach». *Journal of Industrial Ecology* 20 (2016): 547-558 • 147: redibujado de Knox, R. L., Wohl, E. E., y Morrison, R. R. «Levees don't protect, they disconnect: a critical review of how artificial levees impact floodplain functions». *Science of the Total Environment* 837 (2022): 155773 • 151: adaptado de Sergeant, C. J., *et al.* «Risks of mining to salmonid-bearing watersheds». *Science Advances* 8 (2022) • 153s: Cortesía de Gunther Grill y modificado de Grill, G., *et al.* «Mapping the world's free-flowing rivers». *Nature* 569 (2019): 215-221 • 154: redibujado de O'Neill Jr., C. R., y Dextrase, A. «The introduction and spread of the zebra mussel in North America». *Proceedings of the Fourth International Zebra Mussel Conference, Madison, Wisconsin* (1994): 433-446 • 157: redibujado de Sanders, B. F., *et al.* «Large and inequitable flood risks in Los Angeles, California». *Nature Sustainability* 6 (2023): 47-57 • 159: redibujado de Best, J., y Darby, S. E. «The pace of human-induced change in large rivers: stresses, resilience, and vulnerability to extreme events». *One Earth* 2 (2022): 510-514 • 162-163: adaptado de https://www. coastalwiki.org/wiki/File:Figure1_3_ COLOR.png • 165: adaptado de https://www.bayoffundy. com/about/ highest-tides/ • 169s: adaptado de Dalrymple, R. W., Zaitlin, B., y Boyd, R. R. «Estuarine facies models; conceptual basis and stratigraphic implications». *Journal of Sedimentary Research* 62 (6) (1992): 1130-1146 • 171: adaptado de Defontaine, S., *et al.* «Microplastics in a salt-wedge estuary: vertical structure and tidal dynamics». *Marine Pollution Bulletin* 160 (2020): 111688 • 175: Varios elementos adaptados de The Open University, *Waves, Tides and Shallow-water Processes.* Oxford: Pergamon Press, 1993 • 209: Elaborado a partir de datos de la Lista Roja de Especies Amenazadas de la Unión Internacional para la Conservación de la Naturaleza (UICN). Versión de 2022-2 • 222-223: Elaborado a partir de datos de la FAO. *The State of Food and Agriculture 2022.* Roma: Organización de las Naciones Unidas para la Alimentación y la Agricultura, 2022 • 228: adaptado de Molnar, J. L., *et al.* «Assessing the global threat of invasive species to marine biodiversity». *Frontiers in Ecology and the Environment* 6 (2008): 485-492 • 229: adaptado de https://www. grida.no/resources/7191. Atribución: Hugo Ahlenius, UNEP/ GRID-Arendal • 241: redibujado de Esteves, L. S. *Managed Realignment: A Viable Long-term Coastal Management Strategy?* Nueva York: Springer, 2014 • 252-253: adaptado de Nienhuis, J. H., *et al.* «Global-scale human impact on delta morphology has led to net land area gain». *Nature* 577 (2020): 514-518 • 255s: adaptado de Zavala, C., y Pan, S.X. «Hyperpycnal flows and hyperpycnites: origin and distinctive characteristics». *Lithologic Reservoirs* 30, (1) (2018): 1-27 • 256: adaptado de Paszkowski, A., *et al.* «Geomorphic change in the Ganges-Brahmaputra-Meghna delta». *Nature Reviews Earth & Environment* 2, (11) (2021): 763-780 • 259: adaptado de Yi Zhang *et al.* «Self-weight consolidation and compaction of sediment in the Yellow River Delta, China». *Physical Geography* 39, (1) (2018): 84-98 • 264: redibujado por cortesía del profesor Jeff Hanor, Louisiana State University, Estados Unidos • 275 y 281: redibujado usando información de Blum, M. D., y Roberts, H. H. «The Mississippi delta region: past, present, and future». *Annual Review of Earth and Planetary Sciences* 40 (2012): 655-683 • 279: adaptado de https://www. eurekalert.org/ multimedia/754469 cortesía del *Journal of Archaeological and Anthropological Sciences* • 283: adaptado de Van Wagoner, J. C., Mitchum, R. M., Campion, K. M., y Rahmanian, V. D. «Siliciclastic sequence stratigraphy in well logs, cores, and outcrops: concepts for high-resolution correlation of time and facies». *AAPG Methods in Exploration Series*, 7. Tulsa: American Association of Petroleum Geologists, 1990 • 285: adaptado de Kroonenberg, S. B., *et al.* «Two deltas, two basins, one river, one sea: the modern Volga Delta as an analogue of the Neogene productive series, South Caspian Basin». En *River Deltas: Concepts, Models and Examples*, ed. Liviu Giosan y Janok P. Bhattacharya, *SEPM* 83 (2005): 231-256 • 292: adaptado de Paola, C., *et al.* «Natural processes in delta restoration: application to the Mississippi Delta». *Annual Review of Marine Science* 3 (2011): 67-91 • 294: adaptado a partir de un informe de la National Oceanic and Atmospheric Administration. 295l: adaptado de Daniel Cole/Alamy Stock Vector • 304s: adaptado de In't Zandt, M. H., Liebner, S., y Welte, C. U. «Roles of thermokarst lakes in a warming world». *Trends in Microbiology* 28 (9) (2020): 769-779 • 309s: redibujado a partir de datos del Maryland Department of Natural Resources • 311s: redibujado a partir de datos de FAO. *Ecosystems and Human Well-being: Synthesis.* Washington: Island Press, 2005 • 311i: redibujado de Lauria, V., *et al.* «Importance of fisheries for food security across three climate change vulnerable deltas». *Science of the Total Environment* 640-641 (2018): 1566-1577 • 319: modificado de Webb, E. L., *et al.* «Deforestation in the Ayeyarwady Delta and the conservation implications of an internationally-engaged Myanmar». *Global Environmental Change* 24 (2014): 321-333 • 320-321: redibujado de Tessler, Z. D., *et al.* «Profiling risk and sustainability in coastal deltas of the world». *Science* 349, (6248) (2015): 638-643 • 334i: redibujado de un mapa de la United States Geological Survey • 339d: redibujado de https://www.aljazeera.com/wp-content/ uploads/ 2020/04/a3b55db85ea04d35a8e6f61745f06d 8f_18. jpeg?quality=80 • 343: modificado de Gutierrez, J. M., *et al. Climate Change 2021: The Physical Science Basis. Contribution of Working Group I to the Sixth Assessment Report of the Intergovernmental Panel on Climate Change.* Cambridge: Cambridge University Press. Atlas interactivo disponible en http:// interactive-atlas.ipcc.ch/ • 344s y 344i: redibujado de https:// sealevel.nasa.gov/ipcc-ar6-sea-levelprojection-tool?type=global&info=true y https://climatedata.ca/ resource/understanding-shared-socioeconomic-pathways-ssps/ • 346-347: redibujado de Dunn, F. E., *et al.* «Projections of declining fluvial sediment delivery to major deltas worldwide in response to climate change and anthropogenic stress». *Environmental Research Letters* 14 (8) (2019): 084034 • 348: redibujado de Alfieri, L., *et al.* «Global projections of river flood risk in a warmer world». *Earth's Future* 5 (2016): 171-182 • 354: redibujado de Nienhuis, J. H., *et al.* «River deltas and sea-level rise». *Annual Review of Earth and Planetary Sciences* 51 (2023): 79-104 • 355i: modificado de Schmitt, R. J. P., *et al.* «Strategic basin and delta planning increases the resilience of the Mekong Delta under future uncertainty». *PNAS* 118 (36) (2021): e2026127118 • 356: modificado de https:// www.earthdata.nasa.gov/learn/articles/ swotcalibration- validation • 357: modificado de Kaab, A,. Altena, B., y Mascaro, J. «River-ice and water velocities using the Planet optical cubesat constellation». *Hydrology and Earth System Sciences* 23 (10) (2019) • 358-359: modificado de una imagen cortesía de John Gardner, University of Pittsburgh, Estados Unidos • 358i: modificado de Juan Bu *et al.* «Monitoring the Chl-a distribution details in the Yangtze River mouth using satellite remote sensing». *Water* 14 (8) (2022): 1295 • 360: modificado de Wanders, N., *et al.* «High-resolution global water temperature modeling». *Water Resources Research* 55 (4) (2019): 2760-2778 • 361: modificado de Kumbier, K., *et al.* «An eco-morphodynamic modelling approach to estuarine hydrodynamics and wetlands in response to sea-level rise». *Frontiers in Marine Science* 9 (2022): 860910 • 363: adaptado de Meng Yao. «Fishing for fish environmental DNA: ecological applications, methodological considerations, surveying designs, and ways forward». *Molecular Ecology* 31 (20) (2022): 5132-5164; y de Villegas-Ríos, D., Jacoby, D. M. P., y Mourier, J. «Social networks and the conservation of fish». *Communications Biology* 5, 178 (2022) • 369: adaptado de Giosan, L., *et al.* «Climate change: protect the world's deltas». *Nature* 516 (7529) (2014): 31-33 • 379s: redibujado de Rovai, A. S., *et al.* «Brazilian mangroves: blue carbon hotspots of national and global relevance to natural climate solutions». *Frontiers in Forests and Global Change* 4 (2021): 787533 • 379i: adaptado de https://doi. org/10.5194/essd-14-4811-2022